黄河流域风沙采煤沉陷区生态治理与修复

Ecological Management and Restoration in Wind-Sand Coal Mining Subsidence Area of the Yellow River Basin

党晓宏 高 永 蒙仲举 刘 阳 主编

科学出版社

北 京

内 容 简 介

本书基于黄河流域风沙采煤沉陷区植被恢复与生态治理现状，结合土壤学、植物生理学等理论知识，介绍了黄河流域风沙采煤沉陷区的主要生态环境问题与治理思路，规避了在传统试验思路和成果中，沉陷裂缝造成的根系受损被惯性认为只会带来植被枯死、林分退化的问题，重点对沉陷裂缝周边的土壤、植被和地表覆盖物等环境指标进行了相关的试验与探究，并提出了黄河流域风沙采煤沉陷区防渗蓄水保肥技术及植被重建技术，为风沙采煤沉陷区植被恢复及衰退林的保育提供了理论依据和科学手段。课题组成员将多年来积累的相关研究经验汇集为本书，以期在黄河流域矿区经济效益最大化的同时使生态效益得到最大保障。

本书可作为林学、生态学、水土保持学和植物学等相关学科的科研人员、高校师生，以及从事矿区生态修复、环境保护和煤炭开采生态保护等工程技术人员的参考书。

图书在版编目（CIP）数据

黄河流域风沙采煤沉陷区生态治理与修复 / 党晓宏等主编. -- 北京：科学出版社，2024.10. -- ISBN 978-7-03-079030-9

Ⅰ. TD82; X322.2

中国国家版本馆 CIP 数据核字第 2024RZ6159 号

责任编辑：张会格 薛 丽 / 责任校对：严 娜
责任印制：肖 兴 / 封面设计：无极书装

科 学 出 版 社 出版
北京东黄城根北街 16 号
邮政编码：100717
http://www.sciencep.com

北京建宏印刷有限公司印刷
科学出版社发行 各地新华书店经销

*

2024 年 10 月第 一 版　　开本：720×1000　1/16
2024 年 10 月第一次印刷　　印张：20 3/4
字数：418 000

定价：298.00 元
（如有印装质量问题，我社负责调换）

《黄河流域风沙采煤沉陷区生态治理与修复》编撰委员会

主　　编：党晓宏　高　永　蒙仲举　刘　阳

副主编：周丹丹　龚　萍　任　昱　韩彦隆　娄佳乐　赵飞燕

编　　委：（以姓氏笔画为序）

王　浩	王言意	任　昱	邬秉承	刘　阳
刘　玥	闫　宇	李　鹏	李浩天	杨　蕊
辛　静	张　昊	张　星	张　萌	张文君
张晓燕	范淑花	周丹丹	赵　娜	赵飞燕
赵宏胜	娄佳乐	贺明辉	党晓宏	徐立杰
高　永	高　岩	高　亮	高　琴	黄海广
龚　萍	韩彦隆	蒙仲举		

审　　校：汪　季

前　　言

　　黄河流域作为我国重要的经济地带与生态屏障，其上游地区是水源涵养地，是重要的煤炭生产基地，下游富含石油和天然气等资源，是我国目前煤炭经济可采储量和产能的主要聚集地。但煤炭资源开发与利用在促进国民经济发展的同时，也对生态环境造成了严重影响。持续性煤炭开采伴随复合侵蚀，使该地区发生沉陷、滑坡等灾害，并引起了地貌景观破坏、地下水渗漏、水资源污染、植被退化、土壤质量剧减等问题。其中，采煤沉陷引发的矿区土地与生态问题，对周边人民的生活和生产造成了严重影响，矿区资源与环境问题和土地利用与生态问题成为社会经济发展的突出矛盾。我国 23 个省（区、市）151 个县（市、区）形成约 200 万 hm^2 的采煤沉陷区需要治理（刘辉等，2021），且采煤沉陷区正以 7 万 hm^2/年的速度继续增加（李凤明等，2021）。因此，做好采煤沉陷区治理，成为国家十分关注、地方政府高度重视的工作。

　　采煤诱发的地面沉陷和裂缝等土壤侵蚀现象，导致土壤持水力下降，风蚀、水蚀致使土壤养分流失，这些现象共同发生加速了侵蚀区内土体结构的破坏、土壤性质改变和水分条件恶化，造成了严重的水土流失，抑制了植被和土壤微生物的生长发育。如何在这种脆弱的生态环境条件下，实现煤炭资源开发与矿区绿色可持续发展的"双丰收"是当前生态治理的重中之重。本研究团队在进行多次采煤沉陷区野外考察和试验探究中发现了与传统实验思路和成果相悖的内容，即在沉陷裂缝的作用下，植被根系受损并非只伴随植被枯死和林分退化等问题，研究区的小叶杨（*Populus simonii*）林地中发现了沿裂缝带萌蘖出成排的小叶杨幼苗。这一发现说明，沉陷裂缝对生态环境修复会起到一定的促进作用。在今后的矿区生态修复中可以利用自然规律，加以一定的人工引导措施，从而更好地解决采煤沉陷区生态修复问题。在生态修复的思路中应融入经济产出的考量，如采用引入经济树种的策略，以期实现矿区绿色可持续发展与当地居民经济发展双赢的美好夙愿。

　　针对这些难题，本研究团队选择内蒙古自治区鄂尔多斯市伊金霍洛旗典型采煤沉陷区为研究区，充分利用野外调查、原位定点监测、室内模拟试验与数理统计分析相结合的手段，从采煤沉陷对土壤、植被、水资源、地表覆盖物的影响，以及土壤改良与植被重建等方面入手，提出了黄河流域风沙采煤沉陷区防渗蓄水保肥技术和植被重建技术，为风沙采煤沉陷区植被恢复及衰退林的保育提供了理论依据和科学手段。本书共分为 10 章：第 1 章就黄河流域矿区生态修复现状进行了概括描述，介绍了当前采煤沉陷对生态环境的破坏情况与修复手段；第 2 章基于前人的研究思路，探究了沉陷裂缝下不同沉陷程度与沉陷深度对土壤容重、土壤水分分布等土壤性质的扰动，总结了沉陷裂缝影响下土壤物理性质的变化特征；第 3 章选定不受人为干扰的土壤样地对冬季冻融土进行温湿度监测，系统分析了采煤沉陷区冻融过程中土壤温度变化，探究了土壤水热运移对冻融过程的响应机制；第 4 章针对沉陷裂缝处小叶杨根系萌蘖现象，在开展一系列小叶杨受损根系萌蘖与土壤微环境的耦合关系探究试验的基础上，对影响小叶杨根系萌蘖的土壤微环境条件进行了主次分析；第 5 章重点分析了采煤沉陷区大面积覆盖的凋落物分解情况，探明了采煤沉陷区凋落物分解机理与影响因素；第 6 章探究了生物结皮覆被对植被和土壤的作用效果，就生物结皮对环境的改良与碳排放效果变化进行了说明；第 7 章主要通过分析采煤沉陷区滑动型沉陷对土壤及植物群落蒸散发的影响，量化了沉陷区常见生态恢复树种蒸腾量，确定了采煤沉陷区影响土壤蒸发及植物蒸腾的主要环境因子；第 8 章在调查不同种源地文冠果对试验地的生长适宜性的基础上，明晰了不同浓度盐胁迫下文冠果生长和生理指标的变化，揭示了特殊生境下不同种源地树种的适应机理；第 9 章在前文研究及模拟施用土壤改良剂的基础上，详述了改良作用下土壤环境与植被生理特征的变化，为大规模实施土壤防渗蓄水保肥技术提供依据；第 10 章采用实地考察方法对沉陷区经济树种的植被恢复情况进行了调查，通过树种适应性评价结果，得出沉陷区植被恢复选育树种，为黄河流域风沙采煤沉陷区植被恢复与生态治理提供了技术支撑。

本书依托项目为内蒙古自治区科技重大专项课题"重点区域荒漠化过程与生态修复研究示范（zdzx2018058）"、内蒙古自治区自然科学基金"风沙采煤沉陷区小叶杨根系萌蘖与裂缝微环境互馈机制（2023MS03002）"、鄂尔多斯市科技重大专项课题"鄂尔多斯采煤沉陷区植被修复与营建技术研究（2022EEDSKJZDZX020-2）"和内蒙古自治区直属高校基本科研业务费项目"风沙采煤沉陷区小叶杨根系萌蘖促发机制（BR220401）"等。在所有作者的共同努力下，大量数据分析与资料整理工作以及书稿撰写工作得以顺利完成。本书作者 30 余人，涉及单位包括内蒙古农业大学、内蒙古财经大学、内蒙古师范大学、内蒙古杭锦荒漠生态系统国家定位观测研究站、内蒙古自治区水利科学研究院、内蒙古自治区林业和草原监测规划院、内蒙古自治区林业科学研究院、内蒙古科技大学包头师范学院、鄂尔多斯市林业和草原事业发展中心、乌兰察布市水土保持工作站、鄂尔多斯生态环境职业学院、开鲁县林果产业技术推广中心等。

第 1 章"矿区生态破坏与修复概述"由党晓宏、高永、蒙仲举、刘阳、周丹丹、龚萍、任昱、高琴、贺明辉、张萌完成。第 2 章"风沙采煤沉陷对土壤的影响"由高永、蒙仲举、张萌、高琴、杨蕊、高亮、贺明辉完成。第 3 章"风沙采煤沉陷区土壤水热耦合特征"由党晓宏、刘阳、韩彦隆、李鹏、任昱、范淑花、杨蕊、赵飞燕、辛静完成。第 4 章"风沙采煤沉陷区受损小叶杨根系萌蘖与土壤微环境耦合特性"由高永、高岩、黄海广、周丹丹、范淑花、赵飞燕、赵宏胜、高亮、张昊完成。第 5 章"风沙采煤沉陷区修复树种凋落物的分解特征"由蒙仲举、刘阳、王浩、高亮、任昱、龚萍、王言意完成。第 6 章"风沙采煤沉陷区生物结皮分布及其对环境影响的特征"由高永、张文君、党晓宏、韩彦隆、赵娜、闫宇完成。第 7 章"风沙采煤沉陷对植被蒸散发的影响特征"由高永、蒙仲举、徐立杰、党晓宏、高琴、范淑花、赵娜完成。第 8 章"采煤沉陷区不同种源地文冠果的生长适宜性及耐盐性"由高永、党晓宏、张晓燕、黄海广、娄佳乐、赵飞燕、赵娜完成。第 9 章"采煤沉陷区土壤防渗蓄水保肥技术"由高永、蒙仲举、刘阳、贺明辉、韩彦隆、李浩天、张萌完成。第 10 章"风沙采煤沉陷区经济树种生长适宜性评价"由韩彦隆、高琴、张星、刘玥、赵宏胜、李鹏、张昊、邬秉承完成。本书由党晓宏、娄佳乐统稿,内蒙古农业大学汪季教授审校。

本书在撰写过程中参考和引用了大量国内外有关文献,特此对所参考和引用文献的作者表示感谢。本书的出版承蒙科学出版社的大力支持,编辑人员为此付出了辛勤的劳动,在此表示诚挚的感谢。

由于作者水平有限,书中若存在不足之处,敬请读者批评指正。

作 者

2024 年 7 月 12 日

目 录

1 矿区生态破坏与修复概述 ··· 1
1.1 黄河流域矿区生态修复 ··· 1
1.2 矿区土壤修复 ··· 2
1.2.1 矿区土壤物理修复 ··· 3
1.2.2 矿区土壤化学修复 ··· 4
1.2.3 矿区土壤生物改良 ··· 5
1.3 采煤沉陷区植被损伤及修复 ··· 6
1.3.1 煤炭开采对植被的损伤 ·· 6
1.3.2 采煤沉陷区植被损伤因素 ··· 9
1.3.3 采煤沉陷区受损植被修复 ·· 10
1.4 煤炭开采对水资源的破坏 ·· 12
1.4.1 煤炭开采对地表水体的影响 ··· 13
1.4.2 煤炭开采对地下水的影响 ·· 14
1.4.3 煤炭开采对土壤水的影响 ·· 14

2 风沙采煤沉陷对土壤的影响 ··· 16
2.1 采煤沉陷对土壤的影响研究 ·· 17
2.1.1 采煤沉陷后土壤容重及孔隙度变化的研究 ························· 17
2.1.2 采煤沉陷后土壤水分变化的研究 ···································· 18
2.2 研究内容与试验设计 ·· 19
2.2.1 研究内容 ··· 19
2.2.2 研究方法 ··· 19
2.2.3 指标测定方法 ··· 20
2.2.4 技术路线图 ·· 21
2.3 沉陷裂缝对土壤物理性质的影响 ······································ 22
2.3.1 沉陷裂缝对土壤容重的影响 ··· 22
2.3.2 沉陷深度对土壤容重的影响 ··· 23
2.3.3 沉陷裂缝对土壤孔隙度的影响 ······································ 25

2.3.4 沉陷深度对土壤孔隙度的影响···27
  2.3.5 沉陷裂缝对土壤最大持水率的影响···29
  2.3.6 沉陷深度对土壤最大持水率的影响···31
  2.3.7 沉陷裂缝对土壤田间持水率的影响···32
  2.3.8 沉陷深度对土壤田间持水率的影响···34
  2.3.9 沉陷裂缝对土壤含水率的影响···36
  2.3.10 沉陷深度对土壤含水率的影响···38
 2.4 小结···40
3 风沙采煤沉陷区土壤水热耦合特征···41
 3.1 黄绵土和风沙土采煤沉陷区土壤冻融时间对比···································42
 3.2 不同采煤沉陷区土壤水文过程季节变化的典型分析·····························43
 3.3 土壤水文过程对冻融过程的响应机制···44
  3.3.1 采煤沉陷区土壤水分时空异质性规律·······································44
  3.3.2 冻融期采煤沉陷对土壤水分的影响···44
  3.3.3 冻融期采煤沉陷区土壤水分与温度变化的耦合关系···············46
 3.4 讨论···47
  3.4.1 冻融期采煤沉陷区土壤温度季节性变化特征···························48
  3.4.2 冻融期采煤沉陷区土壤含水率季节性变化特征·······················48
  3.4.3 采煤沉陷对冻融期土壤水热关系的影响···································49
 3.5 小结···49
4 风沙采煤沉陷区受损小叶杨根系萌蘖与土壤微环境耦合特性·············50
 4.1 采煤沉陷区根系损伤与根系萌蘖的研究···51
  4.1.1 采煤沉陷区植物根系损伤的研究···51
  4.1.2 植物根系萌蘖的研究···52
  4.1.3 采煤沉陷区土壤微环境的研究···53
 4.2 研究内容与实验设计···56
  4.2.1 研究内容···56
  4.2.2 研究区塌陷情况的调查及样地选择···57
  4.2.3 根系损伤情况的观测···58
  4.2.4 萌蘖根系的观测···59
  4.2.5 土壤样品的采集···60
  4.2.6 土壤理化性质的测定···60

4.2.7　土壤微生物多样性的测定 ··· 63
　　4.2.8　数据分析 ·· 64
　　4.2.9　技术路线图 ··· 65
4.3　不同类型裂缝处小叶杨根系损伤特性 ·· 65
　　4.3.1　沉陷区不同坡位裂缝类型调查 ·· 65
　　4.3.2　不同坡位小叶杨根系分布的调查 ··· 66
　　4.3.3　不同坡位塌陷下小叶杨根系损伤状况 ··· 67
　　4.3.4　不同径级小叶杨根系损伤状况 ·· 69
　　4.3.5　距裂缝不同水平距离小叶杨根系损伤状况 ·· 69
　　4.3.6　小叶杨根系损伤主导因素分析 ·· 70
4.4　裂缝周边小叶杨根系萌蘖的空间异质性 ·· 71
　　4.4.1　小叶杨萌蘖苗生长状况和根系的形态特征 ·· 71
　　4.4.2　不同径级小叶杨根系萌蘖特征 ·· 73
　　4.4.3　裂缝周边不同深度小叶杨根系萌蘖特征 ·· 73
　　4.4.4　距裂缝不同距离处小叶杨根系萌蘖特征 ·· 74
　　4.4.5　不同坡位和裂缝处小叶杨萌蘖根的分布特征 ·· 75
　　4.4.6　小叶杨侧根空间分布对萌蘖苗生长状况的影响 ····································· 76
4.5　小叶杨根系萌蘖对土壤微环境的响应 ·· 76
　　4.5.1　裂缝对土壤理化性质的影响 ··· 76
　　4.5.2　萌蘖根根际土壤理化性质的变化 ··· 82
　　4.5.3　萌蘖根根际土壤细菌物种组成及其多样性的变化 ································· 83
　　4.5.4　萌蘖苗根际土壤真菌物种组成及其多样性的变化 ································· 87
　　4.5.5　土壤微环境对根系萌蘖的影响 ·· 91
4.6　小结 ··· 94

5　风沙采煤沉陷区修复树种凋落物的分解特征 ·· 95
5.1　采煤沉陷区典型修复树种凋落物的分解 ·· 96
　　5.1.1　凋落物分解的研究 ··· 96
　　5.1.2　研究内容与实验设计 ·· 104
　　5.1.3　凋落物分解过程及其拟合结果分析 ··· 107
　　5.1.4　凋落物分解过程中有机物含量的变化 ··· 108
　　5.1.5　凋落物分解过程中有机物释放特征分析 ··· 112

5.2 采煤沉陷区不同林分凋落物分解速率及养分动态变化······116
5.2.1 凋落物分解速率及干物质残留率的变化······117
5.2.2 凋落物分解过程中 C、N、P 含量的变化······118
5.2.3 凋落物分解过程生态计量变化特征······119
5.2.4 讨论······120
5.3 小结······121

6 风沙采煤沉陷区生物结皮分布及其对环境影响的特征
6.1 风沙采煤沉陷区小叶杨林下生物结皮的分布格局及其理化性质······123
6.1.1 生物结皮的研究现状······124
6.1.2 研究内容与实验设计······128
6.1.3 小叶杨林下生物结皮分布特征······132
6.1.4 小叶杨林下生物结皮及其下层土壤粒度组成与养分含量······136
6.1.5 小叶杨林下生物结皮对土壤水分的影响······145
6.2 地表生物结皮土壤碳排放对水热因子变化的响应······149
6.2.1 生物结皮土壤碳排放速率及环境因子日动态变化规律······151
6.2.2 土壤碳排放速率与土壤温度的关系······152
6.2.3 土壤碳排放速率与表层土壤含水量的关系······153
6.2.4 土壤碳排放速率与土壤表层温度、含水量的关系······155
6.2.5 讨论······155
6.3 毛乌素沙地不同植被生境下藓类结皮对土壤物理性质的影响······157
6.3.1 3 种林分藓类结皮对 0~30cm 土壤粒径的影响······159
6.3.2 3 种林分藓类结皮对土壤含水率的影响······160
6.3.3 3 种林分藓类结皮对土壤容重的影响······161
6.3.4 讨论······161
6.4 小结······163

7 风沙采煤沉陷对植被蒸散发的影响特征······166
7.1 风沙采煤沉陷对植物群落蒸散发的影响研究······166
7.1.1 采煤沉陷对植物及其群落蒸散发影响的研究······168
7.1.2 研究内容与实验设计······172
7.1.3 参考叶片筛选及研究区环境因子变化状况······179
7.1.4 采煤沉陷对土壤蒸发的影响······188
7.1.5 采煤沉陷对植物蒸腾速率的影响······195

目录

- 7.1.6 采煤沉陷对群落蒸散发的影响 ... 203
- 7.2 风沙采煤沉陷区生态修复树种蒸腾特征及能量收支 ... 205
  - 7.2.1 研究区气象因子日变化 ... 206
  - 7.2.2 参考叶片的筛选 ... 207
  - 7.2.3 3种植物瞬时蒸腾速率日变化规律及日蒸腾量 ... 208
  - 7.2.4 3种植物蒸腾扩散系数变化规律 ... 208
  - 7.2.5 常见荒漠植物能量收支特征 ... 209
  - 7.2.6 讨论 ... 210
- 7.3 基于"三温模型"的风沙采煤沉陷区柠条锦鸡儿灌丛蒸腾特征研究 ... 211
  - 7.3.1 研究区气象因子日变化规律 ... 212
  - 7.3.2 柠条锦鸡儿灌丛蒸腾速率日变化规律与日蒸腾量 ... 212
  - 7.3.3 影响荒漠灌丛柠条锦鸡儿蒸腾速率的主要气象因子分析 ... 213
  - 7.3.4 讨论 ... 213
- 7.4 小结 ... 214

8 采煤沉陷区不同种源地文冠果的生长适宜性及耐盐性 ... 216

- 8.1 植物繁育及耐盐的研究 ... 217
  - 8.1.1 植物引种的研究 ... 217
  - 8.1.2 文冠果的研究 ... 217
  - 8.1.3 植物耐盐性的研究 ... 221
- 8.2 研究内容与实验设计 ... 223
- 8.3 不同种源地文冠果的生长适宜性 ... 228
  - 8.3.1 不同种源地文冠果出苗率分析 ... 228
  - 8.3.2 不同种源地文冠果种子产量分析 ... 228
  - 8.3.3 不同种源地文冠果种子百粒重分析 ... 229
  - 8.3.4 不同种源地文冠果种子出仁率分析 ... 230
  - 8.3.5 不同种源地文冠果种仁含油率分析 ... 231
  - 8.3.6 不同种源地文冠果种子出芽率分析 ... 231
  - 8.3.7 综合评价 ... 232
- 8.4 土壤盐胁迫对植物生理特征的影响 ... 234
  - 8.4.1 盐胁迫对植被生长指标的影响 ... 234
  - 8.4.2 盐胁迫对叶片生理指标的影响 ... 235
  - 8.4.3 盐胁迫下植被各指标间相关性分析 ... 242

  8.4.4 植被抗盐能力综合评价 ·· 242
 8.5 小结 ·· 243
9 采煤沉陷区土壤防渗蓄水保肥技术 ··· 246
 9.1 PAM 应用的研究 ·· 247
  9.1.1 PAM 概述 ·· 247
  9.1.2 PAM 在农业生产中的应用研究进展 ······································· 247
  9.1.3 PAM 对土壤物理性状的影响研究 ··· 248
  9.1.4 PAM 对降雨入渗与防治水土流失研究 ···································· 249
  9.1.5 PAM 的增产效益研究 ··· 249
  9.1.6 PAM 施用方法研究 ·· 250
 9.2 研究内容与实验设计 ··· 251
 9.3 土壤改良剂对沉陷区土壤和植被的影响 ····························· 254
  9.3.1 土壤改良剂对沉陷区土壤水分蒸发的影响 ······························ 254
  9.3.2 土壤改良剂对沉陷区土壤物理性质的影响 ······························ 258
  9.3.3 土壤改良剂对沉陷区植物光合特性的影响 ······························ 263
 9.4 土壤改良剂施用对沉陷区土壤及植物各指标的影响 ·········· 271
  9.4.1 土壤改良剂施用与土壤及植物各指标之间的相关性分析 ······· 271
  9.4.2 土壤改良剂施用与各指标的主成分分析 ································· 272
  9.4.3 土壤改良剂与各指标的模糊评价 ·· 274
 9.5 小结 ·· 275
10 风沙采煤沉陷区经济树种生长适宜性评价 ································· 277
 10.1 实验设计 ·· 277
 10.2 树种生长状况调查初步分析 ·· 279
 10.3 树种适宜性分析 ··· 281
 10.4 讨论 ·· 282
 10.5 小结 ·· 283
主要参考文献 ·· 284

1 矿区生态破坏与修复概述

1.1 黄河流域矿区生态修复

黄河流域是我国重要的生态屏障，也是我国重要的能源资源战略保障基地，肩负着保护与发展的双重压力。新中国成立以来，黄河安澜近八十载，展现了当代中国在黄河流域生态环境治理方面的能力。近年来"山水林田湖草沙是生命共同体"理念的提出，为黄河流域生态保护修复指明了方向。为推进黄河流域生态保护，2019年，习近平总书记在黄河流域生态保护和高质量发展座谈会上的讲话中指出，要坚持绿水青山就是金山银山的理念，坚持生态优先、绿色发展，以水而定、量水而行，因地制宜、分类施策，上下游、干支流、左右岸统筹谋划，共同抓好大保护，协同推进大治理，着力加强生态保护治理、保障黄河长治久安、促进全流域高质量发展、改善人民群众生活、保护传承弘扬黄河文化，让黄河成为造福人民的幸福河。2021年，中共中央、国务院印发《黄河流域生态保护和高质量发展规划纲要》，2022年，生态环境部四部门联合印发《黄河流域生态环境保护规划》。为给黄河流域生态保护提供法治保障，《中华人民共和国黄河保护法》自 2023 年 4 月 1 日起正式施行，黄河流域受国家重视程度不断提升。

黄河流域作为我国重要的能源资源战略保障基地，煤炭年产量为 2.16 亿 t，占全国总产量的 60%，位居全国第一，包括陕北、晋北、晋中、晋东、黄陇、神东、宁东、河南和鲁西 9 个煤炭基地，85 个煤炭国家规划矿区，共有煤矿 563 个，占全国煤矿总数的 36%（时光等，2020）。黄河流域煤炭资源集聚，是支撑我国国民经济用能和生活用能的重要空间载体，在保障全国能源安全中发挥着重要作用。但随着黄河流域煤炭资源大规模的开采，形成了大面积的采空区、排土场，带来了植被破坏、地面裂缝、土地沉陷等一系列生态环境问题，进而诱发了水土流失。采煤对水资源影响较大，平均生产 1t 煤，矿坑排水量为 2~3t（于昊辰等，2020a），疏干水循环利用是关注的重点。同时，煤炭开采区域主要位于高寒草甸区、风积沙区、黄土堆积区、冲积平原区（彭苏萍和毕银丽，2020），所处地理位置、生态本底条件不同，破坏后所造成的生态环境问题多样、破坏程度各异，且脆弱的地质地貌及生态环境一旦被破坏，恢复难度极大。尽管对黄河流域矿区生态修复的力度不断增加，但生态修复比率较低，仅为 25%（陈浮等，2018），且矿区修复与生态产品价值转换挂钩较少，系统性调控修复模式欠缺。因此，促进煤炭生产与环境保护的协调发展，是黄河流域生态环境保护与高质量发展的重大要事（彭苏萍和毕银丽，2020）。

随着人们认识的深化，矿山生态修复的内涵与外延也在不断拓展。综合现有的各种定义，可将生态修复概括为：以利用生态系统的自我恢复能力为主，结合人工干预措施，使遭到破坏的生态系统逐步恢复其功能与结构，并能自我维持、正向演替，实现新的生态平衡与可持续发展。传统的生态修复工程缺乏从资源经济价值与生态服务价值双重视角的系统性思维，导致修复工程高投入、高耗能，生态固碳增汇能力差，恢复后生态系统不稳定（卞正富等，2022）。"双碳"目标下，矿山生态修复必须被赋予更深层次的任务与使命，尤其要将碳中和目标纳入矿山生态修复的内涵和目标之中。按照生态修复的定义，其目标是实现新的生态平衡与可持续发展，因此，能源替代、产业替代与升级、生态服务功能的提升应该在矿山生态修复中得到充分的考虑和重视。一般闭矿后缺乏有效接替产业，遗留的采矿迹地将长期处于闲置状态，由于缺乏必要的养护，采矿迹地将持续性退化。然而，无论是生态修复或是矿山土地资源再利用，都应摒弃大兴绿植、大建水景的片面误导（于昊辰等，2020b），坚持科学低碳化生态修复方式。

黄河流域煤炭基地与黄土高原生态脆弱区地理位置高度重叠，煤炭开发诱发的一系列地质灾害与生态环境问题，成为黄河流域中游煤炭基地生态保护与高质量发展的显著制约因素（申艳军等，2022）。因此，为了综合评估采矿活动对生态系统的影响，围绕植被（刘英等，2021；吴秦豫等，2022；李全生等，2022；王常建等，2022）、土壤（刘英和岳辉，2015；毕银丽等，2022；张凯等，2022；胡振琪，2022；南益聪等，2023）、水资源（顾大钊，2015；范立民等，2019；吴群英等，2021；柴建禄，2022）等主要生态要素，研究人员开展了大量科学研究。

1.2 矿区土壤修复

煤炭是我国主要能源物质之一，长期以来为社会经济持续快速发展提供了不可或缺的动力，过去30年以煤炭资源采掘、洗选为基础构筑起来的煤炭产业为中国经济的高速发展作出了重大贡献（李绪茂和王成金，2020）。但我国开采的煤炭总量中95%是依靠井工开采的，井工开采煤炭资源是一把双刃剑，它推动了社会经济的快速发展，但同时也破坏了矿区的生态环境，高强度和高频率的地下开采，引起的地表沉陷不仅对土地资源造成威胁，还引发了一系列的生态环境问题（杨逾等，2007）。人们依靠井工技术开采出地下煤层后，开采区域周边因地下采空导致岩体间的应力平衡被打破，应力集中在几个点上，当集中的应力超过岩体所能承受的最大值时，地下岩体的最顶层就会出现断裂和冒落，久而久之冒落区四周的岩层也开始断裂或弯曲，当煤炭开采的越多采空区域的面积越大，地表和岩层之间摩擦会产生能量形成降沉波，从而破坏地表形成裂隙、裂缝、塌落、沉陷等采煤沉陷地表形态（张平仓等，1994）。采煤沉陷区周边的地表塌陷呈放射状裂缝，地表深度裂缝的产生使土壤水分蒸发量变大导致土壤含水量降低，土壤中的营养元素也被地表径流冲蚀，营养元素顺着裂缝渗漏从而导致地表土壤养分含量降低，而这些变化最终致使植物垂直根系枯死。

采动地裂缝一般分为采动中的临时性裂缝和稳沉后的永久性裂缝两种（刘辉等，2013a）。采动过程中的临时性裂缝，一般发生在工作面的正上方。随着工作面的推进同时发育，当工作面推过裂缝后，大部分裂缝将逐步闭合，其对矿井安全生产的威胁较大，尤其是当裂缝与采空区贯通时，容易发生漏风、溃水、溃沙等安全事故，为保证安全生产，一般采取随时监测、现场掩埋等措施；相比之下，稳沉后的永久性裂缝一般发生在工作面的开切眼、终采线附近，其特点为宽度大、发育深、难以自愈，对地表生态的影响更大，水土流失、植被退化等问题更为明显（刘辉等，2014）。这些问题最终会导致整个矿区生态系统发生改变，土地使用方式的变化造成矿区土壤及耕地资源严重不足；而矿山废弃土地存在土壤营养元素（N、P、K）含量不足，且含有化学有毒物质，土壤物理结构差、pH 偏高等问题，已成为社会-经济-生态协调可持续发展的障碍（李心慧等，2019）。据统计，全国矿山开采占用损毁土地近 400 万 hm²，其中，正在开采的矿山占用损毁土地约 140 万 hm²，历史遗留矿山占用损毁土地 230 多万公顷。而矿山开采每年新增损毁土地仍在持续增加，以 2018 年为例，采矿新增损毁土地约 4.80 万 hm²，矿区生态修复迫在眉睫（张会军，2021）。

矿区土壤的修复技术可分为物理修复、化学修复和生物改良三大类（Ye et al.，2017；Cheng et al.，2022）。矿区土壤物理修复主要有排土、换土、客土混合机深耕翻土等方法，此类方法多适用于露天开采后的土壤修复。在井工矿区土壤的破坏来源于地面塌陷和地裂缝，针对其的物理修复主要是充填复垦技术。化学修复是指向土壤中加入材料或试剂来改良土壤的理化性质，主要分为化学改良剂法、淋洗法和化学栅法（于颖和周启星，2005）。井工煤矿经常使用的化学修复技术为化学改良剂法，通过污染物与改性剂的化学反应降低污染物的水溶性、扩散性和生物利用度（吴冷，2019）。针对矿区土壤呈酸性问题，施用碳酸氢盐、石灰或磷矿粉，可有效改善土壤酸化（孙东等，2021）。而生物改良是通过利用植物（Wang et al.，2017）、土壤动物和微生物（Widiastuti et al.，2020）的生命活动及其代谢产物来改良土壤的理化性质和土壤营养状况。

1.2.1　矿区土壤物理修复

土壤物理修复法包括翻耕、分级、平整和表土置换，即将原地被剥离的表土回填，尽可能恢复到原有的土壤结构，复垦平整后的土地覆土厚度可根据土地的利用方向确定（Asensio et al.，2013）。此外，可通过添加有机质、化学肥料或生物炭等土壤修复措施降低地表径流的速度和影响，增加土壤的孔隙度，提高土壤肥力，协调水、气、热的生物化学性质，促进微生物群落的发展（Festin et al.，2018）。多年来，人们在积极进行沉陷区生态恢复治理的同时，一直在研究地裂缝的治理方法（卢积堂，1997；王洪亮等，2000；Zhao et al.，2009），近年来采用最多的为沙土灌入法。在表土修复过程中，常使用旧矿山回收的表土，或从附近场地移植土壤。相关研究发现，表土作为土地复垦的宝贵资源，必须采取措施进行保护，但回收的表土由于较长时间的搁置，其营养元素和生物质含量均会显著降低，同时回收和保存的成本较高。然而，与引进的其他地区表土相比，原地的表土资源对环境相对无害，因此，土地复垦实施过程中，应尽量利用原地损毁的表土资源，同时做好表土的剥离和养护工作。表层肥沃的土壤是土地复垦时再种植成功的关键，可通过添加肥料和生物有机质提高土壤肥力，协调土壤水、气、热的生物化学性质（Festin et al.，2018）。其中，肥料包括禽畜粪便等，生物有机质包括生物炭等。生物炭是一种类似碳的材料，是由有机垃圾，如动物粪便、动物骨头、植物根茎、木屑和秸秆等加工而成的一种多孔碳，含有很多植物生长必需的营养物质，如 N、P、K、Ca、Mg、Fe、Zn 等（Forján et al.，2019）。研究表明，生物炭可以通过改变土壤中重金属的有效性、迁移特性、空间分布和溶解度来降低重金属污染（Lebrun et al.，2017）。施用生物炭还可以提高土壤的 pH，增强土壤的物理性质，提高土壤的孔隙率，从而提高土壤的持水能力（Carlson et al.，2015）。秦越强等（2021）提出对采空引起的塌陷及地裂缝应采取填平措施，并通过灌浆充填、填土夯实进行巩固。刘辉等（2014）针对西部采煤沉陷区地裂缝治理，研制了超高水材料地裂缝充填治理技术。

1.2.2 矿区土壤化学修复

土壤化学修复法主要侧重于添加化肥，特别是尿素、硝酸铵、易溶性磷酸盐等化学复合肥，以及添加其他重要的微量元素，如锌、铜等，以去除土壤中的重金属、类金属和石棉等污染物，调节土壤的 pH（Mensah et al.，2015）。土壤化学修复方法的总体目标是提高植物对土壤中养分的吸收，调节土壤 pH，改善土壤质地和结构，提高污染土壤重金属的生物有效性和移动性，最终改善土壤的整体理化性质，减少土壤污染（Forján et al.，2019）。酸性矿井水是导致土壤发生化学转化最重要的矿山废弃物，它对土壤的主要影响是降低了土壤的 pH、导致土壤酸化。有研究指出，可以通过添加无机化学物质（如石灰石）和生物制剂（如有机材料）处理土壤调节土壤的 pH（Seenivasan et al.，2015）。此外，添加螯合物可增加金属在土壤中的溶解度，克服金属在植物根际的扩散限制，促进金属从根区向地上部的迁移，如添加乙二胺四乙酸和乙二醇四乙酸可以提高土壤中重金属的生物利用度和溶解性（Zhou et al.，2015；Festin et al.，2018）。周宽等（2020）发现，施加螯合剂谷氨酸N,N-二乙酸（GLDA）后，葎草（*Humulus scandens*）地上和地下部分 Cd 含量分别是原土栽培的 1.07 倍和 1.67 倍。傅校锋等（2020）发现，施加柠檬酸，混匀后平衡两周处理可显著增加青葙各部分生物量。另外，将含氧化物的物质散布在表层土壤上，能够提高土壤的稳定性（Tetteh et al.，2015）。化学修复法应用的主要障碍是对技术与人员要求较高，如化学品存在地下水二次污染的可能性，过度使用化学方法会对土壤理化性质产生不利的影响（Wu et al.，2010）。

1.2.3 矿区土壤生物改良

近年来，矿区土地复垦中土壤改良与植被恢复是研究热点，露天矿排土场、井工矿的农林地复垦，想要获得较好的生态修复效应，土壤改良是核心和基础。土壤生物改良法通过植物修复和生物活性改善土壤质量，采用草木绿色植被种植、土壤动物和微生物的引入方法，提高植被恢复的进度和稳定性，同时利用植物、土壤动物和微生物的生命活动及其代谢产物，对复垦区域的土壤结构、养分含量、酶活性和理化性质进行综合改良，从而增强土地复垦效果（岳辉和毕银丽，2017）。土壤的物理修复和化学修复投资成本较高，生物改良投资小，能够改变土壤环境质量，不但可以获得农林产出，而且实现了生态系统的持续与稳定。生物改良的过程是根际微生态系统各因子相互作用、相互协调的结果。土壤是植被生长发育的基质，土壤养分对植物的生长发育、调节植物对水热气的需求和植被的演替过程有至关重要的影响，植被所需的营养物质和水分均可从土壤中不断获得（卞正富和张国良，2000），并且土壤动物与微生物群落能共同参与营养物质循环，加快有机物的分解，促进土壤腐殖质转化，驱动养分循环与植物腐解富集，调节土壤肥力，进而影响植被的生长发育（董炜华等，2016）。因而土壤改良是土地复垦的内在基础，植被恢复是生态效应的外在表现，植物生长与土壤性质紧密相关，而活跃于植物与土壤间的大量微生物活性又依赖于土壤质量与植被类型，微生物对于植物生长与土壤改良具有重要的作用，生物改良效应主要由土壤改良、植被生长和微生物作用的交互来综合体现。

由于矿区土壤质量较差，自然植被恢复的速度较慢，甚至可能造成有害外来物种入侵，因此采用植物稳定化、植物吸收等植物修复方法，可以快速有效地实现土壤复垦和植被恢复。植物修复包括两个阶段：植物吸收和植物稳定化。植物吸收包括植物对土壤重金属的吸收与转运；植物稳定化是指植物在与土壤等环境介质的共同作用下，通过根系与地上部分将重金属吸收固定，从而减少其对生物与环境的危害（Bolan et al.，2011）。大多用于生物改良的植物抗逆性均较高，如抗重金属毒害、抗旱、抗盐、抗寒、抗病虫害等。为保障土壤生物修复方法的顺利实施，应用土壤改良剂是改善植物生长条件的基本前提，螯合剂、微生物、生物炭可以改善重金属的固定化，都属于土壤改良剂（Sarwar et al.，2017）。

微生物复垦由于其具有投入低、可有效改善矿区土壤肥力和提高植物活力、无二次污染等优点，逐渐成为矿区土地复垦和生态重建的热点方法。微生物复垦的主要措施是重建遭到破坏土壤中的微生物群落，提升土壤肥力及活化难溶的氮、磷等矿质元素（岳辉和毕银丽，2017）。一些微生物已被证明可以有效降低土壤重金属的毒性，如促进植物生长的细菌和菌根真菌，它们通过改变植物根系分泌物组成成分和调节土壤 pH，可提高重金属的生物有效性，促进植物对重金属的吸收与吸附作用（Seth，2012；Jp et al.，2015）。相关研究（Courtney et al.，2013）还发现，有些微生物产生的有机酸和 CO_2 能够有效降低赤泥（铝土尾矿渣）的 pH，使钙离子可沉淀氢氧化物或者碳酸根、钠离子浓度降低，从而改善土壤的物理结构。此外，在矿山土地复垦与生态恢复治理过程中，引入蚯蚓、千足虫等生物可促进土壤有机质的形成，以此有效吸附土壤中的重金属元素，将有害物质转移与消除。截至 2021 年，共发现有 510 多种不同的生物，在吸附与净化作用下能够有效改善矿山生态环境，提升其周围土壤的肥力（Worlanyo and Li，2021）。近年来，转基因植物也开始应用在土地复垦过程中，通过转基因技术增强植物体自身的金属积累和降解能力（Venkateswarlu et al.，2016）。例如，将重金属抗性基因 *ScYCF1* 转入树木，可缓解重金属毒性症状，促进植物生长、提高植物对重金属的提取能力（Shim et al.，2013）。杜善周等（2010）在采煤塌陷地土壤中接种丛枝菌根真菌，发现植物生物量得到提高，土壤性状和土壤生产力得到改善，有利于生态的恢复与稳定。Lu（2020）研究发现利用微生物处理技术可有效修复被多环芳烃污染的土壤。Wang 等（2021）发现 *Morchella* 菌比超富集生物修复对土壤重金属的吸收更有效，土壤过氧化氢酶、脲酶、纤维素酶和蔗糖酶活性显著提高，铅的生物有效性显著降低，干物质含量提高 134.05%。

1.3　采煤沉陷区植被损伤及修复

1.3.1　煤炭开采对植被的损伤

干旱半干旱气候区自然环境较为脆弱，气候条件十分恶劣，而大规模的开采进一步使生态环境恶化加剧。植被是自然环境最直观的反映，是某一地区生态环境的综合反映。因此，对煤矿开采引起植被损伤的机理进行研究有利于植被的重建，在抑制荒漠化和保护生物多样性等方面有着重要意义。

植物生长发育的 5 个基本要素为光、热、空气、水分和养分（黄昌勇，2000）。煤炭开采对植被的损伤主要分为直接损伤和间接损伤（王力等，2008）；直接损伤主要是由于矿山工业广场的建设、矸石堆放、开山修路、地面沉陷与露天采矿剥离引起的（陈玉福等，2000）；间接损伤主要包括沉陷过程中土壤的拉伸和压缩变形对植物根系产生的一定的伤害（侯新伟等，2005），土壤理化性质的改变、地裂缝及地下水位下降导致对土壤水补给能力不足而影响植被生长（魏江生等，2006；范立民，2007；栗丽等，2010；雷少刚和卞正富，2014）。采煤沉陷使得矿区的地形地貌以及土壤理化性质发生变化（Darmody et al.，1989；Selman，1986；陈龙乾等，1999a，1999b），导致植物生长环境发生改变。研究发现，由于沉陷区地形地貌发生改变，形成人造洼地，在雨季周边耕地由于雨水冲刷作用使得表层土壤养分流失，向洼地汇聚（Qing-jun et al.，2009），导致沉陷耕地坡地有盐渍化趋势，上中坡土壤有机质和养分含量下降幅度最大（杜涛等，2013a）。同时由于地表非连续移动产生裂缝，地裂缝的产生使得沉陷区土壤水分蒸发增强和养分流失加剧，营养元素随着裂隙、地表径流流入采空区，引起土地荒漠化、贫瘠化，使土地生产力严重下降（张发旺等，2003），影响植物生长。

近年来，煤炭开采的重心逐渐向西部转移，西部矿区深居内陆，大多属于干旱半干旱气候，生态较脆弱（叶贵均，2000）；而煤炭开采又具有明显的高产、高强度的特点，这使得处于干旱半干旱气候本就脆弱的矿区生态环境日趋恶化（雷少刚和卞正富，2014），最直观的体现就是对植被的影响，植被生长状况直接反映生态环境好坏。研究发现，现代化高强度开采导致开采区植被盖度相对于非采区要低，裂缝密集带土壤水含量要明显低于裂缝密度低的区域（Lei et al.，2010），并且沉陷区土壤养分含量较对照区明显降低（王健等，2006a；臧荫桐等，2010），同时地表裂缝影响，导致植物根际微生物和酶活性内在联系发生改变（杜涛等，2013a，2013b），以及对植物根系的拉伤（丁玉龙等，2013a），影响植物根系对水分和养分的吸收，抑制植物生长；王珂等（2014）研究发现，采煤沉陷降低了黄土沟壑地貌和风沙地貌的植物多样性，改变了土壤理化性质，且两者之间变化较一致；钱者东等（2014）通过对沙地煤矿开采对植被景观影响的研究发现，采后矿区植被生物量减少、植物类型发生了改变；魏婷婷等（2014）研究表明，采煤沉陷对土壤环境的改变对乔木影响最大，其次是灌木，对草本影响最小。

神东矿区位于晋陕蒙接壤处，煤炭储量占全国煤炭保有储量的四分之一，居世界八大煤田第三位；早在神东矿区开发初期就有学者对该区域植被进行了调查（侯庆春等，1994），指出煤矿开采对植被生长造成了损伤；孟东平等（2012）的调查也发现采空区的野生物种丰富度明显低于非采空区，组成成分也存在明显差异。目前，国内外对于这方面的研究较多：国外对于地下开采导致农作物减产研究较早（胡振琪等，2008；李丛蔚和唐跃刚，2009），研究认为煤炭开采导致地表沉陷，引起土壤结构损伤、水土流失等，从而使得农作物减产；Darmody（1995）的研究结果表明，开采沉陷使农田排水条件变差，土壤入渗减慢，土壤湿度过大而影响种子发芽，阻碍作物生长；Sinha 等（2009）研究发现，煤炭开采影响植被根系周围微生物作用，从而抑制植被生长。而国内在根系损伤研究方面，李少朋（2013）通过对植物根系生长的原位监测，揭示了煤矿开采对青甘杨（*Populus przewalskii*）（乔木）、乌柳（*Salix cheilophila*）（灌木）、沙蒿（*Artemisia desertorum*）（草本）三种植物根系生长的影响，并对植物根系自修复能力进行了研究；丁玉龙等（2013b）研究了四合木（*Tetraena mongolica*）根系承受土体变形损伤的极限抗拉力、抗拉强度等力学特性，并建立了固体废弃物充填开采时的等价开采厚度与地表裂缝发育及四合木须根断裂的对应关系，为矿区四合木的保护提供了依据；这些主要是地表拉伸和压缩变形对植被本身造成的直接影响，而植被生长的影响因素还包括土壤理化性质的改变，矿区土地被损伤后，土壤硬度变大，板结，土壤养分与水分含量不足，抑制了植物的健壮生长。

张发旺等（2003）研究发现，采煤引起土体下沉，增加了土壤密实度，从而使土壤体的孔隙性产生变化，土壤结构性发生变异，导致土壤物理性质恶化，农作物减产。卞正富（2004）、夏玉成等（2010）研究了开采沉陷对农地土壤质量的影响，结果表明开采沉陷显著影响耕地表层土壤的物理特性，受开采沉陷影响最大的是土壤含水量，其次是物理性砂粒含量，再次是土壤容重和孔隙度；而土壤含水量的变化主要和土壤非毛管孔隙增多（赵红梅等，2010）、地裂缝（马迎宾，2013）以及地下水位下降（王洪亮等，2002）有关。雷少刚（2009）通过建立模型研究了荒漠区地下水与土壤含水率以及植被之间的关系。同时由于煤矿开采活动也会改变土壤的化学性质，从而影响植被生长；采矿过程中会出现一些危害植被的重金属离子（Bradshaw，1997；Lan et al.，1997）。煤矸石引起的极端 pH 和重金属污染，干旱或过高盐分引起的生理干旱、土壤松散易流动及表面温度过高等，都会对植被的生长造成危害（Wong，1986）。而由于开采引起的土壤养分的降低，也会抑制植被生长。研究发现，煤炭开采引起的土壤结构改变以及地裂缝的产生，使得养分从地表淋至较深土层或采空区，导致植被所需养分短缺，严重影响植被生长（Turner and Haygarth，2000；何金军等，2007；张丽娟等，2007）。

通过以上综述发现，目前对煤炭开采对植被影响的研究已经很多，但这些主要是对植被在受胁迫下覆盖度、多样性、生物量、根系生长等变化的研究，较宏观；对于微观下的植被生理特征研究较少，而通过植被生理特征变化研究能够更精确地了解植物受煤炭开采影响的程度，有利于采中植被保护和采后植被重建。

1.3.2 采煤沉陷区植被损伤因素

采煤沉陷区塌陷导致地面裂缝产生，土层出现错位对植物的根系造成了机械拉伤，从而导致植物根系受损。从形态上可将根系损伤类型粗略划分为4类：扯断（根系被扯断），地表塌陷产生的拉力使根系完全断开；皮裂（根皮产生裂痕），没有损伤到根的木质部和韧皮部，根的表皮出现裂痕；扭曲（根系扭曲），根的形态发生了左右扭动；拉出（根系被拉出土壤），部分根系因表层土的错位暴露在空气中（杨明莉等，2003）。根系损伤程度大小对植物生长发育有显著影响（王博，2019）。根系损伤是多方面因素综合作用的结果，一方面受根系自身因素的影响，根系的损伤程度与其自身的力学特性、化学组成、直径等密切相关；另一方面受外部因素的影响，当地下煤层采空后地表发生塌陷，地表土层发生错位对土层中的根系造成机械性拉伤，损伤程度的大小与裂缝的宽度、土层错位的大小、裂缝距植株的距离等因素相关。

矿区土层8m以上的部分主要分布有草本植物和灌木的根系，其水平根分布较垂直根发达，而采煤沉陷很容易造成水平根的损伤，且采煤沉陷区的潜水水位和毛管水的上升高度很难达到8m，草本、灌木等植物的生长发育主要受大气降水的影响，这些植物在降水稀少的矿区加上根系受损，极易枯死（岳辉，2013）。采煤沉陷区因塌陷土壤中的裂缝和空隙增多，并且采空区周边产生了大量的垂直深度裂缝，增加了土壤水分的蒸发强度和蒸发面积，所以采煤沉陷区植物根系分布土层内的土壤含水量降低，致使植物生长发育受阻（冯广达，2008；胡俊波，2009）。采煤沉陷区大部分木本植物根系长达8～10m，矿区由于地表沉陷产生裂缝，裂缝处土层错位产生的力会将木本植物根系拉伤甚至断裂，严重影响了根系的活力与功能（史沛丽等，2017）。蒙仲举等（2014）调查研究发现，采煤沉陷区植物根系的损伤程度受矿区坡位、裂缝宽度、裂缝错位大小、植物根系距裂缝距离（株裂距）等因素的影响，其中影响根系损伤的主导因素是裂缝宽度，其余依次是裂缝错位大小、株裂距，且株裂距越大植物根系损伤率越小。在坡顶、坡中、坡底和丘间低地4种不同坡位塌陷下，植物根系在坡顶和坡中损伤程度最严重，坡脚和丘间低地损伤程度最轻。在任何坡位塌陷下，直径小于0.1cm的细根损伤程度均最严重。地表沉陷极大地威胁到土壤中矿物质元素含量和土壤保水能力，从而直接影响有机质和矿物质的分解、淋溶和沉积，间接影响植物根系对土壤中营养元素和水分的吸收利用，进而对根系造成一定程度损伤（李成刚等，2013；胡振琪等，2006）。地表裂缝的产生使植物根际微生物数量减少，植物根系和土壤酶的内在联系也因此发生了改变，从而间接影响植物根系的生长（杜涛等，2013a）。采煤沉陷区地表塌陷还会对土壤的物理性质和化学性质产生不良影响，物理性质方面影响了土壤的结构性、硬度、孔隙度、容重、持水能力、导水率及入渗率，化学性质方面降低了土壤中氮、磷、钾及有机质的含量，造成土壤肥力流失，对植物根系造成损伤，使土地生产力降低。

1.3.3 采煤沉陷区受损植被修复

针对煤炭开采造成地表塌陷引发的植物根系受损问题，学者通常采取传统的工程措施（胡振琪等，2014a）和微生物修复措施对植物根系进行修复。传统工程措施主要采用充填法、挖深垫浅法、疏排法等手段，改善采煤沉陷区土壤和植被状况，但这种修复方法工作量大，需要消耗大量的人力、物力和财力，只能针对土壤或植被单方面进行修复，不能两者兼顾，且修复效率低。而微生物修复措施通过合理应用微生物与植物互利共生的关系，利用微生物对植物根系进行修复，微生物作为土壤环境中积极的参与者，对联系土壤和植物起着关键性作用（孙金华，2017）。微生物在采煤沉陷区的应用，大大提高了修复树种的成活率，也节省了矿区修复所需要的大量人力、物力和财力。

1.3.3.1 受损植被自修复特性

当植物根细胞的代谢产物传输和信号传导功能变弱，细胞将会失活。就是说当植物根系承受的应力超过其所能承受的最大值时，根系的部分生理功能将减弱，这样将严重阻碍植物的生长发育，甚至导致部分植物死亡。但若是当塌陷时根系所承受的机械拉力未超过其所能承受的最大值时，即塌陷造成的根系破坏程度在其可承受范围内，根系细胞还可以一定程度地修复其损伤并存活下去，当根系受损达到一定程度时，它会激活应力处理机制，根系中细胞组织便会自行修复，并且在形态学上开始渐渐适应（阳小成等，2002）。灌木根系的细胞和组织拥有较强的愈伤和增殖能力，损伤部位通过修复和再生，在一段时间内可以部分甚至全部消除损伤产生的负效应，且具备再次抵御外力的能力（孙贝贝等，2016）。所谓的自修复是指生态系统通过自我组织、自我更新和自我恢复的能力进行自我修复（刘嘉伟，2019）。机械损伤后根系的自修复一般包括两个方面：一个是生长指标（根系生长速率、根系活性和根系数量）受损的自修复；另一个是极限力学性能损伤的自修复（王博，2019）。

根系活性是根细胞和组织活力程度的直接体现，它既影响扎根程度，也影响植物地上部分的生长发育，是衡量根系组织和细胞自修复的重要指标之一（王姣龙等，2017）。王博等（2019）研究表明，机械损伤后根系通过一段时间的自修复，根系活性和生长速率相比未损伤根系的根系活性和生长速率水平有一定程度的恢复，当修复至12个月时这两项指标与未损伤根系无显著差异。于瑞雪等（2014）

研究发现，在采煤沉陷区不同规格大小的沙蒿所受到的胁迫程度不同，当沙蒿受损后其自修复能力由大到小依次为中沙蒿、小沙蒿、大沙蒿。王博等（2018a）以乌柳为试验对象，发现根系损伤程度显著影响根系力学特性的自修复，在同一时间段内，根系损伤程度大的力学特性修复率小于损伤程度小的。杨东旭等（2019）的研究表明，拉力损伤可抑制柠条锦鸡儿直根的自修复，损伤力越大对根系自修复的抑制作用越显著；根径的大小影响柠条锦鸡儿直根自修复后的存活率；修复时间越长，越有利于植物根系的自修复。王博等（2018b）发现，矿区植物受损根系不会彻底丧失固土能力，经过一段时间的自我修复后，根系可以逐渐恢复原有功能，但在较短的时期内其自修复程度有限；在同等外力荷载条件下，小叶锦鸡儿（*Caragana microphylla*）受损根系各部分自修复能力的强弱，表现为直根显著强于侧根分支处，并且直根修复后再次抵御外力破坏的能力更强。灌木根系机械损伤后自修复能力的强弱受两个方面的影响：一方面是其根系生长特性、根径、根型等自身因素的影响；另一方面是受根系生境的侵蚀类型、根系损伤程度、修复时长等外部因素的影响。极限抗拉力学特性自修复和生长指标变化规律基本一致，表明根系力学特性和生长特性自修复具有协同关系，当损伤自修复后根系活性、生长速率和活根数量越大，极限力学特性自修复程度越高。

大量实验表明，在相同修复时间内不同植物的自修复率存在明显差异，达到相同修复效果所用的时间亦不相同。植物根系的自修复能力越强，恢复生长特性和极限力学性能的良性增长的时间就越短，并且植物根系修复后可继续发挥优良的固土抗蚀作用。而有些植物根系的自修复能力较弱，其恢复原有的生长特性和极限力学性能是一个较长的过程，并且在恢复期间其固土抗蚀的能力较弱。

1.3.3.2 微生物修复受损植被

目前，关于运用微生物技术手段修复矿区受损植物根系方面的研究，大部分学者均选用 AM 真菌作为修复植物根系的真菌，利用其与植物的互利共生关系修复受损根系。选用 AM 真菌作为修复植物根系的微生物，是因为它具有很多独特的优点：AM 真菌能与 80%以上陆生植物形成互利共生关系（Strullu-Derrien et al., 2014），在根系表面菌丝有很多可侵入的点，有利于形成庞大的菌根网络，增强植物根系触及不到的土壤中营养元素的吸收，尤其是对磷元素的迁移和转化（Smith et al., 2011），促进了植物生长且增强了其抗逆性（Oyewole et al., 2017）；AM 真菌产生的糖类分泌物，有利于土壤团聚体的形成（Siddiky et al., 2012），进而改善土壤结构；AM 真菌还具有低成本、高生态修复效率、高经济效益和高环境安全性等优点。因此 AM 真菌被广大学者逐渐推广应用到矿区，AM 真菌技术进而成为实现矿区生态修复和生态重建的关键性技术。

孙金华等（2017）研究发现，AM 真菌对矿区植物根系损伤具有一定修复能力；接种 AM 真菌能一定程度上减轻根系垂直和水平方向损伤对玉蜀黍（*Zea mays*）生长生理的影响；AM 真菌对垂直伤根植物地上生长的生态修复效应显著高于水平伤根植物。对垂直和水平伤根植物的地下根系修复效应相当；接种微生物协同外源磷，可以改良根系损伤植物的生长生理过程；接种微生物协同外源磷还可以调节土壤 pH、增强电导率，提高酸性磷酸酶活性增加球囊霉素、速效钾、速效磷、碱解氮、有机质含量，为伤根植物提供较好的土壤生长环境，当单侧伤根时接种 AM 真菌后，可显著提高土壤的酸性磷酸酶活性。李少朋等（2013）发现，玉蜀黍受损根系接种 AM 真菌后，伤根造成玉蜀黍生长发育受阻的恶性影响得到显著缓解；强化玉蜀黍接种的 AM 真菌，可增强玉蜀黍吸收土壤中矿质元素的能力，并且受损玉蜀黍根际土壤中球囊霉素和有机质的含量明显增加，促进了玉蜀黍生长发育；接种 AM 真菌可改善玉蜀黍的根际微生物环境，并且有利于改良和培肥矿区退化土壤。毕银丽等（2017）通过三室分根装置模拟矿区植物垂直方向的根系拉伤，发现接种 AM 真菌能减轻伤根对玉蜀黍生长发育的不利影响；增强玉蜀黍受损根系和地上部分对矿质元素的吸收；缓解玉蜀黍伤根对其内源激素造成的不利影响。Thanuja 等（2002）研究发现，黑胡椒接种 AM 真菌，其生根率、根尖数、根系长度和根干重得到显著增加。

1.4　煤炭开采对水资源的破坏

黄河流域生态脆弱地区的煤炭开采与水资源保护是极具挑战性的重大课题。自 20 世纪 80 年代，国内外学者开始重视煤层开采引发的地下水资源破坏问题。对矿井水的研究由单纯矿井水治理向矿井水利用转变，提出了矿山地下水资源保护和综合利用的思路。欧洲学者结合矿山关闭后水位恢复和排泄对环境带来许多负面影响的问题，加强了矿井水处理技术的研究，并对矿井水资源的保护进行了立法。我国学者在进行矿井突水防治研究的同时也越来越注重地下水资源保护的研究，针对北方矿区水资源保护问题，提出了"排供结合"的地下水保护措施和技术。武强等（1999）针对华北型煤田提出了排水-供水-生态环保"三位一体"优化组合方法，以解决系统中因排水子系统水量变化而引起供水子系统供水不稳的问题。缪协兴等（2008）通过研究建立了保水采煤的隔水关键层矿压模型。Huang 等（2012）为保护浅层地下水，通过防治或减小上覆岩层的破损和裂隙贯通含水层的程度，优化煤层的开采方式和方法、调整煤柱间距和尺寸、采空区充填、降低采高、利用和再造隔水关键层来实现保水开采。但这样的保水开采模式对于我国黄河流域中上游生态脆弱区煤炭规模开发表现出一定的被动性和局限性，限高开采会大幅度降低煤炭资源采出率，充填开采会大大增加开采成本降低煤炭开效率。对于黄河流域中上游生态脆弱区上覆薄基岩的开采条件，煤层规模开采所形成的导水裂隙带可直接贯通地表，保水开采不可能保护含水层不受开采影响，只能是通过转移存贮水的方式，将上覆含水层中的地下水转移至适当的贮水空间内，构成煤矿地下水库，来保持水资源的开发利用价值。煤矿地下水库概念与20世纪80年代提出的地下水库的概念有很大不同（李旺林等，2006）。80年代提出的地下水库概念主要是利用第四系含水层和岩溶含水层来形成地下水库，一种是在河谷松散层中做防渗灌浆帷幕或防渗墙来截渗地下水，一种是对于岩溶区通过灌注混凝土等堵塞通道来形成地下水库。这些方式都是通过减缓地下水流速来形成地下水相对富集的区域，方便于集中开采和利用。而煤矿地下水库则是利用采空区通过建造地下坝体来形成储水空间，并通过人工调蓄控制来实现矿井安全生产，实现地下水资源保护和利用（熊崇山和王家臣，2005）。凭借煤矿地下水库建设这一思路，顾大钊（2012）开展了煤矿采空区储水的理论和技术研究，在神东矿区大柳塔建立了煤矿采空区储水工程，并取得了良好效果。

煤矿开采对水资源的破坏主要包括3个方面。①煤炭矿山地下开采造成的含水层破坏。矿体上覆岩层冒落裂隙带与顶部基岩贯通，含水层结构遭到破坏，地下水位出现不同程度下降。以榆神府矿区采煤为例，主要对烧变岩含水层和第四系潜水含水层造成影响，区域地下水水位下降5~12m，且多数区域已经下降到基岩面以下，直接影响地下水位浅埋区的植被生态，加剧二次沙化。②采动引发大面积地表塌陷和地裂缝，形成以矿井为中心的降落漏斗，破坏了原有区域水均衡状态，导致大量泉水干涸、地表径流衰减甚至断流。例如，截止于2019年，神东、榆神矿区2580个泉点仅剩余376个，泉水干涸比例高达85.6%，窟野河干流径流量衰减约70%，基流量减少了约30%。③矿井疏排水造成水资源浪费和水土污染，据调查统计，榆林市矿山年产出废水量为7865.32万t，年排放废水量为5287.41万t，矿山废渣年产出量为2421.71万t，年利用量为279.2万t（冯立等，2023）。从水资源供需关系角度来看，存在的问题主要有：①水资源匮乏，资源性缺水和结构性缺水并存，用水矛盾突出；②地下水超采问题突出；③现有水利工程供水能力难以保障未来煤矿区用水需求，水资源供排无法达到平衡，供需缺口较大，且过度依赖地下水会导致水资源供需矛盾加剧，同时煤炭开发造成的地下水污染问题也会日趋严重。

1.4.1 煤炭开采对地表水体的影响

煤炭开采改变了煤系地层的原始储水构造，并在地层中形成了一系列裂隙，使得地表水体和地下水的水力联系变得更加紧密；煤矿长期的疏放水导致地下水位持续下降，使得地下水对地表水体的补给作用不断削弱，导致地表水体面积出现不同程度的减小。张思锋等（2011）建立了大柳塔矿区煤炭开采与乌兰木伦河河流径流量的相关关系，得出煤炭开采是影响乌兰木伦河径流量变化的最关键要素，达到 77.3%（其中疏排水占 24.8%，煤炭开采导致的地表塌陷占 52.5%）；马雄德等（2015）通过遥感资料得出红碱淖在 2001～2011 年面积减少了 47.37km^2，并结合层次分析法得出煤炭资源开采对其的影响占主导地位；蒋晓辉等（2010）以黄河中游窟野河为研究对象，通过统计学方法以及所建立的水均衡模型，发现 1997～2006 年煤炭资源开采量为 550 万 t/年，其地表水资源减少量为 $2.9×10^8m^3$/年；在此基础上，吕新等（2014）以神府东胜矿区窟野河流域为例，探讨了煤炭开采对水资源的影响机制，得出了开采 1t 煤使得河流基流量减少 2.038m^3 的结论。

1.4.2 煤炭开采对地下水的影响

在干旱半干旱地区，地下水是水资源总量的重要组成部分，对经济发展和生态环境有着重要的影响（Yin et al.，2011）。煤炭资源开采导致采空区上覆岩层直至地面，出现冒落带、弯曲带和裂缝带（纪万斌，1998），从而改变了上覆含水层的结构，影响了地下水的补给、排泄以及径流条件。另外，使得地下水的运动规律及其原始的自然流场发生改变；地下水的运动由采煤前的横向运动向垂向运动过度，表现为地下水采煤前的基流和潜流排泄（横向运动）变为矿坑排水（垂向运动）（周进生等，2009），从而导致地下水位下降。张凤娥和刘文生（2002）以神府矿区大柳塔井田为例，基于数值模拟的方法建立了二维平面地下水流模型，分析了煤矿开采对地下水流场的影响，认为随着采煤地下水的循环途径发生了改变；范立民等（2003）研究了神府矿区浅埋煤层开采对地下水流场变化规律的影响，认为煤炭开采导致地下水流场发生改变，大量的地下水转化成矿井水使得地下水位持续下降从而引发萨拉乌苏组含水层枯竭，并在此基础上分析了榆神府矿区高强度采煤对地下水的影响，得出了高强度采煤是矿区地下水位下降的主要驱动因素的结论，认为该矿区 71.5%的地下水位明显下降区（下降幅度大于 8m）由高强度开采导致（范立民等，2016）；顾大钊和张建民（2013）研究了神东矿区超大工作面开采对地下水的影响，认为超大工作面开采引发地下水流场重新分布，且含水层厚度越小基岩越薄开采对含水层的影响越大。

1.4.3 煤炭开采对土壤水的影响

包气带水同样是旱区植被的重要水源，绝大多数植被生长和土壤水关系密切，尤其对浅根系植被。一方面煤炭资源开采沉陷引起的地面裂缝、塌陷将直接改变包气带岩性结构；另一方面，煤炭资源的开采导致地下水位下降间接影响土壤含水率的分布特征，尤其是对地下水浅埋区土壤水的影响。宋亚新（2007）研究发现，在塌陷非稳定阶段，塌陷裂缝部位的土壤水损失接近50%，接近萎蔫系数。但是在塌陷稳定阶段，沉陷区土壤含水率明显高于非沉陷区。赵红梅等（2010）对大柳塔采煤沉陷区的土壤含水量及在剖面上的空间变异性做了分析，得出沉陷区的土壤含水率明显低于非沉陷区，且沉陷区的含水率在垂向上的变异性更大。邹慧等（2014）研究了采煤沉陷对土壤水分布的影响，发现裂缝发育期和采后3个月的沉降期，土壤水分受开采的影响最大，含水率出现减小现象，另外，采后1年的夏天出现含水率低值，这是因为地裂缝既减小了土壤的持水能力又增大了土壤水的蒸发面积。张延旭等（2015）研究了半干旱风沙区采煤后裂缝发育对土壤水分的影响，发现含水率的分布遵从以下规律：裂缝区＜沉陷无裂缝区＜未开采区。杨泽元等（2017）以榆树湾煤矿附近裂缝为野外原位监测点，采用野外原位试验与数值模拟相结合的方法，建立了采煤塌陷裂缝带的包气带水运移模型，并获取了相关水（热）力学参数，利用此模型可定量评价采煤裂缝对包气带水运移的影响。

2 风沙采煤沉陷对土壤的影响

煤炭目前是全球含量最为丰富、储载量最多、分布也最为广阔的化石能源，与此同时，也是我国最重要的能源之一，是我国经济社会发展的最关键的物质基础，对经济社会的可持续发展有着极大的影响。经济的急速发展导致我国对煤炭资源的需求量日益增加，故开采活动也日趋严重，矿区生态环境所受的负面影响也逐渐增加，最为明显的就是矿区的土地资源环境。在我国，90%以上煤炭开采工作采用井工开采工艺，此种开采工艺会破坏其煤层原有的平衡力，引起煤炭层发生塌陷及产生地表裂缝，致使采空区上方地表产生大范围沉陷，在地面呈现宽度走向各不相同的水平裂缝、"台阶式"裂缝等地貌形状（张发旺等，2003；赵宏宇，2008），这直接影响到土壤的各项理化性质、地质地貌、水文气象等诸多要素，对土壤性质的影响异常严重，造成土壤质量恶化（Smith et al.，2011；张锦瑞等，2007），主要表现为：采煤塌陷造成地下水位发生变化，产生地表径流，严重危害自然界中水资源循环活动（李春意等，2009）；改变了矿区原有土壤的物理性质，进而对降雨入渗、蒸发，地表植被生存等产生重要影响（宋亚新，2007）。此外，煤炭开采活动过程中造成的废水会使矿区土壤和地下水质量下降，造成土壤盐碱化、沙化等一系列问题，废渣堆积物还会引发滑坡、泥石流等地质灾害问题（王文龙等，2004），最终使矿区生态环境受到破坏。

神府东胜煤田位于黄河中游晋陕蒙地区，是我国目前所发现的煤炭资源储存量最为丰富的地区，其煤炭资源总储量是全国煤炭资源总储量的三分之一（周文凤，1993），是国家重点煤炭开发地。煤田的开发与建设对我国优质煤炭资源利用及社会经济的发展具有决定性的意义，但神府东胜煤田位于黄土高原及毛乌素沙地两大生态结构系统脆弱区的交错带，煤炭开采活动对矿区生态环境影响非常大，伴随着开采活动的进一步扩大，多数地方已沉陷，滑坡泥石流灾害也时常发生，水土流失严重，原本脆弱的生态环境进一步恶化（杨选民和丁长印，2000），在一定程度上限制了煤田的开发建设及可持续发展。

李家塔煤矿作为神府东胜煤田的井工矿之一，位于毛乌素沙地东南缘，原为流动沙地，经人工种植乌柳、小叶杨和黑沙蒿（*Artemisia ordosica*）等已成为固定、半固定沙地。但日益严重的开采活动使地面产生了大量裂缝和严重的塌陷，裂缝最宽达约 1.5m，剖面层次错位最大 1.1m，使地上植株出现枯萎或死亡，固定沙地面临活化的危险（王健，2007）。贺明辉等（2014）通过对毛乌素沙地沉陷区内不同宽度塌陷裂缝及不同沉陷深度的塌陷处及塌陷周围土壤进行物理性质的测定，探究了其土壤物理性质所受影响及其空间差异规律，以期为采煤沉陷区内植被恢复和重建中的土壤保水持水及水分涵养等提供理论支持。

2.1　采煤沉陷对土壤的影响研究

煤矿井工开采沉陷会触发地质、水文和土壤等诸要素的连锁反应（周莹等，2009；缪协兴等，2009），对地表植被及其赖以生存的环境产生影响（李涛，2012；胡振琪等，1996），尤其是对土壤理化性质、包气带土壤水分等产生明显影响。在采煤沉陷对土壤物理和化学性质影响方面，国内外学者开展了大量的研究工作，取得了较为丰富的成果。通过对开采沉陷盆地土壤特性的动态监测，发现开采沉陷对土壤特性的影响有明显的规律性，并且是导致耕地生产力下降的主要原因。土壤物理特性受沉陷影响较显著，而化学特性除电导率外并不明显。胡振琪等（2006）研究了华东平原地区采煤沉陷对耕地景观破坏的规律性，研究表明伴随采煤沉陷的景观破坏，土壤的物理、化学和生物特性都将受到影响，并且在沉陷盆地的不同部位影响不同。采煤沉陷首先直接影响土壤物理特性，使土壤容重、水分含量增大并使渗透速率下降，土壤化学特性对沉陷坡位较为敏感并与沉陷时间有关，除对全磷量影响不显著外，有机质和全氮量随坡位的下降下沉量增大且呈下降趋势，含盐量则呈升高趋势，均是在坡底压缩变形处达最大值。新沉陷地比老沉陷地变化更加明显，土壤受沉陷影响而出现严重的盐渍化是土壤化学特性变化的最主要特征，土壤微生物量在新沉陷地随坡位的下降呈下降趋势，而在老沉陷地则受时间和其他因素影响出现无规律变化（赵明鹏等，2003）。

2.1.1　采煤沉陷后土壤容重及孔隙度变化的研究

在兖州矿区的试验表明：开采沉陷加剧了耕地土壤的雨水侵蚀及其水土流失的程度，对于耕地土壤的物理性质有着明显的影响，受其影响最大的是 0～20cm 土层，其次为 20～40cm 土层，再次为 40～60cm 土层；下坡的塌陷导致其上坡位置土壤容重增加，塌陷深度达到 2.5m 时土壤容重为最佳状态，除此之外土壤容重随塌陷程度的逐渐增加呈下降趋势（陈龙乾等，1999a）。在徐州矿区坨城矿和大黄山矿的研究表明，煤炭开采后土壤容重与未开采地区相比几乎没有发生改变（卞正富，2004）。在高潜水位平原地区的徐州夹河矿与淮北刘桥第一煤矿沉陷地的研究表明，沉陷区 0～20cm 土层，由于塌陷活动的影响土壤容重逐渐增大，下坡位置及塌陷中心区域容重上升幅度最大（王辉等，2000）。赵红梅（2006）通过对比采煤沉陷区和非沉陷区土壤理化性质，表明井工开采活动造成沉陷区土壤粒度和容重增加。毕银丽等（2022）研究认为，采煤沉陷在 0～100cm 土层土壤容重在各土层间呈差异性减小，分层现象减弱趋势。刘哲荣等（2014）研究表明，随沉陷年限的增加土壤容重呈减小趋势。

臧荫桐等（2010）的试验结果表明，塌陷年限 2 年的土壤其孔隙度相对于未沉陷区明显增加，塌陷年限达到 3 年时其土壤孔隙度逐渐恢复。顾和和等（1998）、胡振琪等（1996）在徐州矿务局夹河矿的研究表明，随着塌陷程度增加，从沉陷盆地的上坡到坡底，土壤总孔隙及通气孔隙量逐渐减少，土壤变得紧实。王健等（2006b）的研究表明，塌陷沙丘顶部和中部孔隙度没有明显变化，而沙丘底部和丘间低地孔隙度明显增大，塌陷沙丘 0～40cm 土层其孔隙度无明显变化，但 40～100cm 土层孔隙度明显增加。何金军等（2007）在神府东胜煤田黄土丘陵沉陷区的研究表明，塌陷使黄土土壤总孔隙度明显变小，土壤毛管孔隙度变大，土壤非毛管孔隙度变小。

2.1.2　采煤沉陷后土壤水分变化的研究

侯庆春等（1994）发现，塌陷过后产生的大量裂缝会增加土壤与地面的接触面积从而造成土壤水分散失严重，对沉陷区植被的生长发育造成负面影响。李惠娣等（2003）针对毛乌素沙地边缘大柳塔矿区的研究说明，沉陷区内土壤含水量在春秋干旱季节及夏季降雨集中时与对照区相比均有所下降。赵明鹏等（2003）在辽西阜新矿区的研究表明，地表裂缝造成土壤水分蒸发量增加，土壤湿度呈下降趋势；土壤密实度逐渐增加；煤炭开采后田间持水量降低；沉陷引起土壤养分短缺，最短缺的位置是塌陷拐点，塌陷中心有时会出现养分集中的现象。卞正富（2004）对徐州矿区坨城矿和大黄山矿的研究表明，开采沉陷后土壤含水率变化较大，尤其是下坡位置土壤含水率明显升高。吕晶洁等（2005）在毛乌素沙地东南边缘对采煤沉陷区沙丘土壤水分动态的研究表明，0～100cm 土层，沉陷区和未沉陷区土壤水分在时间和空间上的变化趋势基本一致，塌陷对沙丘的土壤含水量基本没有影响。马迎宾（2013）对矿区采煤塌陷裂缝对坡面土壤水分布的影响进行了研究，得出了不同坡面、坡向上的裂缝对土壤水分的影响机制。王琦等（2013）研究表明，沉陷导致土壤含水量明显下降，且裂缝发育多的地段，土壤水分渗漏更严重。崔向新等（2008a）的研究表明，采煤沉陷造成采空区含水量降低，含水量与沉陷区地表破坏程度呈线性负相关关系。吕晶洁等（2005）研究认为，采煤沉陷对风沙土含水量基本没有影响。谢元贵等（2012a）研究表明，采煤沉陷后林区土壤含水量、毛管持水量和田间持水量均明显下降。魏江生等（2008）和赵宏宇（2008）研究认为，沉陷后土壤田间持水量无明显降低，饱和导水率无明显增大；沉陷区风沙土含水量小于非沉陷区。

2.2 研究内容与试验设计

2.2.1 研究内容

本研究以神府东胜煤田李家塔煤矿采煤沉陷区浅层（0～60cm）及周边（0～100cm）土壤为研究对象，根据沉陷区内的塌陷状况，结合国内外现有研究方法与理论，测定研究区内不同沉陷深度与不同沉陷裂缝宽度对土壤物理特性的影响及其空间变化规律，主要研究内容如下。

（1）毛乌素沙地采煤沉陷对土壤容重及孔隙度的影响。
（2）毛乌素沙地采煤沉陷对土壤持水能力的影响。
（3）毛乌素沙地采煤沉陷对土壤水分含量的影响。

2.2.2 研究方法

此次试验是在2019年6月至2019年8月进行的，为了将土壤本身性质空间异质化影响降为最低，样地选择在相同母质上，土壤形成的生物气候条件和立地条件大致相似，塌陷年限相同，周围植物种类相同并且植被盖度均在30%左右。

1）研究区裂缝宽度及沉陷等级的划分

根据对样地进行的野外实地调查，结合数理统计分析样地内水平地表裂缝的数量、走向及宽度，及其"台阶式"沉陷的数量、深度及走向，最终将样地内水平地表裂缝分为4个等级宽度，即0～20cm、20～40cm、40～60cm、60～100cm，根据沉陷错落程度不同，依次划分为轻度沉陷（沉陷深度0～20cm）、中度沉陷（沉陷深度20～40cm）及重度沉陷（沉陷深度40～60cm），为了进一步研究采煤塌陷与土壤物理性质的关系，试验时分别选择沉陷宽度不同的裂缝和不同的沉陷深度进行土壤物理性质的测定。

2）土壤样品的采集

选择沉陷区内宽度0～20cm、20～40cm、40～60cm、60～100cm的地表裂缝各一条，同时选择沉陷区内轻度沉陷、中度沉陷及重度沉陷各一种，利用GPS定点，并对选取的裂缝打木桩进行标记，裂缝宽度用米尺测量，精度精确到0.1cm，分别在裂缝处及距裂缝25cm、50cm、75cm、100cm的测定样点挖取土壤剖面采集土样，为避免水分异质性的影响，分别在选取的裂缝及其塌陷处附近选取无塌陷地取样作为对照，每个土样5个重复，取土深度为60cm，分为0～10cm、10～20cm、20～40cm、40～60cm 4个土壤层次（均用环刀进行取土）。将取好的土样带回实验室内，测定土壤容重、土壤孔隙度、土壤含水率等指标。

2.2.3 指标测定方法

1）土壤容重

在选定样地挖60cm深剖面，将环刀置于环刀托下，环刀刃口压入土壤中（刀刃与土壤剖面保持垂直）。环刀压入时要用力均匀，尽量保持土壤原状结构。在4个土壤层分别取土，用修土刀对环刃周围的土样进行处理。把环刀中的土样移送到土盒内，立刻封盖，避免水分散失，称重（精确到0.01g），烘干之后再次称其重量。

$$土壤容重 = \frac{M_2 - M_1}{V} \tag{2-1}$$

式中，M_2表示环刀加干土重（g）；M_1表示环刀重（g）；V表示环刀体积（cm³），为100cm³。

2）土壤含水率

用烘干法测定土壤含水率，用铝盒分层取土样，每层分别称鲜土重加盒重，再将盒盖打开放入恒温箱中，105℃下烘10h，冷却至室温，称量烘干土重加盒重。反复进行2~3次，直到称重不变为止。重复3次。

$$土壤含水率 = \frac{M - M_1}{M_1 - M_2} \times 100\% \tag{2-2}$$

式中，M表示鲜土重加盒重（g）；M_1表示干土重加盒重（g）；M_2表示盒重（g）。

3）土壤孔隙度

土壤总孔隙度由土壤比重和土壤容重间接计算求得，在比重不具备或是不需要比重值的情况下，直接利用容重便可求出土壤总孔隙度数值，土壤总孔隙度的经验公式为

$$P_1 = 93.947 - 32.955D \tag{2-3}$$

式中，P_1表示土壤总孔隙度（%）；D表示土壤容重（g/cm³）。

土壤毛管孔隙度的测量方法一样是选择环刀法，将原状环刀土保持在水深2~3mm含薄层水的托盘内浸泡8~12h，如果环刀内土样吸水膨胀，则用削土刀修剪掉位于环刀外侧的土样，并进行称重，称重后用铝盒在环刀中位取出一些土，用烘干法测定其含水率以计算烘干之后环刀土的重量。土壤毛管孔隙度为吸水后环刀内土壤所含水率除以环刀容积。

4）土壤最大持水率

在野外用环刀取原状土样，用削土刀削去环刀两端多余的土，在两端盖上盖子。回到实验室后打开环刀两端的盖子，下端盖上垫有滤纸的有孔底盖，放入水中饱和24h（环刀上口高出水面1~2cm，以免环刀内的土壤被淹造成空气封闭在

土里而影响测定结果），静置 24h 后，从环刀中取 10～15g 土样，用烘干法测定其含水率，即为土壤最大持水率。

$$土壤最大持水率 = \frac{M - M_1}{M_1 - M_2} \times 100\% \quad (2\text{-}4)$$

式中，M 表示放入水中饱和 24h 后环刀加鲜土重（g）；M_1 表示环刀加干土重（g）；M_2 表示环刀重（g）。

5）土壤田间持水率

在野外用环刀取原状土样，用削土刀削去环刀两端多余的土，在两端盖上盖子。回到实验室后打开环刀两端的盖子，下端盖上垫有滤纸的有孔底盖，放入水中饱和 24h（环刀上口高出水面 1～2cm，以免环刀内的土壤被淹造成空气封闭在土里而影响测定结果）。将充分饱和的环刀土样从水中取出置于空气中静置 36h，静置时环刀上口盖一小块塑料布，以防止水分蒸发。静置 36h 后，从环刀中取 10～15g 土样，用烘干法测定其含水率，即为土壤田间持水率。

$$土壤田间持水率 = \frac{M_1 - M_2}{M_2 - M} \times 100\% \quad (2\text{-}5)$$

式中，M_1 表示静置 36h 后环刀加鲜土重（g）；M_2 表示环刀加干土重（g）；M 表示环刀重（g）。

2.2.4 技术路线图

研究风沙采煤沉陷对土壤的影响的技术路线见图 2-1。

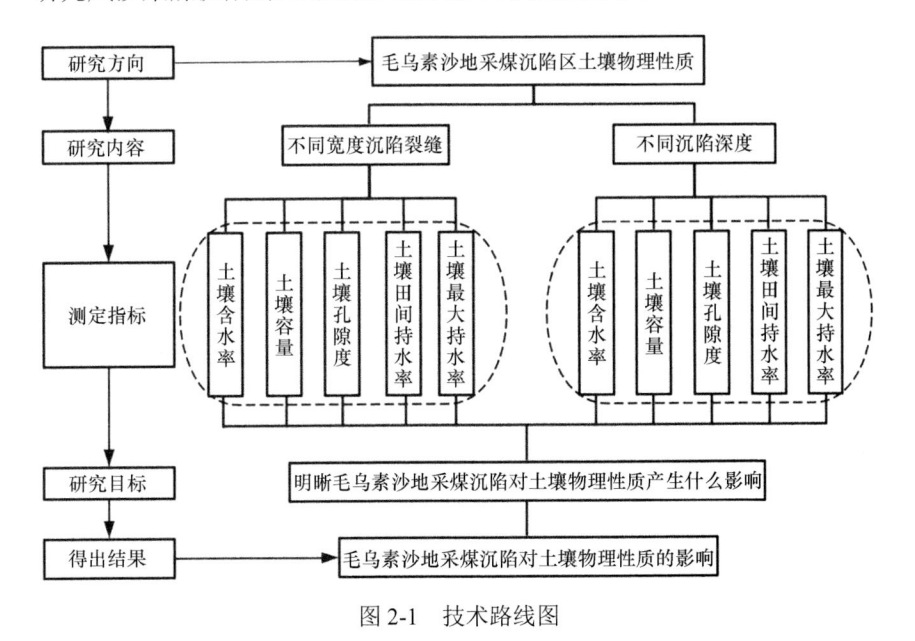

图 2-1 技术路线图

2.3 沉陷裂缝对土壤物理性质的影响

2.3.1 沉陷裂缝对土壤容重的影响

由图 2-2 可知，随着裂缝宽度的增加，土壤容重整体呈逐渐下降趋势，与对照区（CK）相比有所降低但不是特别明显，宽度 0~20cm 的裂缝土壤容重为 1.59g/cm³，宽度 20~40cm 的裂缝土壤容重为 1.51g/cm³，宽度 40~60cm 的裂缝土壤容重为 1.59g/cm³，宽度 60~100cm 的裂缝土壤容重为 1.52g/cm³，与对照区相比，宽度 20~40cm 的裂缝及宽度 60~100cm 的裂缝土壤容重所受影响较大，分别下降了 0.09g/cm³ 及 0.08g/cm³。

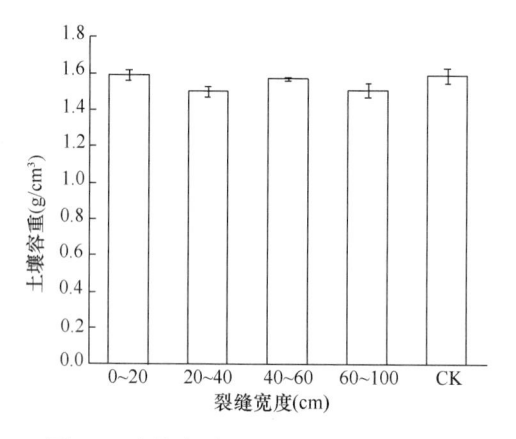

图 2-2　土壤容重随沉陷裂缝宽度的变化

2.3.1.1　不同宽度沉陷裂缝土壤容重水平空间分布特征

由图 2-3 可以看出，各宽度裂缝土壤容重在水平空间内相对波动较大，宽度 0~20cm 的裂缝土壤容重在距沉陷处 100cm 的测定样点出现最小值，为 1.49g/cm³，在距沉陷处 50cm 的测定样点出现最大值（1.62g/cm³）；宽度 20~40cm 的裂缝土壤容重在距沉陷处 100cm 的测定样点为最小值（1.45g/cm³），在距沉陷处 25cm 的测定样点处为最大值（1.66g/cm³）；宽度 40~60cm 的裂缝土壤容重在沉陷处为最小值（1.57g/cm³），在距沉陷处 75cm 的测定样点为最大值（1.66g/cm³）；宽度 60~100cm 的裂缝土壤容重在距沉陷处 0~100cm 整体偏低，在距沉陷处 100cm 的测定样点处所受影响最为明显，在距沉陷处 0~25cm 的测定范围内其土壤容重波动较小。

2.3.1.2　不同宽度沉陷裂缝土壤容重垂直空间分布特征

由图 2-4 可知，随土层深度的增加，其土壤容重先增大后减小，宽度 60~100cm

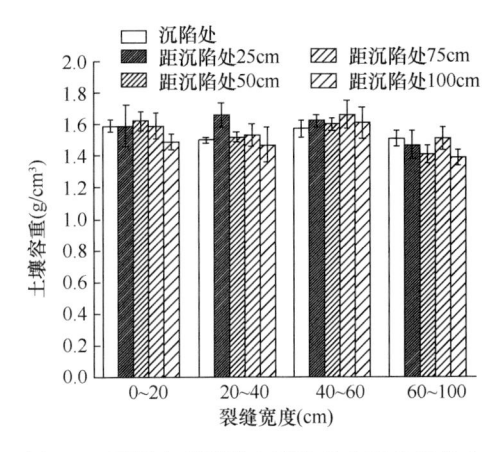

图 2-3 不同宽度裂缝土壤容重水平空间分布

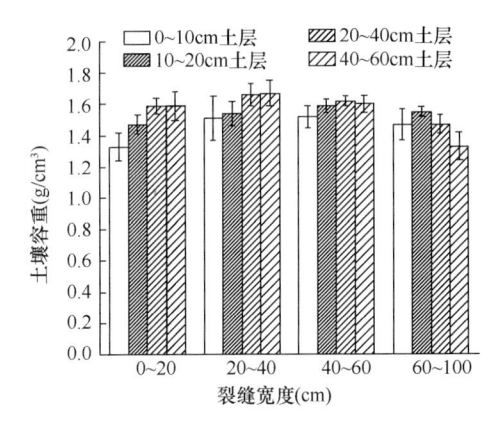

图 2-4 不同宽度裂缝土壤容重垂直空间分布

的裂缝深层土壤容重相对较低。宽度 0~20cm 的裂缝土壤容重在 0~10cm 土层为 1.33g/cm³，10~20cm 土层为 1.47g/cm³，20~40cm 土层为 1.59g/cm³，40~60cm 土层为 1.59g/cm³；宽度 20~40cm 的裂缝土壤容重在 0~10cm 土层为 1.51g/cm³，10~20cm 土层为 1.54g/cm³，20~40cm 土层为 1.66g/cm³，40~60cm 土层为 1.67g/cm³；宽度 40~60cm 的裂缝土壤容重在 0~10cm 土层为 1.52g/cm³，10~20cm 土层为 1.59g/cm³，20~40cm 土层为 1.62g/cm³，40~60cm 土层为 1.60g/cm³；宽度 60~100cm 的裂缝土壤容重在 0~10cm 土层为 1.47g/cm³，10~20cm 土层为 1.55g/cm³，20~40cm 土层为 1.47g/cm³，40~60cm 土层为 1.33g/cm³。

2.3.2 沉陷深度对土壤容重的影响

由图 2-5 可知，随沉陷深度的增加，土壤容重呈逐渐下降趋势，轻度沉陷的土壤容重为 1.69g/cm³，中度沉陷的土壤容重为 1.56g/cm³，重度沉陷的土壤容重为 1.60g/cm³，与对照区相比，轻度沉陷土壤容重有所增加，中度沉陷与重度沉陷无明显差异。

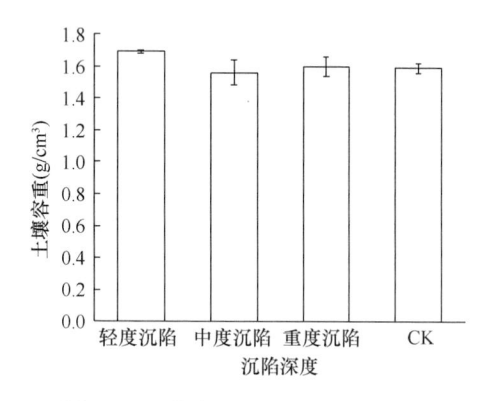

图 2-5 土壤容重随沉陷深度的变化

2.3.2.1 不同沉陷深度土壤容重水平空间分布特征

不同沉陷深度下土壤容重随距沉陷处距离的增加大体上呈先升后降趋势（图 2-6），轻度沉陷土壤容重在距沉陷处 75cm 的测定样点出现最小值，为 1.56g/cm³，在距沉陷处 25cm 的测定样点为最大值（1.75g/cm³）；中度沉陷在沉陷处为最小值（1.23g/cm³），在距沉陷处 50cm 的测定样点处为最大值（1.53g/cm³），在距沉陷处 0～50cm 土壤容重逐渐增加并趋于稳定；重度沉陷土壤容重在距沉陷处 75cm 的测定样点为最小值（1.28g/cm³），在距沉陷处 25cm 的测定样点为最大值（1.58g/cm³）。土壤容重在距沉陷处 0～100cm 均受到影响，在距沉陷处 0～25cm 的测定范围内其土壤容重波动较小。

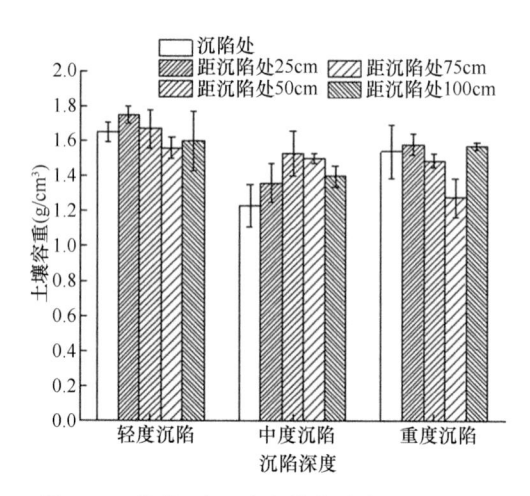

图 2-6 不同沉陷深度土壤容重水平空间分布

2.3.2.2 不同沉陷深度土壤容重垂直空间分布特征

由图 2-7 可知，轻度沉陷土壤容重随土层深度的增加而呈增加趋势，其原因可能是煤炭开采导致土体结构发生破坏，浅层土壤所受影响较为显著，深层土壤无显著影响。轻度沉陷地土壤容重在 0~10cm 土层为 1.50g/cm³，10~20cm 土层为 1.54g/cm³，20~40cm 土层为 1.56g/cm³，40~60cm 土层为 1.65g/cm³；中度沉陷地土壤容重在 0~10cm 土层为 1.52g/cm³，10~20cm 土层为 1.57g/cm³，20~40cm 土层为 1.50g/cm³，40~60cm 土层为 1.53g/cm³；重度沉陷地土壤容重在 0~10cm 土层为 1.50g/cm³，10~20cm 土层为 1.43g/cm³，20~40cm 土层为 1.28g/cm³，40~60cm 土层为 1.28g/cm³。

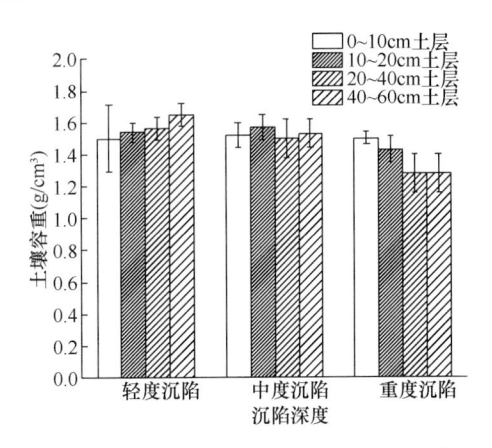

图 2-7 不同沉陷深度土壤容重垂直空间分布

2.3.3 沉陷裂缝对土壤孔隙度的影响

由图 2-8 可以看出，土壤孔隙度随沉陷裂缝宽度的增加呈不显著上升趋势。宽度 0~20cm 的裂缝土壤孔隙度为 43.00%，宽度 20~40cm 的裂缝土壤孔隙度为 41.07%，宽度 40~60cm 的裂缝土壤孔隙度为 44.51%，宽度 60~100cm 的裂缝土壤孔隙度为 43.20%。宽度 40~60cm 的裂缝土壤孔隙度与对照区相比增加相对较多，宽度 0~20cm 的裂缝土壤孔隙度与对照区相比无明显增加，不同沉陷程度之间无显著变化。

2.3.3.1 不同宽度沉陷裂缝土壤孔隙度水平空间分布特征

由图 2-9 可以看出，宽度 0~20cm 的裂缝土壤孔隙度在沉陷处为最小值（42.19%），在距沉陷处 25cm 的测定样点处为最大值（50.03%），在距沉陷处 50~100cm 土壤孔隙度逐渐增加并趋于稳定；宽度 20~40cm 的裂缝土壤孔隙度在距

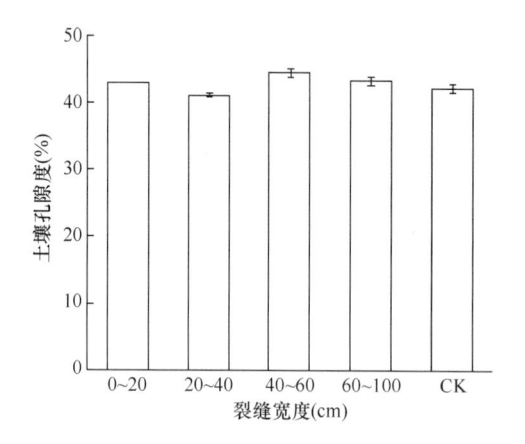

图 2-8　土壤孔隙度随沉陷裂缝宽度的变化

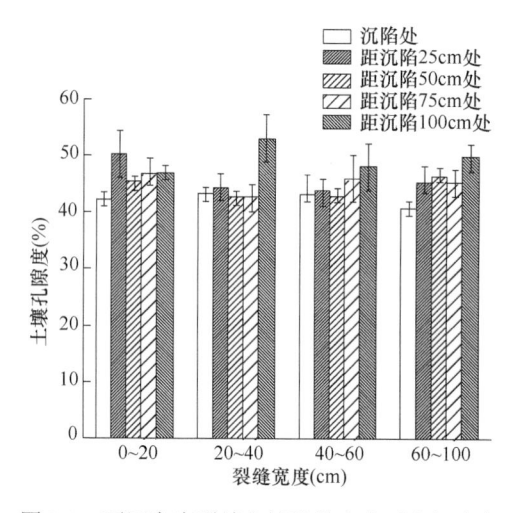

图 2-9　不同宽度裂缝土壤孔隙度水平空间分布

沉陷处 50cm 和 75cm 的测定样点处为最小值（42.45%），在距沉陷处 100cm 的测定样点处为最大值（53.02%）；宽度 40~60cm 的裂缝土壤孔隙度在距沉陷处 50cm 的测定样点处为最小值（42.85%）；宽度 60~100cm 的裂缝土壤孔隙度在沉陷处出现最小值，为 40.74%，在沉陷处至距沉陷处 100cm 范围内整体呈增加趋势。

2.3.3.2　不同宽度沉陷裂缝土壤孔隙度垂直空间分布特征

由图 2-10 可知，宽度 0~20cm 的裂缝土壤孔隙度在 20~40cm 土层为最小值（41.53%），10~20cm 土层为最大值（44.28%）；宽度 20~40cm 的裂缝土壤孔隙度在 0~10cm 土层为 43.22%，10~20cm 土层为 43.11%，20~40cm 土层为 44.58%，40~60cm 土层为 44.33%；宽度 40~60cm 的裂缝土壤孔隙度在 40~60cm 土层为

最小值（39.19%）；宽度 60～100cm 的裂缝土壤孔隙度在 0～10cm 土层为最小值（40.74%），20～40cm 土层为最大值（44.26%），各宽度裂缝土壤孔隙度在垂直空间内无明显差异。

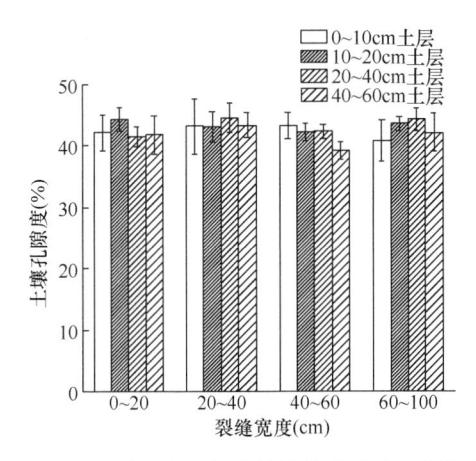

图 2-10　不同宽度裂缝土壤孔隙度垂直空间分布

2.3.4　沉陷深度对土壤孔隙度的影响

由图 2-11 可以看出，土壤孔隙度随沉陷深度的增加而增加。轻度沉陷地土壤孔隙度为 41.10%，中度沉陷地土壤孔隙度为 48.10%，重度沉陷地土壤孔隙度为 51.10%，中度沉陷地及重度沉陷地土壤孔隙度与对照区（42.20%）相比分别增加了 5.9 个百分点、8.9 个百分点，轻度沉陷地与对照区相比无明显差异，重度沉陷地与对照区相比明显增加，不同沉陷程度之间变化较大，其原因在于，试验区位于风沙区，其土壤结构性相对较差，加之煤炭开采的影响，其土质更为疏松，土壤孔隙度随之增加。

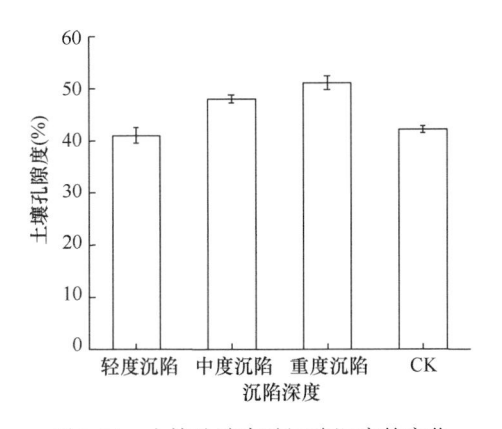

图 2-11　土壤孔隙度随沉陷深度的变化

2.3.4.1 不同沉陷深度土壤孔隙度水平空间分布特征

由图 2-12 可以看出，轻度沉陷的土壤孔隙度在沉陷处为最小值（36.96%），在距沉陷处 100cm 的测定样点为最大值（53.97%），在距沉陷处 0～50cm 土壤孔隙度逐渐增加，在 50～75cm 趋于稳定；中度沉陷的土壤孔隙度在距沉陷处 50cm 的测定样点处为最小值（39.91%），沉陷处为最大值（46.48%）；重度沉陷的土壤孔隙度在距沉陷处 25cm 的测定样点处为最小值（41.07%），在距沉陷处 75cm 的测定样点为最大值（44.66%），在距沉陷处 0～75cm 逐渐增加并趋于稳定。

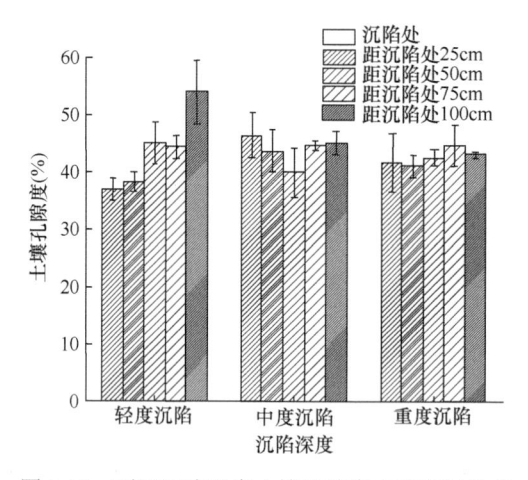

图 2-12　不同沉陷深度土壤孔隙度水平空间分布

2.3.4.2 不同沉陷深度土壤孔隙度垂直空间分布特征

由图 2-13 可知，轻度沉陷的土壤孔隙度在 0～10cm 土层为 38.25%，10～20cm

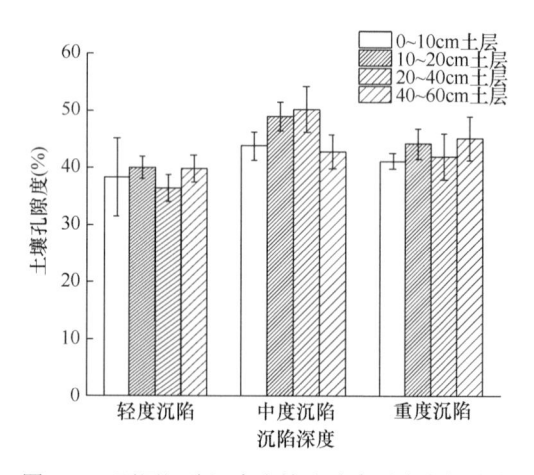

图 2-13　不同沉陷深度土壤孔隙度垂直空间分布

土层为 39.99%，20～40cm 的土层为 36.37%，40～60cm 的土层为 39.82%；中度沉陷的土壤孔隙度在 0～10cm 土层为 43.70%，10～20cm 的土层为 48.83%，20～40cm 的土层为 50.19%，40～60cm 的土层为 42.77%；重度沉陷的土壤孔隙度在 0～10cm 土层为 41.07%，10～20cm 的土层为 44.20%，20～40cm 的土层为 41.80%，40～60cm 的土层为 45.00%。

2.3.5 沉陷裂缝对土壤最大持水率的影响

由图 2-14 可知，随着沉陷裂缝宽度的增加，土壤最大持水率随之增大。宽度 0～20cm 的裂缝土壤最大持水率为 23.07%，20～40cm 的裂缝土壤最大持水率为 22.8%，40～60cm 的裂缝土壤最大持水率为 24.19%，60～100cm 的裂缝土壤最大持水率为 26.15%，对照区土壤最大持水率为 22.66%。与对照区相比，沉陷区土壤平均最大持水率增大了 1.39%，各宽度沉陷裂缝的土壤最大持水率分别是对照区的 1.02 倍、1.01 倍、1.07 倍和 1.15 倍。对照区与不同宽度沉陷裂缝土壤最大持水率相比较有明显变化，其中宽度 60～100cm 的裂缝土壤最大持水率与对照区相比有显著差异。

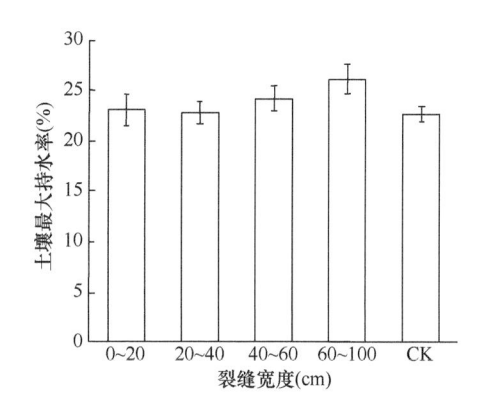

图 2-14 土壤最大持水率随沉陷裂缝宽度的变化

2.3.5.1 不同宽度沉陷裂缝土壤最大持水率水平空间分布特征

由图 2-15 可知，宽度 0～20cm 裂缝土壤最大持水率在沉陷处出现最小值，为 23.07%，在距沉陷处 100cm 的测定样点处为最大值（24.11%），在距沉陷处 25～50cm 逐渐下降；宽度 20～40cm 裂缝土壤最大持水率在距沉陷处 25cm 的测定样点处出现最小值，为 21.99%，最大值分布在距沉陷处 100cm 的测定样点处，为 23.54%，在距沉陷处 25～75cm 相对趋于稳定；宽度 40～60cm 的裂缝土壤最大持水率最小值分布在距沉陷处 25cm 的测定样点处，为 24.11%，在距沉陷处 100cm 的测点样点处为最大值（26.58%）；宽度 60～100cm 的裂缝在沉陷处出现最小值，为 26.15%，在距沉陷处 75cm 的测定样点处为最大值（29.39%），与对照区相比，沉陷处土壤最大持水率在不同水平空间内均有所增加，且随着裂缝宽度的增加土壤最大持水率呈上升趋势。

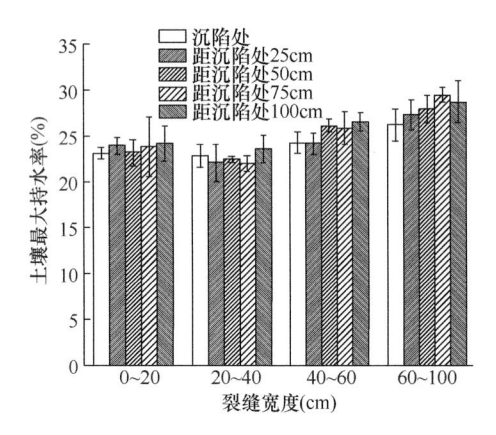

图 2-15　不同宽度裂缝土壤最大持水率水平空间分布

2.3.5.2　不同宽度沉陷裂缝土壤最大持水率垂直空间分布特征

由图 2-16 可以得出，宽度 0～20cm 的裂缝在 10～20cm 土层土壤最大持水率为最小值（22.47%），40～60cm 土层为最大值（24.97%）；宽度 20～40cm 裂缝土壤最大持水率最小值为 22.04%，分布在 10～20cm 土层，40～60cm 土层为最大值（27.30%）；宽度 40～60cm 的裂缝 10～20cm 土层土壤最大持水率为最小值（19.28%），40～60cm 土层为最大值（28.79%）；宽度 60～100cm 的裂缝 10～20cm 土层土壤最大持水率为最小值（24.37%），40～60cm 土层为最大值（27.87%）。4 种宽度裂缝均在 10～20cm 土层出现最小值，40～60cm 土层出现最大值，土壤最大持水率随着土层深度的增加整体上呈递增趋势。

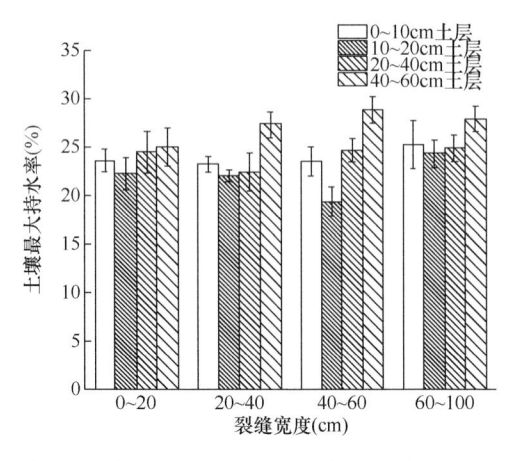

图 2-16　不同宽度裂缝土壤最大持水率垂直分布

2.3.6 沉陷深度对土壤最大持水率的影响

由图 2-17 可知,土壤最大持水率与沉陷深度成正比,即沉陷深度越大土壤最大持水率越高。轻度沉陷土壤最大持水率为 18.31%,中度沉陷土壤最大持水率为 22.06%,重度沉陷土壤最大持水率为 22.69%,与对照区相比,中度沉陷与重度沉陷土壤最大持水率均有不明显增加,轻度沉陷有所下降。造成这一现象的主要原因可能是:煤炭开采过程中土体结构发生改变,土质与开采之前相比变得疏松,孔隙度受到影响,沉陷程度的增加使土壤各处小缝隙数量增加,因此,沉陷后土壤最大持水率增加。

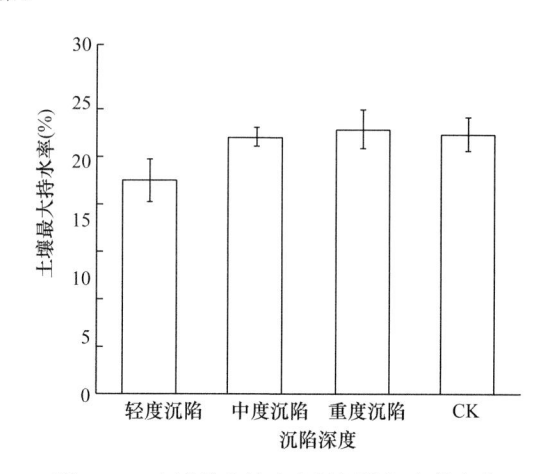

图 2-17 土壤最大持水率随沉陷深度的变化

2.3.6.1 不同沉陷深度土壤最大持水率水平空间分布特征

由图 2-18 可知,轻度沉陷土壤最大持水率在沉陷处出现最小值,为 17.66%,在距沉陷处 100cm 的测定样点内出现最大值,为 24.16%,在距沉陷处 25～75cm 波动较大(最大值与最小值相差 2.11%);中度沉陷在距沉陷处 50cm 的测定样点处为最小值(18.24%);重度沉陷土壤最大持水率在距沉陷处 100cm 的测定样点处为最大值(22.15%),在距沉陷处 50cm 的测定样点处为最小值(19.18%),其他几处测定样点之间变化较小,无明显差异。

2.3.6.2 不同沉陷深度土壤最大持水率垂直空间分布特征

由图 2-19 可知,轻度沉陷土壤最大持水率最大值为 0～10cm 土层(21.56%),最小值为 20～40cm 土层(19.11%);中度沉陷土壤最大持水率最大值为 0～10cm 土层(24.36%),最小值为 40～60cm 土层(19.62%);重度沉陷土壤最大持水率最大值为0~10cm土层（21.29%），最小值为20~40cm土层（19.23%）。沉陷对土壤结构破坏较为明显，导致土体结构疏松，土体结构越为疏松其最大持水率越大。

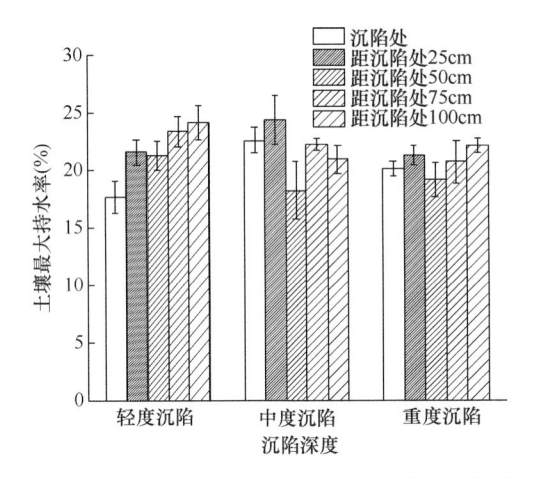

图 2-18　不同沉陷深度土壤最大持水率水平空间分布

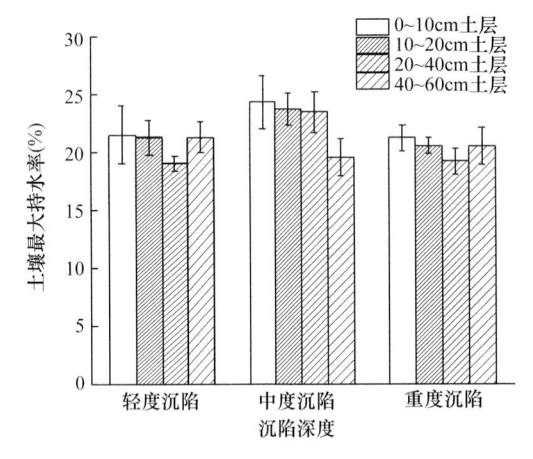

图 2-19　不同沉陷深度土壤最大持水率垂直空间分布

2.3.7　沉陷裂缝对土壤田间持水率的影响

由图 2-20 可知，随着沉陷裂缝宽度的增加，风沙区土壤田间持水率呈现出下降趋势。宽度 0~20cm 的裂缝土壤田间持水率为 13.10%，20~40cm 的裂缝土壤田间持水率为 11.93%，40~60cm 的裂缝土壤田间持水率为 11.71%，60~100cm 的裂缝土壤田间持水率为 11.48%，各宽度沉陷裂缝土壤田间持水率由对照区的15.51%分别下降了 2.41 个百分点、3.58 个百分点、3.8 个百分点和 4.03 个百分点，宽度 60~100cm 的裂缝土壤田间持水率所受影响最为明显，不同宽度沉陷裂缝内部土壤田间持水率无明显差异。其原因在于试验区位于风沙区，土壤本身结构性差，土壤孔隙度大，在采煤沉陷的影响下，土体结构更加松散，从而增大了土壤毛管孔隙的比例，使土壤持水能力下降。

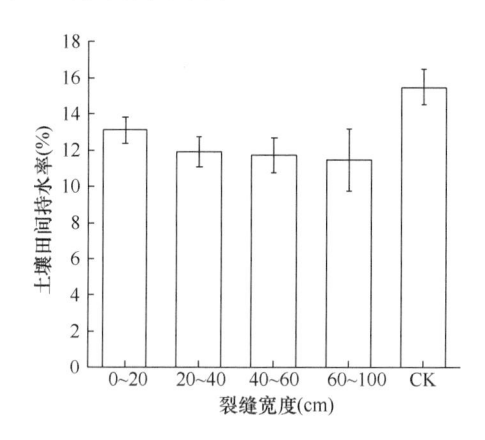

图 2-20　土壤田间持水率随沉陷裂缝宽度的变化

2.3.7.1　不同宽度沉陷裂缝土壤田间持水率水平分布特征

由图 2-21 可知，宽度 0～20cm 裂缝土壤田间持水率在沉陷处出现最小值，为 13.10%，在距沉陷处 75cm 的测定样点处为最大值（14.91%）；宽度 20～40cm 裂缝在距沉陷处 50cm 的测定样点处出现最小值，为 11.30%，最大值分布在距沉陷处 100cm 的测定样点处，为 12.01%，在距沉陷处 25～100cm 处土壤田间持水率逐渐递增并趋于稳定；宽度 40～60cm 裂缝的土壤最大持水率最小值分布在距沉陷处 25cm 的测定样点处，为 10.05%，在距沉陷处 75cm 的测定样点处为最大值（15.18%）；宽度 60～100cm 的裂缝在沉陷处出现最小值，为 11.48%，在距沉陷处 50cm 和 100cm 的测定样点处为最大值（14.81%），在距沉陷处 25～75cm 处土壤田间持水率呈上升

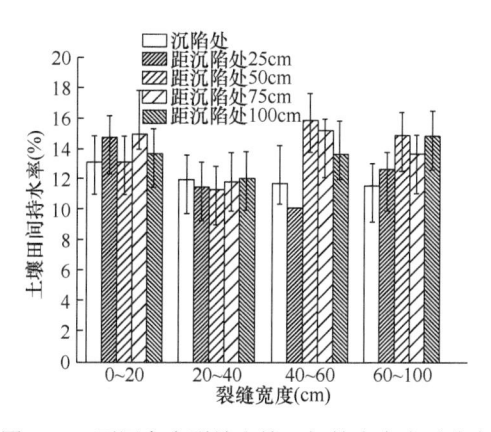

图 2-21　不同宽度裂缝土壤田间持水率水平分布

趋势并趋于稳定。土壤田间持水率在裂缝处及距沉陷处25cm处所受影响较大，在距沉陷处25~75cm处呈现上升趋势并趋于稳定，在距沉陷处75~100cm处土壤田间持水率最佳。

2.3.7.2 不同宽度沉陷裂缝土壤田间持水率垂直分布特征

由图2-22可知，宽度0~20cm裂缝在20~40cm土层土壤田间持水率出现最小值，为12.51%，40~60cm土层为最大值（14.92%）；宽度20~40cm裂缝土壤田间持水率最小值为10.37%，分布在10~20cm土层，40~60cm土层为最大值（14.25%）；宽度40~60cm的裂缝10~20cm土层为最小值（9.06%），40~60cm土层为最大值（13.41%）；宽度60~100cm的裂缝20~40cm土层为最小值（11.44%），10~20cm土层为最大值（13.93%）。

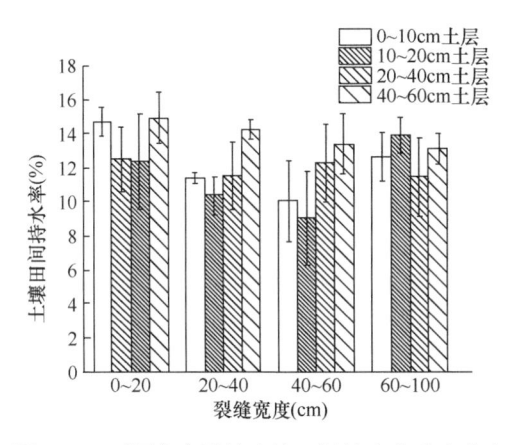

图2-22 不同宽度裂缝土壤田间持水率垂直分布

2.3.8 沉陷深度对土壤田间持水率的影响

由图2-23可知，随着沉陷深度的增加，风沙区土壤田间持水率呈现出下降趋势，轻度沉陷土壤田间持水率为15.32%，中度沉陷土壤田间持水率为13.90%，重度沉陷土壤田间持水率为9.58%，不同沉陷深度的土壤田间持水率与对照区的15.73%相比分别下降了0.41个百分点、1.83个百分点、6.15个百分点，重度沉陷的土壤田间持水率所受影响最为明显，是对照区土壤田间持水率的61%，轻度沉陷与对照区相比所受影响相对较小，不同沉陷深度之间，其土壤田间持水率变化较大。

2.3.8.1 不同沉陷深度土壤田间持水率水平空间分布特征

由图2-24可知，轻度沉陷土壤田间持水率在距沉陷处25cm的测定样地上出现最小值，为12.51%，在距沉陷处50cm的测定样点处为最大值（15.14%）。中度沉陷在沉陷处和距沉陷处 25cm 的测定样点处出现最小值，为 12.13%，最大值分布在距沉陷处 75cm 的测定样点处，为 14.00%，在距沉陷处 25～75cm 处土壤田间持水率逐渐递增并趋于稳定。重度沉陷其土壤田间持水率最小值分布在距沉陷处 25cm 的测定样点，为 9.16%，在距沉陷处 50cm 的测定样点为最大值（10.50%）；在距沉陷处 0～50cm 处土壤田间持水率呈上升趋势，在距沉陷处 75～100cm 处趋于稳定。

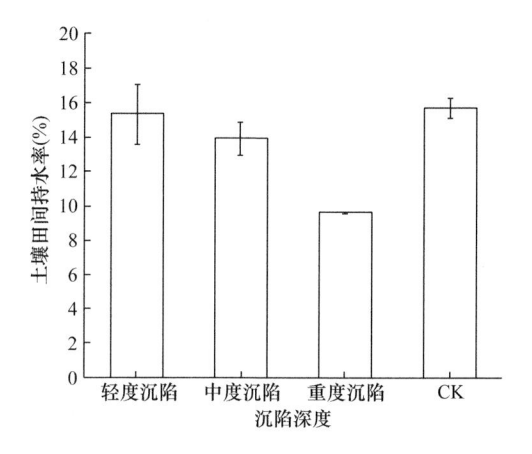

图 2-23　土壤田间持水率随沉陷深度的变化

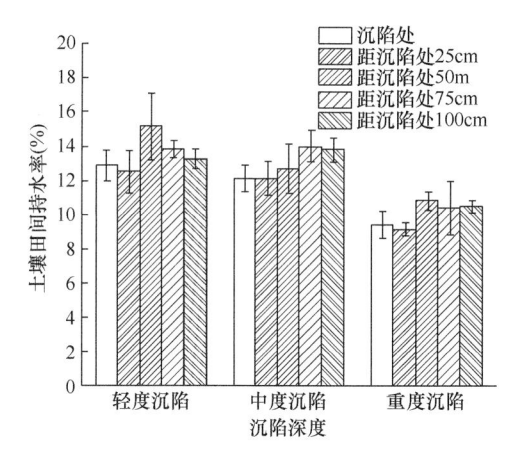

图 2-24　不同沉陷深度土壤田间持水率水平空间分布

土壤田间持水率在距沉陷处 0～25cm 处所受影响较大，在 25～75cm 处呈现上升趋势，在 75～100cm 处趋于稳定且为最佳。与对照区相比，沉陷处土壤田间持水率在各个测定样点内均有所下降，且随着沉陷程度的增加其土壤田间持水率降低。

2.3.8.2　不同沉陷深度土壤田间持水率垂直空间分布特征

由图 2-25 可知，轻度沉陷土壤田间持水率在 0～10cm 土层为 13.38%，10～

20cm 土层为 12.30%，20~40cm 土层为 12.88%，40~60cm 土层为 14.37%；中度沉陷土壤田间持水率在 0~10cm 土层为 11.15%，10~20cm 土层为 13.01%，20~40cm 土层为 12.13%，40~60cm 土层为 12.53%；重度沉陷土壤田间持水率在 0~10cm 土层为 9.37%，10~20cm 土层为 8.24%，20~40cm 土层为 9.42%，40~60cm 土层为 10.19%。不同沉陷程度，随沉陷程度的增加土壤田间持水率呈降低趋势。

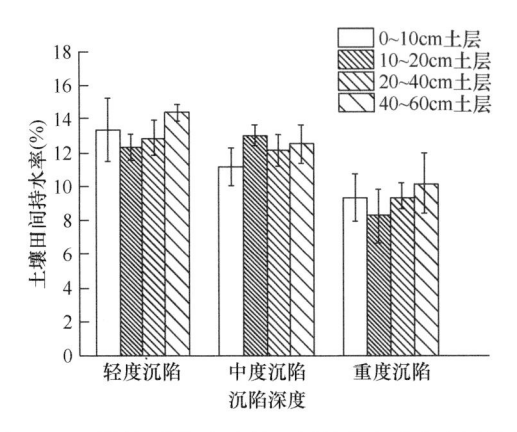

图 2-25　不同沉陷深度土壤田间持水率垂直空间分布

2.3.9　沉陷裂缝对土壤含水率的影响

由图 2-26 可以看出，土壤含水率与沉陷裂缝宽度成反比，即裂缝越宽，土壤含水率越低，宽度 0~20cm 的裂缝土壤含水率为 3.26%，20~40cm 的裂缝土壤含水率为 2.79%，40~60cm 的裂缝土壤含水率为 2.51%，60~100cm 的裂缝

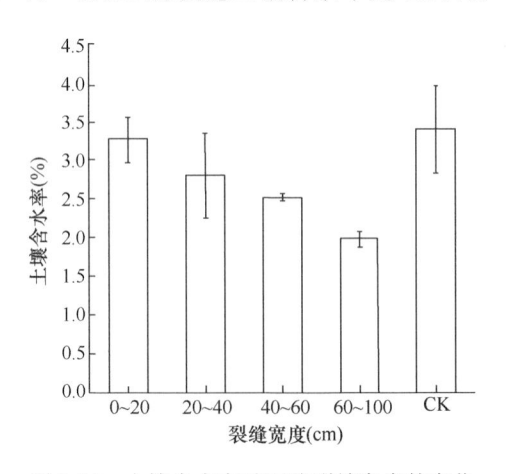

图 2-26　土壤含水率随沉陷裂缝宽度的变化

土壤含水率为 1.98%，各宽度沉陷裂缝土壤含水率由对照区的 3.39%分别下降了 0.13 个百分点、0.6 个百分点、0.88 个百分点和 1.41 个百分点，其中，宽度 0～20cm 的裂缝土壤含水率与对照区相比所受影响相对较小，宽度 60～100cm 的裂缝土壤含水率所受影响最为明显。造成这一现象的原因为：试验区位于风沙区，土壤水分含量相对较低，在采煤沉陷的影响下，裂缝的产生增加了土壤与外界的接触面积，蒸发量也随之加大，土壤水分散失较为严重，土壤含水率随之降低。

2.3.9.1 不同宽度沉陷裂缝土壤含水率水平空间分布特征

由图 2-27 可知，宽度 0～20cm 的裂缝土壤含水率在沉陷处出现最小值，为 3.26%，在距沉陷处 100cm 处出现最大值（4.13%），在各个测定样点土壤含水率呈逐渐上升趋势，宽度 20～40cm 的裂缝土壤含水率最小值为 2.79%，分布在沉陷处，在距沉陷处 75cm 处为最大值（3.50%），在距沉陷处 50～75cm 处土壤含水率逐渐上升；宽度 40～60cm 的裂缝土壤含水率在距沉陷处 25cm 的测定样点处为最小值（2.38%），在沉陷处为最大值（2.46%），在距沉陷处 25～75cm 处土壤含水率呈逐渐上升趋势；宽度 60～100cm 的裂缝在距沉陷处 25cm 的测定样点处为最小值（1.68%），在距沉陷处 75cm 处为最大值（3.32%），土壤含水率在距沉陷处 0～100cm 处呈逐渐上升趋势。在水平空间范围内，土壤含水率随着距沉陷处距离的增加土壤含水率呈增加趋势，土壤含水率的最小值分布在距沉陷处 0～25cm 处，在距沉陷处 25～75cm 处呈增加趋势。

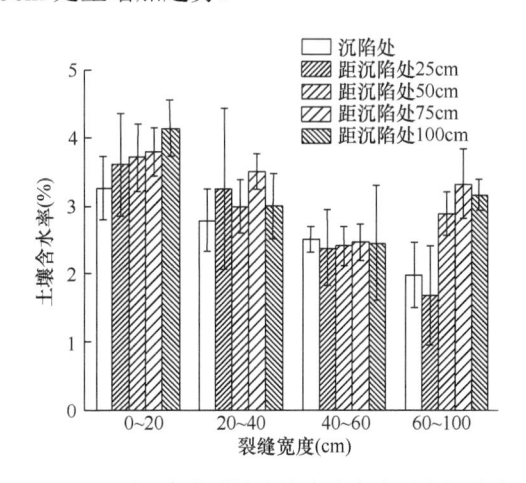

图 2-27　不同宽度裂缝土壤含水率水平空间分布

2.3.9.2 不同宽度沉陷裂缝土壤含水率垂直空间分布特征

由图 2-28 可看出，宽度 0～20cm 的裂缝土壤含水率在 0～10cm 土层为 3.61%，10～20cm 土层为 2.47%，20～40cm 土层为 3.68%，40～60cm 土层为 4.29%；宽

度 20～40cm 的裂缝土壤含水率在 0～10cm 土层为 3.25%，10～20cm 土层为 1.40%，20～40cm 土层为 3.27%，40～60cm 土层为 4.21%；宽度 40～60cm 的裂缝土壤含水率在 0～10cm 土层为 2.38%，10～20cm 土层为 1.28%，20～40cm 土层为 2.48%，40～60cm 土层为 2.34%；宽度 60～100cm 的裂缝土壤含水率在 0～10cm 土层为 1.68%，10～20cm 土层为 1.25%，20～40cm 土层为 2.77%，40～60cm 土层为 2.60%。同一裂缝宽度下，土壤含水率整体随土层深度的增加而增加；不同裂缝宽度下，土壤含水率随裂缝宽度的增加而减小。

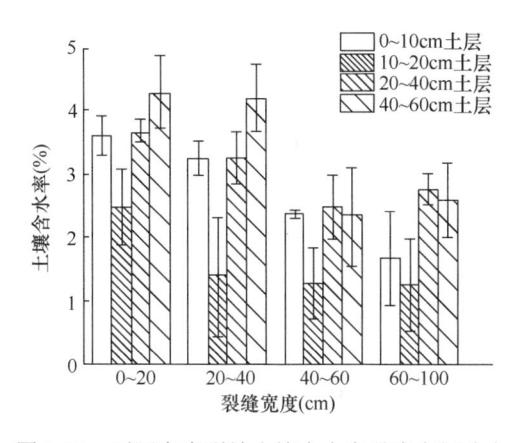

图 2-28　不同宽度裂缝土壤含水率垂直空间分布

2.3.10　沉陷深度对土壤含水率的影响

由图 2-29 可以看出，沉陷深度越深，土壤含水率散失越为严重，轻度沉陷的土壤含水率为 3.36%，中度沉陷的土壤含水率为 2.21%，重度沉陷的土壤含水率为 1.83%，不同沉陷深度的土壤含水率由对照区的 3.82%分别下降了 0.46 个百分

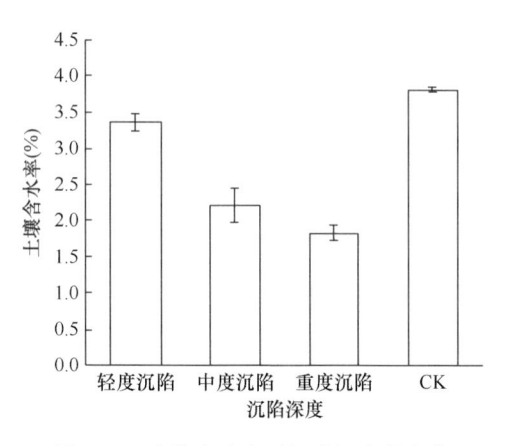

图 2-29　土壤含水率随沉陷深度的变化

点、1.61 个百分点和 1.99 个百分点，其中轻度沉陷的土壤含水率与对照区相比水分散失相对较少，重度沉陷的土壤含水率所受影响最为明显，不同沉陷深度之间土壤含水率存在明显差异，这一现象形成的原因为：煤炭开采活动增加了土壤与外界的接触面积，水分蒸发量也随之加大，土壤水分散失较为严重，土壤含水率随之减小。

2.3.10.1 不同沉陷深度土壤含水率水平空间分布特征

由图 2-30 可知，轻度沉陷土壤含水率在距沉陷处 75cm 处出现最小值，为 3.25%，在距沉陷处 50cm 的测定样点处为最大值（4.36%）；中度沉陷在沉陷处出现最小值，为 2.21%，最大值分布在距沉陷处 50cm 的测定样点，为 2.87%，在距沉陷处 75～100cm 处土壤含水率趋于稳定；重度沉陷处土壤含水率的最小值分布在沉陷处，为 1.87%，在距沉陷处 50cm 的测定样点处土壤含水率出现最大值，为 2.36%。在距沉陷处 0～25cm 处土壤含水率相对较低，在距沉陷处 25～50cm 处土壤含水率波动较大，在距沉陷处 75～100cm 处土壤含水率呈逐渐上升趋势并趋于稳定。

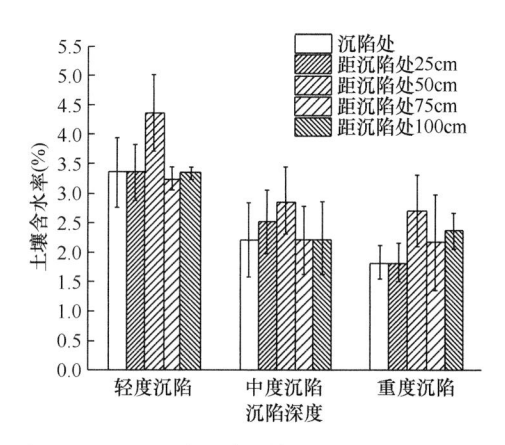

图 2-30　不同沉陷深度土壤含水率水平空间分布

2.3.10.2 不同沉陷深度土壤含水率垂直空间分布特征

由图 2-31 可以看出，轻度沉陷土壤含水率在垂直空间内，0～10cm 土层为 3.38%，10～20cm 土层为 3.71%，20～40cm 土层为 3.36%，40～60cm 土层为 3.46%；中度沉陷土壤含水率 0～10cm 土层为 2.69%，10～20cm 土层为 1.62%，20～40cm 土层为 2.52%，40～60cm 土层为 2.80%；重度沉陷土壤含水率 0～10cm 土层为 1.73%，10～20cm 土层为 1.97%，20～40cm 土层为 1.83%，40～60cm 土层为 2.45%。

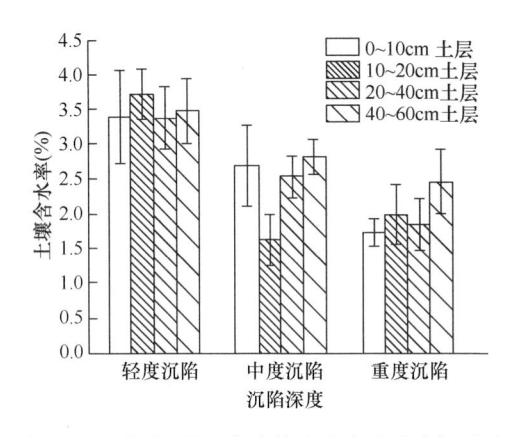

图 2-31 不同沉陷深度土壤含水率垂直空间分布

2.4 小　　结

（1）与对照相比，沉陷裂缝处土壤容重变小，且随裂缝宽度的增加，土壤容重整体呈下降趋势。沉陷后土壤孔隙度随裂缝宽度及沉陷深度的增加呈上升趋势，与对照区相比中度沉陷地及重度沉陷地分别增加了 5.9 个百分点、8.9 个百分点。

（2）土壤最大持水率随裂缝宽度和沉陷程度加大而提高。各宽度裂缝土壤最大持水率分别是对照区的 1.02 倍、1.01 倍、1.07 倍和 1.15 倍，轻度、中度及重度沉陷与对照区相比土壤最大持水率轻度下降。土壤最大持水率在沉陷处及距沉陷 50cm 的测定样点处出现最小值，其他几处测定样点波动明显。

（3）土壤田间持水率随裂缝宽度及沉陷深度的增加下降幅度整体增加，0~60cm 土层深度下，随土层深度的增加土壤田间持水率呈上升趋势，在沉陷处及距沉陷 25cm 的测定样点土壤田间持水率相对较低，宽度 60~100cm 的沉陷裂缝田间持水率下降最多，较对照下降了 4.03 个百分点。

（4）与对照区相比，沉陷区土壤含水率明显降低，与对照相比宽度 0~20cm 的裂缝土壤含水率下降最少，为 0.13 个百分点，宽度 60~100cm 的裂缝下降最多，为 1.41 个百分点；3 种沉陷深度与对照区相比分别下降 0.46 个百分点、1.61 个百分点、1.99 个百分点。0~60cm 土层深度下土壤含水率随土层深度的增加轻度沉陷变化不大，而中度沉陷、重度沉陷呈增加趋势，沉陷周边 0~100cm 沉陷处及距沉陷 25cm 处土壤含水率相对较小。

3 风沙采煤沉陷区土壤水热耦合特征

土壤冻融循环是指土壤受到气候环境及自身特性等多方面因素影响，在表土及以下一定深度形成冻结和融解的过程（刘帅等，2009；Liu et al.，2011）。土壤的冻融过程是一个较为复杂的过程，它伴随着物理、化学、力学现象，主要体现为土壤的水热传输、水分相变及盐分的积累（李瑞平等，2007；付强等，2016）。这一现象普遍存在于高纬度、高海拔地区，并作为地-气热交换的主要过程影响着生态环境（卞正富和雷少刚，2009；马迎宾等，2014；Zhang and Stamnes，2015）。土壤的冻融循环使得土壤中的水、热状况发生着复杂的迁移变化。一方面，土壤含水率的变化影响着土壤的热特性参数及土壤溶质的扩散，促使土壤热流传导与温度重分布；另一方面，土壤温度梯度的存在影响着土壤水分的迁移及水分特征参数的变化。但是，由于冻融条件和土壤类型不同，冻融循环作用对水热耦合作用的影响具有复杂性，当前，水热耦合作用研究结果尚未有统一定论，对此还需深入研究。

我国有着丰富的煤炭资源，其中 14 个大型煤炭生产基地，有 9 个分布于黄河流域。煤炭资源开采是把双刃剑，既有利于我国经济的高速发展，也产生了一系列严重的生态环境问题。不合理、无期限的煤炭开采形成了大面积的沉陷（刘英等，2022）。近年来，对采煤沉陷区土壤进行的深度研究发现，采煤沉陷区产生的大量裂缝一方面增加了土壤水分的垂直入渗度，表层土壤持水能力下降；另一方面使暴露于空气的土壤面积增加，蒸发量提升，不利于保持水分（毕银丽等，2014；邹慧等，2014）。而土壤水热关系密切，冻融过程也影响着水分的空间分布，如冻土融化后，采煤沉陷区的土壤含水率峰值也逐渐沿垂直方向下移（包斯琴等，2017）。可见，采煤沉陷使原有的生态平衡被打破，其地质、水分和土壤环境均发生了极大程度的改变（李树志，2019），进而影响区域植被的生长发育状况，在这些影响因素中水分和温度的影响最为显著（郭海桥等，2019）。因此，探究矿区土壤的冻融循环过程对于维持和恢复矿区生态环境十分必要。

鉴于此，本研究将陕蒙交界的鄂尔多斯市伊金霍洛旗 2 个煤矿分别作为风沙区采煤沉陷样地和黄绵土区采煤沉陷样地，通过对 2 种类型沉陷区内外土壤含水量及温度动态变化进行原位监测，探究土壤水热运移对冻融过程的响应机制，从而为采煤沉陷区的植被恢复及生态修复提供数据支持与理论依据。

试验监测时间为 2019 年 12 月 12 日至 2020 年 3 月 20 日。分别在 2 个煤矿沉陷区内部的裂缝处及沉陷区外的平坦地区放置 U23 土壤温湿度记录仪（美国

DECAGON 公司），共放置 4 个记录仪，监测土壤温度及土壤含水率数据。监测土壤深度为 0～60cm，每 10cm 为一层，监测频率为 1 次/h。将冻融过程分为冻结初期、冻结稳定期、融解交替期、融解期 4 个阶段以更好地进行描述。

为了探讨土壤冻融时间，定义冻结初日为秋、冬季首次连续 5 天 ST_{min}（日最低土壤温度）<0℃的第 1 天；完全冻结初日为秋、冬季首次连续 5 天 ST_{max}（日最高土壤温度）<0℃的第 1 天；消融初日为春、夏季首次连续 5 天 ST_{max}>0℃的第 1 天。要求"连续 5 天"是为了避免随机天气过程的影响。

对各土层含水率进行差异性分析并计算变异系数（C_v），利用变异系数衡量土壤水分变异程度。

$$C_v = \frac{SD}{Mean} \times 100\% \tag{3-1}$$

式中，C_v 表示变异系数；SD 表示标准偏差；Mean 表示平均值。其中，$C_v \leqslant 10\%$ 为弱变异；$10\% < C_v < 100\%$ 为中等变异；$C_v \geqslant 100\%$ 为强变异（赵培培，2010）。然后，根据不同沉陷区土壤含水率变异程度，将土层划分为活跃层（$C_v \geqslant 30\%$）、缓和层（$10\% \leqslant C_v < 30\%$）和稳定层（$C_v < 10\%$）。

运用 Excel 2010 对所得数据进行整理，采用 SPSS 22.0 计算平均值、标准偏差及变异系数，采用 Origin 2021 对获取的数据进行绘图。

3.1 黄绵土和风沙土采煤沉陷区土壤冻融时间对比

由表 3-1 可见，黄绵土和风沙土土壤冻结初日和完全冻结初日前后差别不大，土壤均在 12 月中上旬，由浅层向深层冻结；黄绵土 10～30cm 土层土壤均于 12 月 12 日进入完全冻结阶段；而 40～60cm 土层土壤均于 12 月下旬进入完全冻结阶段。而风沙土 10～60cm 土层土壤均于 12 月 12 日进入完全冻结阶段。可见，黄绵土滞后于风沙土进入完全冻结阶段；而且，风沙土消融初日明显滞后于黄绵土；风沙土 10～60cm 土层土壤消融初日分别滞后于黄绵土 3d、9d、13d、16d、17d 和 22d。黄绵土各层土壤发生日冻融循环的天数均少于风沙土，而风沙土各层土壤 $ST_{max} < 0℃$ 的天数均多于黄绵土。

表 3-1 黄绵土和风沙土 10～60cm 土壤冻融时间

土层深度（cm）	土壤类型	冻结初日（月-日）	完全冻结初日（月-日）	消融初日（月-日）	冻融循环天数（d）	$ST_{max}<0℃$ 天数（d）
10	黄绵土	12-12	12-12	2-21	75	55
	风沙土	12-12	12-12	2-24	86	83
20	黄绵土	12-12	12-12	2-23	76	66
	风沙土	12-12	12-12	3-4	86	86

续表

土层深度（cm）	土壤类型	冻结初日（月-日）	完全冻结初日（月-日）	消融初日（月-日）	冻融循环天数（d）	$ST_{max}<0℃$天数（d）
30	黄绵土	12-12	12-12	2-23	76	69
	风沙土	12-12	12-12	3-8	92	91
40	黄绵土	12-18	12-18	2-23	70	75
	风沙土	12-12	12-12	3-11	92	91
50	黄绵土	12-21	12-21	2-23	67	75
	风沙土	12-12	12-12	3-12	93	92
60	黄绵土	12-24	12-24	2-20	56	74
	风沙土	12-12	12-12	3-14	96	95

3.2 不同采煤沉陷区土壤水文过程季节变化的典型分析

由图 3-1 可知，土壤冻融过程与当地气温密切相关，且大气温度对土壤温度

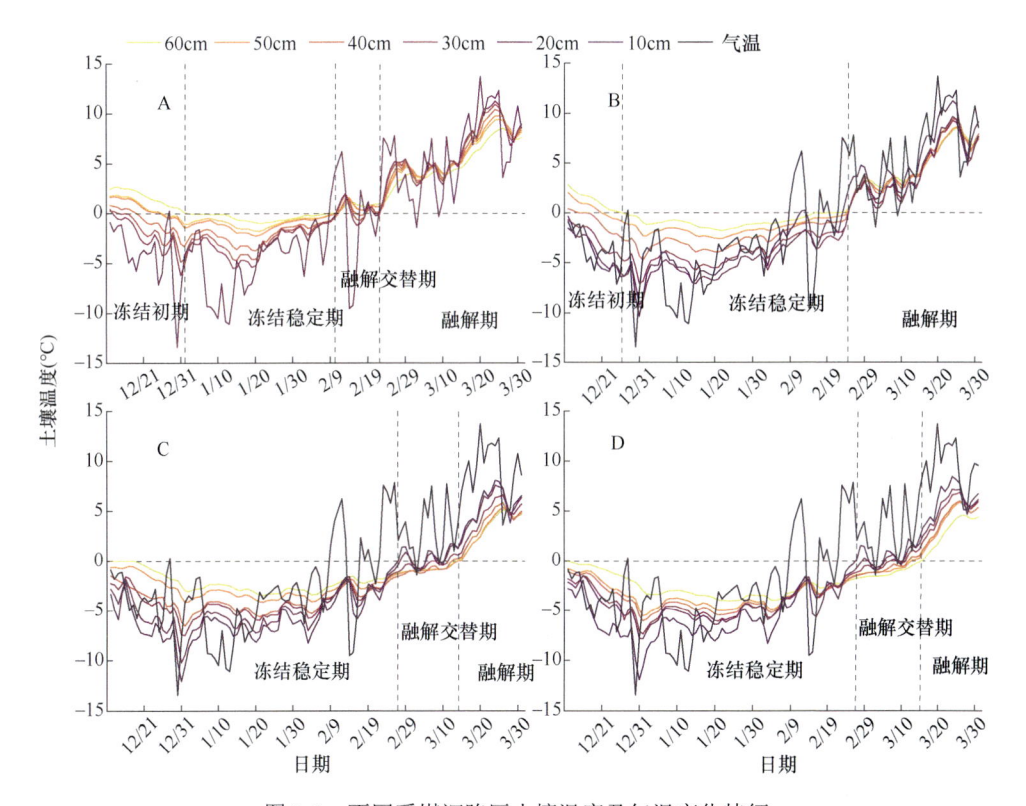

图 3-1 不同采煤沉陷区土壤温度及气温变化特征
图 A 为黄绵土沉陷区外；图 B 为黄绵土沉陷区内；图 C 为风沙沉陷区外；图 D 为风沙沉陷区内，下同

的影响主要集中于表层,土壤温度随着土层深度逐渐上升。冻融过程土壤温度呈"U"形变化趋势。黄绵土采煤沉陷区内与区外分别在 12 月 27 日和 1 月 2 日进入完全冻结状态,分别于 2 月 12 日和 2 月 11 日进入冻融交替阶段,又分别于 2 月 25 日和 2 月 23 日完全融解,黄绵土沉陷区外完全融解时间较沉陷区提前 2 天。在融解阶段,随着气温升高,研究区冻土呈现出地表层向下,冻结层向上的双向融解。风沙采煤沉陷区与未沉陷区均于 12 月 12 日前进入冻结稳定期,土壤冻结过程表现为由表层土逐渐向地下深层土的自上而下冻结,表层土冻结后活动层形成冻融锋,阻碍土壤水分渗入,浅层土壤水分保持能力迅速下降并达到饱和。风沙沉陷区外于 2 月 27 日各土层土壤温度随气温回升而逐渐提高至 0℃以上,土层由上至下依次解冻,进入冻融交替阶段,出现融解现象且逐步溶解,并于 3 月 14 日各土层温度全部进入 0℃以上,完全融解。沉陷区则在 2 月 27 日开始逐渐融化,并于 3 月 16 日完全融化,较沉陷区外滞后 2d。风沙区进入冻结期的时间较黄绵土区更早,且冻结时间更晚,总冻结时间长于黄绵土采煤沉陷区。进一步分析发现,相较于风沙沉陷区外,完全冻结后的风沙沉陷区表层土壤温度更高,深层土壤温度更低,不同土层深度间差距相对较小,而黄绵土沉陷区不同土壤深度间温度差异表现较大。

3.3 土壤水文过程对冻融过程的响应机制

3.3.1 采煤沉陷区土壤水分时空异质性规律

由图 3-2 可知,沉陷区内外各土层土壤含水率变化存在较大差异,沉陷区外各土层土壤含水率变化相对规律,沉陷区内变化则相对凌乱。黄绵土沉陷区外土壤含水率显著高于黄绵土沉陷区内,而风沙沉陷区内外差异不显著。土壤含水率与冻融过程有密切联系。当地气温持续降低,并于 12 月 12 日前降至 0℃以下,各层土壤开始冻结。各土层土壤含水率均出现不同程度的下降,0~40cm 土层土壤含水率出现剧烈变化,40~60cm 土层土壤含水率相对稳定。随时间推移外界气温逐渐上升,各层冻土开始融化,土壤含水率有了不同程度恢复。其中,0~10cm 和 40~60cm 土层土壤含水率较 10~40cm 恢复更快。

3.3.2 冻融期采煤沉陷对土壤水分的影响

由表 3-2 和表 3-3 可知,2 种土壤类型沉陷区土壤含水率变异程度均属于弱变异和中等变异。变异程度由高到低分别为风沙沉陷区外＞风沙沉陷区内＞黄绵土沉陷区内＞黄绵土沉陷区外。与黄绵土沉陷区相比,风沙沉陷区整体变异程度更高。其中,风沙沉陷区内外 0~30cm 土层变异系数分别为 35%、35%、55%和 63%、

58%、48%。黄绵土沉陷区外的 30～60cm 土层和黄绵土沉陷区内 50～60cm 土层变异程度低，变异系数分别为 9%、7%、8% 和 18%。

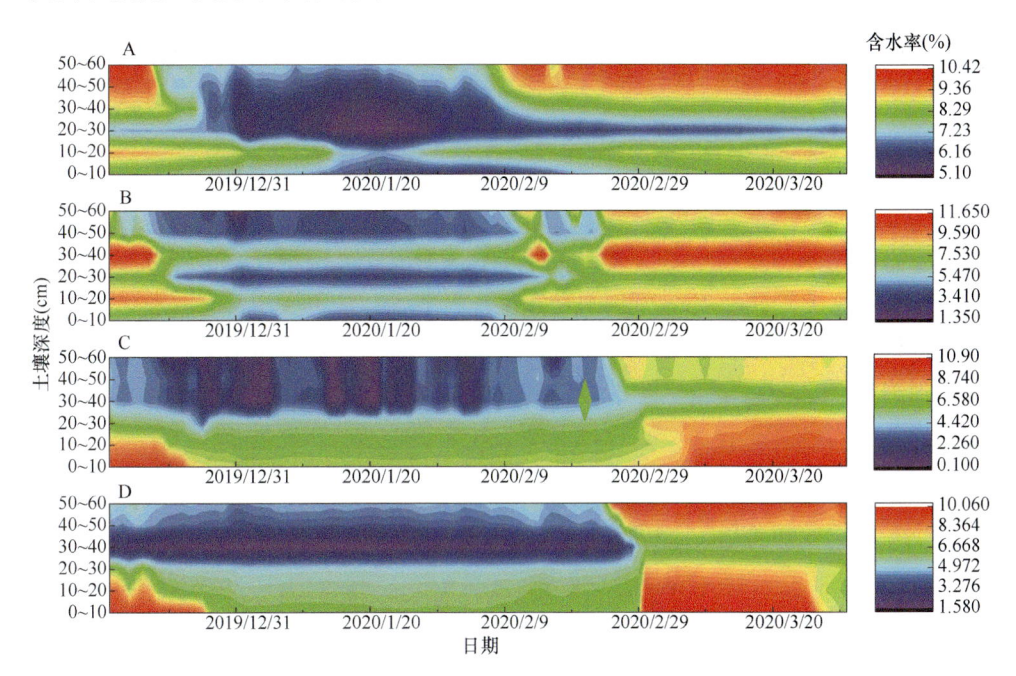

图 3-2 不同采煤沉陷区土壤含水率时空变化

表 3-2 不同采煤沉陷区土壤含水率差异性分析

深度 （cm）	黄绵土沉陷区外 AVG	σ	C_v (%)	黄绵土沉陷区内 AVG	σ	C_v (%)	风沙沉陷区外 AVG	σ	C_v (%)	风沙沉陷区内 AVG	σ	C_v (%)
0～10	8.73	1.32	15	6.40	2.53	39	4.10	2.57	63	6.29	2.20	35
10～20	8.16	1.38	17	5.57	1.58	28	4.26	2.46	58	5.30	1.86	35
20～30	7.31	1.15	16	8.88	2.01	23	3.29	1.58	48	3.12	1.73	55
30～40	6.26	0.55	9	5.62	1.72	31	6.28	1.50	24	6.02	1.14	19
40～50	8.48	0.58	7	8.27	1.34	16	7.31	1.15	16	6.86	1.34	20
50～60	7.13	0.60	8	5.41	0.98	18	8.46	1.47	17	7.64	1.58	21

注：AVG，平均值；σ，方差；C_v 变异系数

表 3-3 不同采煤沉陷区土壤水分垂直剖面分层

土层	黄绵土沉陷区外	黄绵土沉陷区内	风沙沉陷区外	风沙沉陷区内
活跃层		0～10cm	0～30cm	0～30cm
缓和层	0～30cm	10～50cm	30～60cm	30～60cm
稳定层	30～60cm	50～60cm		

黄绵土采煤沉陷区土壤含水率随土壤温度升高呈先升高后下降的趋势，而风沙采煤沉陷区土壤含水率随温度升高稳定上升，但上升速率逐渐降低。黄绵土采煤沉陷区内外和风沙采煤沉陷区内土壤含水率和土壤温度的相关系数大致表现为表土层更高，深层土壤更低，风沙采煤沉陷区外各土层的相关系数则未表现出差异。

3.3.3 冻融期采煤沉陷区土壤水分与温度变化的耦合关系

为了探究黄绵土和风沙土采煤沉陷区土壤水分对温度变化的响应机制。本研究对2种土壤类型采煤沉陷区内与区外的土壤温度和土壤含水率进行了相关性分析，并进行多项式曲线拟合（图3-3），拟合参数指标如表3-4和表3-5所示，在冻结过程中，2种土壤类型采煤沉陷区内外的土壤水分含量与土壤温度均表现出了极强的相关性。

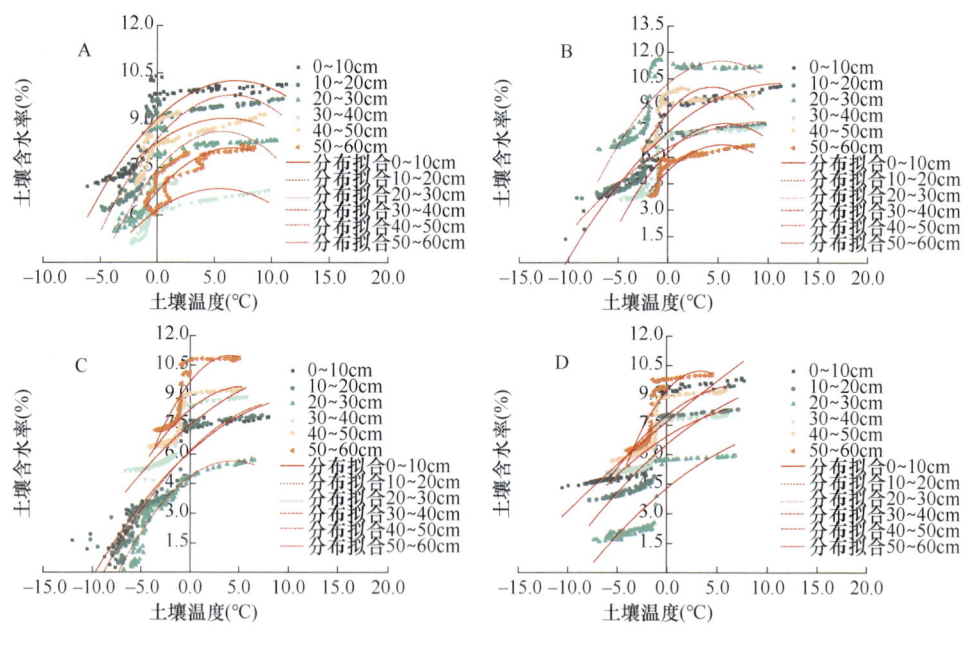

图3-3 不同采煤沉陷区土壤水分与温度的非线性拟合曲线
图A为黄土沉陷区外；图B为黄土沉陷区内；图C为风沙沉陷区外；图D风沙沉陷区内

表3-4 黄绵土采煤沉陷区土壤水分与温度的非线性拟合参数

区域	深度（cm）	拟合结果			
		R^2	Intercept	B1	B2
沉陷区外	0~10	0.8206**	9.0056	0.3507	−0.0255
	10~20	0.8389**	8.4151	0.4276	−0.0329
	20~30	0.7559**	7.4273	0.4332	−0.0382

续表

区域	深度（cm）	拟合结果			
		R^2	Intercept	B1	B2
沉陷区外	30~40	0.5549*	6.1521	0.2533	−0.0234
	40~50	0.7536**	8.2999	0.2577	−0.0215
	50~60	0.7640**	6.7301	0.4245	−0.0322
沉陷区内	0~10	0.9292**	7.4379	0.4980	−0.0221
	10~20	0.9148**	6.5470	0.3185	−0.0170
	20~30	0.8538**	10.2167	0.4812	−0.0449
	30~40	0.8725**	6.2775	0.5844	−0.0507
	40~50	0.7748**	8.8474	0.6655	−0.0748
	50~60	0.8085**	5.2186	0.5564	−0.0508

注：**表示极显著相关水平，*表示显著相关水平；下同

表3-5 风沙采煤沉陷区土壤水分与温度的非线性拟合参数

区域	深度（cm）	拟合结果			
		R^2	Intercept	B1	B2
沉陷区外	0~10	0.8895**	6.1051	0.4541	−0.0183
	10~20	0.8865**	6.1571	0.4956	−0.0235
	20~30	0.9064**	4.8501	0.3661	−0.0417
	30~40	0.7875**	7.4660	0.4191	−0.0155
	40~50	0.8172**	8.2622	0.4215	−0.0379
	50~60	0.8357**	9.6594	0.6487	−0.0783
沉陷区内	0~10	0.8285**	7.6552	0.4227	−0.0030
	10~20	0.8174**	6.4925	0.4258	−0.0128
	20~30	0.7846**	4.2798	0.4135	−0.0129
	30~40	0.8065**	6.9025	0.3184	−0.0149
	40~50	0.8301**	7.9745	0.4058	−0.0262
	50~60	0.8174**	6.4925	0.4258	−0.0128

3.4 讨 论

我国季节性冻土面积约占国土面积的53.50%。土壤的季节性冻融会影响土壤中有机质的分解、微生物的生理和迁移，并且季节性冻土通过改变土壤的热量和水文性质，在气候系统中发挥着重要作用。季节性冻土的冻结和融化对气候变化十分敏感。

3.4.1 冻融期采煤沉陷区土壤温度季节性变化特征

季节性冻结和融化是季节性冻土的 2 个主要物理过程。当土壤冻结时，土壤中的水以气、液、固三相存在，其中固相水结合土壤颗粒、矿物质和有机质等形成基本的构架，液相和气相水填充在此构架的空隙中（Liu et al.，2009）。在本研究中，无论沉陷区内外，土壤冻融过程中土壤温度变化均表现出了表层更为活跃，深层则相对稳定。土壤的冻融过程会因环境差异而存在一定差异（张飞云等，2019），本试验研究区的土壤属于季节性冻土，即冻结表现为由地表向地下的单向冻结，融化表现为地表向下与最大冻结层向上的双向融解（王晓巍，2010）。造成该现象的原因，一方面是大气温度及地下热流影响，另一方面是最大冻结深度以下土壤含水率较高，促使其提高上层冻结土壤温度。本研究还发现，黄绵土沉陷区土壤迎来冻结时期较沉陷区外更早，冻结时期各土层最低温度较沉陷区外更低，且进入完全融解期的时间更晚，整个冻融过程较沉陷区外更长。与沉陷区外相比，采煤沉陷区内地表沉陷，包气带土壤结构发生改变，原有致密结构层被破坏，土壤结构变得疏松，使得包气带垂向裂隙（缝）十分发育，增加了入渗通道和土壤水分蒸发面积，土壤水热活动更为频繁，因此温度变化更活跃，表层土壤水分传输速度加快，加之水分结冰后导热系数较液态水大幅度提高，加速了水热交换（王庆锋等，2016），在各因素促使下沉陷区内土壤冻结速度较沉陷区外更快。风沙沉陷区外完全冻结时期的各层土壤最低温度相较沉陷区内更低，并且迎来完全融解期相较沉陷区内更早，但沉陷区内外差异并不显著。2 种不同沉陷区经同一试验后得到不同结果。这可能与土壤质地有关。黄绵土属于壤质砂土，其粉粒和黏粒含量远远高于风沙土，而风沙土属于砂土，土壤含水率较低，加之土壤孔隙度大于黄绵土。因此，风沙区进入冻结期的时间较黄绵土区更早。

3.4.2 冻融期采煤沉陷区土壤含水率季节性变化特征

土壤冻融过程主要受外界环境和土壤水热状况共同影响，而采煤沉陷改变了土壤微环境进而促进了土壤水分的时空变化。除 20～30cm 外，黄绵土沉陷区随土层深度继续增加，沉陷区内土壤含水率低于沉陷区外。这是由于采煤沉陷区存在大量宽度不一的裂缝，裂缝扩大了土壤与空气的接触面积，加快了土壤水分流失速度，同时沉陷区裂缝增加了水分的垂向流动，导致土壤表层水分补给量降低，土壤深层水分补给量相对增加。已有研究表明，温度梯度是水分迁移的关键驱动力，在完全冻结的土壤中水分表现为由暖端向冷端迁移（高永等，2000；杨梅学等，2002），而研究区为季节性冻土，深层土壤由于单向冻结与双向融解，冻结时期深层土壤温度普遍高于表层，因此 40～60cm 土层水分流失量较大。风沙沉陷区内的表层土壤含水率较沉陷区外更高，且沉陷区内外的土壤含水率变异系数均高于黄绵土沉陷区。冻融过程会因土壤含水率差异而表现出不同变化，风沙土孔隙度更大且初始含水率更低，导致风沙土的稳定入渗率较壤土更高，因此风沙土在冻融过程中水分变化幅度更大（Musa et al.，2016），而受风沙侵蚀较少的黄绵土采煤沉陷区则未表现出这一现象。

3.4.3 采煤沉陷对冻融期土壤水热关系的影响

处于冻结状态的土壤水会随土壤温度升高而逐渐融解，融解后未冻结水含量增加，而伴随土壤温度进一步升高，部分土壤水分发生蒸发和升华现象，导致未冻结水含量呈现逐渐减小趋势（常娟等，2012）。该结论与本试验结果相似，同时本试验还发现除风沙采煤沉陷区外，其他3种地类的土壤含水率和土壤温度的相关系数均表现为表土层更高，深层土壤更低，可见土壤温度对水分的影响与土层深度呈负相关。这可能是由于上层土壤受外界环境影响较大，而风沙采煤沉陷区内的土壤温度与土壤含水率不随深度变化而产生差异，一方面可能是由于频繁的风沙侵蚀扰动了表层土壤温度与含水率的关系，另一方面沉陷产生的裂缝增加了深层土壤与外界环境的接触面积，增加了深层土壤受扰动的频率。

3.5 小　　结

（1）黄绵土和风沙土土壤冻结初日和完全冻结初日前后差别不大，土壤均在12月中上旬，由浅层向深层冻结；黄绵土滞后于风沙土进入完全冻结阶段；风沙土消融初日明显滞后于黄绵土，黄绵土各层土壤发生日冻融循环的天数均少于风沙土，而风沙土各层土壤 $ST_{max}<0℃$ 的天数均多于黄绵土。

（2）土壤冻融过程与当地气温密切相关，且大气温度对土壤温度的影响主要集中于表层，土壤温度随着土层深度逐渐上升。冻融过程土壤温度呈"U"形变化趋势。土壤冻结会导致土壤蓄水能力降低，入渗停止，融解期该结论相反。气温对土壤温度的影响主要集中于0～40cm表层，作用强度与土层深度呈负相关。

（3）采煤沉陷会对土壤的水热运移过程产生一定影响，黄绵土采煤沉陷区内土壤较沉陷区外提前6d完全冻结，融解则滞后2d；风沙采煤沉陷区内融解较沉陷区外同样滞后2d。风沙采煤沉陷区内土壤水分变化与沉陷区外相比，土壤深层活跃，表层稳定，而黄绵土采煤沉陷区内各层均较沉陷区外更活跃。

（4）温度是驱动土壤水文过程的关键因素。冻融过程中土壤温度与土壤水分存在耦合关系，不同深度的土壤温度与土壤水分均表现出极显著水平的相关性，土壤温度与土壤水分呈多项式函数关系。

4 风沙采煤沉陷区受损小叶杨根系萌蘖与土壤微环境耦合特性

小叶杨（*Populus simonii*）是风沙采煤沉陷区植被恢复的常见树种之一。在毛乌素沙地（赵玮等，2016）、浑善达克沙地（赵玮等，2016）、科尔沁沙地等沙地（高亚敏和韩永增，2017）均有大量分布。通常惯性认知中，采煤沉陷只会导致根系受损，造成植被枯死、林分退化等问题，但本研究团队发现，鄂尔多斯市伊金霍洛旗李家塔矿区小叶杨林地内的塌陷裂缝带处却萌蘖出成排分布的小叶杨幼苗（图4-1）。通过对裂缝带附近小叶杨幼苗根系的开挖剖析，初步发现小叶杨幼苗是由成熟小叶杨侧根萌蘖而来的（图4-2）。因此提出以下科学假设：矿区地下煤炭

图 4-1　裂缝带小叶杨幼苗成排萌蘖

图 4-2　小叶杨侧根萌蘖

层采空后导致的地表沉陷对裂缝带内及周边小叶杨侧根造成不定向机械损伤，导致根系不同程度、类型的损伤，当塌陷稳定后裂缝处发生流沙填埋，裂缝带土壤水热微环境恰好适宜根系萌蘖，受损根系处便会萌蘖出小叶杨幼苗。针对采煤沉陷区植被根系受损问题，尤其是根系受损致使的矿区生态林衰退死亡这一重要现象，亟须探索沉陷区不同塌陷程度和类型下植物、土体的损伤情况，明确小叶杨受损根系萌蘖与土壤微环境的耦合关系，探寻因地制宜的沉陷区生态林退化的更新复壮技术，以期合理利用裂缝处致损根系萌蘖现象，为风沙采煤沉陷区的林地萌蘖更新抚育技术提供新思路。

4.1 采煤沉陷区根系损伤与根系萌蘖的研究

4.1.1 采煤沉陷区植物根系损伤的研究

采煤沉陷区因塌陷引起了地面裂缝的产生，土层错位对植物根系造成机械损伤。植物根系在土壤中就像是在"黑箱"中，很难对其进行试验操作和实时的监测，根系在土壤中的分布情况也是随机不均的，地表塌陷对根系的作用力也是不规则的，所以想要对矿区植物根系做全方位的研究是非常困难的，因此根系损伤问题一直以来是矿区植被复垦和生态环境重建的难题。对于根系损伤问题的研究，当前大多集中于两个方面：一是根系力学特性的研究，根系具有固土抗蚀作用，当采煤沉陷区塌陷时会对土层中植物根系产生力的作用，因此，对根系力学特性的研究就是对根系损伤机理的探索（王丽，2021；崔天民等，2021；王博等，2022）；二是对矿区受损根系修复的研究，根系是植物吸收水分和营养物质的关键，它的修复决定了矿区植被恢复的程度，所以大部分科研工作者专注于这方面的研究。

根系力学特性方面，多集中于根系受力状况，承受力阈值方面的研究，如植物在受到大风拉拔、土体塌陷、滑坡等危害时，根系主要所受轴向拉力和剪拉组合力（李可等，2018），但关于沉陷区不同裂缝处植物根系损伤程度及类型只有少数人研究。对西鄂尔多斯采煤沉陷区四合木根系进行的力学特性研究表明，煤炭开采造成采场上覆岩层运动，地表移动变形产生拉伸应变，拉伸应变大于根系所能承受的应变时，将导致四合木根系损伤（丁玉龙等，2013b）。对于根系而言，轴向拉力下会被拉断，径向折断力下会被折断；而承受极限弯曲力时，根仅仅产生弯曲变形，丧失抗弯能力并不断裂，因此，使根破坏的外力只有轴向拉力和径向折断力（李有芳等，2016）。通常科研工作者将根系损伤类型从形态上粗略划分为4类：扯断（根系被扯断），地表塌陷产生的拉力将根系完全扯断；皮裂（根皮产生裂痕），没有损伤到根的木质部和韧皮部，根的表皮出现裂痕；扭曲（根系扭曲），根的形态发生了左右扭动；拉出（根系被拉出土壤），部分根系因表层土的错位暴露在空气中（蒙仲举等，2014）。损伤程度显著影响根系生长指标和极限力学性能自修复能力，重度损伤对灌木根系活性、生长速率、极限抗拉力和抗拉强度的抑制作用显著大于轻度损伤，极易造成根系死亡；根型对灌木根系拉拔损伤后生长指标和极限抗拉力学指标自修复能力的影响因植物而异（王博，2019）。以乌柳（*Salix cheilophila*）和黑沙蒿为研究对象，发现两种灌木根系的受损程度越大，各项指标增长率越低，其中株高、冠幅、枝条长度、枝条直径、净光合速率、气孔导度、蒸腾速率、SOD 活性、POD 活性、CAT 活性均表现为：未损伤＞轻度损伤＞中度损伤＞重度损伤；两种灌木根系的受损程度越大，叶绿素含量、净光合速率、气孔导度、蒸腾速率数值越低（姚栋栋，2020）。

受损根系修复方面，多集中于室内人工处理模拟不同程度根系损伤，探究植物生理变化的研究。岳辉（2013）等利用盆栽和五室培养的方法模拟采煤沉陷情况下植物根系受损状况，采用基质内和基质外两种伤根方法研究菌根真菌对植物受损根系的修复作用，按根系长度来量化剪切根系的方式来模拟采煤塌陷对根系的拉伤，发现当伤根程度为 1/3 和 1/2 时，苜蓿（*Medicago sativa*）-菌根共生体能修复部分根系功能，但当伤根程度超过 1/2 时，菌根修复效应降低，且相同根系受损程度苜蓿，接菌株生长恢复更好；伤根处理减少了苜蓿地上和地下生物量，降低了苜蓿根际酸性磷酸酶活性和有效磷含量；伤根后对植物生物量和根际环境的影响大体呈现双侧接菌显著高于单侧接菌和对照的规律。李少朋等（2013）发现接种菌根真菌提高了根系受损玉蜀黍对矿质元素的吸收效率。通过三室分根系统模拟矿区植物垂直和水平方向根系损伤，发现伤根对植物的生长生理活动和土壤性质产生了不利的影响，不论垂直还是水平伤根，AM 真菌均能促进 1/3 伤根玉蜀黍根系中促生长激素的分泌（GA、IAA 和 CTK），降低抑制植物生长的 ABA 含量，平衡植物生理活动（孙金华，2017）。

4.1.2 植物根系萌蘖的研究

中国林业生产实践中萌蘖更新主要应用于青甘杨、杉木（*Cunninghamia lanceolata*）等速生树种的经营，以生产纸浆、刨花板等产品为主（方升佐等，2000；叶镜中，2007）。相对于人工补植，萌蘖更新被认为是应对干扰更为有效的策略。在中国已有研究证明辽东栎（*Quercus wutaishanica*）和栓皮栎（*Quercus variabilis*）可通过伐桩萌蘖的更新方式缓解种群早期更新压力（高贤明等，2001）。有研究认为，萌蘖更新的多主干特点消耗了大量生长资源，与种子更新相比不具有生长优势（Midgley，1996）；但也有研究推测，萌蘖更新成簇（多主干）生长提高了早期更新过程抵抗草本植物竞争和动物捕食能力（Lockhart and Chambers，2007）。

几乎所有阔叶树种（被子植物）都具有萌蘖更新能力，而具有萌蘖更新能力的针叶树种（裸子植物）则相对较少。萌蘖更新是指植物的原有根系系统依然持久存在，只将受到伤害的主干或其他地上部分替换的过程，该现象在乔木树种中更为常见（Tredici，2001）。萌蘖更新通常在树木被采伐或地上主干部分死亡后发生，其物质基础是树桩或根系等残留部分形成的芽（朱万泽等，2007）。以往研究中对木本植物萌蘖更新的分类有：根据木本植物的生活史特征与干扰的等级构建概念模型，将萌蘖更新分为叶腋萌蘖、侧枝萌蘖、茎干萌蘖和基部萌蘖4种类型（Peterson，2000）；将萌蘖类型系统概括为四大类，即根茎萌蘖、地下茎萌蘖、根系萌蘖和机会萌蘖（Tredici，2001）。尽管上述分类较为细致，但在活立木树干或树冠上的萌蘖（如叶腋萌蘖）由于不形成新的植株，对森林更新演替影响有限（Tredici，2001）。萌蘖更新受到干扰状况影响，其发生比例随着干扰频率和强度的增加逐渐增加（Bellingham and Sparrow，2000；Bond et al.，2001）。以往对萌蘖更新与自然干扰关系的研究较多（Peterson，2000；Hoffmann et al.，2003），随着全球范围森林采伐和破坏日益严重，萌蘖更新的研究焦点逐渐扩展到人为干扰（采伐）（Mostacedo et al.，2009）。而本研究聚焦于矿区采煤沉陷干扰与小叶杨根系萌蘖的耦合关系的探索。

萌蘖更新通常产生多个共生萌条，其存活和生长受到树种特性、发育阶段及光照和水分等环境要素影响。相对于光照，土壤水分状况则不是限制萌蘖更新的主要因素（Ahrens and Newton，2008），由于适度干旱不会引起伐桩根系大量死亡，因而不会导致萌条受到水分胁迫（Marshall and Waring，1986）。土壤和母树根系养分同样与萌条的存活与生长密切相关（朱万泽等，2007）。有研究表明，某些具萌蘖更新能力的树木根系淀粉含量是其他植物的30倍，淀粉存储总量足以应对数次采伐的危害（Bell et al.，1999）；但也有研究监测到相反结果，如温带和热带森林的许多乔木萌蘖更新受根系积累的非结构性碳影响有限，幼苗展叶后即可利用光合产物维持自身生长（Sakai，1998）。因此，萌条生长所需养分存在多种影响因素，包括树种特性、根系和土壤养分、萌蘖发生位置、养分传输距离等。已有研究可概述为，自然或人为干扰是驱动萌蘖更新发生的前提，干扰后产生的植物残体（根系、伐桩等）为萌蘖更新的发生提供了原始养分积累，干扰类型（火灾、冰雪灾害、采伐等）和树种特性影响萌蘖更新的发生方式，萌蘖更新对维持群落稳定具有重要的生态作用。

4.1.3 采煤沉陷区土壤微环境的研究

矿区采煤沉陷造成土体坍塌，产生地表裂缝，对土壤的水热状况产生了影响，改变了土壤理化性质，导致地下水位下降、土壤含水量减少、土壤养分流失、土壤酶活性降低、微生物数量及微生物多样性降低（史沛丽等，2017；白中科等，2018）。

4.1.3.1 采煤沉陷区土壤物理性质的变化

采煤沉陷区土壤理化性质的变化在一定程度上可以反映采煤塌陷对土壤生态系统的破坏程度。常规用来描述土壤特性的物理方面的指标有：含水量、土壤容重、土壤孔隙度、土壤质地等（赵其国等，1997）。目前，许多研究集中于采煤塌陷对土壤物理性质的影响。研究发现采煤塌陷直接导致地下水位下降（张发旺等，2007），土壤持水能力显著降低（雷少刚，2010）。土壤含水量的大小决定于土壤水分的补给量和土壤持水能力，而地下水位降低，造成土壤水的补给量减少。雷少刚（2010）对补连塔工作面的含水率进行了测定分析，结果表明，受地表沉陷影响，采区土壤含水率略小于非采区，该现象在风沙区更加明显。沉陷加快了半干旱区水分流失速度，即使在雨天，非沉陷区土壤含水率仍高于沉陷区（崔向新等，2008b）。张延旭等（2015）通过研究半干旱风沙区采煤裂缝区土壤水分分布情况，发现土壤含水量表现为：沉陷裂缝区<沉陷无裂缝区<未开采区，且裂缝密度与土壤含水量呈显著负相关。采煤沉陷区由于其所处地形不同及地表变形程度不同，对土壤含水量的影响存在差异。在大柳塔矿区的研究发现，未开采区土壤含水量分布特征与采前相同，采煤沉陷半年后盆底区（均匀沉陷区）10～60cm土壤含水量减小，60～200cm 含水量均大于未开采区，边缘区（非均匀沉陷区）10～200cm 含水量均小于未开采区（台晓丽等，2016）。不同塌陷程度、塌陷时间的坡地其含水量大小表现为：坡底>坡顶>坡中。

受沉陷影响最严重的是土壤含水率，其次是土壤质地。塌陷后沙丘砂粒化趋势增加，物理性黏粒含量明显降低。因为坍塌改变了原有土壤的结构，增加了土壤的外部接触面和内部的垂直裂隙，在风蚀和水蚀的作用下，坍塌的土壤中粉黏粒含量因发生位移而减少，从而使砂粒含量相对增加。塌陷引起的表层土壤原有面貌改变也会引起土壤砂粒含量增加，粉黏粒含量减少（王琦等，2014）。

土壤容重是土壤紧实度的敏感指标，也是表征土壤质量的重要参数（王莉等，2007）。受煤炭开采扰动区域的土壤容重小于未扰动区域的土壤容重。塌陷导致土壤容重下降，但顺坡而下，土壤容重有逐渐增加趋势（赵明鹏等，2003）。塌陷沙丘砂粒含量明显减少，沙丘底部和丘间低地土壤容重明显降低，孔隙度明显增加，0～60cm 持水量明显降低（王健等，2006b）。塌陷对土壤容重的影响并不会随时间减弱，在垂直方向上，随土层深度而增加。栗丽等（2010）研究发现，随沉陷年限的增加，土壤容重有逐渐减小的趋势，随土层深度的增加沉陷区与对照区各层土壤容重垂直变化趋势趋于一致（刘哲荣等，2014）。土壤容重与孔隙度具有强相关性。沉陷区土壤容重相较于未沉陷区大，孔隙度则较小（赵明鹏等，2003；

王莉等，2007；栗丽等，2010；吴聪等，2012；刘哲荣等，2014）。臧荫桐等（2010）对采煤沉陷后风沙土理化性质的变化进行了研究，发现沉陷 2 年间沉陷区土壤含水量、容重显著减小，土壤孔隙度显著增大。也有研究表明，塌陷使土壤孔隙度明显变小，土壤毛管孔隙度变大，土壤非毛管孔隙度变小（何金军等，2007）。

4.1.3.2 采煤沉陷区土壤化学性质的变化

塌陷形成的沉陷坡、坑、洞不仅对土壤物理指标有影响，也会导致沉陷区域土壤化学元素加速流失或者异常集聚（刘哲荣等，2014；臧荫桐等，2010；王双明等，2017）。由于沉陷区土壤中大量营养元素通过地表径流从裂缝和沙土空隙中流入采空区，降低了表层土壤中有机碳、氮和磷等元素含量，另外，沉陷区土壤中的水解性有机氮转化为易流失的无机态氮或硝态氮从土壤表层流向深层（Hu et al.，2014），磷元素通过淋溶形式流失到深层土壤，减少了表层土壤中磷元素含量（Qiu et al.，2019），营养元素的流失影响了植物生长和恢复（William et al.，2013）。孙文博等（2014）发现，塌陷土壤的全量养分含量提高，有效氮含量也有所提高，但有效磷、速效钾含量降低。塌陷盆地的土壤在垂直方向上，养分含量除全钾外均为上层大于下层（张丽娟等，2007）。非稳沉区各土层土壤有机质和速效氮含量显著下降（王琦等，2013）。另有学者从水平和垂直两个方向对塌陷造成的土壤养分流失规律做了研究，基本上，水平方向上土壤养分分布规律表现为：坡底＞坡下＞坡中＞坡上（聂小军等，2006；王琦等，2013）。地形低处，上部土壤养分下移，形成局部聚集，表现为养分增加；地形高处，养分会随着土壤中液体在重力势能作用下下移（贺明辉等，2014），形成区域养分流失，表现为土壤养分含量减少。但当沉陷坡发育有裂缝，且裂缝走向与坡向垂直时，裂缝的发育可能阻止上坡土壤养分的继续下移。陈士超等（2009）研究认为，沉陷区表层土壤养分流失或向深层渗漏，表层土壤肥力下降。

4.1.3.3 采煤沉陷区土壤微生物数量及酶的活性变化

采煤沉陷导致土壤一系列环境因素指标发生变化，对土壤微生物特性也产生了不可避免的影响。土壤微生物作为整个生态系统中的重要组成部分，其数量、分布和多样性与土壤结构和功能之间存在密切关系。有研究发现受开采沉陷影响，迎风坡中乌柳根内 AM 真菌分子的物种数量降低，真菌群落多样性增加（王瑾等，2014）。地表裂缝减少了植物根际微生物数量，对植物根际表层土壤微生物数量的影响较弱，对深层微生物数量影响较强，且受地表裂缝影响，青甘杨根际细菌、放线菌数量减少，而黑沙蒿和乌柳根际真菌数量减少（杜涛等，2013b）。采煤沉陷导致土壤微生物群落结构变化的最根本原因是地表裂缝区土壤理化性质的变化。首先，地表裂缝形成后，外界气体、热量侵入，土壤水分大量蒸发和入渗使土壤水热气环境改变,部分不能适应环境变化的微生物死亡;其次,裂缝区土壤水分和养分的流失降低了土壤微生物的生长繁殖能力;最后,由于细菌、真菌和放线菌生存的土壤空隙大小不同,裂缝区土壤颗粒的重新组成使颗粒表面及空隙内土壤微生物群落结构发生变化。前人研究多侧重于植物根内真菌多样性和土壤微生物基础分布研究,但缺乏对采煤沉陷区土壤微生物群落多样性的研究。土壤酶来源于土壤中的微生物、植物和动物,是土壤生态系统中的敏感指标,在土壤中的物质循环及能量转化中发挥着极其重要的作用。地表裂缝降低了乌柳根际细菌、真菌和放线菌的数量,提高了蔗糖酶、磷酸酶和脲酶的活性,改变了微生物、土壤酶以及微生物与土壤酶之间的内在联系(杜涛等,2013b)。土壤酶与土壤养分含量具有显著相关性,矿区4个不同沉陷年限样地与未沉陷区相比,0~10cm土壤中有机质及氮磷钾含量均降低,而由于采煤沉陷使土壤中有机磷转化受到影响,土壤中全磷含量增加,且沉陷区的脲酶、蔗糖酶和过氧化氢酶活性均显著低于非沉陷区(张发旺等,2003)。土壤酶活性和土壤养分含量随土壤深度(0~40cm)的增加而减少,且土壤酶活性与土壤养分含量存在着显著或极显著相关关系(张丽娟等,2007)。

总的来说,干旱区煤炭地下开采对土壤酶活性和养分含量的影响可概括为:①地表裂缝的产生使外界气体、热量侵入,导致土壤水热气条件改变,使不能适应环境变化的微生物死亡,进而减弱其对土壤中养分循环的调控作用;②由于采煤塌陷干扰造成土壤含水量减少,使土壤酶活性受到严重破坏且长时间内不可修复,不利于土壤中的养分元素循环(史沛丽,2018)。目前研究发现,采煤沉陷对土壤微环境会产生一定影响,但沉陷后的土壤理化性质、微生物及土壤酶活性的变化分别对小叶杨损伤根系萌蘖的贡献度尚不明晰。基于此,本研究拟对沉陷区不同塌陷类型土壤微环境进行测定,系统地探索该研究区塌陷地土壤理化性质和土壤微生物群落结构的变化规律,揭示土壤理化性质、微生物多样性等微环境对小叶杨萌蘖生长的影响。

4.2　研究内容与试验设计

4.2.1　研究内容

1)不同类型裂缝处小叶杨根系损伤特性

实地调查测量沉陷区不同坡位裂缝宽度、落差,以及裂缝类型和塌陷台阶宽度,明晰研究区塌陷情况。采用剖面法观测不同坡位处小叶杨侧根在土壤垂直方向的分布特征,明确不同径级小叶杨侧根分布规律,为后续试验提供基础信息支撑。探究不同坡位、裂缝类型和植株距裂缝不同距离下,各径级小叶杨根系的损伤类型和损伤率,揭示塌陷因素与根系损伤的相关联系,找到影响根系损伤的主要塌陷因子。

2）裂缝周边小叶杨萌蘖根的空间异质性

采用样方法观测不同坡位、裂缝处，小叶杨萌蘖苗的地上生长指标和萌蘖根的形态特征、根损类型，探寻根系损伤与萌蘖的关系，以及萌蘖根系的形态与径级特征。通过测定裂缝周边小叶杨萌蘖侧根所处的土壤深度、距裂缝距离，明确裂缝周边萌蘖根系的空间分布点位，总结受损根系萌蘖苗空间分布异质性规律。

3）小叶杨根系萌蘖对土壤微环境的响应

通过测定裂缝带、非裂缝带、萌蘖根根际和非萌蘖根根际土壤的含水量、pH、速效氮含量、速效磷含量、速效钾含量、有机质含量等土壤理化指标，研究分析裂缝通道及其周边养分异质性和微生物多样性的变化，探寻影响根系萌蘖的关键土壤环境因子。

4.2.2 研究区塌陷情况的调查及样地选择

本研究团队于 2021 年 4 月 9 日至 11 日对李家塔采煤沉陷区进行了大面积初步勘察，发现依据裂缝形态地表裂缝分为 3 种类型：拉伸型裂缝、滑动型裂缝、塌陷型裂缝（图 4-3）。拉伸型裂缝是由于地表的拉伸变形，超过表土的抗拉强度形成的，超前于工作面开采发育，表现为横向开裂，长度、宽度和深度较小，无台阶形成；塌陷型裂缝是由基本顶破断造成覆岩及表土的全部垮落造成的，不会超前于工作面开采而发育，表现为横向开裂，纵向下沉，宽度和深度较大，地表呈台阶状；滑动型裂缝是坡体断裂且发生滑坡造成的，一般发育在地形起伏较大的山坡处，表现为裂缝宽度和落差较大，形成台阶（刘辉等，2013a）。勘察时测量记录试验样区坡顶、坡中和坡底的裂缝数量、类型、长度、宽度、错位差和台阶宽等。裂缝宽度和错位差使用 10m 规格钢卷尺测量。裂缝长和台阶宽使用 100m 规格钢卷尺测量。分别在坡顶、坡中和坡底选择存在上述 3 种典型裂缝的小叶杨林为试验样地（图 4-3），拉设 100m×100m 样方测定样方内小叶杨的株高、冠幅（东西、南北向）、地径、胸径等地上生长指标，同时测定小叶杨间的株间距和行距。

塌陷型　　　　　滑动型　　　　　拉伸型

图 4-3　研究区典型裂缝类型

4.2.3 根系损伤情况的观测

在试验样地坡顶、坡中、坡底处,分别选取 4 株生长年限相同,形态指标相近的小叶杨为研究对象。在距离小叶杨同侧 2m 处,挖长×宽×深为 1m×0.5m×0.8m 的剖面,挖剖面时土坑的实际长度为 1.4m 左右,先挖两侧将深度挖至 1m,然后将地下土刨出清理成一个通道,再使用小平铲在尽量不损伤根系的情况下挖中间部分,挖到根系处,用手轻轻地将根系处土壤抖到下层挖空处,再从两侧缓慢刨出,修整平靠小叶杨一侧的剖面,每 10cm 为一个土层梯度,用木棒在剖面上画线,测量记录剖面内各土层内小叶杨根系的数量和根径。根径使用电子数显高精度游标卡尺垂直于水平根测量。

再在试验样地坡顶、坡中和坡底处,选取典型的塌陷型、滑动型、拉伸型裂缝为试验裂缝,每种类型裂缝处,选取 3 个缝间存在小叶杨根系的裂缝为试验样点,测量记录样点处裂缝的长度、宽度和错位差,以试验样点为中心挖长×宽×深为 1m×0.5m×0.8m 的剖面,挖取剖面的方法同上,在尽量不损伤观测面根系的情况下挖取剖面,每 10cm 为一个土层梯度用木棍划线,以靠近裂缝一侧为观测面,测量记录剖面内各土层根系数量、根径、伤根数量、根损类型等。根系损伤程度判定方法为目测法,各损伤类型表现为:扯断即根系被拉断;皮裂即根的木质部和韧皮部未受到损伤,根表皮裂开;扭曲即根的形态发生了左右扭动;拉出即根随裂缝的产生被拉出土壤,暴露在土层外(蒙仲举等,2014)(图 4-4)。再以每个试验裂缝为中心点,拉 10m×10m 的样方,沿裂缝处水平根走向,观测距离裂缝 10m 范围内 0~30cm 土层内根系的损伤状况,记录根径、根系损伤类型、伤根距裂缝水平距离等。

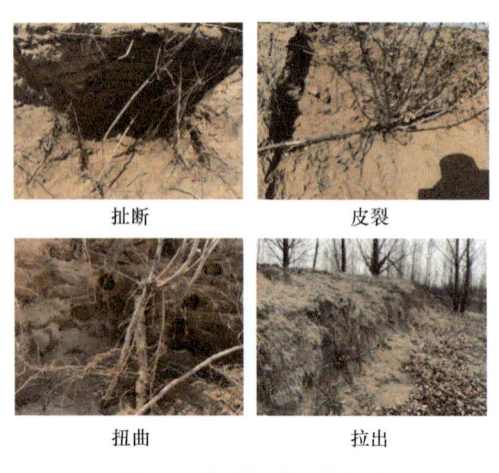

图 4-4 典型根系损伤类型

上述试验记录数据带回实验室后,使用 Excel 按式(4-1)计算不同坡位 0~

60cm 深度土壤内小叶杨水平根系各土层数量占比，以反映小叶杨水平根系垂直分布特征。使用式（4-2）计算各坡位处各类型裂缝间根系损伤率，分析根系损伤率与坡位及裂缝类型间的关系。使用式（4-3）计算出距裂缝不同水平距离处各类型损伤根系的占比，判定根系损伤程度与根距裂缝水平距离间的联系。

$$某土层根数占比（\%）=\frac{剖面内某土层根数（条）}{剖面内总根数（条）} \quad (4-1)$$

$$根系损伤率（\%）=\frac{剖面内损伤根数（条）}{剖面内总根数（条）} \quad (4-2)$$

$$某损伤类型根数占比（\%）=\frac{样方内某损伤类型根数（条）}{样方内总伤根数（条）} \quad (4-3)$$

4.2.4 萌蘖根系的观测

在各坡位处按"品"字形随机建立 3 个 10m×10m 的样方，每个样方均以裂缝为中心（图 4-5）。观测记录样方内每株萌蘖苗地上和地下部分的生长指标状况，包括株高、冠幅、分支数（一级、二级、三级、四级）、地径、基径，以及萌蘖根根径、根深、根距裂缝水平距离等，同时对萌蘖苗进行编号以便统计萌蘖根数量。上述指标测量方式是，株高、冠幅使用 200cm 规格钢卷尺分别平行和垂直（东西、南北向）于植株测量，地径、基径、萌蘖根根径使用电子数显高精度游标卡尺垂直于根测量，根距裂缝水平距离使用 15m 规格钢卷尺水平于地面测量。待上述指标观测完毕后，使用小铁锹在尽量不损伤萌蘖苗和其根系的情况下，以苗为中心 50cm 为半径将萌蘖苗的根系全部刨出，刨出后将整株萌蘖苗平放至裸沙地，拍照记录并观测其萌蘖根形态。

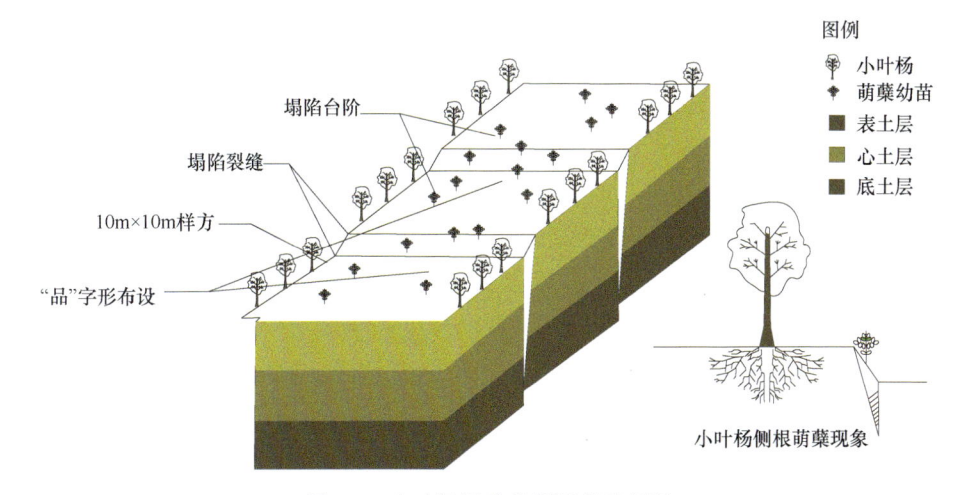

图 4-5 小叶杨根系萌蘖调查示意图

4.2.5 土壤样品的采集

1) 根际土的采集

分别在坡顶、坡中、坡底选择典型的裂缝带为试验样带，每种裂缝带上选择 6 株小叶杨萌蘖幼苗为研究对象，编号记录其株高、冠幅、分支数、地径、基径，以及萌蘖根根径、根深、根距裂缝的距离等指标。使用铲子除去地表植被和其他杂质，轻轻刨开土壤寻找萌蘖根，待挖到萌蘖根后使用杀菌处理过的小平铲整平根系所在剖面，使用消杀后的自制林木根际土壤采集器紧贴根系插入土壤采集根际土，将根际土倒入无菌试管后放入无菌采样袋封闭好，进行编号后放入便携式低温储存箱内，每个根际处取 2 份土，分别用于土壤理化性质和微生物多样性的测定。同上步骤，采集同一裂缝带非萌蘖根根际土。试验使用的器械都是提前在室内经过高温消杀的，而且每次土样采集后均会使用含酒精的湿巾对采样器械擦拭进行简单的消杀。

2) 沉陷区土壤的采集

待根际土取样完毕后，以上述萌蘖苗为中心进行剖面的挖取，平行裂缝带挖长×宽×深为 1m×0.5m×0.8m 的剖面，使用立尺对剖面进行标定，自下而上每 10cm 为一个梯度，使用环刀进行土壤样品采集，将土壤样品倒入密封袋中编号放入样品箱内。待土壤样品采集完后，使用小平铲将剖面再次整平，通过便携式土壤温湿度检测仪测定每层土壤的温湿度，进行记录。同上步骤，在与裂缝同坡位处，选取 3 株生长年限相同、长势相似的小叶杨为研究对象，在距离其 2m 处挖取剖面，进行土壤样品的采集和温湿度的测定。

4.2.6 土壤理化性质的测定

1) 土壤含水量测定

土壤含水量使用室内 105℃烘干称重法测定。将盛有新鲜土样的铝盒在分析天平上称重，准确至 0.01g。揭开盒盖，放在盒底下，置于已预热至（105+2）℃的烘箱中烘烤 12h，取出，盖好，在干燥器中冷却至室温（约需 30min），立即称重（烘烤规定时间后 1 次称重，即达"恒重"）。土壤含水量（WC）计算公式如下：

$$WC(\%) = \frac{m_1 - m_2}{m_2 - m_0} \times 100\% \tag{4-4}$$

式中，m_0 表示烘干空铝盒质量（g）；m_1 表示烘干前铝盒及土样质量（g）；m_2 表示烘干后铝盒及土样质量（g）。

2) 土壤 pH 测定

土壤 pH 使用电位法测定（水浸）。称取通过 1mm 筛孔的风干土 10g 两份，各放在 50mL 的烧杯中，一份加无 CO_2 蒸馏水，另一份加 1mol/L KCl 溶液，各加

25mL，间歇搅拌或摇动 30min，放置 30min 后用酸度计测定。

3）土壤有机质含量的测定

土壤有机质含量采用油浴加热、重铬酸钾容量法（丘林法）测定。在外加热的条件下（油浴温度为 180℃，沸腾 5min），用一定浓度的重铬酸钾-硫酸溶液氧化土壤有机质（碳），剩余的重铬酸钾用硫酸亚铁来滴定，从所消耗的重铬酸钾量，计算有机碳的含量，土壤有机碳的含量即为土壤有机质的含量。

先称取通过 0.149mm（100 目）筛孔的风干土样 0.0100g（精确到 0.0001g）放入一干燥的硬质试管中，用移液管准确加入 0.8000mol/L（$K_2Cr_2O_7$）标准溶液 5mL，用注射器加入浓 H_2SO_4 5mL 充分摇匀，管口盖上弯颈小漏斗，以冷凝蒸出之水汽。

将 8~10 个试管盛于铁丝笼中（每笼中均有 1~2 个空白试管），放入温度为 185~190℃的石蜡油浴锅中，要求放入后油浴锅温度下降至 170~180℃，以后必须控制电炉，使油浴锅内温度始终维持在 170~180℃，待试管内液体沸腾产生气泡时开始计时，煮沸 5min，取出试管。

冷却后将试管内容物倾入 250mL 三角瓶中，用水洗净试管内部及小漏斗，三角瓶内溶液总体积为 60~70mL，保持混合液中（1/2H_2SO_4）浓度为 2~3mol/L，然后加入 2-羧基代二苯胺指示剂 12~15 滴，此时溶液呈棕红色。用标准的 0.2mol/L 硫酸亚铁滴定，滴定过程中不断摇动内容物。直至溶液的颜色由棕红经紫色变为暗绿（灰蓝绿色），即为滴定终点。如用邻啡罗啉指示剂，加指示剂 2~3 滴溶液在变色过程中由橙黄经蓝绿变为砖红色即为终点。记取 $FeSO_4$ 滴定毫升数（V）。

每一批（即上述每铁丝笼中）样品测定的同时，进行 2~3 个空白试验，即取 0.50g 粉状二氧化硅代替土样，其他步骤与试样测定相同。记取 $FeSO_4$ 滴定毫升数（V_0），取其平均值。土壤有机质（SOM）含量的计算公式如下：

$$\text{SOC}(g/kg) = \frac{\frac{c \times 5}{V_0} \times (V_0 - V) \times 10^{-3} \times 3.0 \times 1.1}{m \times k} \times 1000 \quad (4\text{-}5)$$

式中，c 表示 0.8000mol/L（$K_2Cr_2O_7$）标准溶液的浓度；5 表示重铬酸钾标准溶液加入的体积（mL）；V_0 表示空白滴定用去 $FeSO_4$ 的体积（mL）；V 表示样品滴定用去 $FeSO_4$ 的体积（mL）；3.0 表示碳原子的摩尔质量（g/mol）；10^{-3} 表示将 mL 换算为 L；1.1 表示氧化校正系数；m 表示风干土样质量（g）；k 表示将风干土换算成烘干土的系数。

$$\text{SOM}(g/kg) = \text{SOC}(g/kg) \times 1.724 \quad (4\text{-}6)$$

式中，1.724 表示土壤有机碳换算成土壤有机质的平均换算系数。

4）土壤碱解氮含量的测定

土壤碱解氮含量使用碱解-扩散法测定。在扩散皿中，用 1mol/L 的 NaOH 水解土壤，使易水解态碱解氮转化为 NH_3，NH_3 扩散后为 H_3BO_3 所吸收。H_3BO_3 吸

收液中的 NH_3 再用标准酸滴定,由此计算土壤中碱解氮的含量。

先称取通过 18 号筛(1mm)风干土样 2.00g,置于洁净的扩散皿外室,轻轻旋转扩散皿,使土样均匀地铺平。取 H_3BO_3 指示剂溶液 2mL 放于扩散皿内室。然后在扩散皿外室边缘涂碱性胶液,盖上毛玻璃,旋转数次,使皿边与毛玻璃完全黏合。再渐渐移开毛玻璃一边,使扩散皿外室露出一条狭缝,迅速加入 1mol/L NaOH 溶液 10.0mL,立即盖严,轻轻旋转扩散皿,让碱溶液盖住所有土壤。再用橡皮筋固定紧,使毛玻璃固定。随后小心平放在(40±1)℃恒温箱中,碱解扩散(24±0.5)h 后取出(可以观察到内室为蓝色),内室吸收液中的 NH_3 用 0.01mol/L (1/2H_2SO_4)标准液滴定。在样品测定的同时进行空白试验,校正试剂和滴定误差。土壤碱解氮(AN)含量计算公式如下:

$$AN(mg/kg) = \frac{c(V-V_0) \times 14.0}{m} \times 10^3 \quad (4\text{-}7)$$

式中,c 表示 0.005mol/L(1/2H_2SO_4)标准溶液的浓度(mol/L);V 表示样品滴定时用去 0.005mol/L(1/2H_2SO_4)标准液体积(mol/L);V_0 表示空白试验滴定时用去 0.005mol/L(1/2H_2SO_4)标准液体积(mL);14.0 表示氮原子的摩尔质量(g/mol);m 表示样品质量(g)。

5)土壤速效磷含量的测定

土壤速效磷含量使用氟化铵–盐酸浸提、钼锑抗比色法测定。土壤中的速效磷用浸取液提取,吸取两份滤液作为重复,进行磷的比色分析,测定结果并进行统计分析。

对于中性和石灰性土壤速效磷的测定,采用 0.5mol/L $NaHCO_3$ 法,先称取通过 20 目筛子的风干土样 2.500g(精确到 0.001g)于 150mL 三角瓶(或大试管)中,加入 0.5mol/L $NaHCO_3$ 溶液 50mL,再加一勺无磷活性炭,塞紧瓶塞,在振荡机上振荡 30min,立即用无磷滤纸过滤,滤液承接于 100mL 三角瓶中,吸取滤液 10mL(含磷量高时吸取 2.5~5.0mL,同时应补加 0.5mol/L $NaHCO_3$ 溶液至 10mL)于 150mL 三角瓶中,再用滴定管准确加入蒸馏水 35mL。然后用移液管加入钼锑抗试剂 5mL,摇匀,放置 30min 后,用 880nm 或 700nm 波长进行比色。以空白液的吸收值为 0,读出待测液的吸收值(A)。

标准曲线绘制:分别准确吸取 5μg/mL P 磷标准溶液 0mL、1.0mL、2.0mL、3.0mL、4.0mL、5.0mL 于 150mL 三角瓶中,再加入 0.5mol/L $NaHCO_3$ 10mL,准确加水使各瓶的总体积达到 45mL,摇匀;随后加入钼锑抗试剂 5mL,混匀显色。同待测液一样进行比色,绘成标准曲线。

土壤速效磷(AP)含量计算公式如下:

$$AP(mg/kg) = \frac{c(V-V_0) \times 14.0}{m} \times 10^3 \quad (4\text{-}8)$$

式中，c 表示 0.005mol/L（1/2H$_2$SO$_4$）标准溶液的浓度（mol/L）；V 表示加入样本体积（mL）；V_0 表示加入提取液体积（mL）；m 表示样本质量（g）。

6）土壤速效钾含量的测定

土壤速效钾含量使用火焰光度计法测定。以 NH$_4$OAc 作为浸提剂与土壤胶体上的阳离子发生交换作用，NH$_4$OAc 浸出液用火焰光度计直接测定。先称取通过 1mm 筛孔的风干土 5.00g 于 100mL 三角瓶或大试管中，加入 1mol/L 中性 NH$_4$OAc 溶液 50mL，塞紧橡皮塞，振荡 30min，用干的普通定性滤纸过滤。滤液盛于小三角瓶中，同钾标准系列溶液一起在火焰光度计上测定。记录检流计上的读数，然后根据标准曲线求得其浓度。

标准曲线的绘制：将配制的钾标准系列溶液，以浓度最大的标准溶液定火焰光度计上检流计的满度（100），然后从稀到浓依序进行测定，记录检流计的读数。以检流计读数为纵坐标，钾的浓度（μg/mL）为横坐标，绘制标准曲线。土壤速效钾（AK）含量的计算公式如下：

$$\text{AK(mg/kg)} = \text{待测液}（\mu g/mL）\times \frac{V}{m} \tag{4-9}$$

式中，V 表示加入浸提剂的体积（mL）；m 表示烘干土样品的质量（g）。

4.2.7 土壤微生物多样性的测定

（1）微生物 DNA 提取：使用土壤 DNA 提取试剂盒对土壤样品总 DNA 进行提取，精确称量 0.5g 根际土壤样品、978μL 磷酸钠缓冲液和 122μL MT 缓冲液于溶解基质 E 管中；然后放在 MP 研磨仪中振荡 40s，转速为 6m/s，然后离心 10min（14 000r/min）；取 1.5mL 上清液至离心管中，加入 250μL PPS（蛋白质沉淀溶液）并混匀，离心 5min（室温 14 000r/min）。将上清液转移至 900μL 结合基质的 2mL 管中混匀，上下颠倒 3min，离心后倒出上清液，往试管中加入 500μL 5.5mol/L 异硫氰酸胍溶液并混匀，接着将溶液转移到 SPINTM 过滤器中；加入 500μL SEWS-M，离心 1min（14 000r/min），倒除上清液，重复洗涤一次，离心 3min（14 000r/min），去除溶液，自然晾干 3min。DES（DNA 洗脱液超纯水）预热处理（55℃），取 100μL DES 洗脱液至试管中，放置 5min，离心 2min（14 000r/min），去掉 SPINTM 过滤器，DNA 提取完毕。

（2）PCR 扩增：细菌上游引物 338F：5′-ACTCCTACGGGAGGCAGCAG-3′。

（3）细菌下游引物：806R5′-GGACTACHVGGGTWTCTAAT-3′，引物对应区域为 16SV3+V4。

（4）真菌上游引物 ITS1F：CTTGGTCATTTAGAGGAAGTAA。

(5) 真菌下游引物 ITS1R：GCTGCGTTCTTCATCGATGC，引物对应区域为 ITS1 区。

(6) 扩增程序为：首先将 DNA 片段预变性 3min（95℃），然后变性 30s（95℃），退火 30s（55℃），延伸 30s（72℃），扩增过程循环 30 次，然后稳定延伸 10min（72℃），最后再进行保存（PCR 仪：ABIGeneAmp®9700 型，4℃）。

(7) PCR 反应体系为：5×TransStart FastPfu 缓冲液 4μL，2.5 mmol/L dNTPs 2μL，上游引物（5μmol/L）0.8μL，下游引物（5μmol/L）0.8μL，TransStart FastPfu DNA 聚合酶 0.4μL，模板 DNA 10ng，补足至 20μL。使用 AxyPrepDNA 凝胶提取试剂盒纯化 PCR 扩增产物。

扩增子文库在上海美吉生物医药科技有限公司（中国上海）使用 Illumina MiSeq PE300 平台进行双端测序。FLASH 和 QIIME 用于处理测序产生的序列。按照 97%的序列相似性使用 Uparse 将高质量序列聚类为 OTU（operational taxonomic unit）。通过比对 SILVA 数据库得到细菌群落的物种分类信息，通过比对 UNITE 数据库得到真菌群落的物种分类信息。

4.2.8 数据分析

为了提高分析结果的质量，数据分析前要先对原始数据进行过滤处理，得到优化序列。然后从两个方面对优化序列进行数据分析：OTU 聚类分析、分类学分析。OTU 聚类分析，可以对 OTU 进行多样性指数分析和检测测序的深度；分类学分析即基于分类学信息，可以在各个分类水平上进行群落结构的统计。将 OTU 和分类学结合在一起进行一致性分析，可以得到每个样品的 OTU 及其对应的分类谱系的基本分析结果。

基于 OTU 水平进行 Alpha 多样性分析、物种维恩图分析等生物信息统计分析。Alpha 多样性可反映单样本微生物群落的丰度和多样性，分析包括物种 OTU 指数、物种丰度指数 ACE（abundance-based coverage estimator）、多样性指数（Simpson's diversity index、Shannon-Wiener index）和覆盖率（good's coverage）等，并运用统计学 t 检验的方法，检测每两组之间的指数值是否具有显著性差异。

基于分类地位的群落特征分析。通过分类学分析，可以获知样品在每个分类水平上（phylum, class, order, family, genus, species）的分类学比对情况。结果中包含两个信息：①样品中的微生物种类；②样品中各微生物的序列数，即各微生物的相对丰度。群落组成分析采用统计学方法，利用 Origin 2018 作图，以较直观的饼图或柱状图等形式呈现样本在不同分类水平上的群落结构。利用生物信息分析平台将土壤样本对应的环境因子进行录入，对多样性指数和优势菌群与环境因子之间的相关性、显著性进行分析。

4.2.9 技术路线图

本研究技术路线如图 4-6 所示。

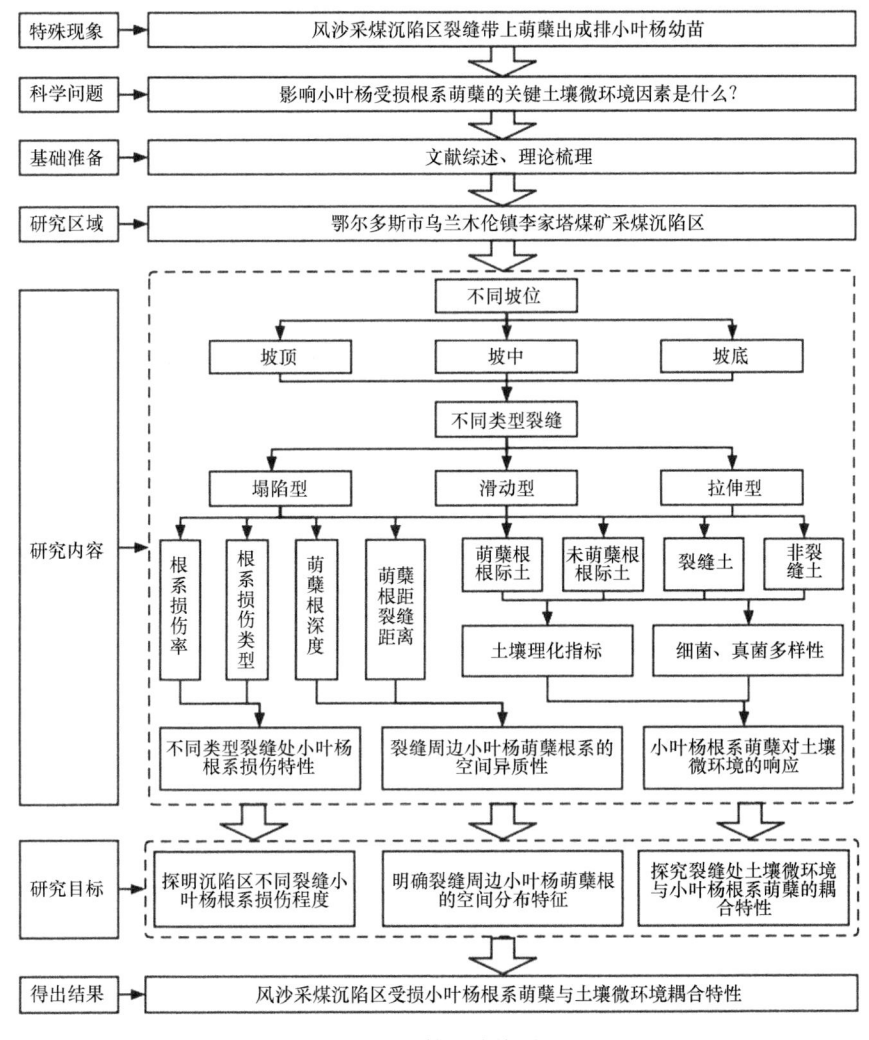

图 4-6 技术路线图

4.3 不同类型裂缝处小叶杨根系损伤特性

4.3.1 沉陷区不同坡位裂缝类型调查

地表裂缝是一种最为典型的煤炭开采造成的生态环境灾害。裂缝一般平行于采空区边界发展，裂缝形状为楔形，开口大多随深度的增加而减小，到一定的深度尖灭。如表 4-1 所示，该试验样区拉伸型裂缝主要分布在坡顶，其表现为，横向开裂，裂缝长度较短，为 13m 左右，宽度较小，为 8cm 左右，深度较浅，无明显裂缝错位差，地表不存在塌陷台阶。由于试验样区属于风沙区，已沉陷 1~3 年，拉伸型裂缝大部分已被风沙填埋，故观测到的裂缝数量较少。塌陷型裂缝主要出现在沉陷区坡顶和坡中的位置，其主要特征是，横向开裂且纵向下沉，长度较长，为 23~36m，宽度较大，为 41~45cm，深度较大（甚至直达采空区），地表多呈现 3 级及以上台阶，裂缝错位差 39~41cm，塌陷台阶宽 5.05~5.53m。该试验区滑动型裂缝主要出现在沉陷区坡顶和坡底位置，其主要特征为，裂缝长度较大（25~27m），宽度较大（42~92cm），地表多呈现 2 级或 3 级台阶，裂缝错位差是 3 种裂缝类型中最大的，为 47~69cm，塌陷台阶宽 3.19~5.81m。

表 4-1 沉陷区不同坡位裂缝类型调查

裂缝类型	坡位	裂缝数量	裂缝长度（m）最大值	最小值	平均值	裂缝宽度（cm）最大值	最小值	平均值	裂缝错位差（cm）最大值	最小值	平均值	塌陷台阶宽（m）最大值	最小值	平均值
塌陷型	坡顶	6	100	6	36	84	17	41	55	16	39	8.40	3.05	5.05
	坡中	9	98	3	23	77	18	45	90	15	41	8.55	3.03	5.53
	坡底	0	—	—	—	—	—	—	—	—	—	—	—	—
滑动型	坡顶	3	42	8	27	139	60	92	99	49	69	6.34	5.46	5.81
	坡中	0	—	—	—	—	—	—	—	—	—	—	—	—
	坡底	3	46	9	25	59	33	42	58	37	47	4.11	2.70	3.19
拉伸型	坡顶	3	20	4	13	10	6	8	—	—	—	—	—	—
	坡中	0	—	—	—	—	—	—	—	—	—	—	—	—
	坡底	0	—	—	—	—	—	—	—	—	—	—	—	—

注："—"表示无

4.3.2 不同坡位小叶杨根系分布的调查

根系分布深度因影响到林木拥有地下营养空间的大小和对土壤营养及水分的利用，直接影响到林木地上部分产量的高低。尤其是林木细根分布特征及其对干旱的抗御能力，是半湿润、半干旱地林地生产力高低的主要决定因素。由图 4-7 可知，小叶杨水平根系数量随土层深度增加呈逐渐降低的趋势。0~10cm 土层根系最为密集，由坡顶至坡底此土层根系数分别占 0~60cm 土层根数的 40.1%、39.8%、43.0%，坡中和坡底 0~10cm 土层内根系数较其他土层差异显著（$P<0.05$）。

50~60cm 土层根系最为稀疏，该土层根系数占比在 0~60cm 土层内由坡顶至坡底依次是 0.63%、2.28%、3.71%。在 0~60cm 土层中每 10cm 为一个梯度，由浅至深根系占比范围依次为，40.1%~43.2%、24.5%~31.1%、7.7%~13.3%、6.25%~9.78%、4.24%~6.16%、0.63%~3.71%。同一土层内坡中根系数均大于其他坡位根系数，且差异性显著（$P<0.05$），各土层内坡顶与坡底的根系数量差异性不显著（$P>0.05$）。

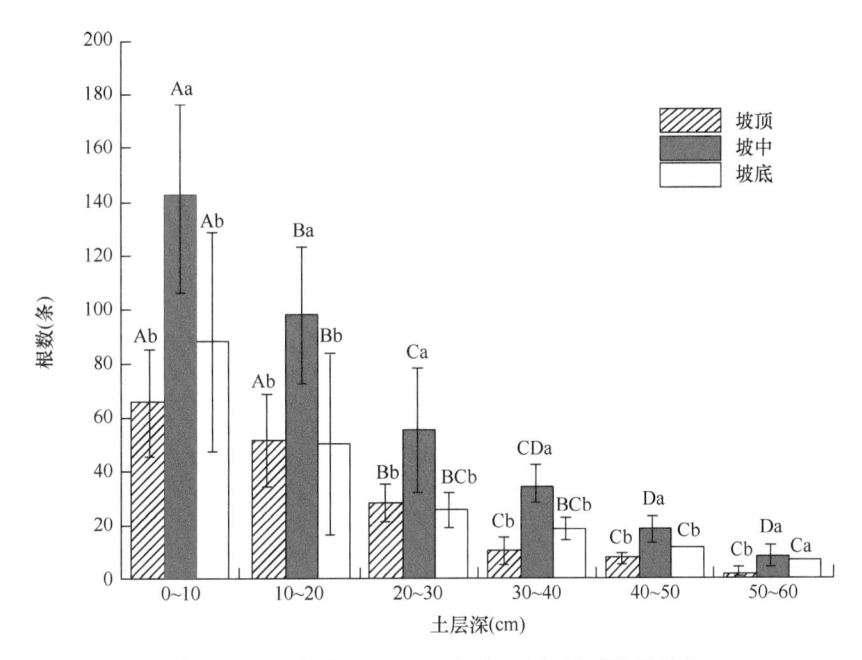

图 4-7　不同坡位 0~60cm 土层小叶杨根系数量分布

不同大写字母表示同一坡位不同土层内根数差异显著（$P<0.05$），不同小写字母表示同一土层内不同坡位处根数差异显著（$P<0.05$）

4.3.3　不同坡位塌陷下小叶杨根系损伤状况

矿区地表塌陷引起地面裂缝产生，在裂缝形成的过程中，土层错位产生的力大于植物根系所能承受的拉力阈值时，对植物根系造成机械损伤。如图 4-8 所示，塌陷型裂缝处小叶杨根系损伤率均值（12%）>拉伸型裂缝处（9.67%）>滑动型裂缝处（5.67%），塌陷型裂缝处根系损伤率最大（$P<0.05$）。从伤根数量均值的对比中可看出，塌陷型裂缝处受损根数>滑动型裂缝处>拉伸型裂缝处，但差异性不显著（$P>0.05$）。由于不同类型的裂缝处于不同的坡位，可见坡中的小叶杨根系损伤最为严重。

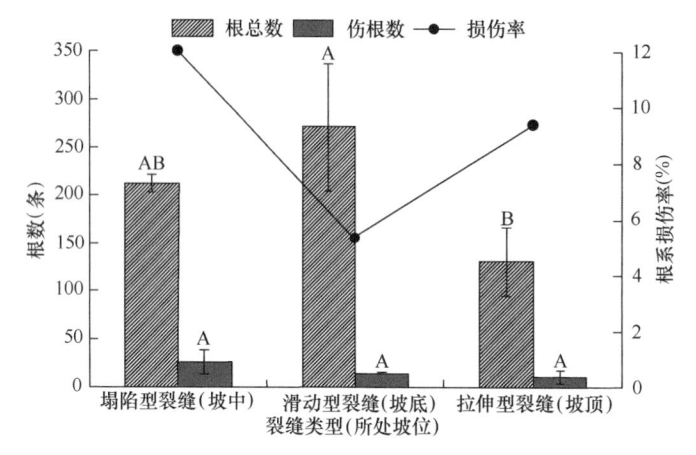

图 4-8　不同裂缝处小叶杨根系损伤率变化

不同大写字母表示不同类型裂缝或坡位处根数差异显著（$P<0.05$）

如图 4-9 所示，塌陷型裂缝处扯断根数＞皮裂根数＞扭曲根数＞拉出根数，其中，扯断根数占损伤根系总数的 32.91%、皮裂根占 27.85%、扭曲根占 26.58%、拉出根占 12.66%。滑动型裂缝处扯断根数＞皮裂根数＞扭曲根数=拉出根数，其中，扯断根数显著大于其他损伤类型根数（$P<0.05$），其占损伤根系总数的 61.36%，皮裂根系次之（15.91%），扭曲根和拉出根均占 11.36%。拉伸型裂缝处根系损伤以皮裂为主，占损伤根系总数的 62.5%，扭曲根系占 31.25%，扯断根系占 6.25%，无拉出根系。由以上数据分析可看出，塌陷型和滑动型裂缝处 4 种根系损伤类型均存在，拉伸型裂缝处无拉出损伤根系。塌陷型和滑动型裂缝处根系扯断损伤最

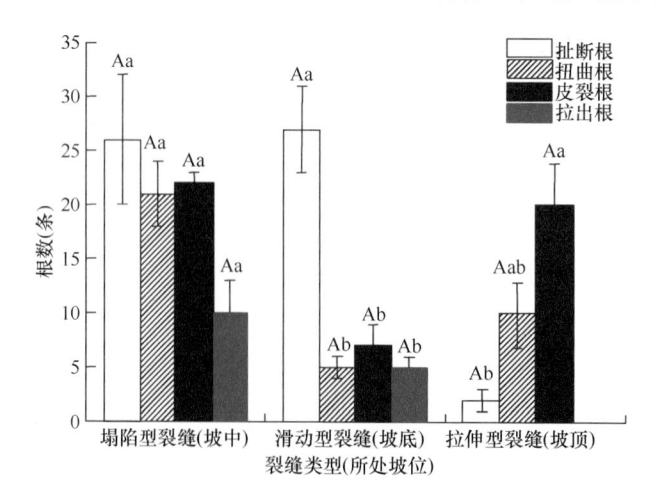

图 4-9　不同裂缝处小叶杨根系损伤类型变化

不同大写字母表示同一根系损伤类型不同类型裂缝或坡位处根数差异显著（$P<0.05$）；不同小写字母表示同一类型裂缝或坡位处不同损伤类型根数的差异显著（$P<0.05$）；下同

多，皮裂根数次之，扭曲和拉出根数较少。拉伸型裂缝处根系损伤以皮裂为主，扭曲根数次之，扯断根数少，无拉出根。

4.3.4 不同径级小叶杨根系损伤状况

根系越粗损伤率越低，且根系越粗损伤率上升的速度越缓慢。本试验中发现根径 2mm 以下小叶杨根系几乎全部被扯断，因此不列入图 4-10 中。如图 4-10 所示，随小叶杨根系直径的增加，各类型损伤根系数量呈减少趋势。根径＜5mm 的根系损伤以扯断为主，根径＞5mm 的根系损伤以皮裂为主，扯断次之，且根越粗扯断越少皮裂越多。2～5mm 根径范围内，小叶杨根系损伤状况为扯断＞扭曲＞皮裂＞拉出；5～8mm 根径为皮裂＞扯断＞扭曲＞拉出；＞8mm 根径为皮裂＞扯断＞扭曲，且根径＞8mm 后无拉出损伤根系；当根径＞11mm 时，皮裂根系数有明显增加，数量显著大于其他 3 种类型伤根（$P<0.05$），这可能是由于粗根表皮较细根干燥，因此易损。

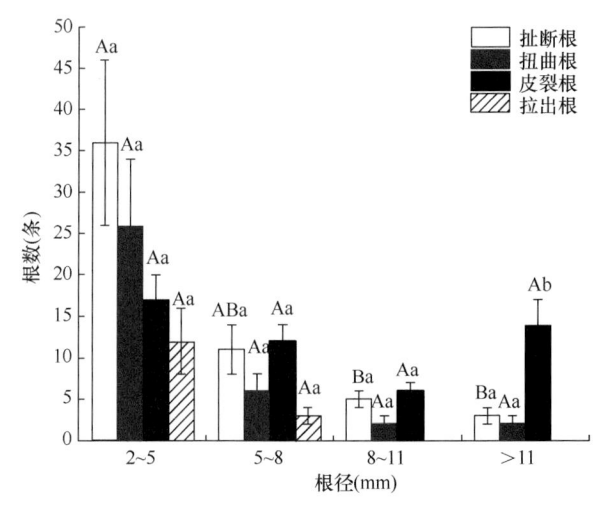

图 4-10　不同径级根系损伤状况

4.3.5 距裂缝不同水平距离小叶杨根系损伤状况

本试验中将小叶杨根系距裂缝的水平距离简称为根裂距。不同根裂距下小叶杨根系的损伤状况如图 4-11、图 4-12 所示。由图 4-11 可知，当根裂距＜1m 时，伤根数量最多，占伤根总数的 53.68%。根裂距 1～7m 内伤根数量较为接近，为伤根总数的 4.41%～8.09%，根裂距＞7m 时伤根数量很少，只占总伤根数的 0.47%～2.21%。因此可知，根裂距越小根系损伤数量越大，根裂距＜1m 时根系损伤最为严重。

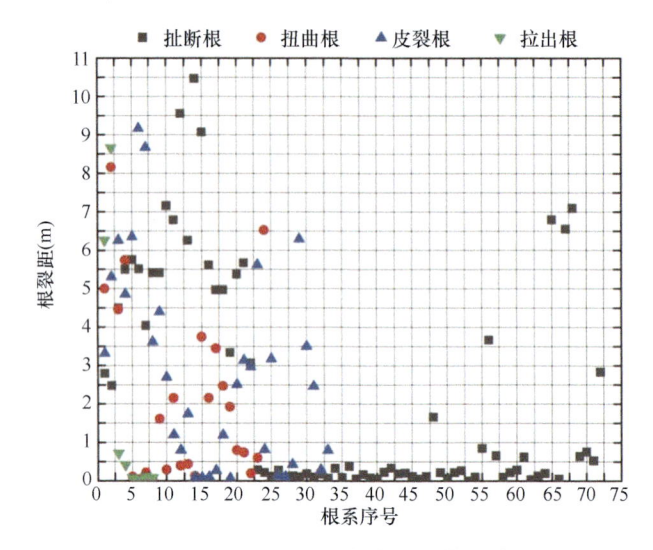

图 4-11　不同根裂距下各类型损伤根系分布

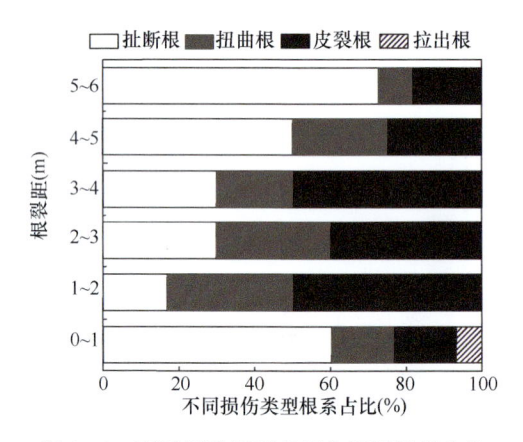

图 4-12　不同根裂距下各损伤类型根系占比

如图 4-12 所示，沉陷区裂缝周边根系扯断损伤最多，皮裂次之，然后是扭曲和拉出。根裂距＜1m 时，扯断根最多，占 60.27%，扭曲和皮裂损伤次之，均占 16.44%，拉出根占 6.85%。拉出损伤出现在根裂距＜1m 时，＞1m 后几乎无拉出损伤根系，根系损伤以扯断、皮裂、扭曲为主。根裂距 1～4m 时，根系损伤以皮裂为主，占 40%～50%，扭曲损伤次之，占 20%～33%，最后是扯断损伤，占 16.67%～30%。当根裂距＞4m 时根系损伤类型均以扯断为主。

4.3.6　小叶杨根系损伤主导因素分析

采煤沉陷区植物根的损伤，归根结底是因为地面出现裂缝，土层错位，砂

岩层被破坏，风积沙由于流动性强，下泄进入缝隙中，根系的支撑导致植物体下降速度与风积沙不同，造成植物与流沙层相对位置变化，植物根系遭到损伤。如表 4-2 所示，裂缝宽与小叶杨根系损伤率呈显著正相关，相关系数为 0.922，介于 0.8~1.0 之间，相关性极强，由此可知裂缝越宽根系损伤越严重；错位差与小叶杨根系损伤率相关系数为 0.831，介于 0.8~1.0 之间，呈正相关关系，相关性极强，可知裂缝错位差越大根系损伤越严重；根裂距与小叶杨根系损伤率相关系数为 −0.65，绝对值位于 0.6~0.8，呈负相关关系，相关性强，可知根距离裂缝越远根系损伤越轻；相关系数|0.922|＞|0.831|＞|−0.65|，因此可知根系损伤的主导因素首先是裂缝宽，其次是错位差，最后是根裂距。

表 4-2 不同因素根系损伤相关性分析

	根裂距	错位差	裂缝宽	损伤率
根裂距	1			
错位差	0.493	1		
裂缝宽	0.607	0.933*	1	
损伤率	0.65	0.831	0.922*	1

*表示在 0.05 水平上相关性显著

4.4 裂缝周边小叶杨根系萌蘖的空间异质性

4.4.1 小叶杨萌蘖苗生长状况和根系的形态特征

研究区不同坡位人工小叶杨林地内，裂缝周边小叶杨萌蘖苗生长指标状况如表 4-3 所示。由表可知，坡底裂缝周边萌蘖苗植株最高，为 99.18cm，较坡顶和坡中分别增加约 31.98cm 和 32.58cm，显著高于坡顶和坡中萌蘖苗（$P<0.05$），不同坡位萌蘖苗东西、南北向冠幅大小表现为坡底＞坡顶＞坡中，其中坡底和坡中

表 4-3 研究区不同坡位小叶杨萌蘖苗生长指标调查状况

坡位	株高（cm）	冠幅（cm）		分支数（支）				地径（mm）	基径（mm）
		东西	南北	一级	二级	三级	四级		
坡顶	67.20±33.27b	38.11±25.43ab	28.21±19.43ab	4±3a	29±28b	22±46a	2±11a	10.89±6.13a	14.43±7.59a
坡中	66.60±33.58b	30.71±17.46b	22.27±15.88b	5±5a	38±37ab	5±10b	0±0a	7.86±3.23b	9.93±4.17b
坡底	99.18±38.70a	45.32±32.28a	33.12±23.35a	6±8a	45±41a	14±19ab	1±2a	10.64±5.85a	13.70±6.37a

注：数值为生长指标均值±标准偏差；不同小写字母表示不同坡位间生长指标差异显著，下同

冠幅差异显著（$P<0.05$），从株高和冠幅可以看出坡底萌蘖苗生长状况较好，这说明坡底的土壤水分和养分含量较高。不同坡位的萌蘖苗分支数均表现为：二级＞三级＞一级＞四级，可以看出萌蘖苗的二级分支最多，后期可通过主要修剪其二级分支，使萌蘖苗更加稳定地生长；坡顶、坡底萌蘖苗的地径和基径单因素间无显著差异，坡中萌蘖苗的地径、基径和坡顶、坡底萌蘖苗差异显著（$P<0.05$），说明坡中萌蘖苗的地下部分生长较差，这可能与地表径流不易停留，将水分、养分都带至坡底所致。

　　风沙采煤沉陷区裂缝周边小叶杨萌蘖根的形态特征如图 4-13 和图 4-14 所示，由图 4-13 和图 4-14 可发现，萌蘖苗均是从成年小叶杨的侧根处萌蘖而来，大部分萌蘖苗无主枝干，为丛生状。萌蘖根的形态特征大部分呈"L"形和倒"T"形，根的萌蘖部位大部分呈现"鼓包"状，待幼苗生长至一定阶段后又向外衍生出毛细根进而使幼苗稳定生长。根据萌蘖根形态特征可以推测，"L"形萌蘖苗是从成年小叶杨的侧根的扯断处，在水、肥、气、热达到某种条件时萌蘖而来。倒"T"形萌蘖苗是从成年小叶杨侧根皮裂损伤（根的木质部和韧皮部未受到损伤，根表皮裂开，根未被扯断）处萌蘖而来。

图 4-13　"L"形萌蘖根

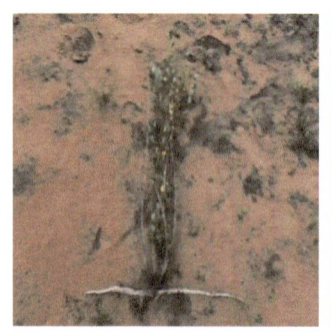

图 4-14　倒"T"形萌蘖根

4.4.2 不同径级小叶杨根系萌蘖特征

风沙采煤沉陷区不同根径范围内（＜5mm、5～10mm、10～15mm、15～20mm、20～25mm、25～30mm、＞30mm）萌蘖根的数量统计和各根径范围萌蘖根数量占比如图 4-15 所示。由图可知，随根径的增粗萌蘖根数量呈先逐渐增加，再缓慢减少的趋势；萌蘖根的最小根径为 2.36mm，最大根径为 54.88mm；根径在 5～25mm 萌蘖根较为密集，占全部萌蘖根数量的 82.05%；根径 10～15mm 萌蘖根数量最多，达到 52 条，占萌蘖根总数的 33.33%，显著大于其他径级萌蘖根（$P＜0.05$），根径＜5mm 的萌蘖根数量最少，为 4 条，占总根数的 2.56%；各根径范围内萌蘖根数量由大到小依次是：10～15mm＞20～25mm＞5～10mm＞15～20mm＞大于 30mm＞25～30mm＞小于 5mm。通过上述分析可以说明，5～25mm 根径的小叶杨侧根萌蘖较多，其中 10～15mm 根径内的小叶杨根系最易萌蘖。

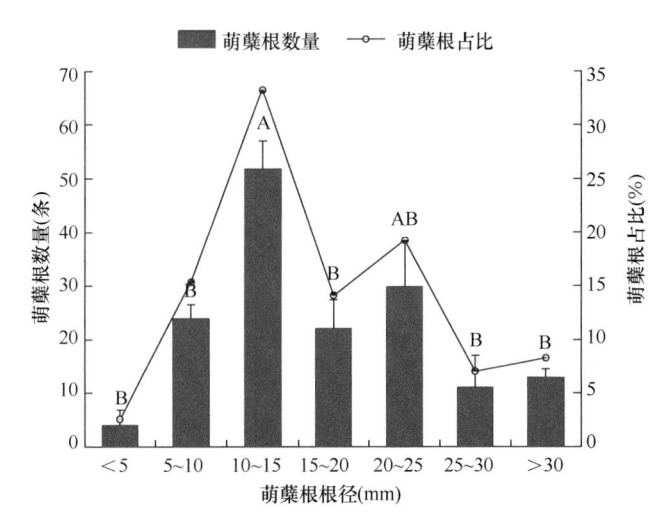

图 4-15　不同径级萌蘖根数量分布特征
不同大写字母表示不同根径萌蘖根数量差异显著（$P＜0.05$），下同

4.4.3 裂缝周边不同深度小叶杨根系萌蘖特征

风沙采煤沉陷区不同土壤深度范围内（＜0cm、0～5cm、5～10cm、10～15cm、15～20cm、＞20cm）萌蘖根的数量和各土壤深度范围内萌蘖根数量占比如图 4-16 所示。柱状图中的＜0cm 土壤深根系均为露出土壤的小叶杨根系。由图 4-16 可知，随土壤深度的增加，小叶杨萌蘖根数量呈先增加后逐渐减少的趋势；萌蘖根出现的最浅土壤深度为暴露在土层外，存在的最深深度为

25.5cm；0～10cm 土壤深的萌蘖根较为密集，占比达到 65.38%；5～10cm 土层内的萌蘖根数量最多，为 66 条，占总萌蘖根数 42.31%，显著多于其余土层深度的萌蘖根根数（$P<0.05$），当土层深层＞20cm 时萌蘖根数量最少，为 3 条，占总萌蘖根数 1.92%；各土壤深度下萌蘖根数量由大到小依次是：5～10cm＞0～5cm＞小于 0cm＞10～15cm＞15～20cm＞大于 20cm。由上述分析可以看出，土壤表层外及 0～10cm 内的小叶杨侧根发生萌蘖的数量较多，其中 5～10cm 土层深的侧根最易萌蘖。

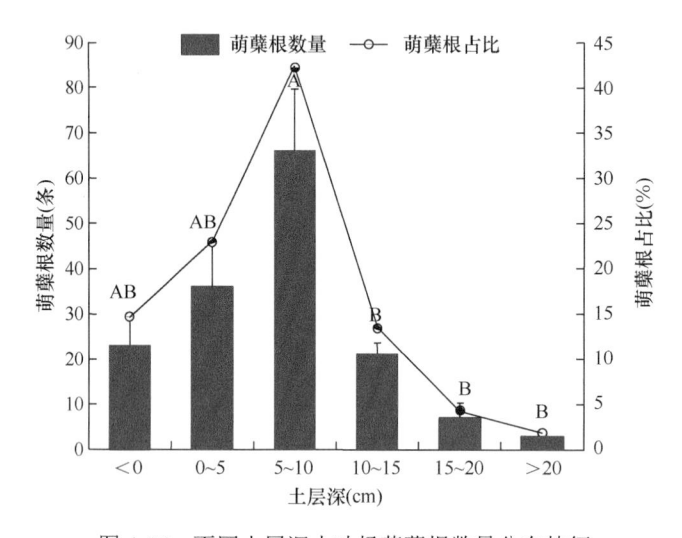

图 4-16　不同土层深小叶杨萌蘖根数量分布特征

4.4.4　距裂缝不同距离处小叶杨根系萌蘖特征

风沙采煤沉陷区距裂缝不同距离处（＜50cm、50～100cm、100～200cm、200～300cm、300～400cm、400～500cm、500～600cm、600～700cm、＞700cm）萌蘖根的数量统计和各根裂距下萌蘖根数量占比如图 4-17 所示。由图可知，随小叶杨侧根距裂缝距离的增大，萌蘖根数量呈现先急剧减小后趋于稳定的趋势；萌蘖根最近出现在裂缝处（0cm），最远出现在距裂缝 1047cm 处；距裂缝 100cm 范围内的萌蘖根较为密集，占总萌蘖根的 54.01%；根裂距＜50cm 时萌蘖根数量最多，为 61 条，占总萌蘖根数的 44.53%，显著大于其他根裂距处萌蘖根数量（$P<0.05$），其他根裂距下萌蘖根数量无显著差异，根系数量为 6～13 条，占比范围为 4.38%～9.49%。通过以上分析说明，萌蘖与根系损伤存在密切联系，裂缝周边 50cm 以内小叶杨萌蘖根数量最多，这个范围内土壤条件最适宜小叶杨根系萌蘖，此外，这可能与该范围内根系损伤的数量最多有关。

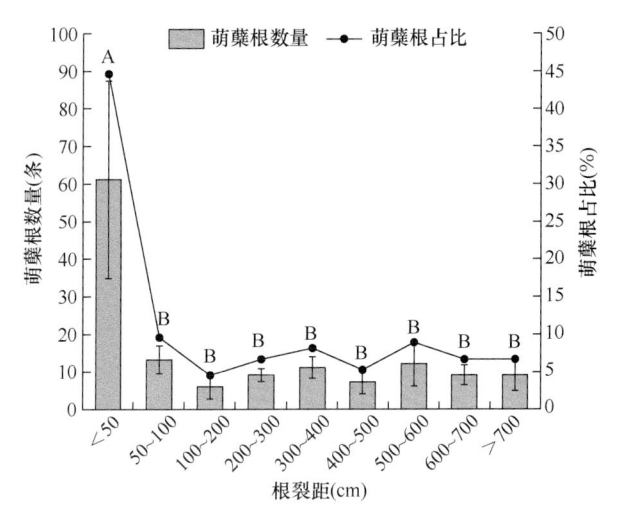

图 4-17 距裂缝不同距离小叶杨萌蘖根数量分布特征

4.4.5 不同坡位和裂缝处小叶杨萌蘖根的分布特征

不同坡位和不同类型裂缝处萌蘖根的空间分布特征如表 4-4 所示。塌陷型裂缝周边萌蘖根数量＞拉伸型裂缝＞滑动型裂缝，其中塌陷型裂缝周边萌蘖根数量显著大于滑动型（$P<0.05$），这可能与塌陷型裂缝形成的裂缝带较多，以及裂缝周边伤根数量较多有关；不同坡位和裂缝处萌蘖根的根径均值无显著差异（$P>0.05$），由坡顶至坡中依次是 18.96mm、15.36mm、17.63mm，说明不同坡位和裂缝类型与萌蘖根根径无显著关系；不同坡位和裂缝处萌蘖根的根深均值无显著差异（$P>0.05$），由坡顶至坡中依次是 6.98cm、8.01cm、10.40cm，说明不同坡位和裂缝类型与萌蘖根根深无显著关系；不同坡位和裂缝处萌蘖根的根裂距差异显著（$P<0.05$），根裂距表现为坡顶＞坡底＞坡中，即拉伸型裂缝处萌蘖根根裂距＞滑动型＞塌陷型，说明不同裂缝类型造成的小叶杨根系水平方向损伤的范围不同，造成了萌蘖根数量水平空间上的差异。拉伸型裂缝根裂距最大是因为试验地属于风沙地，沉陷时间较久，大部分裂缝已被填埋，试验过程中根裂距按距离最近的裂缝进行测量，滑动型裂缝周边萌蘖根根裂距显著大于塌陷型，可以看出滑动型裂缝造成的根系损伤范围较大，因此萌蘖根分布较广。

表 4-4 不同坡位和裂缝类型处萌蘖根的空间分布特征

坡位	裂缝类型	根数量（条）	根径（mm）	根深（cm）	根裂距（cm）
坡顶	拉伸型	18±6ab	18.96±10.36a	6.98±2.15a	589.89±196.18a
坡中	塌陷型	26±11a	15.36±6.90a	8.01±5.27a	90.17±127.17c
坡底	滑动型	8±3b	17.63±9.75a	10.40±5.33a	191.31±258.15b

注：数值为指标均值±标准偏差；不同小写字母表示不同坡位和裂缝间空间指标差异显著，下同

4.4.6 小叶杨侧根空间分布对萌蘖苗生长状况的影响

不同坡位处小叶杨侧根空间分布特征对萌蘖苗生长指标的影响如表 4-5 所示。小叶杨萌蘖根根深与萌蘖苗株高、冠幅、（二级、三级、四级）分支数、基径、地径均呈正相关关系，其中根深和株高呈极显著正相关（$P<0.01$）；小叶杨萌蘖根根深与萌蘖苗一级分支数和根径呈负相关关系；萌蘖苗根裂距与株高、冠幅、（三级、四级）分支数、基径、地径、根径呈现正相关关系，其中根裂距与（三级、四级）分支数、基径、地径、根径呈极显著正相关关系（$P<0.01$），与冠幅呈显著正相关关系（$P<0.05$）；萌蘖苗根裂距与（一级、二级）分支数呈现负相关关系。以上分析说明，当一定土壤深度范围内受损根系越深时，其萌蘖苗的株高、冠幅、（二级、三级、四级）分支数、基径、地径呈增加趋势，而萌蘖苗的一级分支数和根径呈减小趋势；当损伤根根裂距越大时，其萌蘖苗的株高、冠幅、（三级、四级）分支数、基径、地径、根径呈现递增趋势，而萌蘖苗的（一级、二级）分支数呈现递减趋势。

表 4-5　萌蘖根空间分布指标与萌蘖苗生长指标间的相关性

	株高	冠幅1	冠幅2	一级分支	二级分支	三级分支	四级分支	基径	地径	根径	根深	根裂距
株高	1											
冠幅1	0.728**	1										
冠幅2	0.690**	0.927**	1									
一级分支	0.275**	0.399**	0.416**	1								
二级分支	0.589**	0.661**	0.676**	0.659**	1							
三级分支	0.454**	0.565**	0.530**	0.076	0.229**	1						
四级分支	0.336**	0.401**	0.372**	−0.025	0.047	0.635**	1					
基径	0.658**	0.710**	0.717**	0.306**	0.446**	0.566**	0.381**	1				
地径	0.674**	0.658**	0.663**	0.280**	0.411**	0.598**	0.483**	0.886**	1			
根径	0.652**	0.778**	0.737**	0.484**	0.639**	0.531**	0.312**	0.774**	0.692**	1		
根深	0.209**	0.087	0.083	−0.09	0.082	0.096	0.077	0.084	0.127	−0.027	1	
根裂距	0.115	0.204*	0.208*	−0.016	−0.038	0.453**	0.268**	0.414**	0.354**	0.278**	0.095	1

**表示在 0.01 水平上相关性显著，*表示在 0.05 水平上相关性显著；下同

4.5　小叶杨根系萌蘖对土壤微环境的响应

4.5.1　裂缝对土壤理化性质的影响

4.5.1.1　裂缝带土壤含水量的变化

裂缝带与非裂缝带 0～60cm 土层土壤含水量的变化如图 4-18 所示，3 种类型

裂缝带处 0～60cm 土层含水量均小于同坡位非裂缝带，其中塌陷型和滑动型裂缝处裂缝带与非裂缝带土壤含水量差异显著（$P<0.05$）。而拉伸型裂缝带各土层土壤含水量与非裂缝带差异不显著，可见拉伸型裂缝对土壤含水量的变化影响较小。塌陷型裂缝下 0～60cm 土层内裂缝带土壤含水量均小于非裂缝带，可见塌陷型裂缝对 0～60cm 土层的土壤含水量有一定影响，其中对 0～10cm 土层含水量影响最大。滑动型裂缝下 0～60cm 土层内裂缝带土壤含水量均小于非裂缝带，其中 0～10cm、40～60cm 土层内含水量差异性显著（$P<0.05$），可见滑动型裂缝对土壤含水量的影响较大，且对 0～10cm、40～60cm 土层含水量有显著影响。拉伸型裂缝处随土层深度的增加土壤含水量呈缓慢增加再渐渐降低的趋势，含水量最小值出现在 0～10cm 土层内，为 9.99%，最大值在 20～30cm 土层，为 11.22%，但各土层含水量差异性不显著；坡顶非裂缝带处土壤含水量随土层深度的增加呈上升趋势，40～50cm 土层含水量最高（11.73%），0～10cm 土层含水量最低（10.02%）。塌陷型裂缝下土壤含水量随土层深度的增加呈递增趋势，0～10cm 土层土壤含水量最低，为 7.23%，50～60cm 土层内含水量达到峰值，为 10.76%，其中 0～10cm 土层含水量显著低于其他土层（$P<0.05$）；坡中非裂缝带土壤含水量随土层深度的加深呈增加趋势，0～20cm 土层含水量最低（9.76%），40～50cm 土层含水量最高（10.98%）。滑动型裂缝处随土层深度的增加土壤含水量呈现先增加再减少并趋于稳定的变化趋势，含水量最小值为 0～10cm 土层的 8.24%，最大值在 10～20cm 土层，为 9.94%，各土层含水量差异性不显著；坡底非裂缝带土壤含水量随土层深度的加深呈先缓慢减少再增加的趋势，20～30cm 土层含水量最低（9.85%），50～60cm 土层含水量最高（12.63%），且显著高于其他土层土壤含水量（$P<0.05$）。

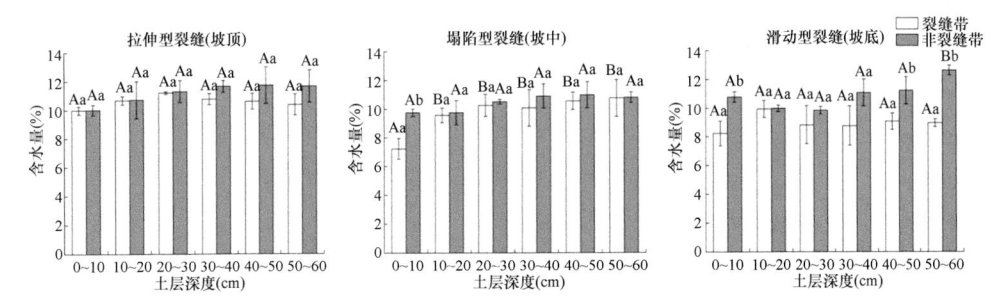

图 4-18　不同裂缝类型及坡位裂缝带和非裂缝带土壤含水量的变化
不同大写字母表示同一坡位不同土层深度土壤含水量差异显著（$P<0.05$），不同小写字母表示同一土层裂缝带与非裂缝带土壤含水量差异显著（$P<0.05$）；下同

4.5.1.2　裂缝带土壤 pH 的变化

裂缝带与非裂缝带 0～60cm 土层土壤 pH 的变化如图 4-19 所示。拉伸型裂缝

下 0～60cm 土层内土壤 pH 均大于非裂缝带，其中只有 50～60cm 土层内裂缝带与非裂缝带土壤 pH 差异显著（$P<0.05$），可见拉伸型裂缝对土壤 pH 的影响较小。塌陷型裂缝处 0～60cm 土层内的土壤 pH 均大于非裂缝带，其中 0～10cm、20～30cm 土层内土壤 pH 差异显著（$P<0.05$），可见塌陷型裂缝对土壤 pH 的影响较大，尤其对 0～10cm、20～30cm 土层的 pH 影响显著。滑动型裂缝下 0～60cm 土层土壤 pH 均大于非裂缝带，其中 0～10cm、50～60cm 土层内裂缝带与非裂缝带 pH 差异显著（$P<0.05$），可见滑动型裂缝对土壤 pH 也有较大影响，且对 0～10cm、50～60cm 土层影响显著。各类型裂缝处土壤 pH 均基本呈现随土层变深而缓慢减少趋于稳定的趋势，而非裂缝带土壤 pH 随土层深度的增加呈现先增加再减小的趋势。拉伸型裂缝处土壤 pH 最大值出现在 10～20cm 土层，为 5.47，最小值在 20～30cm 土层，为 4.97，各土层 pH 差异性不显著；同坡位非裂缝带处随土壤深度的加深 pH 呈降低趋势，最大值为 5.08，最小值为 4.44。塌陷型裂缝处土壤 pH 最大为 0～10cm 土层的 6.1，最小值在 40～50cm 土层内，为 5.31，且 0～10cm 土层与 40～50cm 土层土壤 pH 差异显著（$P<0.05$）；而坡中非裂缝带土壤 pH 最大为 10～20cm 土层的 5.38，最小为 30～40cm 土层的 4.96。滑动型裂缝处 0～10cm 土层土壤 pH 最大，为 5.77，40～50cm 土层土壤 pH 最小，为 5.43，几乎各土层 pH 差异不显著；而坡底非裂缝带处 10～20cm 土层土壤 pH 最大，为 5.33，50～60cm 土层最小，为 4.08，且 0～30cm 土层土壤 pH 显著大于 50～60cm 土层。

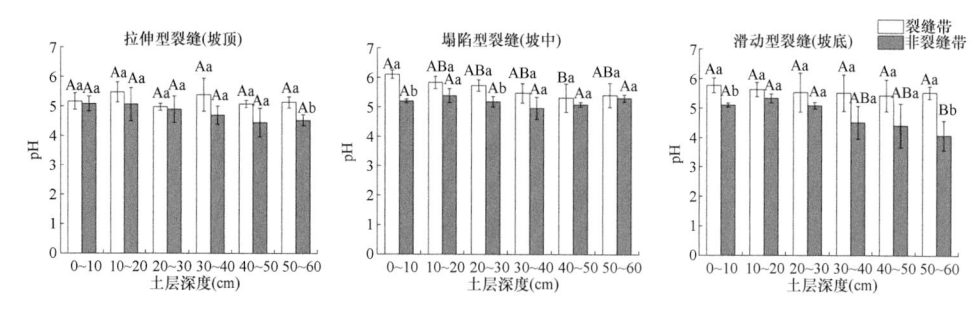

图 4-19　不同裂缝类型及坡位裂缝带和非裂缝带土壤 pH 的变化

4.5.1.3　裂缝带土壤碱解氮含量的变化

裂缝带与非裂缝带 0～60cm 土层土壤碱解氮含量的变化如图 4-20 所示，3 种类型裂缝下裂缝带 0～20cm 土层碱解氮含量均大于非裂缝带，其中滑动型裂缝处 10～20cm 土层碱解氮含量差异显著（$P<0.05$），可见裂缝的产生使得 0～20cm 表层土碱解氮含量有一定增加。拉伸型裂缝下除 20～30cm 土层外，其余土层的土壤碱解氮含量均大于非裂缝带，同时裂缝带与非裂缝带土壤碱解氮含量差异性不显著，说明拉伸型裂缝处 0～20cm、30～60cm 土层土壤碱解氮含量有一定增加，

但裂缝对碱解氮含量的影响不显著。塌陷型裂缝下 0~50cm 土层内土壤碱解氮含量大于非裂缝带，50~60cm 土层碱解氮含量小于非裂缝带，裂缝带与非裂缝带土壤碱解氮含量差异性不显著，说明塌陷型裂缝对 0~50cm 土层碱解氮含量产生了一定影响，使其增大，但影响不显著。滑动型裂缝处 0~20cm 土层土壤碱解氮含量大于非裂缝带土壤，20~60cm 土层土壤碱解氮含量小于非裂缝带土壤，其中 10~20cm、30~40cm 土层内裂缝带与非裂缝带土壤碱解氮含量差异显著（$P<0.05$），说明滑动型裂缝的产生对土壤碱解氮含量有较大的影响，尤其对 10~20cm、30~40cm 土层影响显著；0~20cm 的表层土壤碱解氮含量变大，20~60cm 土层内含量变小。3 种类型裂缝处土壤碱解氮含量随土层深度的增加，基本呈先增加后减小再增加又减小的趋势；不同坡位非裂缝带处土壤碱解氮含量也基本呈上述变化规律。拉伸型裂缝处 10~20cm 土层土壤碱解氮含量最大，为 114.99mg/kg，20~30cm 土层含量最小，为 95.25mg/kg，且 20~30cm 土层内碱解氮含量与 0~20cm、30~50cm 土层差异显著（$P<0.05$）；同坡位非裂缝带处土壤碱解氮含量 10~20cm 土层最大（108.97mg/kg），30~40cm 土层最小（101.87mg/kg）。塌陷型裂缝下 0~10cm 土层碱解氮含量最大，为 113.29mg/kg，20~30cm、40~50cm 土层内碱解氮含量最低，均为 101.37mg/kg，塌陷型裂缝各土层碱解氮含量差异性不显著；同坡位非裂缝带处 30~40cm 土层碱解氮含量最高（109.24mg/kg），40~50cm 土层最低（96.66mg/kg）。滑动型裂缝处 10~20cm 土层土壤碱解氮含量最大，为 116.13mg/kg，50~60cm 土层含量最低，为 93.73mg/kg，且 50~60cm 土层碱解氮含量显著低于其他土层（$P<0.05$）；同坡位非裂缝带处 30~40cm 土层碱解氮含量最高（116.77mg/kg），10~20cm 土层最低（86.78mg/kg），其中 30~40cm 土层碱解氮含量显著大于 10~20cm 土层（$P<0.05$）。

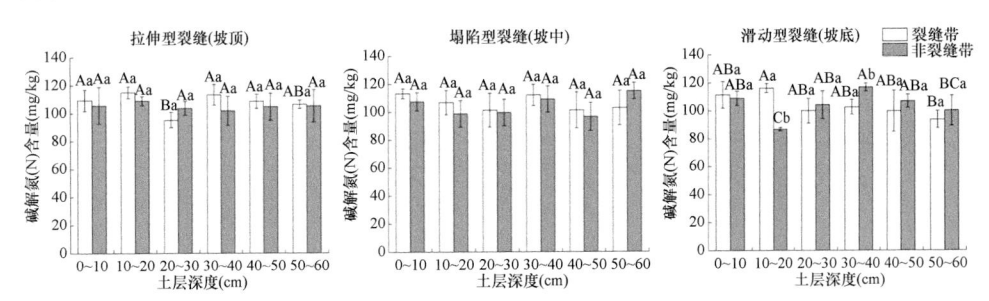

图 4-20　不同裂缝类型及坡位裂缝带和非裂缝带土壤碱解氮含量的变化

4.5.1.4　裂缝带土壤速效磷含量的变化

裂缝带与非裂缝带 0~60cm 土层土壤速效磷含量的变化如图 4-21 所示，3 种类型裂缝下裂缝带 0~20cm 土层土壤速效磷含量均大于非裂缝带。拉伸型裂缝处

0~30cm、40~50cm 土层内土壤速效磷含量大于非裂缝带，30~40cm、50~60cm 土层内速效磷含量小于非裂缝带，且各土层下裂缝带与非裂缝带土壤速效磷含量差异不显著。塌陷型裂缝下 0~30cm、40~60cm 土层内土壤速效磷含量大于非裂缝带，30~40cm 土层速效磷含量小于非裂缝带，其中 40~50cm 土层内裂缝带与非裂缝带速效磷含量差异显著（$P<0.05$）。滑动型裂缝下 0~20cm、40~60cm 土层内速效磷含量大于非裂缝带，20~40cm 土层内速效磷含量裂缝带小于非裂缝带，几乎各土层下裂缝带与非裂缝带土壤速效磷含量差异性均不显著。3 种类型裂缝下土壤速效磷含量随土层深度的增加，均基本呈现先快速增加然后缓慢减少再上升然后又降低的变化规律；坡顶非裂缝带处各深度土层内速效磷含量变化不大，坡中与坡底非裂缝带处土壤速效磷含量随土层深度增加呈先上升后下降趋势。拉伸型裂缝处 50~60cm 土层土壤速效磷含量最大，为 8.86μg/g，30~40cm 土层含量最小，为 7.59μg/g，拉伸型裂缝下各土层速效磷含量差异性不显著；同坡位非裂缝带处 10~20cm 土层速效磷含量最小（7.59μg/g），50~60cm 土层含量最大（9.07μg/g）。塌陷型裂缝处 40~50cm 土层速效磷含量达到峰值，为 9.22μg/g，30~40cm 土层含量最低，为 7.48μg/g，且各土层间速效磷含量差异性不显著；同坡位非裂缝带处 30~40cm 土层速效磷含量最高（8.63μg/g），0~10cm 土层速效磷含量最低（7.06μg/g）。滑动型裂缝下 10~20cm 土层土壤速效磷含量最高，为 8.6μg/g，20~30cm 土层内含量最低，为 6.42μg/g，且裂缝带处各土层速效磷含量差异性不显著；同坡位非裂缝带处 30~40cm 土层速效磷含量最高（9.04μg/g），40~50cm 土层含量最低（6.57μg/g），同时，30~40cm 与 40~50cm 土层速效磷含量差异显著（$P<0.05$）。

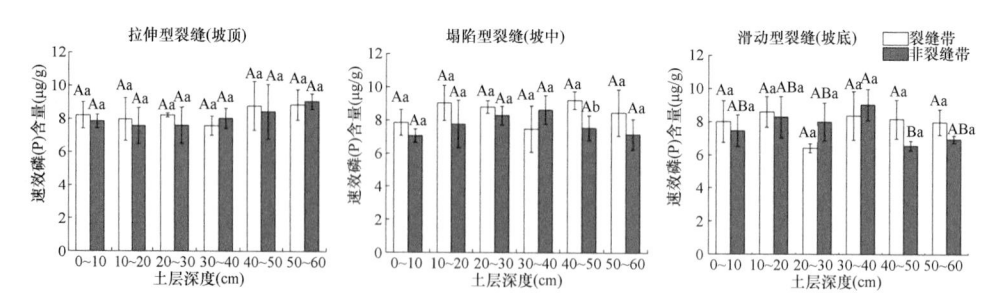

图 4-21 不同裂缝类型及坡位裂缝带和非裂缝带土壤速效磷含量的变化

4.5.1.5 裂缝带土壤速效钾含量的变化

裂缝带与非裂缝带 0~60cm 土层土壤速效钾含量的变化如图 4-22 所示。3 种类型裂缝处 0~40cm 土层内土壤速效钾含量均大于非裂缝带。拉伸型裂缝下 0~60cm 土层内速效钾含量均大于非裂缝带，几乎各土层内裂缝带与非裂缝带速效钾含量均差异显著。塌陷型裂缝下 0～50cm 土层内速效钾含量均大于非裂缝带，50～60cm 土层内含量小于非裂缝带，且 10～50cm 土层内裂缝带与非裂缝带速效钾含量差异显著（$P<0.05$）。滑动型裂缝处 0～40cm 土层内速效钾含量大于非裂缝带，40～60cm 土层内裂缝处速效钾含量小于非裂缝带，其中 40～60cm 土层内裂缝带与非裂缝带速效钾含量差异显著（$P<0.05$）。3 种类型裂缝处随土壤深度的加深速效钾含量基本呈现递减趋势；而同坡位非裂缝带处土壤速效钾含量随土层加深呈先下降后上升的趋势。拉伸型裂缝处 0～10cm 土层内速效钾含量最高，为 9.33mg/kg，40～50cm 土层内速效钾含量最低，为 7.33mg/kg，同时该裂缝处各土层间速效钾含量差异不显著；同坡位非裂缝带处 0～10cm 土层内速效钾含量为 8.00mg/kg 显著大于 10～60cm 土层，40～50cm 土层速效钾含量最低，为 6.67mg/kg。塌陷型裂缝处 0～10cm 土层内速效钾含量最高，为 12.00mg/kg，50～60cm 土层含量最低，为 6.67mg/kg，且 0～10cm 土层速效钾含量与 20～60cm 土层差异显著（$P<0.05$）；同坡位处非裂缝带下 0～10cm 土层速效钾含量最高，为 10.25mg/kg，40～50cm 土层含量最低，为 6.25mg/kg，且 0～10cm、10～20cm、20～50cm 土层间速效钾含量差异显著（$P<0.05$）。滑动型裂缝下 0～10cm 土层内速效钾含量最高，为 12.00mg/kg，40～60cm 土层含量最低，为 7.33mg/kg，其中 0～10cm 土层的速效钾含量与 30～60cm 土层速效钾含量差异显著（$P<0.05$）；同坡位处非裂缝带 50～60cm 土层速效钾含量最高，为 11mg/kg，30～40cm 土层含量最低，为 7.25mg/kg，且 0～10cm 土层速效钾含量与 10～50cm 土层差异显著（$P<0.05$）。

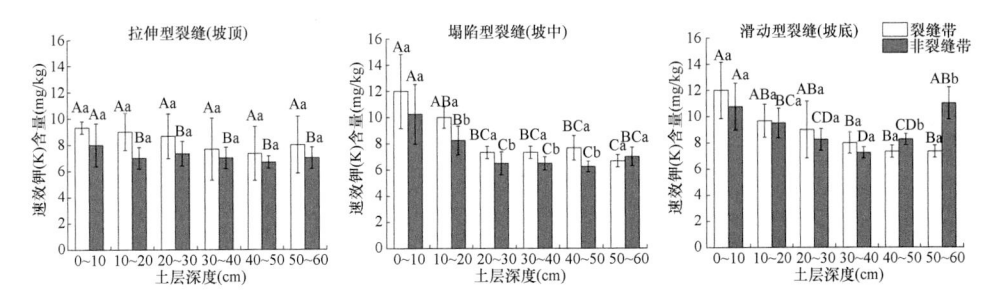

图 4-22 不同裂缝类型及坡位裂缝带和非裂缝带土壤速效钾含量的变化

4.5.1.6 裂缝带土壤有机质含量的变化

裂缝带与非裂缝带 0～60cm 土层土壤有机质含量的变化如图 4-23 所示。3 种类型裂缝下各土层土壤有机质含量均小于非裂缝带。拉伸型裂缝处 30～40cm 土层内裂缝带与非裂缝带土壤有机质含量差异显著（$P<0.05$），其余土层有机质含量差异不显著。塌陷型裂缝下 0～20cm 土层内裂缝带与非裂缝带有机质含量差异

显著（$P<0.05$）。滑动型裂缝下 0~60cm 土层内裂缝带与非裂缝带有机质含量差异显著（$P<0.05$）。3 种类型裂缝处随土层深度的增加土壤有机质含量均呈减小趋势；各坡位非裂缝处土壤有机质含量随土层深度的增加呈先下降后回升的趋势。拉伸型裂缝处 0~10cm 土层内有机质含量最高，为 1.35g/kg，40~50cm 土层内含量最低，为 0.53g/kg，同时，0~10cm 与 10~60cm 土层的有机质含量差异显著（$P<0.05$）；同坡位非裂缝带处土壤有机质含量最高为 0~10cm 土层的 1.62g/kg，40~50cm 土层内含量最低（0.67g/kg），且 0~10cm、30~40cm、40~50cm 土层含量差异显著（$P<0.05$）。塌陷型裂缝处 0~10cm 土层内土壤有机质含量最高，为 1.16g/kg，40~50cm 土层内含量最低，为 0.48g/kg，且 0~10cm 土层内土壤有机质含量与 20~60cm 土层内土壤有机质含量差异显著（$P<0.05$）；同坡位非裂缝带处 0~10cm 土层内有机质含量最高（2.72g/kg），20~30cm 土层内含量最低（0.76g/kg），且 0~10cm 土层有机质含量显著高于 20~60cm 土层。滑动型裂缝处 0~10cm 土层内有机质含量最高，为 1.64g/kg，50~60cm 土层内含量最低，为 0.61g/kg，其中 0~20cm 土层有机质含量与 40~60cm 土层差异显著（$P<0.05$）；同坡位非裂缝带处 50~60cm 土层有机质含量最高，为 3.40g/kg，20~30cm 土层内含量最低，为 2.15g/kg，且这两个土层含量差异显著（$P<0.05$）。

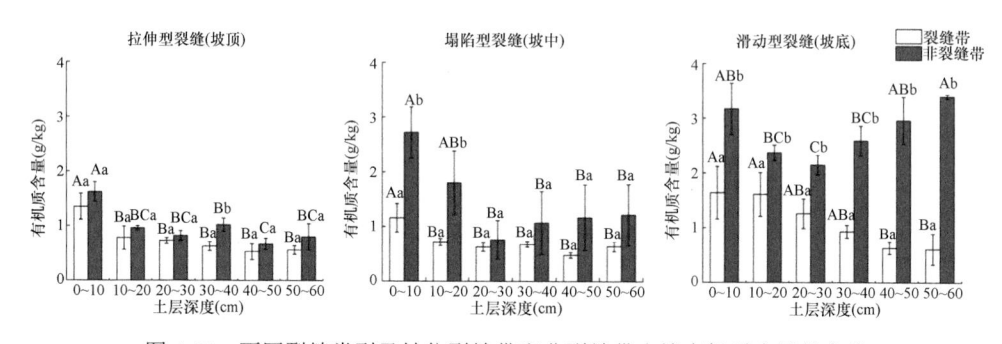

图 4-23　不同裂缝类型及坡位裂缝带和非裂缝带土壤有机质含量的变化

4.5.2　萌蘖根根际土壤理化性质的变化

塌陷型、滑动型和拉伸型 3 种裂缝处萌蘖根与非萌蘖根根际土的含水量、pH、碱解氮含量、速效磷含量、速效钾含量、有机质含量的变化如图 4-24 所示。由含水量变化可知，3 种类型裂缝下萌蘖根根际土壤含水量均小于非萌蘖根，萌蘖根根际土壤含水量在 9.4%~9.5%，非萌蘖根根际土含水量在 10.0%~11.7%，其中滑动型裂缝处萌蘖根与非萌蘖根根际土壤含水量差异显著（$P<0.05$）。由 3 种裂缝处萌蘖根与非萌蘖根根际土 pH 的变化可知，各类型裂缝下萌蘖根根际土 pH 都大于非萌蘖根，萌蘖根根际土 pH 在 5.3~5.6，非萌蘖根根际土 pH 在 4.7~5.2，

其中塌陷型裂缝下萌蘖根与非萌蘖根根际土 pH 差异显著（$P<0.05$）。由根际土壤碱解氮含量的变化可知，塌陷型、滑动型和拉伸型裂缝处萌蘖根根际土碱解氮含量均大于非萌蘖根，且萌蘖根与非萌蘖根根际土碱解氮含量无显著差异，萌蘖根根际土碱解氮含量在 104～107.3mg/kg，非萌蘖根根际土碱解氮含量在 94.0～106.5mg/kg。由萌蘖与非萌蘖根根际土速效磷含量的变化可知，3 种类型裂缝处萌蘖根根际土速效磷含量都大于非萌蘖根，且滑动型裂缝处萌蘖根与非萌蘖根根际土速效磷含量差异显著（$P<0.05$），萌蘖根根际土速效磷含量在 8.2～8.8μg/g，非萌蘖根根际土速效磷含量在 7.6～8.0μg/g。由不同类型裂缝处萌蘖根与非萌蘖根根际土速效钾含量的变化可知，3 种类型裂缝下萌蘖根根际土速效钾的含量都大于非萌蘖根，其中，塌陷型和滑动型裂缝处萌蘖根与非萌蘖根根际土速效钾含量差异显著（$P<0.05$），萌蘖根根际土速效钾含量在 11.2～14.7mg/kg，非萌蘖根根际土速效钾含量在 8.0～9.7mg/kg。由不同类型裂缝处萌蘖根与非萌蘖根根际土有机质含量的变化可知，3 种类型裂缝下萌蘖根根际土有机质的含量均小于非萌蘖根，且各类型裂缝处萌蘖根与非萌蘖根根际土有机质含量差异显著（$P<0.05$），萌蘖根根际土有机质含量在 1.2～1.6g/kg，非萌蘖根根际土有机质含量在 2.2～2.7g/kg。

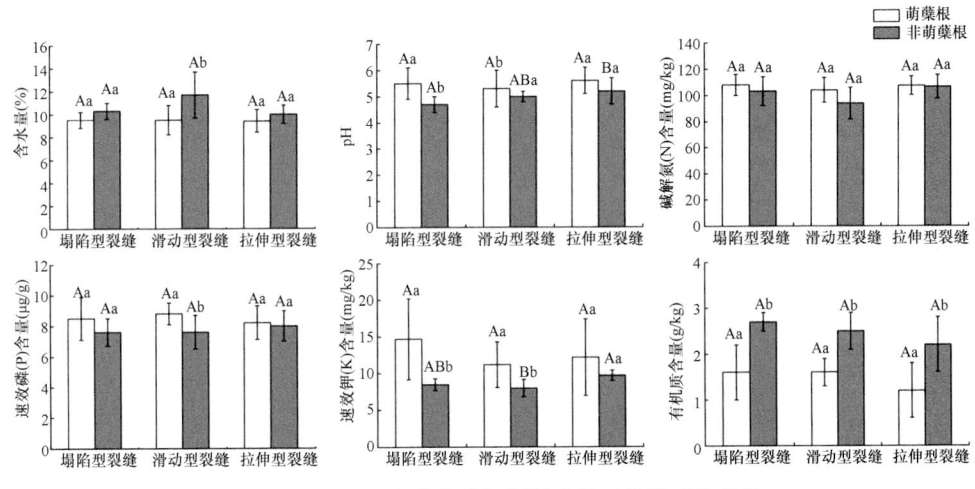

图 4-24　萌蘖根与非萌蘖根根际土壤理化性质的变化

4.5.3　萌蘖根根际土壤细菌物种组成及其多样性的变化

4.5.3.1　不同裂缝下小叶杨萌蘖与非萌蘖根根际土壤样品细菌物种的 OTU 分布

通过对 36 个土壤样本进行高通量测序，共得到 1 361 978 条有效序列，序列长度相对集中，平均长度 416bp，聚类共得到 6614 个 OTU。依据 OTU 的菌种对各土壤样品经高通量测序获得的序列进行均一化处理后所得 Alpha 多样性指数见

表4-6。所有样品的细菌序列覆盖率（coverage）介于96%～99%，说明本次测序已捕捉到了大部分的细菌物种信息，能够比较真实地体现研究区的土壤细菌群落构成情况。

表4-6　土壤细菌多样性指数分析

土壤样品	覆盖率（%）	Chao1	Ace	Shannon-Wiener	Simpson
tx	97.37bc	2367.20±341.26bc	2381.80±352.34bc	5.70±0.46a	0.043±0.046a
tx_ck	97.82ab	2036.28±224.38cd	2052.55±239.44cd	5.54±0.86a	0.055±0.095a
hd	96.73c	2839.83±318.52a	2853.58±306.54a	6.23±0.22a	0.010±0.007a
hd_ck	98.10a	1815.50±259.46d	1810.88±245.55d	5.65±0.40a	0.016±0.011a
ls	97.17bc	2551.11±198.99ab	2545.49±225.11b	6.12±0.16a	0.011±0.005a
ls_ck	97.34bc	2436.82±175.94abc	2431.65±140.06bc	6.23±0.06a	0.006±0.001a

注：表中数据为平均值±标准偏差。同一列中不同小写字母表示差异性显著（$P<0.05$）。tx为塌陷型裂缝萌蘖苗根际土，tx_ck为塌陷型裂缝非萌蘖苗根际土；hd为滑动型裂缝萌蘖苗根际土，hd_ck为滑动型裂缝非萌蘖苗根际土；ls为拉伸型裂缝萌蘖苗根际土，ls_ck为拉伸型裂缝非萌蘖苗根际土，下同。

从土壤样品间的微生物OTU数量维恩图（图4-25）中可以看出，塌陷型、滑动型和拉伸型裂缝分别共有4840个、4947个、4680个OTU，说明滑动型裂缝中细菌种类最丰富，塌陷型裂缝次之，拉伸型裂缝中的微生物种类最少。在细菌群落中，3种裂缝类型同时共有的OTU数量为3110种，分别占塌陷型、滑动型、拉伸型3种裂缝各自全部OTU数量的64.26%、62.87%、66.45%。每组样品都拥有自己所特有的OTU，滑动型裂缝最多，为738个，占自身全部OTU的14.92%；拉伸型裂缝所特有的OTU数量最少，为454个，占自身全部OTU数量的9.70%。塌陷型裂缝和拉伸型裂缝共有OTU数量最多，为3694个；滑动型裂缝和拉伸型裂缝共有OTU数量最少，为3642个。

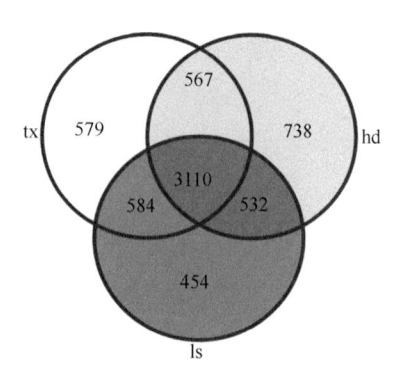

图4-25　不同裂缝下土壤样品间细菌群落OTU水平物种组成维恩图
tx表示塌陷型裂缝；hd表示滑动型裂缝；ls表示拉伸型裂缝；下同

4.5.3.2 不同裂缝下小叶杨萌蘖与非萌蘖根根际土壤细菌群落组成分析

通过对采煤沉陷区小叶杨3个样地36个样本高通量测序共检测到细菌37门123纲303目473科809属。从门水平对土壤细菌组成成分进行分析，由图4-26可见，放线菌门（Actinobacteriota）丰度范围为34.88%~41.41%，变形菌门（Proteobacteria）丰度范围为16.08%~21.92%，酸杆菌门（Acidobacteriota）丰度范围为8.59%~19.12%，绿弯菌门（Chloroflexi）丰度范围为7.80%~15.87%，是丰度较高的4个优势门。放线菌门、变形菌门、酸杆菌门和绿弯菌门在研究区土壤细菌群落结构中占主导地位，这一结果与有关矿区土壤中细菌多样性的报道是一致的。说明这几类菌群对矿区特殊环境具有广泛的适应性特征，同时说明它们具有丰富的遗传多样性及代谢和功能多样性，在生态系统中具有重要作用。

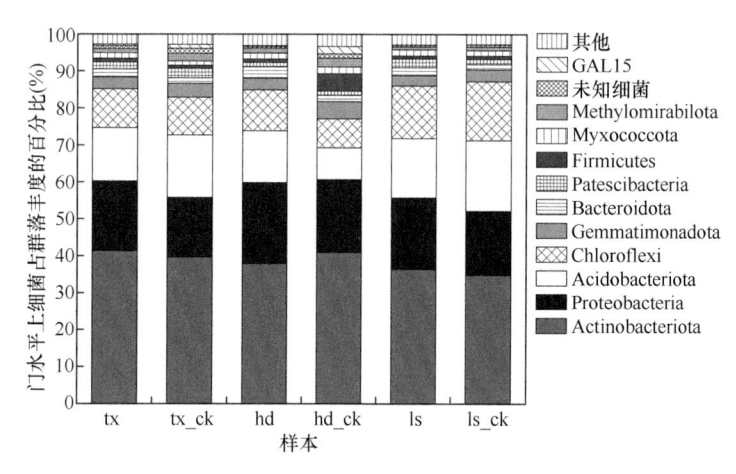

图4-26 土壤细菌门水平群落结构组成

塌陷型裂缝中，萌蘖根根际土中主要细菌占比依次为放线菌门41.41%、变形菌门18.85%、酸杆菌门14.40%、绿弯菌门10.50%；而非萌蘖根根际土的主要细菌占比依次为放线菌门39.66%、变形菌门16.08%、酸杆菌门16.97%、绿弯菌门10.20%；与萌蘖根根际土相比，非萌蘖根根际土中除酸杆菌门丰度升高，其余菌门丰度均降低。滑动型裂缝中，萌蘖根根际土中主要细菌占比依次为放线菌门37.92%、变形菌门21.92%、酸杆菌门13.99%、绿弯菌门11.02%；而非萌蘖根根际土的主要细菌占比依次为放线菌门40.96%、变形菌门19.72%、酸杆菌门8.59%、绿弯菌门7.80%；与萌蘖根根际土相比，非萌蘖根根际土中除放线菌门丰度升高，其余菌门丰度均降低。拉伸型裂缝中，萌蘖根根际土中主要细菌占比依次为放线菌门36.42%、变形菌门19.30%、酸杆菌门16.08%、绿弯菌门14.17%；而非萌蘖根根际土的主要细菌占比依次为放线菌门34.88%、变形菌门17.26%、酸杆菌门19.12%、绿弯菌门15.87%；与萌蘖根根际土相比，非萌蘖根根际土中酸杆菌门和绿弯菌门丰度升高,放线菌门和变形菌门丰度降低。上述结果表明,各类裂缝处萌蘖根与非萌蘖根根际土在门水平上的细菌群落结构组成无明显变化,放线菌门、变形菌门、酸杆菌门、绿弯菌门是研究区相对丰度较高的 4 个优势门;大部分裂缝下萌蘖根根际土中放线菌门、变形菌门、绿弯菌门细菌占比大于非萌蘖根根际土,而萌蘖根根际土中酸杆菌门细菌占比小于非萌蘖根根际土。

本研究从属水平对土壤细菌组成成分进行了分析,如图 4-27 所示,土壤中检测到的细菌群落主要为节核细菌属(*Arthrobacter*)(4.97%～16.27%)、*Vicinamibacteraceae*(2.18%～4.71%)、*Gaiellales*(1.71%～7.32%)、*Vicinamibacterales*(2.39%～3.81%)、*Gemmatimonadaceae*(1.84%～3.77%)、*Gaiella*(1.35%～3.43%)和 *Roseiflexaceae*(1.05%～3.87%)等,其中 *Arthrobacter*、*Vicinamibacteraceae* 和 *Gaiellales* 为优势菌属,总和共占 11.67%～28.73%。*Arthrobacter* 在不同裂缝下的占比为塌陷型裂缝＞滑动型裂缝＞拉伸型裂缝,在各种裂缝类型中的分布均为萌蘖根根际土高于非萌蘖根根际土;*Vicinamibacteraceae* 在不同裂缝下的占比为塌陷型裂缝＞拉伸型裂缝＞滑动型裂缝,在滑动型裂缝中的分布表现为萌蘖根根际土高于非萌蘖根根际土,在塌陷型和拉伸型裂缝中萌蘖根根际土低于非萌蘖根根际土;*Gaiellales* 在各种裂缝类型中的分布均为萌蘖根根际土低于非萌蘖根根际土。综合来看,各类裂缝处萌蘖根与非萌蘖根根际土在属水平上的细菌群落结构组成无明显变化,*Arthrobacter*、*Vicinamibacteraceae* 和 *Gaiellales* 为优势菌属,在裂缝中分布较广;大部分裂缝下萌蘖根根际土中 *Arthrobacter* 细菌占比大于非萌蘖根,而萌蘖根根际土中 *Vicinamibacteraceae* 和 *Gaiellales* 细菌占比小于非萌蘖根。

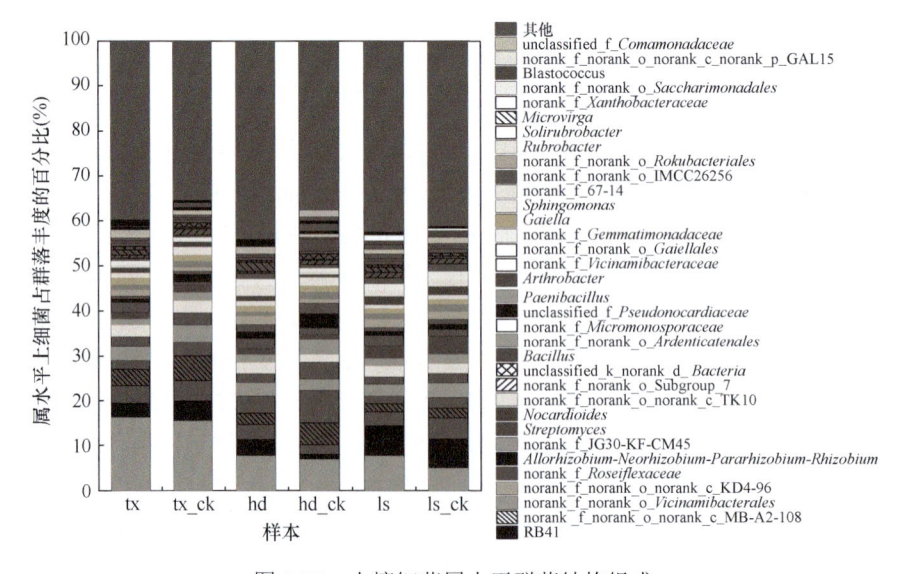

图 4-27 土壤细菌属水平群落结构组成

4.5.3.3 不同裂缝下小叶杨萌蘖与非萌蘖根根际土壤样品细菌 Alpha 多样性指数分析

Alpha 多样性分析可以反映出微生物群落的丰富度和多样性,菌群丰富度指数为 Chao1 和 Ace,用于计算 OTU 数目。同一裂缝下萌蘖根与非萌蘖根的 Chao1 和 Ace 指数变化情况为:塌陷型裂缝中萌蘖根根际土分别比非萌蘖根根际土增加 330.92 和 329.25（$P<0.05$）,滑动型裂缝中萌蘖根根际土分别比非萌蘖根根际土增加 1024.33 和 1042.70（$P<0.05$）,拉伸型裂缝中萌蘖根根际土分别比非萌蘖根根际土增加 114.29 和 113.84（$P>0.05$）（表 4-6）。上述结果表明,无论在何种裂缝类型下,萌蘖根根际土细菌群落的丰度均较非萌蘖根根际土大。

菌群多样性指数为 Shannon-Wiener 和 Simpson, Shannon-Wiener 指数值越大,表示菌群多样性越高;而 Simpson 指数值越大,表示菌群多样性越低。同一裂缝下萌蘖根与非萌蘖根的 Shannon-Wiener 指数变化规律为:塌陷型裂缝中萌蘖根根际土比非萌蘖根根际土增加 0.16（$P>0.05$）,滑动型裂缝中萌蘖根根际土比非萌蘖根根际土增加 0.58（$P>0.05$）,拉伸型裂缝中萌蘖根根际土比非萌蘖根根际土降低 0.11（$P>0.05$）。同一裂缝下萌蘖根与非萌蘖根的 Simpson 指数变化规律为:塌陷型裂缝中萌蘖根根际土比非萌蘖根根际土降低 0.012（$P>0.05$）,滑动型裂缝中萌蘖根根际土比非萌蘖根根际土降低 0.006（$P>0.05$）,拉伸型裂缝中萌蘖根根际土比非萌蘖根根际土增加 0.005（$P>0.05$）。上述结果表明,塌陷型裂缝和滑动型裂缝中,萌蘖根根际土细菌群落多样性均较非萌蘖根根际土高;而拉伸型裂缝中非萌蘖根根际土细菌多样性较萌蘖根根际土高。

4.5.4 萌蘖苗根际土壤真菌物种组成及其多样性的变化

4.5.4.1 不同裂缝下小叶杨萌蘖与非萌蘖根根际土壤样品真菌物种的 OTU 分布

通过对 36 个土壤样品进行高通量测序,共得到 1 946 172 条有效序列,平均长度 256bp,聚类共得到 1296 个 OTU。各样品测序覆盖度均在 99%以上,说明本研究测序数据具有可靠性,能够准确提供土壤真菌群落的真实信息。

从土壤样品间真菌群落 OTU 水平物种组成维恩图（图 4-28）中可以看出,塌陷型、滑动型和拉伸型裂缝分别共有 548、821、469 个 OTU,说明滑动型裂缝中真菌种类最丰富,塌陷型裂缝次之,拉伸型裂缝中的微生物种类最少。在真菌群落中,3 种裂缝类型同时共有的 OTU 数量为 142 种,分别占塌陷型、滑动型、拉伸型 3 种裂缝各自全部 OTU 数量的 25.91%、17.30%、30.28%。每组样品都拥有自己所特有的 OTU,滑动型裂缝最多,为 472 个,占自身全部 OTU 的 57.49%;拉伸型裂缝所特有的 OTU 数量最少,为 176 个,占自身全部 OTU 数量的 37.53%。

塌陷型裂缝和滑动型裂缝共有 OTU 数量最多，为 270 个，塌陷型裂缝和拉伸型裂缝共有 OTU 数量最少，为 214 个。

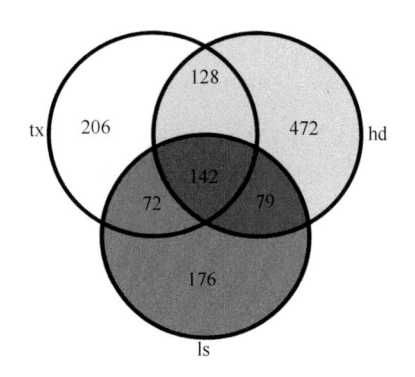

图 4-28　不同裂缝下土壤样品间真菌群落 OTU 水平物种组成维恩图

4.5.4.2　不同裂缝下小叶杨萌蘖与非萌蘖根根际土壤真菌群落组成分析

通过对采煤沉陷区小叶杨 3 个样地 36 个土壤样本高通量测序共检测到真菌 13 门 35 纲 92 目 197 科 378 属。从门水平对土壤真菌组成成分进行分析，结果如图 4-29 所示，子囊菌门（Ascomycota）丰度范围为 53.56%～89.53%，担子菌门（Basidiomycota）丰度范围为 2.58%～35.16%，被孢霉门（Mortierellomycota）丰度范围为 1.90%～21.16%，是相对丰度较高的 3 个优势门。子囊菌门、担子菌门、被孢霉门在研究区土壤真菌群落结构中占主导地位。塌陷型裂缝中，萌蘖根根际土中主要真菌占比为子囊菌门 73.01%、担子菌门 20.98%、被孢霉门 2.63%；而非萌蘖根根际土的主要真菌占比为子囊菌门 53.56%、担子菌门 35.16%、被孢霉门 4.38%；与萌蘖根根际土相比，非萌蘖根根际土中除子囊菌门丰度降低外，其余菌门丰度均升高。滑动型裂缝中，萌蘖根根际土中主要真菌占比为子囊菌门 60.11%、担子菌门 16.94%、被孢霉门 21.16%；而非萌蘖根根际土的主要真菌占比为子囊菌门 72.43%、担子菌门 3.32%、被孢霉门 19.29%；与萌蘖根根际土相比，非萌蘖根根际土中子囊菌门丰度升高，其余菌门丰度均降低。拉伸型裂缝中，萌蘖根根际土中主要真菌占比为子囊菌门 77.83%、担子菌门 11.64%、被孢霉门 1.90%；而非萌蘖根根际土的主要真菌占比为子囊菌门 89.53%、担子菌门 2.58%、被孢霉门 0.04%；与萌蘖根根际土相比，非萌蘖根根际土中子囊菌门丰度升高，其余菌门丰度均降低。上述结果表明，各类裂缝处萌蘖根与非萌蘖根根际土壤在门水平上的真菌群落结构组成无明显变化；子囊菌门、担子菌门、被孢霉门在研究区裂缝处土壤中，占真菌群落结构的主导地位；大部分裂缝处萌蘖根根际土中担子菌门、被孢霉门真菌占比大于非萌蘖根根际土，而萌蘖根根际土中子囊菌门真菌占比小于非萌蘖根根际土。

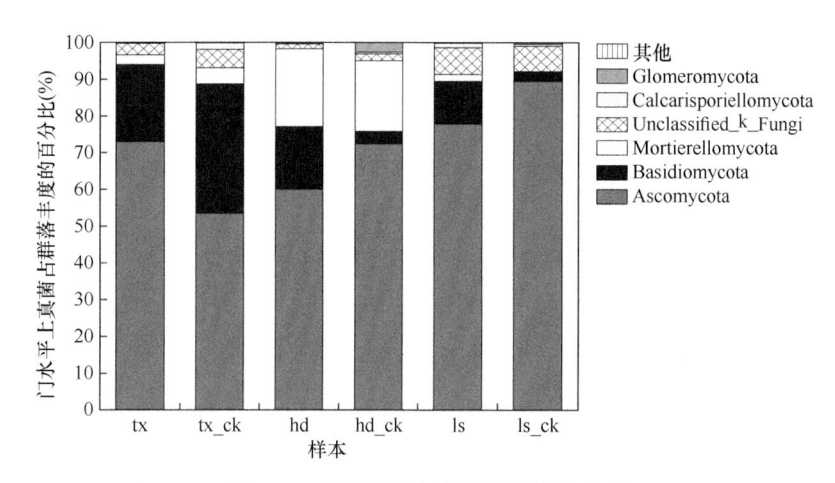

图 4-29 土壤真菌门水平群落结构组成

本研究从属水平对土壤真菌组成成分进行了分析，结果如图 4-30 所示，土壤中检测到的真菌群落主要为 *Delastria*（16.40%~47.44%）、*Paraphoma*（4.15%~18.44%）、*Mortierella*（1.90%~21.16%）、*Geopora*（0.36%~26.50%）、*Inocybe*（8.30%~18.21%）、*Aspergillus*（0.33%~13.52%）、*Tomentella*（0.15%~11.94%）和 *Hebeloma*（0.51%~11.47%）等，其中 *Delastria*、*Paraphoma*、*Mortierella*、*Geopora*、*Inocybe* 为优势菌属，总和共占 36.26%~66.66%。*Delastria* 在不同裂缝中的占比为塌陷型裂缝＞拉伸型裂缝，滑动型裂缝中无分布，其他裂缝类型中的分布均为萌蘖根根际土高于非萌蘖根根际土；*Paraphoma* 在不同裂缝下的占比为拉伸型裂缝＞滑动型裂缝＞塌陷型裂缝，在塌陷型和拉伸型裂缝中萌蘖根根际土低于非萌蘖根根际土，在滑动型裂缝中萌蘖根根际土高于非萌蘖根根际土；*Mortierella* 在不同裂缝下的占比为滑动型裂缝＞塌陷型裂缝＞拉伸型裂缝，拉伸型裂缝中非萌蘖根根际土无该菌种分布，在滑动型裂缝中萌蘖根根际土高于非萌蘖根根际土，在塌陷型裂缝中萌蘖根根际土低于非萌蘖根根际土；*Geopora* 在不同裂缝类型中的占比为滑动型裂缝＞拉伸型裂缝＞塌陷型裂缝，在各种裂缝类型中均为萌蘖根根际土低于非萌蘖根根际土；*Inocybe* 在不同裂缝类型中的占比为塌陷型裂缝＞拉伸型裂缝，滑动型裂缝中无分布，在塌陷型裂缝中萌蘖根根际土低于非萌蘖根根际土，在拉伸型裂缝中萌蘖根根际土高于非萌蘖根根际土。综合来看，各类裂缝处萌蘖根与非萌蘖根根际土壤在属水平上的真菌群落结构组成无明显变化，*Delastria*、*Paraphoma*、*Mortierella*、*Geopora*、*Inocybe* 为优势真菌属，在裂缝中分布较广，大部分裂缝类型萌蘖根根际土中 *Delastria*、*Mortierella*、*Inocybe* 属真菌占比大于非萌蘖根，而萌蘖根根际土中 *Paraphoma*、*Geopora* 属真菌占比小于非萌蘖根。

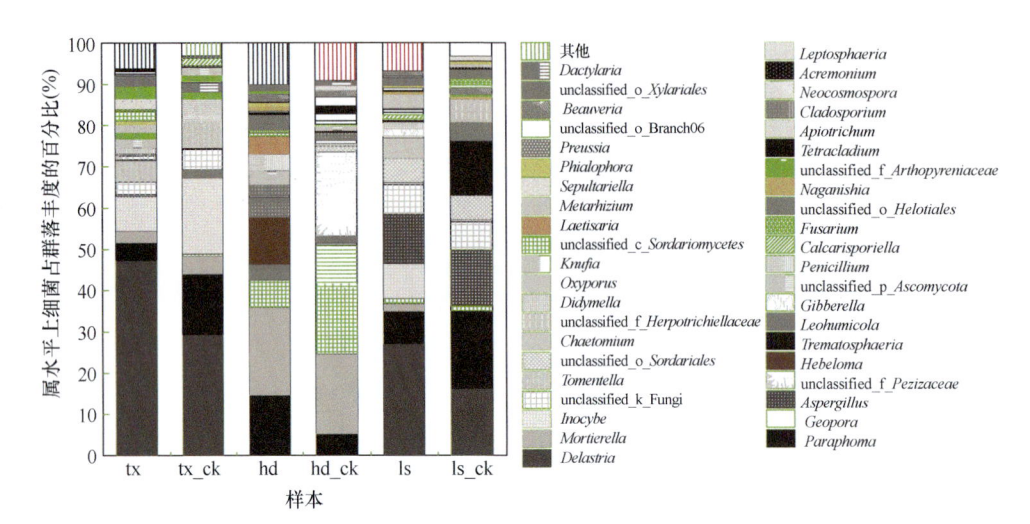

图 4-30 土壤真菌属水平群落结构组成

4.5.4.3 不同裂缝下小叶杨萌蘖与非萌蘖根根际土壤样品真菌 Alpha 多样性指数分析

依据 OTU 的菌种对各土壤样品经高通量测序获得的序列进行均一化处理后所得 Alpha 多样性指数见表 4-7。Alpha 多样性分析可以反映出微生物群落的丰富度和多样性，菌群丰度指数为 Chao1 和 Ace，用于计算 OTU 数目。同一裂缝中萌蘖根与非萌蘖根根际土壤的 Chao1 和 Ace 指数变化为：塌陷型裂缝中萌蘖根根际土分别比非萌蘖根根际土增加 76.42 和 76.7（$P>0.05$），滑动型裂缝中萌蘖根根际土分别比非萌蘖根根际土增加 222.05 和 225.59（$P<0.05$），拉伸型裂缝中萌蘖根根际土分别比非萌蘖根根际土增加 49.43 和 49.1（$P>0.05$）。上述结果表明，无论在何种裂缝类型下，萌蘖根根际土壤真菌群落的丰度均较非萌蘖根根际土壤大。

菌群多样性指数为 Shannon-Wiener 和 Simpson，Shannon-Wiener 指数值越大，表示菌群多样性越高；而 Simpson 指数值越大，表示菌群多样性越低。同一裂缝下萌蘖根与非萌蘖根的 Shannon-Wiener 指数变化为：塌陷型裂缝中萌蘖根根际土比非萌蘖根根际土增加 0.24（$P>0.05$），滑动型裂缝中萌蘖根根际土比非萌蘖根根际土增加 0.70（$P>0.05$），拉伸型裂缝中萌蘖根根际土比非萌蘖根根际土增加 0.36（$P>0.05$）。同一裂缝下萌蘖根与非萌蘖根的 Simpson 指数变化为：塌陷型裂缝中萌蘖根根际土比非萌蘖根根际土降低 0.04（$P>0.05$），滑动型裂缝中萌蘖根根际土比非萌蘖根根际土降低 0.14（$P>0.05$），拉伸型裂缝中萌蘖根根际土与非萌蘖根根际土均为 0.31。上述结果表明，3 种类型裂缝萌蘖根根际土壤真菌群落多样性几乎都较非萌蘖根根际土壤大。

表 4-7　土壤真菌多样性指数分析

土壤样品	覆盖率（%）	Chao1	Ace	Shannon-Wiener	Simpson
		\multicolumn{4}{c}{Alpha 多样性指数}	
tx	99.94a	127.48±58.28b	133.00±64.80b	1.96±0.64a	0.29±0.06a
tx_ck	99.98a	51.06±20.62b	56.30±21.81b	1.72±0.26a	0.33±0.19a
hd	99.85b	271.78±75.66a	276.31±76.19a	2.60±0.58a	0.19±0.09a
hd_ck	99.99a	49.73±13.63b	50.72±13.46b	1.90±0.55a	0.33±0.19a
ls	99.96a	106.98±39.59b	107.02±41.08b	2.01±0.91a	0.31±0.27a
ls_ck	99.99a	57.55±11.28b	57.92±9.79b	1.65±0.43a	0.31±0.11a

4.5.5　土壤微环境对根系萌蘖的影响

4.5.5.1　土壤细菌物种多样性与环境因子的相关性

对土壤细菌多样性指数与土壤理化指标进行相关性分析，结果表明（表4-8），细菌多样性指数（Sobs、Chao1、Ace）均与土壤pH、速效钾含量、碱解氮含量、速效磷含量之间呈正相关，与土壤含水量和有机质含量呈负相关。其中，土壤含水量与Sobs、Chao1和Ace指数呈极显著负相关（$P<0.01$）；土壤速效磷含量与Sobs指数呈显著正相关（$P<0.05$），与Chao1和Ace指数呈极显著正相关（$P<0.01$）；土壤有机质含量与Sobs指数呈极显著负相关（$P<0.01$），与Chao1和Ace指数呈显著负相关（$P<0.05$）Shannon-Wiener指数与土壤含水量、速效钾含量、有机质含量之间呈负相关，其中与土壤含水量呈显著负相关（$P<0.05$）；Shannon-Wiener指数与土壤pH、碱解氮含量、速效磷含量之间呈正相关。Simpson指数与土壤pH、碱解氮含量之间呈负相关，与土壤含水量、速效钾含量、速效磷含量、有机质含量之间呈正相关。综上所述，可以看出裂缝处土壤pH、速效钾含量、碱解氮含量、速效磷含量和根际土壤细菌的多样性呈正相关关系，而裂缝处土壤含水量、有机质含量和根际土壤细菌的多样性呈负相关关系；根据指数绝对

表 4-8　细菌物种多样性与环境因子相关性

	WC	pH	AK	AN	AP	SOM
Sobs	−0.468**	0.291	0.300	0.250	0.414*	−0.443**
Chao1	−0.456**	0.307	0.294	0.219	0.458**	−0.396*
Ace	−0.431**	0.267	0.295	0.230	0.476**	−0.400*
Shannon-Wiener	−0.379*	0.254	−0.121	0.131	0.020	−0.265
Simpson	0.128	−0.141	0.228	−0.050	0.135	0.145

注：WC，土壤含水量；AK，速效钾；AN，碱解氮；AP，速效磷；SOM，有机质；*为显著相关（$P<0.05$），**为极显著相关（$P<0.01$），下同

值的大小及显著相关性可以判断，含水量、速效磷含量、有机质含量是影响根际土细菌多样性的关键因子，而速效钾含量、pH、碱解氮含量对根际土细菌多样性的影响较小。

土壤理化因子对于微生物群落的变化有显著影响。相关性分析结果（表4-9）显示：Actinobacteriota 相对丰度与土壤速效钾含量呈显著正相关（$P<0.05$）；Proteobacteria 与土壤 pH 呈显著正相关（$P<0.05$）；Chloroflexi 与土壤有机质含量呈显著负相关（$P<0.05$）；Gemmatimonadota 与土壤 pH 呈显著负相关（$P<0.05$）；Firmicutes 与土壤速效钾含量呈极显著负相关（$P<0.01$）；Methylomirabilota 与土壤 pH 呈极显著负相关（$P<0.01$），与土壤有机质含量呈显著正相关（$P<0.05$）。以上结果说明，影响裂缝处根际土壤中优势细菌门类的关键因素为土壤 pH、速效钾含量、有机质含量，而土壤含水量、碱解氮含量和速效磷含量对优势细菌门类的影响似乎较小。

表4-9　土壤细菌门水平下优势群落与土壤理化性质的相关性

优势菌群	WC	pH	AK	AN	AP	SOM
Actinobacteriota	0.077	0.240	0.404*	−0.118	0.120	0.077
Proteobacteria	−0.040	0.384*	−0.262	0.140	0.046	−0.100
Acidobacteriota	−0.262	0.187	−0.017	0.171	−0.020	−0.224
Chloroflexi	−0.273	0.301	0.308	0.236	0.043	−0.357*
Gemmatimonadota	0.088	−0.371*	−0.058	−0.130	0.077	0.180
Bacteroidota	−0.065	0.277	−0.025	0.125	0.172	−0.240
Patescibacteria	0.015	0.039	−0.183	0.166	0.060	−0.138
Firmicutes	0.217	0.0311	−0.489**	−0.300	0.148	0.314
Myxococcota	−0.037	0.250	−0.154	0.094	0.038	−0.074
Methylomirabilota	0.119	0.511**	−0.165	−0.304	0.159	0.356*

4.5.5.2　土壤真菌物种多样性与环境因子的相关性

对土壤真菌多样性指数与土壤理化指标进行相关性分析，结果表明（表4-10），真菌多样性指数（Sobs、Chao1、Ace）均与土壤 pH、速效钾含量、碱解氮含量、速效磷含量之间呈正相关，并且均与速效磷含量之间呈显著正相关（$P<0.05$）；与土壤含水量、有机质含量呈负相关，并均与有机质含量之间呈显著负相关。Shannon-Wiener 指数与土壤含水量、速效钾含量、碱解氮含量和速效磷含量呈正相关；Shannon-Wiener 指数与土壤 pH、有机质含量呈负相关，其中与土壤有机质含量呈显著负相关（$P<0.05$）。Simpson 指数与土壤 pH、速效钾、碱解氮含量和速效磷含量和有机质含量之间呈正相关，与土壤含水量之间呈负相关。综上所述，可以看出裂缝处土壤 pH、速效钾含量、碱解氮含量、速效磷含量和根际土壤真菌

的多样性呈正相关关系,而裂缝处土壤含水量、有机质含量和根际土壤真菌的多样性呈负相关关系;根据指数绝对值的大小及显著相关性可以判断,土壤速效磷含量、有机质含量是影响根际土真菌多样性的关键因子,而含水量、速效钾含量、pH、碱解氮含量对根际土真菌多样性的影响较小。

表 4-10 真菌物种多样性与环境因子相关性

	WC	pH	AK	AN	AP	SOM
Sobs	−0.288	0.205	0.168	0.111	0.376*	−0.382*
Chao1	−0.283	0.225	0.165	0.132	0.350*	−0.377*
Ace	−0.273	0.224	0.156	0.137	0.353*	−0.372*
Shannon-Wiener	0.050	−0.005	0.058	0.077	0.147	−0.339*
Simpson	−0.091	0.065	0.138	0.126	0.037	0.289

土壤理化因子对于微生物群落的变化有显著影响。相关性分析结果(表 4-11)显示:Ascomycota 相对丰度与土壤速效钾含量呈显著正相关($P<0.05$);Basidiomycota 与土壤含水量呈显著负相关($P<0.05$);Mortierellomycota 与土壤碱解氮含量呈显著负相关($P<0.05$);Calcarisporiellomycota 与土壤速效钾含量呈极显著负相关($P<0.01$);Glomeromycota 与土壤速效钾含量呈显著负相关($P<0.05$);Chytridiomycota 与土壤有机质含量呈显著负相关($P<0.05$);Zoopagomycota 与土壤 pH 呈显著正相关($P<0.05$);Olpidiomycota 与土壤速效钾含量呈显著正相关($P<0.05$)。以上结果说明,影响裂缝处根际土壤中优势真菌门类的关键因素为含水量、速效钾含量、碱解氮含量和有机质含量,而 pH、速效磷含量似乎对土壤优势真菌门类的分布影响较小。

表 4-11 土壤真菌门水平下优势群落与土壤理化性质的相关性

优势菌群	WC	pH	AK	AN	AP	SOM
Ascomycota	0.111	0.179	0.363*	0.055	0.070	−0.122
Basidiomycota	−0.329*	0.037	−0.073	0.045	0.086	−0.011
Mortierellomycota	−0.012	−0.022	−0.057	−0.386*	0.140	−0.168
Unclassified-k-Fungi	−0.147	0.069	−0.293	0.138	−0.068	−0.155
Calcarisporiellomycota	0.091	−0.036	−0.425**	−0.033	−0.056	0.295
Glomeromycota	0.320	−0.235	−0.423*	−0.034	−0.045	0.127
Chytridiomycota	−0.095	0.276	0.208	0.222	0.204	−0.404*
Rozellomycota	0.032	0.243	0.279	−0.103	0.107	0.055
Zoopagomycota	−0.182	0.352*	−0.130	−0.194	0.049	−0.235
Olpidiomycota	0.145	0.240	0.343*	0.157	0.040	−0.215

4.6 小　　结

（1）小叶杨水平根系主要存在于0～60cm土层，根系数量随土层深度加深而逐渐减少，0～10cm土层根最密，占0～60cm土层内水平根数的39.8%～43.0%，50～60cm土层根系最稀疏，占0.63%～3.71%。塌陷型裂缝处伤根最多，根系损伤数量随着根系径级增大呈现逐渐递减的趋势。裂缝越宽，错位差越大，小叶杨根系损伤越严重。根裂距越小，根系损伤数量越多，<1m时根系损伤最为严重，占总伤根数的53.68%。造成小叶杨根系损伤的主要因素依次是裂缝宽、错位差、根裂距。

（2）小叶杨根系扯断损伤处的萌蘖苗，根系形态呈"L"形；根系皮裂处的萌蘖苗，根系呈倒"T"形。随根径增粗萌蘖根数量呈先增加再减少趋势，萌蘖根最小根径2.36mm，最大54.88mm。小叶杨萌蘖根最深在25.50cm土层内，最浅为暴露在土层外，0～10cm土层内根系最易萌蘖，萌蘖根数量占总萌蘖根数的65.38%。根裂距<50cm时萌蘖根最多，占总萌蘖根数的44.53%。坡位和裂缝类型与小叶杨萌蘖根的根径和根深无关，不同坡位和裂缝类型处萌蘖根的根裂距差异显著（$P<0.05$），根系损伤与萌蘖存在密切联系。

（3）沉陷区不同类型裂缝对土壤理化性质的影响不同。拉伸型、塌陷型、滑动型3种类型裂缝下表层土（0～20cm）的含水量、有机质含量均小于同坡位非裂缝带，而土壤pH、碱解氮含量、速效磷含量、速效钾含量均大于同坡位非裂缝带。3种类型裂缝下萌蘖根根际土壤含水量（9.4%～9.5%）、有机质含量（1.2～1.6g/kg）均小于非萌蘖根，而土壤pH（5.3～5.6）、碱解氮含量（104～107.3mg/kg）、速效磷含量（8.2～8.8μg/g）、速效钾含量（11.2～14.7mg/kg）均大于非萌蘖根。

（4）3种裂缝类型处萌蘖根根际土壤细菌、真菌群落的丰富度和多样性均较非萌蘖根根际土壤大。不同类型裂缝细菌和真菌群落的丰富度由大到小依次是：滑动型裂缝＞塌陷型裂缝＞拉伸型裂缝。各类裂缝处萌蘖根与非萌蘖根根际土壤在门和属水平上的细菌、真菌群落结构组成无明显变化。3种裂缝处土壤含水量、速效磷含量、有机质含量是影响根际土细菌多样性的关键因子，而速效钾含量、pH、碱解氮含量相对影响较小。各裂缝处土壤速效磷含量、有机质含量是影响根际土真菌多样性的关键因子，而含水量、速效钾含量、pH、碱解氮含量相对影响较小。

5 风沙采煤沉陷区修复树种凋落物的分解特征

煤炭是全球重要的能源物质和工业原料,在地壳中储量丰富,与石油和天然气并称为三大化石能源。根据《中国统计年鉴2021》和《中国矿产资源报告(2021)》:2020年,中国共消耗原煤282 864万t标准煤,占能源消费总量的56.8%;同年,中国生产原煤275 808万t标准煤,占一次能源生产总量的67.6%;探明可开采煤炭资源储量1622.88亿t,是世界第一大储煤国;煤炭仍然是我国最主要的能源物质。但是,煤炭又是一种非清洁能源,煤矿中含有的氮、硫、重金属等元素及燃烧产生的飞灰很容易转化为空气污染物(张治国等,2010),加之开采过程中对生态和地质的破坏和燃煤产生的巨大碳排放(苏桂荣和刘晓国,2011),使煤炭资源利用成为环境问题的主要源头之一。采煤沉陷区是由于地下开采行为使地下采空区上部的岩层应力平衡遭到破坏,采空区上方依次出现冒落、断裂、弯曲等变形,地面及建筑物出现裂缝、沉陷等破坏(张岩等,2021),形成比采空区更大的采煤沉陷地带。在北方干旱地区常常形成采煤沉陷坑地;而在较湿润的南方地区,则形成带有水体的沉陷湿地(张敏等,2020)。在沉陷区中常常存在水土流失、土壤污染、植被退化等生态环境问题,使其治理成为一个全球性难题(胡炳南和郭文砚,2018)。陕晋蒙交界区是我国主要产煤区之一,煤炭业是该区域的支柱产业,多年的采煤活动使该区域内形成了大面积的采煤沉陷区,亟待修复。

植被恢复是矿区生态修复的主要内容,良好的修复植物能够适应矿区特殊的受损环境,进而保持水土,并形成良好的景观效应,以达到修复土壤和景观的目的。植物凋落物,不但能够覆盖地表、防止侵蚀,其分解还能够增加土壤有机质和矿质养分(李爽,2016;Soong et al.,2016)。在矿区植被重建过程中,植物凋落物生物量和养分元素的变化与矿区土壤的保持和修复密切相关。因此,在采煤沉陷区这种特殊环境下,对修复植物凋落物的分解过程、养分释放特征和影响因素进行深入研究,能够明晰矿区生态修复过程中植物残体转化对土壤的影响机理,为陕晋蒙交界区的矿山生态修复提供理论依据,对我国实现绿色矿山建设和黄河流域高质量发展均有重要意义。

5.1 采煤沉陷区典型修复树种凋落物的分解

5.1.1 凋落物分解的研究

5.1.1.1 凋落物分解研究概述

凋落物的外文是 litter，而林地凋落物层对应的外文是 forestfloor，有时候也用 litter 表示，包括未分解凋落物亚层（L 或 A_{01}），半分解凋落物亚层（F 或 A_{02}）和全分解凋落物亚层（H 或 A_{03}）。王文杰等（2008）称之为林床，是沿用日本学者对凋落物的翻译，但是这个术语并未被中国学者广泛采用。凋落物层在文献中有多种分层方法，一般认为凋落物层包括凋落物（litter）和枯枝落叶的碎片与腐殖化的凋落物的混合物（duff）（Neris et al.，2013）。Duchaufour（1994）将凋落物层分为枯枝落叶层（litterlayer，L）、碎片层（fragmentedlayer，F）和由枯枝落叶完全分解形成的腐殖质构成的腐殖质层（humuslayer，H）。这里的 H 是指上文中的完全分解凋落物亚层，而不是表层矿质土层的腐殖质-淋溶层（A_h），综合上述文献，可将 H 称为腐化层以与腐殖质层区分开。Erin 等采用加拿大土壤分类系统 [Soil Classification Working Group（SCWG），2013] 中的 O 层来定义凋落物层，其分层方法类似 Duchaufour（1994）的方法。Woodall 等（2012）采用美国国家温室气体排放清单中凋落物层的定义（美国土壤分类系统），认为凋落物层包括细木质物残体（FDW）、litter（O_i 和 O_e）和腐殖质（duff，O_a）。van Delft 等（2006）在将凋落物层分为 L、F、H 三层的基础上又将 F 细化为 F_1（大部分凋落物来源可以辨认，只有 10%～30%分解为细碎的有机质）和 F_2（较少的凋落物可以辨认其来源，30%～70%分解为细碎的有机质），将 H 细化为 H_r（腐化层中有明显的根系、树皮或者木块）或 H_h（完全都是腐殖化的有机物）。不同分层方法中的各层对应关系见表 5-1。对森林凋落物调查结果的描述，需要根据实际情况选择适当的分层方法。

表 5-1 不同凋落物层分层方法中各层的对应关系

分类来源	凋落物层分层			
Keith 等（2010）	litter			duff
Woodall 等（2012）	O_i	O_e		O_a
Duchaufour（1994）	L	F		H
van Delft 等（2006）	L	F_1	F_2	H_r 或 H_h
马文济等（2014）	未分解凋落物亚层	半分解凋落物亚层		全分解凋落物亚层

凋落物分解不仅是生态系统中有机质残体分解转化的基本过程，还是系统养分循环的关键环节；不单是土壤有机质的主要物质源库，还对调节土壤养分可利用性和维持土地生产力具有非常重要的作用（Liu et al.，2010）。

韩其晟等（2012）对秦岭林区的凋落物成分和数量进行了研究，发现秦岭林区主要凋落物易分解植物残体/难分解植物残体的范围为 0.45~1.22，不同类型凋落物中易分解植物残体所占比例为 31%~55%，其中阔叶林的易分解植物残体平均为 49.3%，大于针叶林的 35.3%。阔叶林的易分解植物残体高于针叶林，此研究也能从侧面反映出阔叶林相比于针叶林的凋落物更容易被土壤动物、微生物所利用，亦可知，针叶林凋落物含有的有机碳相对阔叶林分解时间更长。

王小红等（2015）研究发现，21 年生和 49 年生人促更新米槠（*Castanopsis carlesii*）林凋落物碳浓度明显高于 31 年生林分。杨玉盛等（2004）对福建三明格氏栲天然林及在其采伐迹地上营造的 88 年生格氏栲人工林和杉木人工林枯枝落叶层现存量与季节动态碳库及养分库的分析发现，格氏栲天然林枯枝落叶层碳浓度显著高于人工林。然而，我国对地表凋落物的研究主要集中在亚热带，基本上涵盖了亚热带的各种林型，而热带和温带研究相对较少；从热带到亚热带和温带，随着纬度的增高，凋落物现存量增加，其平均值分别为 4.62t/hm²、28.44t/hm² 和 68.90t/hm²，L 所占比例逐渐增大，F 和 H 所占比例逐渐减小，此外，海拔、林型、林龄、群落演替及采伐强度等均影响凋落物现存量（郑路和卢立华，2012）。

5.1.1.2 凋落物分解的影响因素

凋落物的分解过程受自身化学组成及环境因素等诸多方面的综合影响，变化性和复杂性突出，并且是一个长期的动态过程（李学斌等，2010）。凋落物作为以植物为基础的陆地生态系统的独特结构，对生态系统的植被、土壤和环境均产生着不同程度的影响（李强等，2014）。在植被–凋落物–土壤三者间的物质循环及能量流动系统中，凋落物分解释放的无机元素是植物生长所需营养物质的重要来源，也是植物体将营养物质归还于土壤的主要途径（张建利等，2008；李欢等，2009）。目前，研究凋落物采用的分解模型主要有 3 种：分解率概算模型、衰减指数模型和影响因子关系模型（欧阳林梅等，2013）。其中，Olson（1963）提出的衰减指数模型（简称 Olson 模型）目前应用最为广泛，此模型适用于研究凋落物的分解及过程中残留量与时间变化的关系，以野外分解袋法、室内分解培养法和综合平衡法为理论基础进行结合分析。凋落物自身分解变化存在一定时间规律，可以认为是一个时间持续的函数（刘增文等，2011），影响凋落物分解环境的多变性和复杂性，导致凋落物分解这一长期过程不可能通过短期的试验手段完全描述出来。Olson 模型的假设是建立在一定基础上的，需要所在地的凋落物平均周转期与凋落物平均寿命必须完全相等。凋落物分解的过程中凋落物的残留量也是时间函数，通过采用模型研究凋落物的分解过程，不仅可以描述凋落物分解的动态变化规律，还可以通过试验进一步求证凋落物分解过程中质量损失和养分释放的情况。

凋落物分解过程中最为宏观明显、最重要的分解特征是质量损失率。因此，一般质量损失率即可表征凋落物的分解速率。研究表明，凋落物分解主要分为两个阶段，第一阶段以物理淋溶过程为主，质量的损失速率较快，主要与凋落物中所含可溶性物质的量有关；第二阶段以生物降解过程为主，质量损失率减缓，主要与凋落物中难降解木质素的含量多少密切相关（Kalbitz et al.，2004）。有研究表明，一般情况下，凋落物在最开始的一个月内分解速率较快，质量损失能达到30%~60%（Castro and Freitas，2000）。淋溶阶段大多发生在分解初期的第2~3个月，凋落物中元素含量下降幅度较小，随后表现为明显的富集现象，分解后期养分元素开始出现快速释放（吴艳芹，2013）。了解凋落物分解过程中的养分释放特征可以更好地认识凋落物在陆地生态系统里的结构和功能作用。现有研究中，凋落物分解过程中的养分释放多与氮、磷、钾等相关（李东升等，2016；胡伟芳等，2017）。而对于凋落物中微量元素的养分释放研究相对较少，近些年来，人们开始注意到凋落物分解中的微量元素的释放与富集特征（曾全超，2018）。对于一般大量元素，学者发现凋落物的分解动态依赖于分解者养分的有效性，当分解者的养分来源受到限制时，养分特征表现为累积，反之则为释放。总之，凋落物中的微量元素变化规律相对复杂，其表现出的变化特点亦有所不同（Palviainen et al.，2004）。

1. 凋落物基质质量

凋落物本身的化学属性是影响凋落物分解快慢的首要因素。分解速率、养分释放速率及能量的释放潜力均与凋落物基质质量具有很强的相关性（吴艳芹等，2013）。坡向和凋落物基质质量等诸多环境因素都可对草地凋落物分解产生较为剧烈的影响，但其中主要以凋落物基质质量的影响为主（Berg et al.，1993）。

廖桂项应用分解袋法研究了草本泥炭沼泽群落凋落物地上部分的分解过程及其影响因素，发现在分解前期，凋落物重量损失主要因易于分解物质的快速淋溶而下降较快；在分解后期主要因难分解组分含量占比增加而重量损失率减小，随着分解时间的增长，分解过程受凋落物质量的影响逐渐减弱（廖桂项，2013）。Walela等（2014）发现，地上和地下凋落物初始木质素与氮的比率能够对慢分解的凋落物碳库的分解速率产生强烈的负面影响。Eastman等（2022）研究了长期施氮对流域中凋落物分解的影响，发现长期施氮能够减缓凋落物的分解，并且使土壤中的颗粒有机质含量增多。

2. 植被类型

由于各类植物生理结构及物质组成有所差异，不同的植被类型产生的凋落物的分解速率也有差别（Wang et al., 2012）。一般来说，裸子植物的凋落物具有较高成分的木质素、纤维和次生代谢物，相对被子植物而言分解速率较慢（李强等，2014）；植物的幼龄器官中木质素、纤维及次生代谢物含量较少，因此相对老龄器官分解更快。作为支撑器官的植物枝条或茎往往木质素和纤维素含量更高，因此相对光合器官和繁殖器官可能分解更缓慢（Freschet et al., 2012）。关阅章等（2013）采用开顶式生长室模拟增温，并且结合网袋法研究了空气增温对不同凋落物分解速率的影响，发现相同温度下阔叶树种的凋落物较针叶树种分解速率更快。Vesterdal 等（2008）对 6 种常见的欧洲树种下的凋落物层和矿质土壤的碳氮研究发现，欧洲落叶树种的凋落物层与其林下矿质土壤的碳氮固存率差异显著，但是凋落物层和矿质土壤总碳氮量差异不显著；凋落物层碳氮含量低的树种矿质土壤碳氮含量反而高；叶凋落物 C/N 能够很好地指示凋落物层的碳氮含量、凋落物层碳氮的年损失量和矿质土壤的氮状况。Usuga 等（2010）研究几种热带森林植物的碳汇时发现，热带森林的凋落物碳储量比温带地区的低很多，展松（*Pinus patula*）林和柚木（*Tectona grandis*）林的地表凋落物碳储量分别为 2.3Mg/hm^2 和 1.2Mg/hm^2，其表土层（0~25cm）土壤有机碳含量分别为 92.6Mg/hm^2 和 35.8Mg/hm^2，亚土层分别为 76.1Mg/hm^2 和 19Mg/hm^2。Bai 等（2022）对可可园中可可树（*Theobroma cacao*）等的凋落物分解和养分释放特征开展了研究，发现该地不同凋落物的分解过程均出现了磷的负释放，说明凋落物吸附了来自外界的磷。Rawlik 等（2022）研究了夏栎（*Quercus robur*）乔木林中乔木和草本植物凋落物的分解，发现两阶段指数衰减模型比单指数模型更好地解释了草本植物凋落物分解的过程。González-Paleo 等（2022）研究了阿根廷植物串叶松香草（*Silphium perfoliatum*）的物种驯化对凋落物分解的影响，结果发现驯化能够提高凋落物的产量，但是会使凋落物的质量（主要是树脂含量）降低，分解速度加快。Siqueira 等（2022）研究了巴西里约热内卢两种热带固氮物种的凋落物分解和养分释放特征，结果表明两个热带固氮物种的养分释放模式和凋落物分解动力学的化学计量学不同，但具有相似的凋落物分解速率，这两种固氮物种有助于在受损生态系统中重建养分循环。刘瑞强等以福建南平峡阳林场壳菜果（*Mytilaria laosensis*）和杉木（*Cunninghamia lanceolata*）人工林为研究对象，利用网袋法研究凋落叶的分解发现：根系去除降低了凋落物的分解率；树种、处理、时间、树种与时间的交互效应对凋落叶质量损失率均有显著影响（刘瑞强等，2015）。

3. 环境因素

在大空间尺度背景下，影响凋落物分解的主要非生物环境因子是温度和降水（Fierer et al.，2005）。温度开始升高时，凋落物的分解速率也开始增加，说明温度的升高对凋落物的分解过程具有促进作用（武海涛等，2006）。林淑伟（2009）应用起伏型时间序列法对纬度动态进行模拟，建立了温度随纬度变化而产生的对凋落物分解影响的关系模型。温度敏感性指数 Q10 是一种用于表征温度影响凋落物分解程度的指数，指的是温度每升高 10℃凋落物分解的速率增加值。刘增文等研究发现，凋落物分解的 Q10 值由微生物酶的活性主导，在分解的过程中，任一时间段的 Q10 值基本都是由这一时间段微生物分解的碳质量所决定的（刘增文等，2006；Chen et al.，2000）。温度敏感性指数值因不同类型的凋落物以及不同程度的分解过程而不同，一般会发生 40%以上的浮动变化。Reinmann 等（2012）通过一项室内试验模拟 3 种状态，分别是剧烈冻土（−15℃）、中等冻土（−0.5℃）和无土壤冰冻（5℃）下，雪融化时凋落物的碳氮流失，得出，剧烈的土壤冻结能减少融化时凋落物层的碳氮流失。Grašič 研究了斯洛文尼亚采尔克尼察湖和河岸芦苇（*Phragmites australis*）叶凋落物在淹水和干燥条件下的分解和养分释放特征，发现采样地点、暴露位置和叶龄对凋落物分解率有显著影响，与淹水位置相比，干燥位置的分解速率显著降低，叶片硫、氯和钙含量对凋落物分解率都有显著的积极影响，但只有在干旱地区，叶磷对凋落物分解率有显著的正向影响（Grašič，2022）。Medeiros 等（2022）研究了森林经营对巴西卡廷加森林凋落物分解的短期影响，结果发现选择性采伐是最有利于凋落物分解的管理方法；清伐和最小直径选择性采伐是最能增加凋落物累积量的措施。Pandey 等（2022）研究了凋落物分解在粉煤灰堆积生态系统恢复中的作用，指出凋落物沉积和分解是粉煤灰堆积生态系统的两个重要过程，具有更高凋落物分解和养分释放速度的物种可能是粉煤灰沉积场生态修复的优先选择。Tagliaferro 等（2022）研究了营养物质的富集和温度变化对冷温带河流中凋落物分解的影响，结果表明城市河流的营养物浓度和温度较高，有利于微生物的生长，因此城市河流中的凋落物分解速率比野外河流更高。

4. 生物因素

生物因素是凋落物分解中起主导作用的因子，凋落物中难分解的成分主要是通过微生物以及土壤动物进行生物降解。细菌、真菌和无脊椎土壤动物是目前国内外研究影响凋落物分解因素的主要生物因子（卜涛等，2013）。土壤生物在凋落物分解过程中占据重要的地位，生物作用主要指土壤微生物的作用（杨曾奖等，2007）。在凋落物分解的初期阶段，在淋溶过程的反复作用下，土壤动物首先将凋落物破碎分离，破碎后的物质不仅可作为土壤动物的重要食物来源之一，同时又可为微生物生长发育繁殖提供能量和水分；这个过程之后，真菌等微生物发挥作用，通过自身分泌多种酶和其他化学物质，穿过凋落物的角质层和木质层进入凋落物组织内部，进而将凋落物降解（Komínková et al., 2000）。Soong 等（2016）研究发现，微小节肢动物的抑制作用减缓了凋落物的分解速率，减少了凋落物有机碳向土壤有机碳的转化数量及土壤细菌的数量。Fung 等（2022）研究了新加坡热带城市绿化植物凋落物的分解和渗透特征，发现凋落物分解率与土壤无脊椎动物活动强度呈正相关。而 Medeiros 等（2022）采用去除法研究了巴西东南部沿海森林中脊椎动物对落叶分解的影响，发现去除脊椎动物后，森林凋落物的分解几乎不受影响。王微等（2016）通过总结现阶段相关文献指出，氮的有效性是影响凋落物分解的重要因素，分解后期的凋落物中生长的细根，通过吸收凋落物表面矿化形成的大量无机氮，可避免过量的氮对微生物群落及其生境的不利影响；根系的共生伙伴——菌根真菌也对凋落物的分解产生重要影响，这与真菌类型及其分泌的酶和有机酸有关。

5.1.1.3 凋落物分解对土壤性质的影响

凋落物是森林生态系统的重要组成部分，也是土壤有机质的重要来源，特别是在能量流动的物质循环和生态过程中，它在保持土壤地力、维持养分正常循环水平、涵养水源和水土保持等方面起着至关重要的作用（王凤友，1989）。吴长文和王礼先（1993）研究表明，森林凋落物在改善土壤地力、减少降水侵蚀带来的危害，防止土壤养分流失方面起着重要作用；吴钦孝等（1998）认为，凋落物对土壤蒸发的影响与其厚度呈正相关；阎文德等（1997）研究表明，枯枝落叶层通过储存和保持水分来抑制地表水的流失，增加土壤水分渗漏，减少地表径流等；吴钦孝等（1998）研究表明，凋落物层具有保持土壤水分的能力，这可以防止新的土壤侵蚀发生在森林中。

土壤的物理性质决定了土壤水分渗漏和养分流动、植物根系生长与通气状况；土壤的温度可以对植物的生长状况产生影响，土壤极端温度会对土壤微生物的活性和植物的生长造成不良影响，覆盖在土壤表面的枯枝落叶层可以有效保持土壤温度的相对恒定，维持土壤下生物的活性（张志罡，2006；韩学勇等，2007；李海涛，2007）。枯枝落叶层的存在可降低地温，提高土壤湿度，减少径流量和泥沙流失，从而提高土壤对矿质元素的吸收能力（刘畅等，2006）。温明章等（2003）通过对东北羊草草原微环境的研究发现，土壤水分与凋落物量呈正相关，随凋落物量增加土壤含水量呈增高趋势，而当凋落物量达到一定程度时其分解速率趋于平稳；地表和地下温度变化趋势在一年各月份基本相似，且均随着凋落物层厚度的增加呈降低趋势，达到一定厚度后接近稳定水平。此外，凋落物层的有机物积累可提高土壤孔隙度，改善土壤的通气状况。

林木生长过程中可通过凋落物及根系分泌物质等对土壤化学性质产生明显的作用（王光玉，2003）。研究表明，凋落物的不断积累是土壤有机质和铵态氮含量不断增加的重要因素，这与凋落物分解速率密切相关。凋落物把大量的有机质和养分元素归还到土壤，使添加凋落物土壤积累的有机质普遍高于未添加凋落物的土壤。凋落物平铺厚度对土壤含水量、土壤有机质及 N 含量的影响较大，而对土壤 P 和 K 含量影响较小。土壤 pH 和电导率与凋落物储量呈显著相关；含有凋落物的土壤中的 N、P 和 K 的含量均明显高于无凋落物的土壤，其含量随着凋落物储量增加而逐渐升高（林波等，2004）。

土壤微生物是指细菌、放线菌、真菌及一些原生动物和藻类等（任得元等，2009；Martin，1964）。其中，细菌占土壤微生物总量的 70%～90%，放线菌、真菌次之（陈俊蓉等，2008）。研究表明，凋落物覆盖土壤的微生物含量相对裸露土壤微生物含量较多，微生物群落也相对丰富（林波等，2004）。细菌、真菌及放线菌数量具有明显的表聚效应（陈法霖等，2011），微生物的养分转化作用是维持、提高土壤活性的主要因素（Gupta and Germida，1988）。土壤中的细菌、放线菌与真菌数量和群落分布，通常可作为土壤生物活性指标（杨承栋，1994）。林英华等（2009）采用凋落袋分解法对我国不同气候带的 8 种重要森林群落的凋落物层土壤动物群落进行了研究，结果表明螨类、弹尾类为凋落层的优势群落。

张鹏等（2007）调查研究了亚热带常绿阔叶林与针叶林中与土壤碳氮元素循环有关的 β-葡萄糖苷酶、内切纤维素酶和几丁质酶的活性，结果表明，在两个群落中，阔叶林中 3 种酶的活性在各个季节中大小顺序都为未分解凋落物层（L）>半分解层（F）>腐殖质层（H），而针叶林中则是半分解层（F）>未分解凋落物层（L）>腐殖质层（H）。牛小云等（2015）对日本落叶松人工林凋落物 8 种土壤酶（淀粉酶、转化酶、内切纤维素酶、β-葡萄糖苷酶、漆酶、几丁质酶、酸性磷酸酶和碱性磷酸酶）活性进行了研究，发现除漆酶外，不同发育阶段林分凋落物层土壤酶活性基本呈现未分解层>半分解层>全分解层。

5.1.1.4 凋落物分解的环境效应

全世界森林储存着超过 6500 亿 t 的碳，44%存在于生物、11%存在于粗木质物残体和森林凋落物中，45%存在于森林土壤（Global Forest Resources Assessment 2010 Main report，2010）。森林凋落物层是森林碳库的一个重要部分，它含有北半球森林生态系统中大约 7%的碳（Goodale et al.，2002）。凋落物层是凋落物和腐殖质层以及一些细小的木质物残体所共同组成的碳汇（Woodall et al.，2012；USEPA，2011）。据估测，2008 年美国凋落物层的年固碳量占地上生物量固碳量的 14%；而美国森林凋落物层总的固碳量约为 4.9Pg，其地上生物量固碳量为 16.8Pg（Heath et al.，2011）。

凋落物的分解是表层土壤中有机碳的主要来源，也决定了表层土壤中微生物可利用的碳源的数量和成分（Mendham et al.，2002；Tan et al.，2005），凋落物的质量和分解率是碳随有机质从植物进入土壤的主要影响因素（Handa et al.，2014；Makkonen et al.，2012）。土壤碳库的大小取决于土壤有机碳（SOC）形成（主要是植物凋落物的分解）和 SOC 矿化之间的平衡，而碳从凋落物向土壤有机质转移有两条高效途径，一是微生物对易分解凋落物的分解作用，二是凋落物碎片进入土壤（Cotrufo et al.，2015）。凋落物层的隔热持水作用改变了土壤中的温度和水分条件（Tan et al.，2005），从而影响了土壤微生物的活动，进而影响了 SOC 的矿化。

凋落物层是矿质土壤与大气的交界面，对土壤水文过程有很大影响（Keith et al.，2010；Guevara-Escobar，2007），同时，凋落物分解是土壤 CO_2 的重要来源，也是土壤中有机质的主要来源。吴毅等（2007）、赵阳等（2011）和赵艳云等（2009）分别对云南石林地质公园喀斯特山地天然林和人工林、华北土石山区 4 种典型森林和六盘山不同森林凋落物的水文效应进行了研究，研究结果发现凋落物自身的降解过程和产物、凋落物对水分和能量的通透性和介导性、凋落物对土壤理化性质及土壤生物的影响都对土壤的团聚性、土壤质地和土壤无机碳产生影响。由此可知，凋落物对土壤碳库具有多重复杂的作用。因此，研究凋落物的分解作用对于理解森林土壤 SOC 周转、土壤发育过程及整个森林生态系统的物质循环都十分重要的意义。有研究指出，林地凋落物达到一定厚度能有效防止溅蚀（韩冰等，1994），因此，凋落物是大孔隙结构的保护屏障，可使其保持稳定并不断发展。王文杰等（2008）发现清理凋落物使得森林土壤的表层土壤容重比对照（未清理样地）高 53%，土壤非毛管孔隙度比对照低 49.5%，土壤毛管孔隙度较对照降低约 15%。刘景海等的研究发现，园林废弃物（枯枝落叶和修剪下的树枝、叶片及杂草）覆盖林地后，能够增加林地土壤大团聚体的数量和稳定性（刘景海等，2016）。

Neris 等（2013）研究了火山灰土（andisol）在两种植被（松树和雨林）和 3 个坡度（10°、30°和 50°）条件下凋落物的疏水性，土壤的浸润性，地表径流和土壤流失量，结果表明，松树的腐化层是由中度孔隙、强烈的疏水性和均匀的半分解有机质构成的而且富含菌丝体，而雨林的腐化层是由较大孔隙、疏松的半分解有机质构成的；通过观察缓坡和中等坡度下湿润锋的移动得知，在浸润性方面，松树下的浸润速率为 20mm/h，而雨林下的为 50mm/h，松树的凋落物层保持住了大部分降雨，其径流量是雨林的两倍；因此，凋落物层对降雨浸润和产生径流具有十分重要的作用。Gunina 和 Kuzyakov（2014）依据 ^{13}C 同位素的自然丰度，探究了凋落物碳形成团聚体和有机质物理组分的过程，轻组有机碳（自由的和颗粒的）与植物残体中的 ^{13}C 同位素的丰度相近，可以推测出在凋落物形成轻组有机碳的过程中并没有发生复杂的物理化学反应。Helfrich 等（2008）通过土壤培养试验，模拟了施加凋落物的条件下的团聚体形成过程，结果发现在加入凋落物的初期，大团聚体迅速形成，给刚进入土壤的有机质提供了保护，然后随着大团聚体的周转，凋落物带来的碳、氮逐渐向微团聚体中转移，因此变得更加稳定；施加杀菌剂使得大团聚体的形成出现延迟，说明了真菌的活动和凋落物的分解在大团聚体的形成过程中起到了关键作用。

5.1.1.5 研究区凋落物分解研究现状及存在的问题

神府东胜煤矿区处于黄土高原与毛乌素沙地交错过渡地带，沉陷区内具有黄土和风沙土两种类型的土壤。当前，该矿区已经进行了大规模的人工林建造生态恢复，在以采煤业为主要产业的伊金霍洛旗，植被和森林覆盖面积分别达到了 88%和36.35%（蒋丽伟等，2019）。相关研究已经对该区域植被修复整体生态效益，以及土壤质量的变化进行了分析（蒋丽伟等，2019），但是目前还没有关于该区域修复植物凋落物的研究。在内蒙古进行的凋落物分解试验大多是针对牧草凋落物（乌云毕力格，2012；单玉梅等，2016；母悦和耿元波，2016），以及少量关于东部大兴安岭天然林凋落物的（陈莎莎等，2010；于雯超等，2014），很少有针对矿区修复植物凋落物的分解试验。前人对凋落物分解的研究，多集中于天然林（张雨鉴等，2020；薛飞等，2021）、一般人工林（范晓慧等，2020；张晓曦等，2021）的凋落物在正常自然环境中的分解过程，鲜有关于修复植物凋落物在矿区特殊修复环境中分解过程的研究。对凋落物分解的研究，通常会关注凋落物的质量、养分及纤维素或木质素的变化（Fioretto et al.，2005），影响因素方面对植物凋落物来源物种考虑较多（张雨鉴等，2020；范晓慧等，2020），但是对不同土壤类型的比较研究较少。尤其是采用凋落物分解袋方法时，由于凋落物处于矿质土壤之外，很少有研究关注底部的土壤类型对上方凋落物分解的影响。因此，本研究以伊金霍洛旗采煤沉陷区两种乡土修复植物——乌柳（*Salix cheilophila*）和小叶杨（*Populus simonii*）的凋落物为研究材料，选择不同土壤开展野外凋落物分解试验，以期通过分析不同月份凋落物分解速率、凋落物有机碳（OC）、氮（N）、磷（P）、酸性洗涤纤维（ADF）及酸性洗涤木质素（ADL）的季节性变化，探究采煤沉降区生态修复植物凋落物的分解特征及影响因素，尤其是不同基底土壤对凋落物分解和养分释放的影响。

5.1.2 研究内容与试验设计

1. 研究内容

1）凋落物分解速率与 Olson 模型预测

选择采煤沉陷区两种主要修复树种的落叶及其混合落叶作为研究对象，通过野外分解袋试验模拟其分解过程。采用分解袋法，结合自然环境的变化，研究凋落物的质量损失率，分析两种不同立地条件下 3 种不同植物凋落物分解率变化特征，并通过 Olson 模型预测凋落物分解速率和分解时间，揭示不同土壤条件对植物凋落物分解率的影响规律。

2）两种土壤类型下植物凋落物养分释放特征

通过测定两种土壤类型下植物凋落物 OC、N、P 和木质素、纤维素含量变化，分析凋落物养分元素的释放动态特征，解析两种土壤类型下同一种植物凋落物养分变化差异及同一土壤类型下，不同植物凋落物养分变化特征。

3）土壤类型和凋落物基质质量对分解速率的影响

通过研究凋落物分解过程中，风沙土与黄绵土两种土壤类型条件下不同分解时期凋落物基质质量及 C、N、P、纤维素、木质素与失重率的相关关系，揭示凋落物分解过程中，土壤类型和基质质量对分解速率的影响。

2. 试验材料及设计

2020 年 10 月，采集沉陷区人工恢复林地地表当年枯落的乌柳、小叶杨叶片凋落物各 10kg 备用（图 5-1），带回实验室后，将样品清洗干净，去除凋落物中的杂质，105℃杀青 30min，将处理好的凋落物在 65℃烘箱中烘至恒重。之后将烘好的凋落物进行 3 种处理，即乌柳凋落物、小叶杨凋落物及乌柳：小叶杨质量比为 1:5（人工恢复林地乌柳和小叶杨叶片比例）的混合凋落物（以下简称混合凋落物）。将两种凋落物及混合凋落物取出一部分测定初始化学性质。乌柳凋落物 OC、N 和 P 的初始含量分别为 489.50g/kg、6.51g/kg 和 0.57g/kg，混合凋落物 OC、N 和 P 的初始含量分别为 459.67g/kg、5.23g/kg 和 0.81g/kg，小叶杨凋落物 OC、N 和 P 的初始含量分别为 443.12g/kg、4.63g/kg 和 0.87g/kg。凋落物分解采用分解袋法，分解袋长和宽均为 15cm，分解袋网孔直径为 2mm。每个凋落物处理设置 36 个分解袋，每个分解袋装入 15g 凋落物。

图 5-1 凋落物采集

于 2020 年 11 月 24 日（秋冬交接的时间，树冠叶片基本完全掉落），选择位置相邻，地形和光照条件相同的风沙土和黄绵土样地开展试验，每种土壤人工去除样地原凋落物及草本植物，使地表露出腐殖质层，设置长 4m、宽 1.5m 的长方形样地。如图 5-2 所示，每种土壤放 3 种凋落物袋，每种凋落物放置 18 袋，每种土壤共放置 54 个凋落物袋，按照随机区组试验设计，随机铺设 3 个处理的凋落物袋，开始野外模拟（图 5-2）。

图 5-2 在风沙土（左）和黄绵土（右）上的分解袋

3. 样品采集与测定

对于每个处理，每两个月在各个样地中取出 3 袋进行测定，试验共进行 12 个月。样品采集后，在 65℃烘干至恒重，称重后粉碎过 80 目筛储存，以备测定凋落物养分含量。凋落物 OC、N、P 的含量均采用土壤理化分析的常规方法测定。酸性洗涤纤维（ADF）和酸性洗涤木质素（ADL）含量均采用 ANKOM200i 半自动纤维分析仪测定，洗涤溶液为十六烷三甲基溴化胺（CTAB）-硫酸溶液。

4. 凋落物分解指标的计算

年分解率（P_d）的计算公式如式（5-1）

$$P_d = (1 - \frac{M_e}{M_0}) \times 100\% \tag{5-1}$$

式中，M_0 表示初始干重（g），M_e 表示分解试验结束时的剩余干重（g）。分解系数用 Olson 模型计算。

$$M_t = M_0 e^{-kt} \tag{5-2}$$

式中，M_0 表示初始干重（g）；M_t 表示分解 t 时间后的剩余干重（g），t 是分解时间（d），进行计算时每月按照 30d 计；k 表示凋落物分解系数，k 值越大分解速度越快。

残余率（R_t）的计算如式（5-3）。

$$R_t = \frac{M_t C_t}{M_0 C_0} \tag{5-3}$$

式中，M_t 和 C_t 分别表示 t 时间时凋落物的干质量和某成分的含量，M_0 和 C_0 分别表示初始凋落物的干质量和某成分的含量。

5. 数据处理

采用 Excel 2019、IBM SPSS 22 和 R 语言软件对测定数据进行整理和分析。采用单因素方差分析比较不同处理和土壤类型之间分解系数（k）与年分解率（P_d）的差异显著性，Duncan 法用于两两比较；采用非线性回归进行参数拟合；采用多因素方差分析检验处理、土壤类型及其交互作用对凋落物 OC、N、P、ADF 和 ADL 含量及残余率的影响；采用主成分分析法分析凋落物 OC、N、P、ADF 和 ADL 含量之间的关系。采用 Pearson 法进行相关性分析；采用逐步多元回归分析凋落物分解的主要影响因素；采用通径分析法分析 OC 和 N 的释放对凋落物分解的直接与间接作用；采用 Excel 2019 绘图。本书中所有误差形式均代表标准偏差。

6. 技术路线

研究风沙采煤沉陷区修复树种凋落物的分解特征的技术路线见图 5-3。

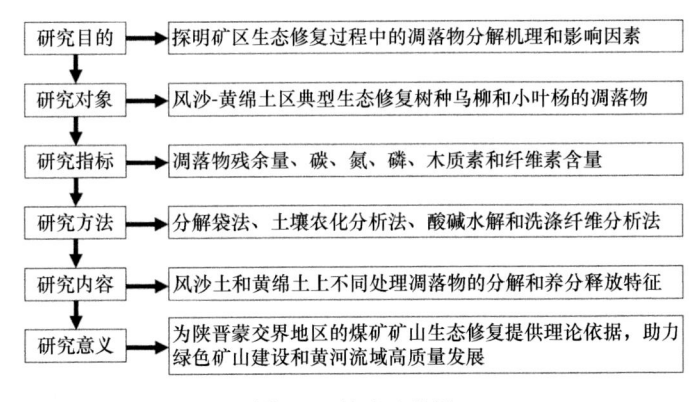

研究目的	探明矿区生态修复过程中的凋落物分解机理和影响因素
研究对象	风沙-黄绵土区典型生态修复树种乌柳和小叶杨的凋落物
研究指标	凋落物残余量、碳、氮、磷、木质素和纤维素含量
研究方法	分解袋法、土壤农化分析法、酸碱水解和洗涤纤维分析法
研究内容	风沙土和黄绵土上不同处理凋落物的分解和养分释放特征
研究意义	为陕晋蒙交界地区的煤矿矿山生态修复提供理论依据，助力绿色矿山建设和黄河流域高质量发展

图 5-3 技术路线图

5.1.3 凋落物分解过程及其拟合结果分析

模拟分解期间，不同处理凋落物在风沙土和黄绵土上的分解规律基本一致，分解速率均随时间逐渐降低，但不同处理之间的分解曲线并不相同，乌柳的分解速率明显高于小叶杨和混合凋落物。乌柳、混合凋落物和小叶杨三个处理的凋落物经过 1 年的分解后在风沙土和黄绵土上分别残留 54.1%～67.5% 和 48.3%～

60.0%。小叶杨凋落物的残留量明显高于乌柳和混合凋落物，相同处理在黄绵土上的残留量均低于风沙土（图5-4）。

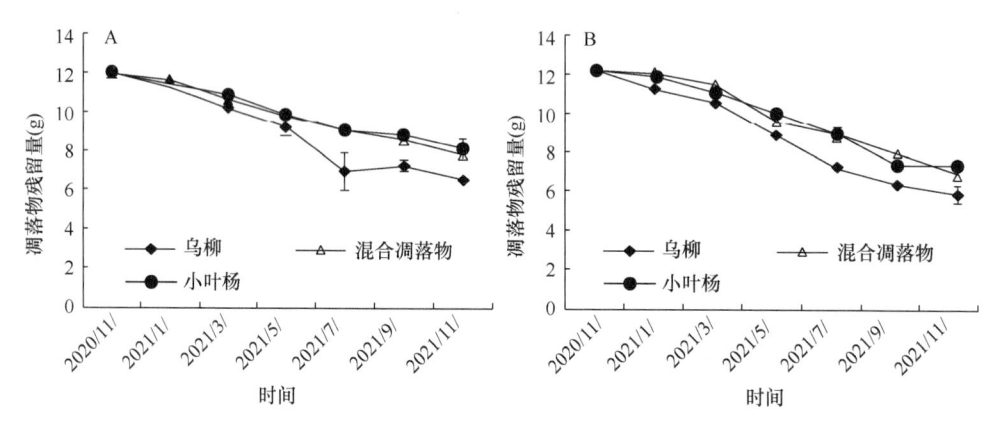

图 5-4 3种凋落物处理在不同时间的凋落物残留量（干质量）
A. 风沙土；B. 黄绵土

不同样地各处理的凋落物分解系数（k）和年分解率（P_d）见表5-2。采煤沉陷区乌柳、混合和小叶杨3种不同凋落物在风沙土上分别分解了45.79%、35.27%和32.39%；在黄绵土上分别分解了51.68%、43.30%和40.01%。不同凋落物处理之间，k 和 P_d 在小叶杨凋落物与混合凋落物之间无显著差异，乌柳凋落物的 k 和 P_d 显著（$R<0.05$）高于小叶杨凋落物和混合凋落物，说明乌柳凋落物相比其他两个处理分解速率较快。两种土壤之间，黄绵土处理的 k 和 P_d 显著高于风沙土处理；总体来看，凋落物在黄绵土上的分解速率比在风沙土上显著高13%~23%。

表 5-2 风沙土和黄绵土三种凋落物的分解系数和年分解率

	分解系数（10^{-3}）		年分解率（%）	
	风沙土	黄绵土	风沙土	黄绵土
乌柳	1.73±0.16Aa	1.96±0.08Aa	45.79±0.40Aa	51.68±3.59Aa
混合物	1.14±0.05Ab	1.35±0.05Ab	35.27±1.20Ab	43.30±0.02Bb
小叶杨	1.06±0.04Ab	1.36±0.03Bb	32.39±4.03Ab	40.01±2.07Ab
平均	1.31±0.34A	1.56±0.32B	37.82±6.59A	45.00±5.69B

注：每列不同小写字母表示不同凋落物处理之间在 $P<0.05$ 水平差异显著；不同大写字母表示不同土壤之间在 $P<0.05$ 水平差异显著

5.1.4 凋落物分解过程中有机物含量的变化

如表5-3所示，方差分析表明凋落物来源和土壤类型对OC、N和P含量均有极显著（$P<0.01$）影响；凋落物来源和土壤类型的交互作用仅对凋落物 N 含量有极显著（$P<0.01$）影响，对其他指标的影响不显著。

表 5-3　凋落物来源、土壤类型及其交互作用对 OC、N、P、ADF 及 ADL 含量影响的显著性

	OC	N	P	ADF	ADL
凋落物来源	<0.01	<0.01	<0.01	0.65	0.33
土壤类型	<0.01	<0.01	<0.01	0.01	0.01
凋落物来源×土壤类型	0.64	<0.01	0.54	0.80	0.90

5.1.4.1　有机碳含量的变化

凋落物 OC 含量的变化范围在 370~505g/kg。风沙土和黄绵土上 3 种凋落物的 OC 含量在 5 月到 7 月均有明显的降低；在风沙土上，乌柳、混合及小叶杨 3 种凋落物的 OC 含量分别降低了 9.74%、12.75% 和 9.75%（图 5-5A）；在黄绵土上，3 种凋落物的 OC 含量分别降低了 9.12%、12.23% 和 11.27%（图 5-5B）。除了在黄绵土区 2021 年 11 月 3 种处理凋落物的 OC 含量接近外，乌柳凋落物的 OC 含量在不同时期均高于小叶杨和混合凋落物，总体上，乌柳凋落物 OC 含量比小叶杨高 8.4%，而小叶杨和混合凋落物处理之间几乎没有差异（图 5-5A，图 5-5B）。

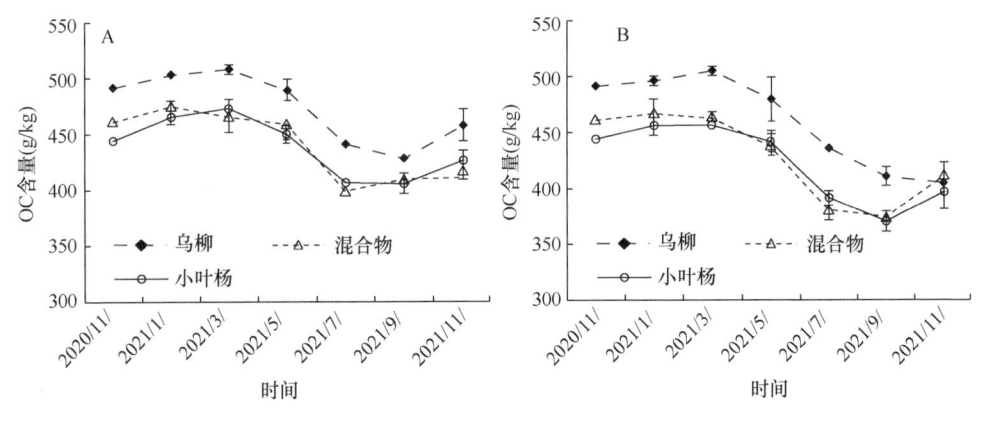

图 5-5　3 种凋落物分解过程中的 OC 含量
A. 风沙土；B. 黄绵土

5.1.4.2　氮含量的变化

3 种凋落物处理的 N 含量在总体上呈上升趋势，在 5 月到 7 月增长明显较快；在风沙土上，乌柳、混合及小叶杨 3 种凋落物的 N 含量分别增加了 41.9%、27.6% 和 35.5%（图 5-6A）；在黄绵土上，3 种凋落物的 N 含量分别增加了 42.6%、30.4% 和 40.8%（图 5-6B）；分解试验结束时凋落物的 N 含量是初始 N 含量的 1.6~2.0

倍。乌柳凋落物的 N 含量在两种土壤各个时间均高于混合和小叶杨凋落物，并且随着分解差异逐渐增大（图 5-6A，图 5-6B）；分解试验期间，乌柳凋落物 N 含量是小叶杨的 1.3~1.7 倍。

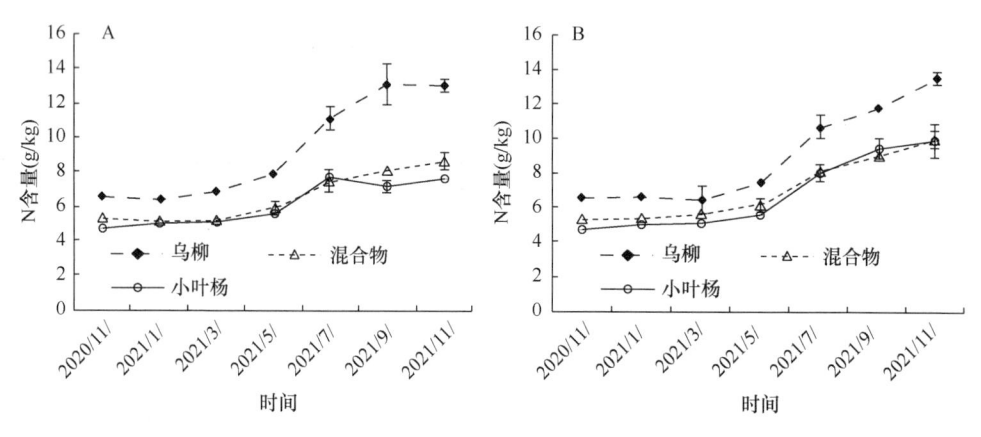

图 5-6　3 种凋落物分解过程中的 N 含量
A. 风沙土；B. 黄绵土

5.1.4.3　磷含量的变化

凋落物 P 含量在不同处理之间具有不同的变化趋势，分解试验的前 4 个月（至 2021 年 3 月），两种土壤类型上，小叶杨和混合凋落物的 P 含量高于乌柳凋落物，3 月到 5 月，小叶杨和混合凋落物的 P 含量发生明显的降低，使不同处理凋落物的 P 含量接近；从 5 月到试验结束，3 种凋落物的 P 含量最终在 0.6~0.7g/kg 保持相对稳定（图 5-7）。整个分解过程中，小叶杨凋落物 P 含量在风沙土和黄绵土上分别减少了 29% 和 18%，而乌柳凋落物 P 含量在风沙土和黄绵土上分别增加了 12% 和 18%。

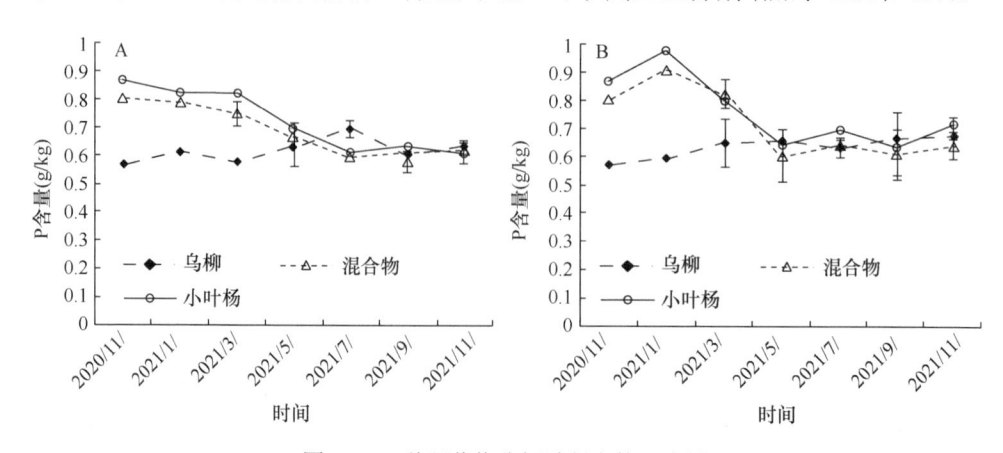

图 5-7　3 种凋落物分解过程中的 P 含量
A. 风沙土；B. 黄绵土

5.1.4.4 木质素及纤维素含量的变化

风沙土与黄绵土上 3 种凋落物处理的 ADF 和 ADL 含量均在 2021 年 5 月达到最高，5 月至 7 月，各处理 ADF 和 ADL 含量明显降低；5 月至 7 月，不同凋落物处理 ADF 含量在风沙土和黄绵土上分别减少了 17%~25% 和 27%~33%，ADL 含量在风沙土和黄绵土上分别减少了 18%~32% 和 26%~48%，在黄绵土上的变化幅度大于风沙土。但不同凋落物处理之间，ADF 或 ADL 含量相近（图 5-8）。

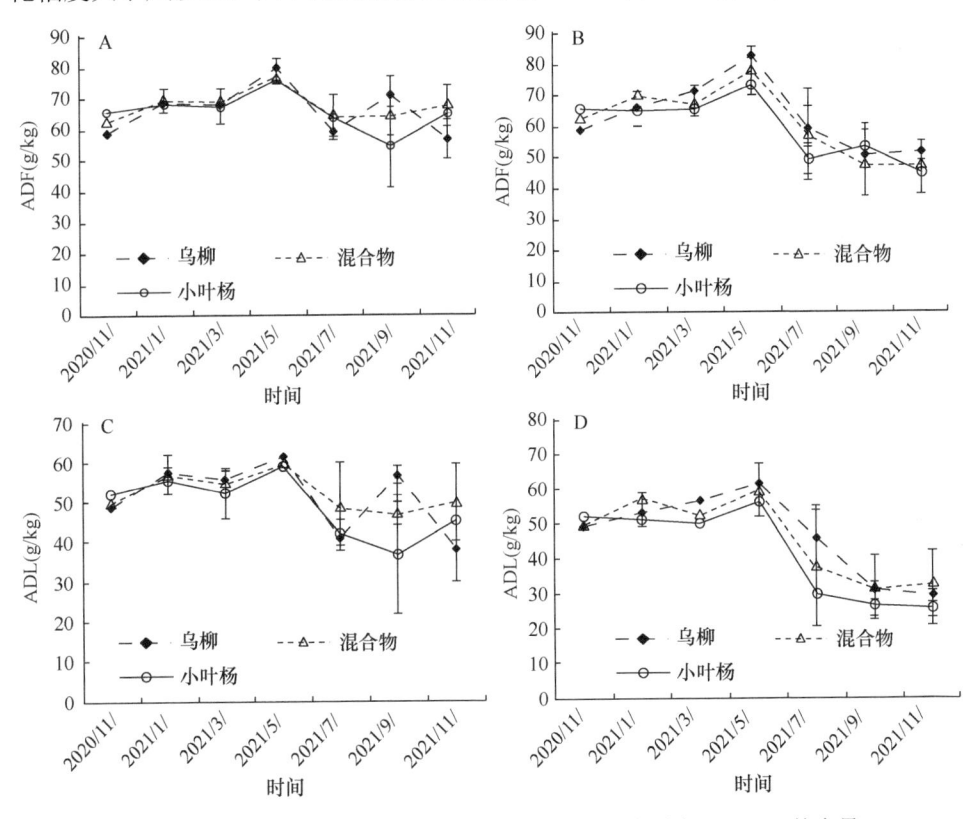

图 5-8 3 种凋落物分解过程中纤维素（ADF）和木质素（ADL）的含量
A、C. 风沙土；B、D. 黄绵土

如图 5-9 所示，第一主成分和第二主成分能够解释原变量 81.7% 的方差，因此可以将凋落物分解特征总结为两个方面，OC、ADF、ADL 含量和凋落物残留量在第一主成分有较大正荷载，说明与碳相关的有机物分解是影响凋落物质量变化的主要方面；P 在第二主成分有较大荷载，说明凋落物中与 P 相关的成分变化是影响凋落物质量变化的次要方面。ADF、ADL 与 OC 的向量夹角较小，说明纤维素和木质素的变化与凋落物 OC 含量变化密切相关，N 在第一、第二主成分上均有负荷载，说明 N 的增加会导致凋落物的分解。

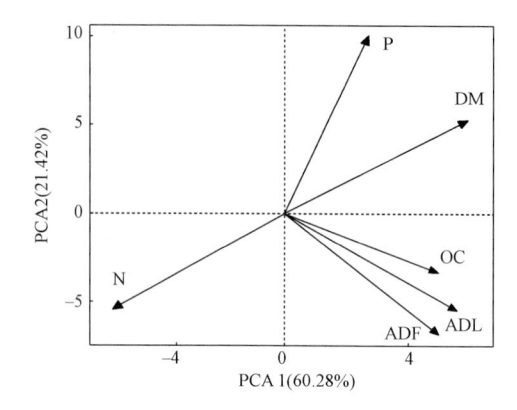

图 5-9 凋落物 OC、N、P、ADF、ADL 的含量与凋落物残留量（DM）的主成分分析

5.1.5 凋落物分解过程中有机物释放特征分析

如表 5-4 所示，方差分析表明凋落物处理对 N 的释放率有显著（$P<0.05$）影响；除此之外，凋落物处理、土壤类型及凋落物处理与土壤类型之间的交互作用对除 N 外各项指标的残余率均无显著影响。说明土壤类型不是凋落物养分释放的主要影响因素；凋落物处理是 N 素释放的重要影响因素，但对其他成分的释放影响不显著。

表 5-4 凋落物处理、土壤类型及其交互作用对 OC、N、P、ADF 及 ADL 残余率影响的方差分析

	OC	N	P	ADF	ADL
凋落物处理	0.46	0.01	0.41	0.79	0.68
土壤类型	0.45	0.97	0.93	0.25	0.22
凋落物处理×土壤类型	0.99	0.17	0.98	0.97	0.98

5.1.5.1 有机碳的释放特征分析

凋落物分解过程中 OC 的释放特征如图 5-10 所示。分解 1 年，风沙土上乌柳、混合及小叶杨 3 种凋落物 OC 的残余率分别为 50.50%、58.49%和 64.86%（图 5-10A）；黄绵土上乌柳、混合及小叶杨 3 种凋落物 OC 的残余率分别为 39.88%、50.66%和 53.57%。OC 残余率的变化表明，各处理的 OC 年释放率均几乎未超过 50%，其中乌柳的释放率最高（图 5-10B）。相同处理在不同土壤上的残余率比较表明，凋落物在风沙土上的残余率更高，乌柳、混合及小叶杨 3 种凋落物 OC 在风沙土上的残余率分别比黄绵土上高 10.62 个百分点、7.83 个百分点和 11.29 个百分点，说明黄绵土更有利于凋落物的分解。此外，风沙土上凋落物在 3~7 月的 OC 释放速率较快，而黄绵土上凋落物在 3~9 月的释放速率较快。

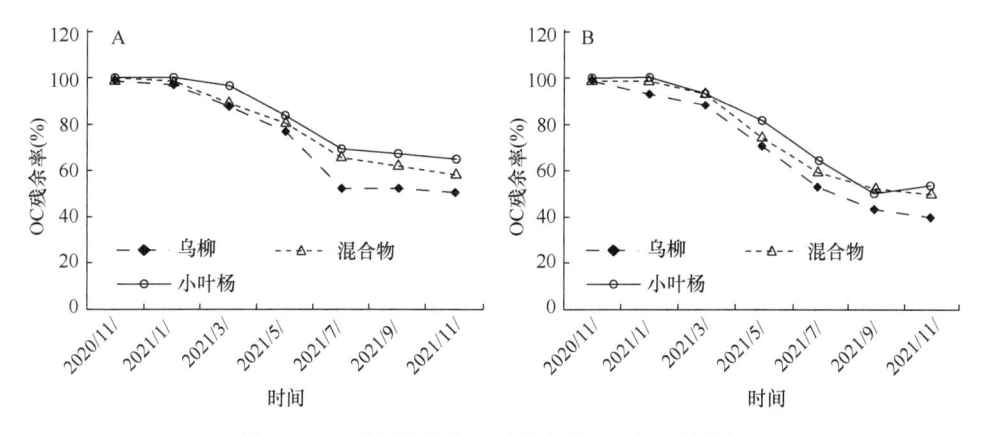

图 5-10 3 种凋落物分解过程中的 OC 的释放特征
A. 风沙土；B. 黄绵土

5.1.5.2 氮的释放特征分析

凋落物分解过程中 N 的释放/富集特征如图 5-11 所示。分解 1 年，风沙土上乌柳、混合及小叶杨 3 种凋落物 N 的残余率分别为 108.72%、105.67% 和 109.91%（图 5-11A）；黄绵土上乌柳、混合及小叶杨 3 种凋落物 N 的残余率分别为 99.13%、108.69% 和 128.48%（图 5-11B）。N 残余率的变化表明，凋落物在分解过程中吸附了环境中的 N。凋落物 N 残余率在 5~7 月变化较大，风沙土上乌柳、混合及小叶杨 3 种凋落物 N 残余率分别增加了 6.79%、19.35% 和 24.10%；黄绵土上乌柳、混合及小叶杨 3 种凋落物 N 残余率分别增加了 16.62%、21.01% 和 25.17%。

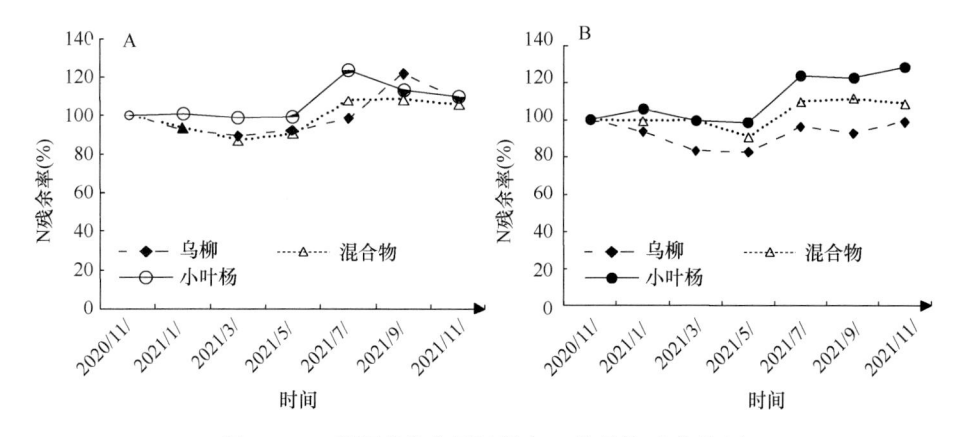

图 5-11 3 种凋落物分解过程中 N 的释放/富集特征
A. 风沙土；B. 黄绵土

5.1.5.3 磷的释放特征分析

凋落物分解过程中 P 的释放特征如图 5-12 所示。分解 1 年，风沙土上乌柳、混合及小叶杨 3 种凋落物 P 的残余率分别为 60.76%、50.82%和 47.92%（图 5-12A）；黄绵土上乌柳、混合及小叶杨 3 种凋落物 P 的残余率分别为 57.25%、45.09%和 49.29%（图 5-12B）。P 残余率的变化表明，两种土壤上不同凋落物具有类似的释放特征，均在 11 月至次年 1 月几乎没有释放，而在 1～11 月逐渐释放。且乌柳的残余率在风沙土和黄绵土上分别比小叶杨高 12.84 个百分点和 7.96 个百分点，说明乌柳凋落物中的 P 比小叶杨的释放速率低。

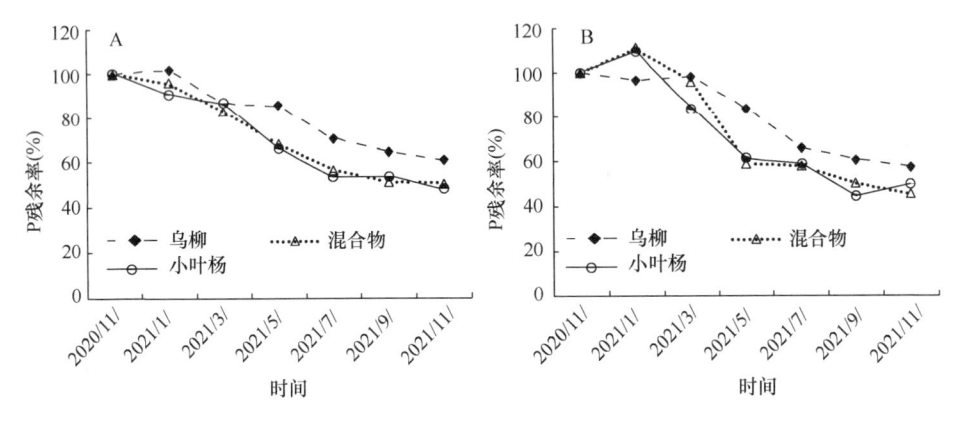

图 5-12　3 种凋落物分解过程中 P 的释放特征
A. 风沙土；B. 黄绵土

5.1.5.4　木质素及纤维素的释放特征分析

凋落物分解过程中 ADF 和 ADL 的释放特征如图 5-13 所示，5 月至 7 月，各处理 ADF 和 ADL 含量明显降低；风沙土上乌柳、混合及小叶杨 3 种凋落物 ADF 残余率分别降低了 44.02%、22.32%和 23.72%；ADL 残余率分别降低了 49.13%、23.59%和 34.51%；黄绵土上乌柳、混合及小叶杨 3 种凋落物 ADF 残余率分别降低了 40.81%、31.83%和 40.01%；ADL 残余率分别降低了 39.17%、41.21%和 53.42%。不同凋落物处理之间，ADF、ADL 的释放特征相近。

5.1.5.5　凋落物释放特征与分解特征之间的关系

养分元素、ADL 及 ADF 的释放率与凋落物质量之间的相关分析结果如表 5-5 所示，凋落物质量、OC 残余率、P 残余率及 ADF 和 ADL 的残余率两两之间均有极显著的正相关关系（$P<0.01$），而 N 残余率与凋落物质量、OC 残余率、P 残余率及 ADF 和 ADL 的残余率之间均为极显著（$P<0.01$）负相关。说明凋落物的分解与 OC、P 的释放是一致的过程，而与 N 素的变化是相反的过程；N 素并未随着凋落物的分解逐渐释放，而可能由于其他原因在凋落物残余物中积累。

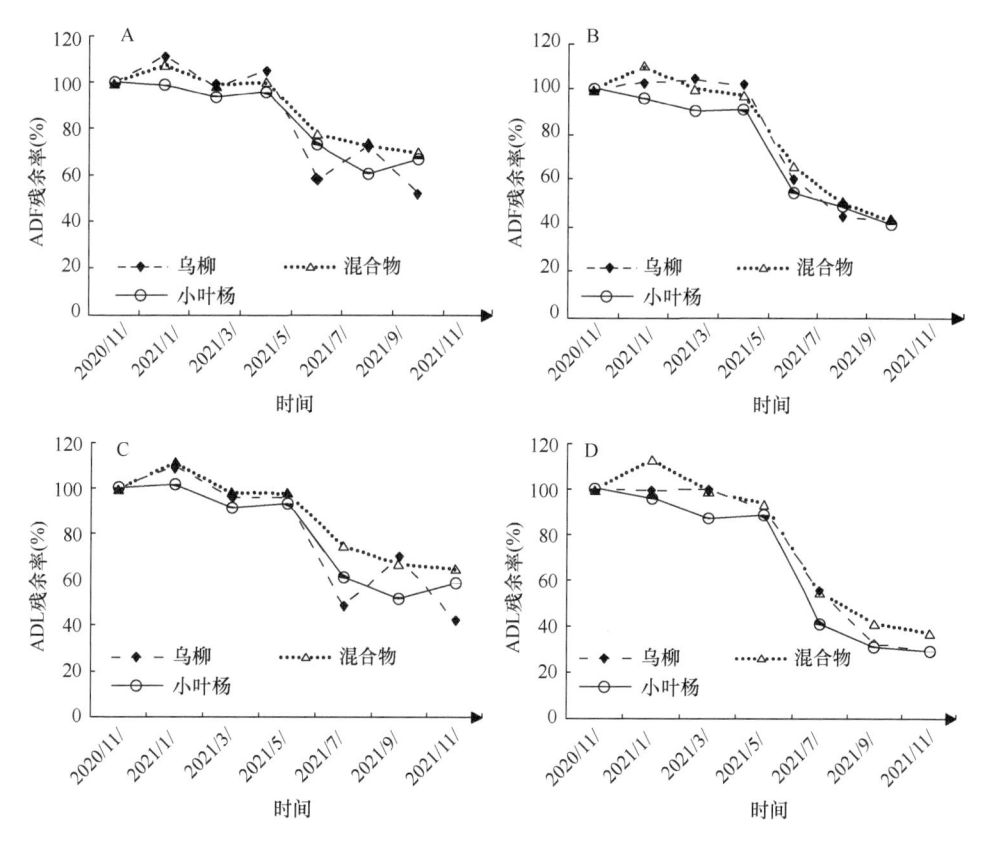

图 5-13 3 种凋落物分解过程中 ADF 与 ADL 的释放特征

A、C. 风沙土；B、D. 黄绵土

表 5-5 凋落物质量、OC、N、P、ADF 及 ADL 的残余率之间的相关性分析

	凋落物质量	OC	N	P	ADF	ADL
凋落物质量	1					
OC	0.986**	1				
N	−0.403*	−0.470**	1			
P	0.795**	0.831**	−0.593**	1		
ADF	0.884**	0.902**	−0.647**	0.803**	1	
ADL	0.897**	0.917**	−0.636**	0.811**	0.992**	1

*表示显著（$P<0.05$）；**表示极显著（$P<0.01$）

对凋落物质量残余率的多元逐步回归分析结果如表 5-6 所示。结果表明，以 OC、N、P、ADF 及 ADL 的残余率为自变量选择范围，以凋落物质量的残余率为因变量，则 OC 残余率与凋落物质量之间线性相关性最大，OC 残余率能够解释凋落物质量变化的 97.1%；除去因子之间的多重共线性，则 OC 和 N 的残余率，与

凋落物质量的残余率之间具有多元线性关系，两者一起能够解释凋落物质量变化的 97.5%。因此，OC 残余率变化是导致凋落物质量变化的首要原因，而 N 残余率的变化是导致凋落物质量变化的次要原因。

表 5-6　凋落物质量残余率主要影响因素的多元逐步回归分析

回归公式	因变量（y）	自变量 1（X_1）	自变量 2（X_2）	R^2
$y=0.764X_1+20.332$	凋落物质量残余率	OC 残余率	—	0.971
$y=0.792X_1+X_2+8.362$	凋落物质量残余率	OC 残余率	N 残余率	0.975

注：因变量的选择范围包括 OC、N、P、ADF 及 ADL 的残余率；"—"表示无数据，下同

根据表 5-6 多元线性回归的结果，选择凋落物质量残余率的两个因子——OC 残余率与 N 残余率，进行通径分析，结果如表 5-7 所示。OC 残余率与 N 残余率对凋落物质量残余率的直接作用通径系数分别为 1.02 和 0.08，两者均为正效应，这是因为 OC 与 N 均是凋落物的组成成分，OC 与 N 的质量本身也是凋落物质量的一部分。而 OC 残余率与 N 残余率通过彼此对凋落物质量残余率间接影响的通径系数分别为 –0.04 和 –0.48，表明 OC 与 N 之间存在着一种互相促进彼此分解的关系，因此一方含量的增多会引起另一方的分解释放，从而间接导致凋落物总量的减少。

表 5-7　OC 和 N 残余率对凋落物质量残余率影响的通径分析（通径系数）

	直接作用	间接作用 通过 OC 残余率	间接作用 通过 N 残余率	总体作用
OC	1.02	—	–0.04	0.98
N	0.08	–0.48	—	–0.40

5.2　采煤沉陷区不同林分凋落物分解速率及养分动态变化

2020 年 10 月，在沉陷区划定的 5m×5m 样方中，采集人工恢复林地地表的当年叶片凋落物各 500g 为供试凋落物，样品取回后清洗干净，去除凋落物中的杂质，将处理好的凋落物在 105℃下杀青 30min 后，在 65℃烘箱中烘至质量恒定。将单一凋落物分别称取 12g，混合凋落物按照乌柳和小叶杨质量比 1∶5（参考样方中自然状态下乌柳与小叶杨叶片比例）称取 12g 装进分解袋（分解袋的网眼大小为 2mm，规格为 15cm×15cm）。剩余烘干的凋落物样品用于室内试验，进行凋落物养分初始值的测定。

野外模拟从 2020 年 11 月 24 日开始，在长为 4m、宽为 1.5m 的样方中铺设凋落物分解袋，凋落物分解袋间隔 15cm，自放凋落物分解袋起，每隔 60 天取一次植物样本，每次取样 9 袋（3 种处理，每处理 3 个重复），3 次共取样 27 袋。每次

取回分解袋后，首先去除分解袋中土粒等杂物，并用毛笔小心刷除黏附在凋落物分解袋上的泥土，然后将取回的凋落物用蒸馏水清洗2遍，并65℃烘干至质量恒定，记录此时凋落物残余量，同时将其从分解袋转移至信封中取适量粉碎，过0.15mm筛，测定其营养元素含量。每一种营养元素含量重复测定3次，取平均值作为样品中营养元素含量测定值。

1. 项目测定

凋落物全碳的测定采用 $K_2Cr_2O_7$-浓硫酸氧化法；凋落物全氮的测定采用 H_2SO_4-H_2O_2 消煮法；凋落物全磷的测定采用 H_2SO_4-H_2O_2 消煮-钒钼黄比色法。瞬时衰减系数用Olson模型（Olson，1963）计算。

$$M_t = m_0 \times e^{-kt} \tag{5-4}$$

式中，k 表示 t 时刻瞬时分解速率参数，k 值越大分解速度越快；M_t 为 t 时刻凋落物剩余质量；m_0 为凋落物初始质量；e 为自然底数。

干物质残余率（y）用负指数衰减模型（万芳等，2020b）Levenberg-Marquardt 算法进行模拟。

$$y = a \times e^{-kt} \tag{5-5}$$

式中，y 表示凋落物干物质残余率；a 表示拟合参数。

2. 数据分析

采用 Excel 2019 和 SPSS 26.0 统计分析软件对测定数据进行整理与分析。用 Pearson 相关性分析化学计量比与土壤有机碳、全氮和全磷的相关性。采用 Origin 2021 软件绘图。

5.2.1 凋落物分解速率及干物质残留率的变化

通过 Olson 模型计算出每个分解时间点的凋落物干物质瞬时衰减系数（k），由图5-14可知，3种植物凋落物干物质 k 值均呈现先增加至最大值然后又下降的趋势。其中，乌柳 k 值在240d达到最大值（0.18%），在300d下降至0.15%左右直至稳定；混合物的 k 值在180d增加至最大值（0.13%），在240~300d缓慢下降直至稳定。小叶杨的 k 值在240d达到最大值（0.12%），在300d快速下降至0.10%左右直至稳定。

将干物质残余率用 Olson 模型进行拟合，发现拟合效果非常好，拟合系数 R^2 均在0.95以上，拟合图及方程的各参数见图5-14。通过拟合方程预测出乌柳、混合物、小叶杨3种植物凋落物分解完50%所需的时间大约依次为240d、300d和300d。

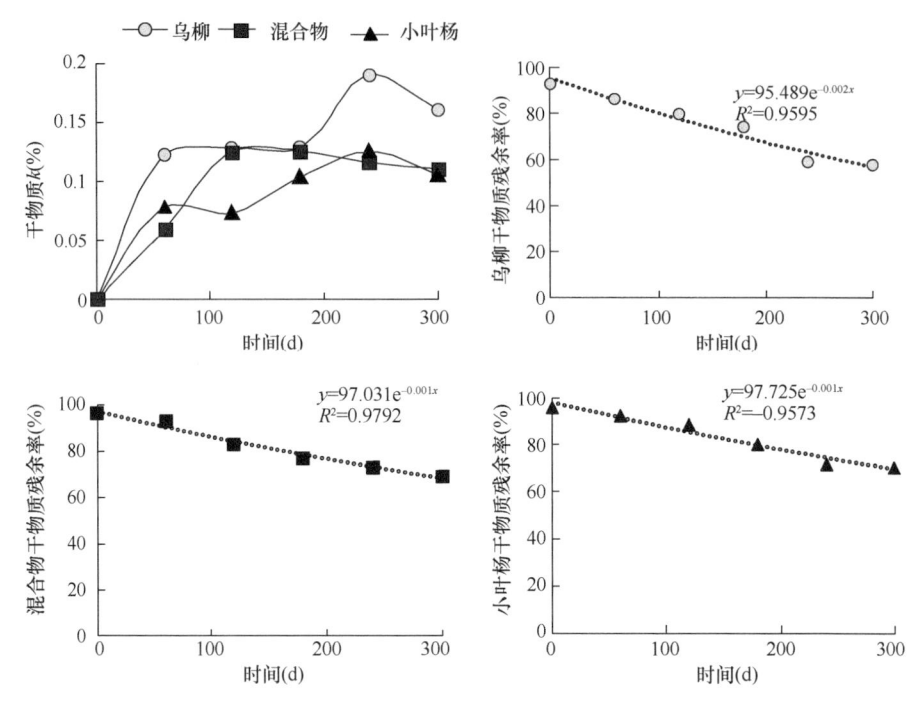

图 5-14　乌柳、混合物、小叶杨凋落物干物质分解速率及残余率动态拟合

5.2.2　凋落物分解过程中 C、N、P 含量的变化

由图 5-15 可知，凋落物全氮（TN）含量随时间分解变化不同。乌柳全 N 含量随时间逐渐升高，在 180d 达到最大值，为 8.30g/kg，相比于对照（CK）升高了 27.49%。混合物 TN 含量随时间先下降后上升，在 180d 达到最大值，为 6.29g/kg，较 CK 提高了 20.26%。小叶杨 TN 含量在 180d 提高幅度最大，为 27.21%。在同一时间，3 种植物凋落物的 TN 含量在 60d 和 180d 均表现为乌柳>混合物>小叶杨；120d 处表现为乌柳>小叶杨>混合物。

乌柳凋落物有机碳（OC）含量在 120d 达到最大值（502.90g/kg），较 CK 提高了 2.65%。小叶杨凋落物有机碳含量随分解时间呈先升高后降低趋势，在 120d 达到最大值（471.55g/kg），较 CK 提高 6.40%。混合物凋落物有机碳含量在 60d 达到最大值（469.04g/kg），之后逐渐下降。180d 时凋落物有机碳含量由高到低依次为乌柳>混合物>小叶杨。

乌柳凋落物全磷（TP）含量随时间呈先增高后降低趋势，在 60d 达到最大值（0.98g/kg）；混合物 TP 含量先下降后上升，在 120d 达到最小值（0.533g/kg）；小叶杨凋落物 TP 含量呈整体下降趋势，从开始的 0.80g/kg 降低至 180d 的 0.70g/kg。

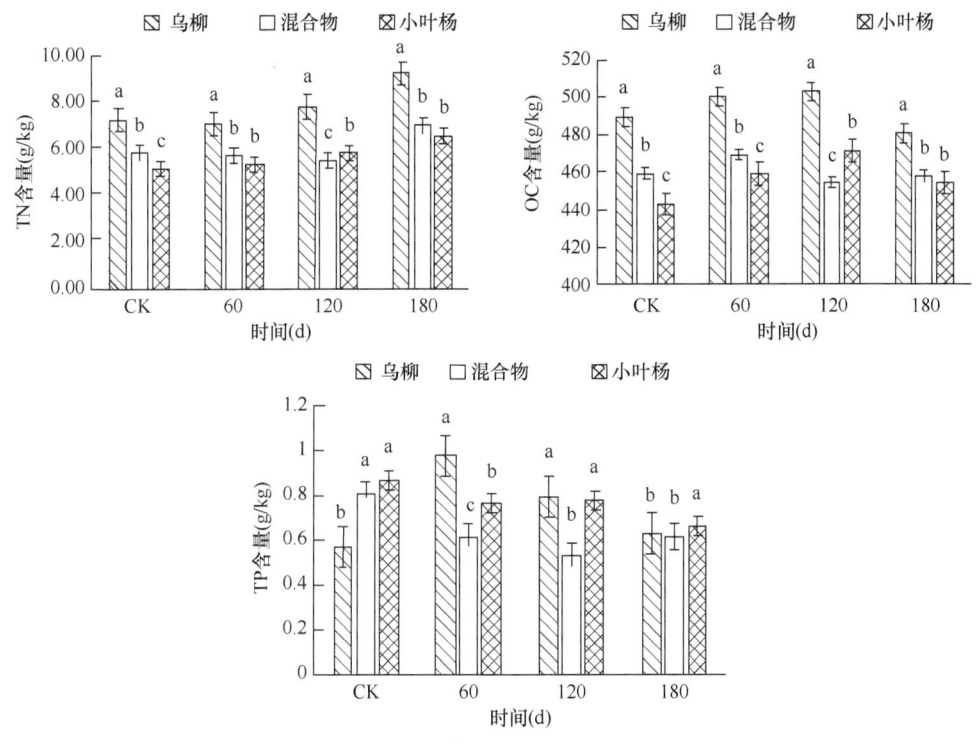

图 5-15 不同时期凋落物 C、N、P 含量的变化

不同小写字母表示两者之间差异显著，下同

5.2.3 凋落物分解过程生态计量变化特征

由图 5-16 可知，乌柳凋落物 C/N 变化范围为 57.86～78.88，呈先升高后下降趋势，即 60d＞CK＞120d＞180d，在 60d 达到最大值（78.88），180d 达到最小值（57.86）；混合物凋落物 C/N 变化范围为 72.89～92.01，相比 CK 逐渐升高，在 120d 达到最大值后降低至 72.89。小叶杨凋落物 C/N 先上升后下降，在 180d 达到最小值（77.22）。

C/P 变化范围在乌柳凋落物中为 510.56～857.82，整体呈下降趋势，60d 时最低，为 510.56。混合物和小叶杨 C/P 较 CK 均呈升高趋势，其中混合物凋落物 C/P 在 120d 最大，为 851.56，小叶杨在 180d 最大，为 688.25。

乌柳凋落物中 N/P 变化范围为 6.47～13.13，呈先降低后升高趋势；混合物和小叶杨凋落物 N/P 在 180d 时较 CK 分别提高了 57.40%和 67.38%，并且混合物和小叶杨凋落物 N/P 均呈上升趋势，均在 180d 达到最大值。

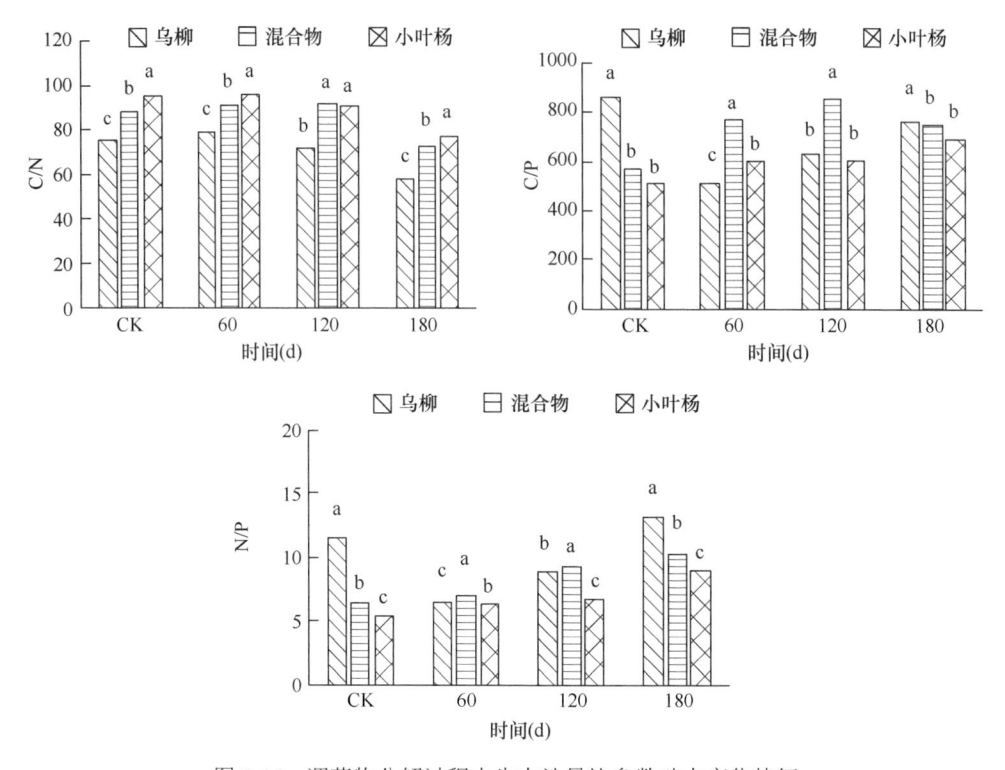

图 5-16　凋落物分解过程中生态计量比参数动态变化特征

5.2.4　讨论

通过对采煤沉陷区主要修复树种乌柳和小叶杨及其混合凋落物在风沙区利用野外分解袋法进行的 3 种种植模式凋落物的模拟试验，发现不同树种和分解时间对凋落物分解有不同程度的影响。3 种种植模式凋落物分解速率（k）均呈现出快速增大至最大值后又迅速下降的趋势，直至 300d 以后趋于稳定（图 5-14）。这可能是由于分解前期植物叶片受风化严重，首先进行土壤碳循环过程，且分解速率较快，而分解中后期随着分解袋袋孔逐渐变小，这个过程逐渐变缓，直至最后凋落物的养分含量和分解速率趋于稳定，残余物质逐渐腐殖化。

凋落物分解是将植物吸收的土壤养分归还土壤，通过测定其 C、N、P 含量一定程度上能反映植物养分利用效率和土壤养分基本情况（万芳等，2020a）。该研究中 3 种种植模式凋落物平均 N 含量依次为 5.13g/kg、5.40g/kg、7.04g/kg，远低于内蒙古草原平均 N 素含量（26.80g/kg），3 种种植模式凋落物有机碳含量（457.120g/kg、460.331g/kg、493.244g/kg）相比于全球水平草原 C 含量(438.000g/kg)要高，这可能与 3 种凋落物自身有机碳含量较高有关，其次也可能是因为 3 种生态修复树种为了适应干旱的环境。本研究中 3 种种植模式平均 TP 含量分别为

0.64g/kg、0.74g/kg、0.77g/kg，相比全球 TP 的平均含量（1.42g/kg）较低，这可能与采煤沉陷区内试验地 P 含量较为缺乏有关。

全氮、全磷和有机碳含量均表现为乌柳＞混合物＞小叶杨，这说明乌柳单独种植在干旱贫瘠的环境下相比另外 2 种种植模式适应能力强，这也与植物本身对于养分的吸收能力有关。万芳等（2020b）在芨芨草凋落物养分研究中也提到了这一点。但课题组认为，这 3 种植物养分变化与其叶片大小有一定关系，乌柳叶片较小，埋藏后分解较容易，而小叶杨叶片相比乌柳要大，分解所需时间相对较长，但更长的埋藏时间小叶杨凋落物养分含量是否会随之升高，还需长时间埋藏来验证这一点。

生态化学计量比是评价土壤质量的重要指标，也是测定植物 C、N、P 平衡特性的重要参数，生态化学计量比对植物生长有重要的影响。植物 C/N 能反映土壤质量，土壤有机质的分解程度是衡量土壤 N 矿化能力的标准。乌柳凋落物 C/N 变化范围为 57.86～78.88，C/N 相对较高，这可能是因为植物对有机碳的吸收能力较强，当 C/N 大于 25 时，有机质含量较低。这与杨霞等（2021）对不同林龄油松人工林土壤 C、N 和 P 生态化学计量特征的研究结果一致。C/P 在乌柳凋落物中为 510.56～857.82，远高于全球 C/P 平均水平，课题组认为这也可能与试验区土壤含 P 较低有关。而本研究中，凋落物 N/P（8.60）均低于全球平均值（25.00），这与尹传华（2012）对盐生灌木的研究结果一致。

5.3 小　　结

（1）1 年时间，采煤沉陷区乌柳、混合和小叶杨 3 种不同凋落物在风沙土上分别分解了 45.79%、35.27%和 32.39%；在黄绵土上分别分解了 51.68%、43.30%和 40.01%。乌柳凋落物年分解速率比小叶杨和混合凋落物高 10%～15%；凋落物在黄绵土环境中的分解速率比在风沙土中高 13%～23%。

（2）分解 1 年，风沙土上修复植物凋落物 OC、N 和 P 的残余率分别为 50.50%～64.86%、105.67%～109.91%和 47.92%～60.76%；黄绵土上凋落物 OC、N 和 P 的残余率分别为 39.88%～53.57%、99.13%～128.48%和 49.29%～57.25%。OC 和 P 有显著的释放，而 N 发生了富集。

（3）凋落物质量的变化与 OC、P、ADF 和 ADL 的分解释放均存在极显著（$r<0.01$）正相关关系，而与 N 的残余率有极显著（$r<0.01$）负相关关系。OC 的变化是影响凋落物分解释放的首要因素，能够解释凋落物质量 97.1%的变化。OC 残余率与 N 残余率对凋落物变化的直接影响均是正向的，通径系数分别为 1.02 和 0.08；但通过对方对凋落物质量的间接影响均是负面的，通径系数分别为–0.04 和–0.48。

（4）在同一时间处理下，全氮含量变化表现为乌柳＞混合物＞小叶杨；有机碳含量由高到低依次为乌柳＞混合物＞小叶杨；乌柳凋落物全磷含量随时间呈先增高后降低趋势，在 60d 达到最大值（0.98g/kg）。乌柳凋落物 C/N 变化范围为 57.86～78.88，即 60d＞CK＞120d＞180d，在 60d 达到最大值（78.88），180d 达到最小值（57.86）；混合物凋落物 C/N 变化范围为 72.89～92.01，在 120d 达到最大值，小叶杨凋落物在 180d 达到最小值（77.22）。乌柳 k 值在 240d 达到最大值（0.18%），在 300d 快速下降至 0.15%直至稳定；混合物的 k 值在 180d 增加为 0.12%；小叶杨的 k 值在 240d 达到最大值（0.12%），在 300d 快速下降至 0.10%直至稳定。

6 风沙采煤沉陷区生物结皮分布及其对环境影响的特征

6.1 风沙采煤沉陷区小叶杨林下生物结皮的分布格局及其理化性质

煤炭资源的进一步开采，会引起采煤区更大面积的地面沉陷，加之水蚀、风蚀等各种综合作用的影响，导致水土流失及植被、土地退化等问题相继产生。由于煤炭在开采过程中所采取的方式破坏了土壤原有的养分基础，使得采煤区的植被严重退化，大幅降低了土壤养分含量（李树志和高荣久，2006）。土壤养分是土壤最根本的属性（王健等，2006a；李戎凤等，2007；何金军等，2007），在很大程度上体现了土壤的理化性质，在某种意义上来说其决定了作物的单产，具有长期性和普遍性。土壤的可持续利用将会带动农林复合经营的可持续发展，而维持和提高土壤养分含量是土壤可持续利用的基础。因而，不单单要在对改善生态环境具有重要意义的采煤沉陷区生态和该地区的社会与经济发展方面做足工作，还要做好采矿区相对贫瘠的土壤的研究工作，这不但保证了生态与社会经济平衡发展，而且也可不断提高土壤养分含量。

在采煤沉陷区，生物结皮或多或少存在。土壤在化学、物理或者生物作用下会形成一层特殊的表面结构，附着在土壤表层，从而形成土壤生物结皮。这一名词是土壤学家、地质学家、生物学家、生态学家等根据自己的标准给这个客观事物所赋予的（Eldridge and Greene，1994）。国外对生物结皮的称呼主要有 cryptogamic crust、cryptobiotic crust、micro-phytic crust 和 microbiotic crust 等，国内学者采用生物土壤结皮、生物结皮、微生物结皮、藻结皮等对其进行了命名，迄今为止，被人们普遍应用的是"生物结皮"，用于表征结皮生物学特征（李守中等，2004）。荒漠生态系统有众多的组成部分，其中较为关键的是生物结皮，许多研究发现它在评定干旱、半干旱地区生态系统健康方面具有重要意义，同时是土壤表层条件的指示生物（杨晓晖等，2001）。真菌、细菌、蓝藻、地衣、苔藓植物和许多常见的非维管植物成分都属于生物结皮，它们可以适应极度干旱缺水、生存环境极差的条件，利用其自身的生活和代谢形式，从而改变环境。天然和半天然植被的平均覆盖率在干旱和半干旱地区通常不到30%~40%，但生物结皮却广泛分布于高等植物存在的区域，其覆盖率通常占该区域植被覆盖率的 70%以上（Belnap and Harper，1993）。

生物结皮中微生物的生长发育不仅可以为土壤提供氮源和能量，还在固定流沙方面起着至关重要的作用。生物结皮可以改良土壤结构，提高土壤肥力，增强土壤抗风蚀、水蚀能力等，并且可以有效地提高 N、P、C 在土壤中的比例，进一步促进微生物的生长及发育，为改良荒漠生态系统的生物多样性奠定基础（姜汉侨和段昌群，2004）。小叶杨群落是采煤沉陷区主要的人工植被类型，在以小叶杨为优势种的固定沙地，生物结皮普遍分布，生物结皮的发育对采煤沉陷区沙地固定发挥着十分重要的作用，更在小叶杨群落的演替中扮演着极其重要的角色。

本书以采煤沉陷区小叶杨林下生物结皮为研究对象，研究小叶杨林下生物结皮的分布格局及其理化性质，对进一步探寻生物结皮对小叶杨的影响机制，了解生物结皮的生态功能具有重要意义，从而为采煤沉陷区小叶杨植物群落演替和生态恢复提供理论依据。

6.1.1 生物结皮的研究现状

生物结皮的研究最早在 20 世纪 20～30 年代，一部分学者逐渐对生物结皮的成分及其对土壤理化性质的作用等开展了一些基础性研究(张军红和吴波,2012)。近 20 年来，国内外学者关于生物结皮进行了许多的研究工作，主要研究内容包含生物结皮的发育特征，生物结皮对土壤理化性质的影响作用（贾宝全等，2003；杨洪晓等，2004；齐雁冰等，2003；陈荣毅等，2007；郭铁瑞等，2007），生物结皮分布特征及微生物分布特征，生物结皮对土壤水分和风蚀的影响（杨永胜，2012），生物结皮发育对土壤粒度特征的影响，以及生物结皮的光合和呼吸特性等（胥德丽，2011）。

6.1.1.1 生物结皮的分布

生物结皮具有较强的生存适应能力，在近乎阳光能照射到的土壤和植被群落中都有普遍分布，其不仅对极端温度和光照有着较强的耐受性，并且可以适应不同的土地类型，不同的养分、水分、盐分条件。正是由于生物结皮具有这些特征，生物结皮成为干旱、半干旱地区常见的地表覆盖物（Belnap，2006）。

到目前为止，国外学者对不同生境条件下生物结皮的空间分布特征进行了研究，并利用不同的研究方法对生物结皮的构成、多样性及其与环境因素之间的关系进行了探讨。Eldridge（1999）调查了澳大利亚林地 3 个地貌区 30 个样品的生物结皮，分析了地衣和苔藓的物种组成与分布特征。Rivera-Aguilar 等（2006）在墨西哥中部地区采集了87个样地的生物结皮样品，研究了藻类、地衣和苔藓的分布特征与组成类型。Zedda等（2011）沿着主要生物群落的气候样线在非洲西南部建立了29个观察站，研究了生物结皮中地衣的分布特征及其多样性。Kidron（2010）根据以色列内盖夫沙漠生物结皮的特征，将其分为不同类型，并对生物结皮的空间分布特征和机制进行了研究。

相比于国外研究，国内针对生物结皮分布的报道较少，在现有的研究中大多数是针对中、小尺度生物结皮的空间分布，关于大尺度的空间分布报道较少。Zhang等（2007）在古尔班通古特沙漠研究发现，生物结皮最普遍的分布区域位于沙漠的南部，生物结皮覆盖率＞33%，在研究区总面积中占比为28.7%，此结果运用了空间分布格局分析方法。张军红（2014）的研究结果发现，位于毛乌素沙地的黑沙蒿群落中分布着生物结皮，其中固定沙地平均盖度为83.74%，而半固定沙地生物结皮平均盖度为23.54%，固定沙地生物结皮的盖度和厚度不会受到轻度放牧干扰因素的强烈影响，但是正常干扰因素会致使生物结皮盖度明显下降，半固定沙地生物结皮与放牧干扰因素关系更为密切。刘法等（2014）在进行黑沙蒿植株及风向对毛乌素沙地生物结皮空间分布影响分析中发现，黑沙蒿植株下的生物结皮分布与风向及距植株根部距离有紧密关系，在分析过程中运用了样线法。黑沙蒿植株通过在西北方向拦截降尘，促进了生物结皮生长与发育，并且为生物结皮生长过程提供了有益的条件。冯秀绒等（2015）在毛乌素沙地中针对生长旺盛的苔藓结皮进行了研究分析，运用典型地物高光谱数据和TM遥感影像原理，得到苔藓结皮的像元面积为0.72km×104km，在研究区总面积中占比为6.43%。此外，学者还在浑善达克沙地、腾格里沙漠、毛乌素沙地及黄土高原针对生物结皮分布进行了有价值的探究，为我国其他地区生物结皮分布研究提供了方法借鉴。

6.1.1.2 生物结皮对土壤颗粒组成的影响

土壤的物理、化学性质在很大程度上取决于土壤颗粒的组成、性质和排列。土壤的物理及化学性质在生物结皮的形成中发挥着至关重要的作用，因此土壤细颗粒物的积累对生物结皮的形成起着至关重要的作用。物理结皮以砂粒中的粗粉砂为主，黏粒、粉粒含量都相对较低（贾宝全等，2003；郭轶瑞等，2007），对于物理结皮来说，粗粉砂的含量是形成结皮的决定性因素。因此，在外力作用下，物理结皮极其脆弱且结构不稳定（李晓丽和申向东，2006；Pérez，1997）。

随着年限的增加，半流动沙地逐渐演化为半固定沙地、固定沙地，生物结皮由物理结皮进一步发育为藻结皮、地衣结皮和苔藓结皮，土壤颗粒组成中黏粒、粉粒和粗粉砂含量均显著增加（肖洪浪等，2003；崔燕等，2004；郭轶瑞等，2007），生物结皮下层土壤颗粒组成中黏粒和粉粒含量也明显增加，而细砂和中砂含量则呈下降趋势（郭轶瑞等，2007），并且生物结皮厚度与黏粉粒粒级组分含量之间有相关关系。由此可见，生物结皮的形成主要是由于细颗粒物的增加，细颗粒物的出现是生物结皮形成和发育的先决条件。随着生物结皮的发育，下层土壤中黏粒、粉粒的含量也逐渐增加，土壤颗粒组成逐渐趋于细化。经过比较有无生物结皮的土壤颗粒组成，可以发现无生物结皮存在的土壤随着深度的增加，颗粒组成中砂粒的含量明显增加，而黏粒和粉粒的含量却明显减少（段争虎等，1996），说明生物结皮的存在对于土壤颗粒组成产生了一定的影响，且随着深度的增加细颗粒物含量呈下降的趋势。

6.1.1.3 生物结皮对土壤养分的影响

生物结皮对土壤养分有着较好的积累作用（李新荣等，2000），生物结皮中的有机体可以有效地将氮固定和维持。Bamforth（2004）的研究反映出存在于生物结皮中的细菌和藻青菌能有效地固定大气中的氮；Barger（2003）的研究也证明，生物结皮具有固氮的能力；Issa 等（2001）对尼泊尔的藻结皮进行了固氮能力的测定，测定结果为藻结皮的固氮能力较强，即使生存环境较为干燥，3 年后这种代谢作用仍然很强，同时，藻类在生长过程中可以分泌多糖。

生物结皮在保护土壤养分不受风蚀或水蚀方面扮演着一个不可或缺的角色，这也是生物结皮在土壤养分循环方面所作的贡献。细菌、藻类、地衣和苔藓植物的丝状体与生物连接层分泌的多糖黏液形成多层网络，将生物结皮下层砂粒结合在一起，在土壤表层形成一种特殊的表面结构。这种结构不仅有效增加了地表的粗糙度，更在固定流沙、改善土壤结构、提高土壤抗水蚀、风蚀等方面发挥了重要的作用，有效防止了土壤中矿物元素的流失，形成了一个营养相对稳定的区域（Zhang et al.，2006），同时能促进土壤的发育，并增强物质和能量的循环，从而增加下层土壤的养分含量。Pérez（1997）对委内瑞拉安第斯山脉地区的生物结皮进行了调查，结果表明存在生物结皮区域的土壤有机质含量比无生物结皮区域的土壤高 2~3 倍。杜晓晖（1990）对红石峡、沙坡头地区的生物结皮及其下层土壤与流沙进行比较研究发现，红石峡、沙坡头地区生物结皮层的有机质含量分别是流沙的 21 倍和 30 倍，氮含量分别是流沙的 80 倍和 50 倍，磷含量分别是流沙的 6 倍和 4 倍。

不同类型的生物结皮与各个发育阶段的生物结皮对下层土壤养分的影响作用也是不一样的。随着固沙年限的增加，沙丘的类型发生了转变，存在于沙丘上的生物结皮发育程度也相继发生改变，由最初的物理结皮发育为藻结皮、地衣结皮和苔藓结皮，同时生物结皮的厚度逐渐由薄变厚，其中的有机质含量也逐渐增加，速效、全效养分含量相比下层土壤也呈增长的趋势（陈荷生，1992）。表层（0~

5cm）土壤养分含量受生物结皮影响较为明显，土壤养分含量由表层向内递减，但对深层土壤的影响不显著（张元明等，2005）。

有学者表明，地带性特征明显地表现在生物结皮层养分含量的变化上，闫德仁等（2006）通过土壤性质差异性分析研究发现：不同气候区的生物结皮层，对土壤养分有不同的富集作用，证实了生物结皮层养分含量变化地带性特征明显的结论。

6.1.1.4 生物结皮对土壤水分的影响

土壤水分循环的关键载体是其表层土壤，生物结皮会使土壤表层特征发生变化，从而导致土壤物理性质在其剖面上的不连续性（李守中等，2002），进一步使土壤水文过程随之发生变化，其原理是利用生物结皮在土壤表层形成特殊结构。生物结皮主要针对降水入渗和降水拦截两大方面对土壤水文过程发挥作用。降水会在土壤表面存留一段时间，这段时间与土壤穿透性主要取决于降水入渗（Loope and Gifford，1972）。大量研究表明，生物结皮通过大幅度提高土壤的粗糙度，增加降水在土壤表面的滞留时间，进一步增加了土壤水分的入渗率。而部分研究中的结论表明，生物结皮发育有助于提高土壤孔隙度，从而使得降水有效入渗（Greene et al.，1990）。与以上两种结论不同的是：在对比剥离生物结皮前后的土壤表层湿润锋的变化情况后，得到生物结皮在一定程度上阻碍了降水入渗（Skujins et al.，1991；West et al.，1990）。我国学者崔燕等（2004）研究得出，在鄂尔多斯沙地土壤上，随着生物结皮厚度的增加，土壤容重也会随之增加；结皮中的养分会使结皮的持水性能大幅度提高，饱和持水量显著增加，呈现出了强烈的非孔隙吸水现象，反映出生物结皮具有显著的阻水作用。李守中等（2005）通过研究发现，生物结皮层可以降低水分的入渗强度和深度，还可造成土壤水分渗透的不稳定性；生物结皮的发育会使土壤水分的分配格局和分配过程产生变化，土壤水分再分配过程有显著的浅层化趋势，即生物结皮对降水入渗具有拦截作用。

生物结皮对土壤水分关系的影响受区域差异的影响较大。结皮发育程度、当地气候条件、地表粗糙度、土壤质地和土壤结构对区域水循环均有很大影响，其中土壤质地影响较大，如黏土的水分入渗率普遍较低（吴玉环等，2002）。水分入渗率取决于水分在土壤表面停留的时间和水分通过土壤表面的渗透率。生物结皮的存在大大增加了土壤表面的粗糙度，而粗糙的土壤表面有利于增加水分的滞留时间。有一些学者则认为，生物结皮的存在有利于水分的入渗，是因为其本身不易被水沾湿，而另外一些研究者则认为生物结皮具有亲水性。总而言之，从形态上看，表面隆起的生物结皮可以增加水分的入渗率，但较为光滑的生物结皮不利于水分的入渗。不同地区的生物结皮对水分传导率的影响也有显著差异，有研究显示，美国犹他州的地衣结皮使水分传导率下降，而澳大利亚的地衣结皮和藻结皮则有助于水分传导率的提高（李守中等，2004，吴玉环等，2002）。

6.1.2　研究内容与试验设计

1. 研究内容

1）小叶杨林下生物结皮分布格局

通过样线法对采煤沉陷区小叶杨林下生物结皮距小叶杨基部不同距离、不同方向的分布半径进行测量并记录，从而了解采煤沉陷区小叶杨林下生物结皮分布的基本特征。

2）小叶杨林下生物结皮对下层土壤粒度特征及养分含量的影响

采用取样法及相关性分析方法对采煤沉陷区小叶杨林下生物结皮及下层土壤粒度组成、有机质及全氮含量变化特征进行探索性分析。

3）小叶杨林下生物结皮对土壤水分的影响

通过双环法、环刀法及模拟降雨法研究了小叶杨林下生物结皮对降雨的拦截作用，以及生物结皮对土壤水分入渗和土壤含水率的影响，从而了解采煤沉陷区小叶杨林下生物结皮对土壤水分的影响。

2. 试验设计

试验地位于内蒙古自治区鄂尔多斯市伊金霍洛旗乌兰木伦镇李家塔采煤沉陷区，乌兰木伦河东岸，在研究区小叶杨固定沙地，选取 20 株壮龄小叶杨作为研究对象，所选小叶杨冠外缘与相邻小叶杨冠外缘间隔大于 3m。

采用样线法测量并记录每株小叶杨的冠幅，中心点为小叶杨基部，当地盛行风为西北风，于西北平行和垂直的方向上，设置 4 条样线，分别为东南、东北、西南、西北。测量并记录 4 条样线方向上小叶杨冠半径及生物结皮分布半径。沿样线每 10cm 处设置 5cm×5cm 的样方，直至没有生物结皮为止，采集样方内结皮及土样，在尽量保存完好的前提下带回实验室，将样品置于温度设定为 105℃烘箱内烘干至恒重后称重。同时，按照布设的样线方向，沿样线每 20cm 对生物结皮厚度进行测量，直到没有生物结皮分布即为结束。详细测量步骤：利用自制不锈钢样方框在已设定好的样点位置向下垂直插入（图 6-1），获得大小约 2cm×2cm×2cm 的结皮样品，由于生物结皮中存在大量菌丝且团聚性较高，因此结皮下部粘连的沙粒很容易去除。取出生物结皮时，轻轻对其进行磕碰使其下部的松散沙粒剥落，用游标卡尺测量其厚度，重复测量 3 次。生物结皮下层土壤的取样采用环刀法。

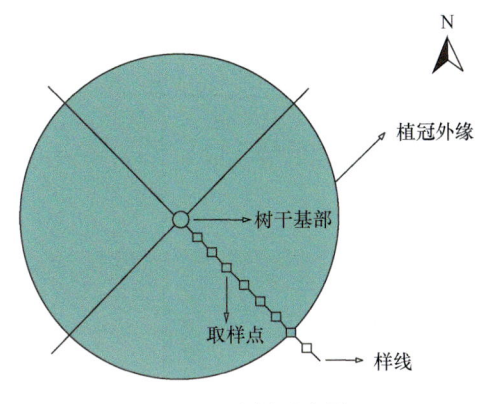

图 6-1　取样示意图

3. 生物结皮及下层土壤粒度特征与养分含量测定

1）生物结皮及下层土壤粒度组成

通过对土壤粒度组成的分析，以及各级土壤颗粒百分比含量的测定，可以确定土壤的质地。土壤质地是影响土壤理化性质和土壤肥力状况的主要因素，也是研究最基本的资料之一。以往对土壤质地的室内测定一般采用比重计法和吸管法，其中吸管法操作较为烦琐，而比重计法操作较为简单，但精度较差，计算也较为烦琐，此次对结皮粒度组成的测定采用 FRITSCH 激光粒度衍射分析仪（图 6-2），既操作简单，又可保证数据的准确度。

2）结皮样品预处理

第一步，风干和去杂。从野外采回的土样要及时风干。将采回来的土壤样品置于干燥通风处，将样品取出平铺于硫酸纸上，均匀摊开，并频繁搅动，加速风干。待土样风干后，将样品中的大土块碾碎，避免因时间长团聚在一起，并需挑出植物根系、石块、虫体等。

第二步，研磨、过筛。将风干后的样品均匀混合，取 100～200g，置于硫酸纸上碾碎，使其通过 2mm 的土壤筛，将土壤筛中剩余的样品多次重新置于硫酸纸上继续碾压，直至所有样品通过土壤筛。然后将过筛后的样品充分混合均匀后盛入广口瓶中。

3）激光粒度衍射分析仪试验前处理

第一步，试剂配制规范：①双氧水溶液（体积比 2∶1），量取 1 体积双氧水试剂，加入 2 体积蒸馏水，混合均匀即可；②盐酸溶液（体积比 2∶1），量取 1 体积浓盐酸试剂，加入 2 体积蒸馏水，混合均匀即可。

第二步，样品制备规范：①按照样品颗粒的粗细及有机质、磷酸钙含量，称取适量的样品置于烧杯之中（注意：最大可能地挑选具备典型性的松散的样品，且避免其中带入碎石和根系）；②向已经称取样品的烧杯中添加配制好的 10mL 双氧水溶液；③通风橱中将添加双氧水溶液的烧杯放置到电热板中进行加热，一直反应到溶液变清且无细小泡沫产生时，加入 10mL 盐酸溶液，加热至溶液沸腾时即可（注意：加热样品时要使用洗瓶不断地用蒸馏水冲洗烧杯内壁，防止溶液溅出）；④向其中加满蒸馏水，待样品静置 12h 后，抽出烧杯上层清液，直到大约只剩下 20mL 溶液。

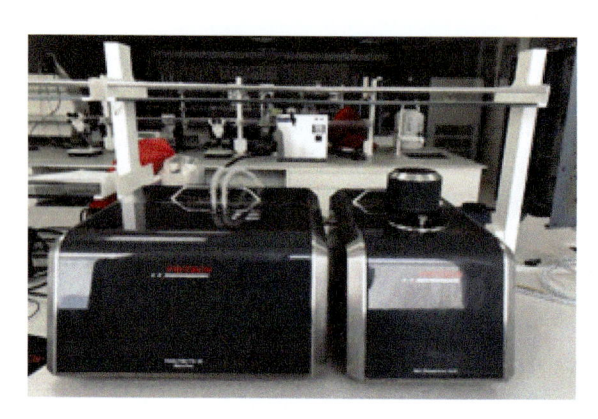

图 6-2　FRITSCH 激光粒度衍射分析仪

4）生物结皮及其下层土壤有机质含量

在研究区小叶杨固定沙地，选取 20 株相对独立的壮龄小叶杨作为研究对象，以每株小叶杨基部为中心，沿与当地冬春季盛行风向（西北）平行和垂直的方向，分别设置东南、东北、西南、西北 4 条样线。沿样线每 10cm 处设置 5cm×5cm 的样方分别采集样品，收集样方内结皮下层 0~5cm、5~10cm 层土样，重复 3 次，然后将土壤样品均匀混合，置于自封袋中带回实验室风干并检测。采用《土壤农化分析》（3 版）中的方法测定土壤养分含量。采用热稀释法原理对生物结皮及其下层土壤有机质含量进行测定。

5）生物结皮及其下层土壤全氮含量

采用凯氏定氮法对生物结皮及其下层土壤全氮含量进行测定，该方法主要原理为：在有催化剂的前提下，利用浓硫酸硝化样品，进而使有机氮转变成无机铵盐，然后以碱性条件为前提，将铵盐进一步转化为氨，并随水蒸气蒸馏之后，被过量的硼酸液吸收，最后使用标准盐酸滴定，就可计算得到样品中的全氮含量。

4. 土壤含水率测定

选取生物结皮覆盖下 0~5cm、5~10cm 层土壤，并取无生物结皮覆盖相同深度土壤作为裸沙对照处理，将环刀垂直于土壤剖面插入土壤中，直至环刀内部装满样品为止，环刀插入时注意保持平稳、用力一致，尽量保持土壤原状结构，用平铲去除环刀顶部多余土壤。将样品完整置于铝盒中，以免土壤中水分蒸发，随即称重（精确到 0.01g），带回实验室用烘干法进行土壤含水率测定，具体计算方法如下。

$$C = \frac{W_1 - W_2}{W_2 - W_盒} \times 100\% \tag{6-1}$$

式中，C 为土壤含水率（%），W_1 为烘干前土样和铝盒总重（g），W_2 为烘干后干土和铝盒总重（g），$W_盒$ 为铝盒重量（g）。

5. 生物结皮的降雨拦截模拟

模拟降雨试验主要利用酸式滴定管进行，便于观察生物结皮经过降雨溅蚀后的状态，进而可以得到渗透生物结皮层所需的降水量。

试验设置：将采集的生物结皮样品平稳置于 5mm 粒径的土壤筛上，将酸式滴定管垂直设置在样品的正上方，缓慢扭动阀门，使水可以匀速状态从滴定管中流出，并以水滴状逐滴滴落在样品表面上，同时要尽量使滴定管与样品之间的距离保持不变。当第一滴水落在样品表面时计时开始，直至第一滴水从样品的下表面渗出，便立刻停止计时，重复 3 次，记录滴定管内所消耗的水量及时间。渗透结皮层的降水量计算公式为

$$R = V / S \tag{6-2}$$

式中，R 为降水量（mm），V 为渗透结皮层需要吸收水量的体积数（mL），S 为土壤结皮样品的表面积（cm^2）。

6. 生物结皮入渗率测定

生物结皮入渗率利用双环法测定，双环法是积水型有压点源测定入渗率的一种方法，能测定土壤本身的入渗特性，能较好地反映水向土中入渗的过程。根据任宗萍等（2012）的双环直径对土壤入渗率影响的研究以及本研究区实地情况，本试验采用自制不锈钢双环测渗仪，双环的内环直径为 15cm，高为 40cm，外环直径为 30cm，外环高同内环。在样地选择苔藓结皮附着地段，测定苔藓结皮揭去前后，土壤水分入渗率的变化，将双环测渗仪用橡胶锤缓慢匀速地打入有苔藓结皮的样地，在不破坏苔藓结皮的前提下，双环均打入土中 25cm，尽量保持土壤结构不受破坏，用烧杯、量筒为双环供水，当内外环之间维持水层深度为 10cm 时开始用秒表计时，并分别在 1min、3min、5min、7min、10min、15min、20min、25min、30min 及以后每 10min 读取烧杯、量筒刻度尺，直到刻度变化平缓为止。揭去生物结皮后，再将双环打入土中，测定步骤同上。

7. 技术路线图

研究风沙采煤沉陷区生物结皮分布及其对环境影响的特征的技术路线见图 6-3。

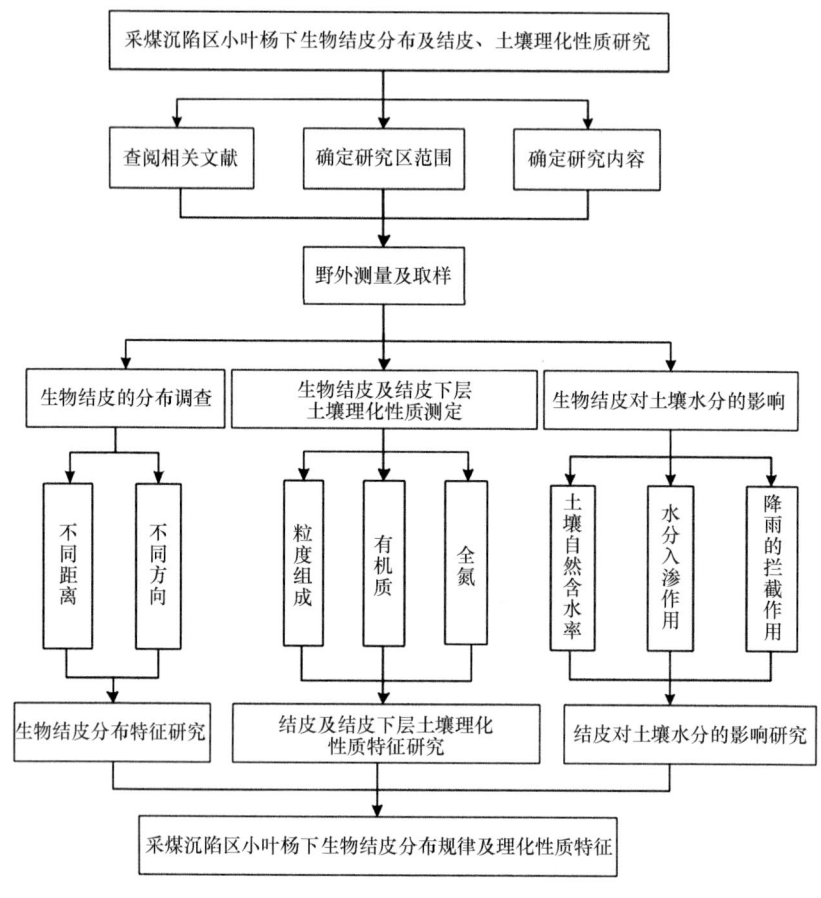

图 6-3　技术路线图

6.1.3　小叶杨林下生物结皮分布特征

6.1.3.1　小叶杨林下生物结皮距小叶杨基部不同距离的分布特征

由 20 株小叶杨下生物结皮厚度随距其基部距离变化的平均值（图 6-4）可见：生物结皮厚度与距小叶杨基部距离存在显著的线性相关关系（$R^2=0.97$，$P<0.01$）。生物结皮在小叶杨基部位置出现最大值，平均厚度为 1.64cm，随着距小叶杨基部距离的增加生物结皮厚度呈现逐渐减小的趋势。距小叶杨基部距离 140cm 处的生物结皮平均厚度仅为 1.07cm。从 0cm 至 140cm 生物结皮厚度平均每 20cm 下降 0.08cm，其中 0~60cm 平均每 20cm 下降 0.09cm，60~140cm 平均每 20cm 下降 0.08cm，说明生物结皮厚度的减小速率随着距小叶杨基部距离的增加而缓慢下降。试验测量了小叶杨基部东南、东北、西南、西北 4 个方向上生物结皮厚度，用克里金插值法计算等距离处东、南、西、北 4 个方向上生物结皮厚度值，再用相邻

方向上等距离处生物结皮厚度插值计算，得到 16 个方向上生物结皮厚度值，用 ArcGIS 10.2 作小叶杨林下生物结皮厚度的分布图。

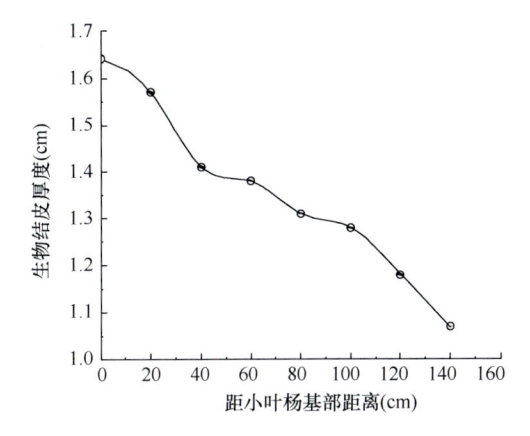

图 6-4 小叶杨林下生物结皮厚度随距小叶杨基部距离的变化

由图 6-5 可知，1.60cm 等值线形成的类椭圆形区域处于距小叶杨基部 0cm 处，是小叶杨林下生物结皮最厚的区域；1.55cm、1.50cm 两条等值线在东南方向上分布逐渐增大，西北方向上逐渐减小；以小叶杨基部为中心，1.40cm 等值线向东南和东北方向上凸出，西南和西北方向则向内凹。在距小叶杨基部 60cm 范围内，等值线分布较为密集，60cm 范围以外等值线分布则逐渐稀疏。1.35～1.25cm 的等

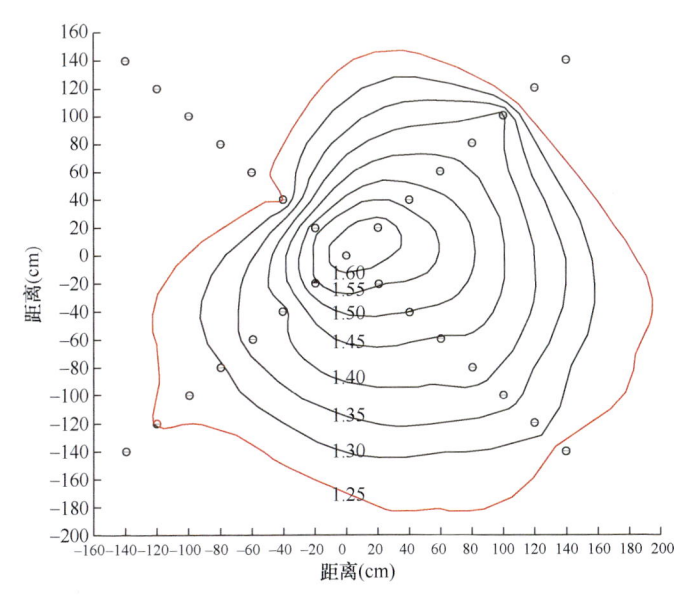

图 6-5 小叶杨林下生物结皮分布
图内 1.25、1.30、1.35、1.40、1.45、1.50、1.55、1.60 为结皮厚度，单位为 cm

值线分布于距小叶杨基部 60~140cm 的距离，140cm 外生物结皮除东南方向外，其余 3 个方向均无生物结皮分布。可以看出，小叶杨林下同等距离处生物结皮分布在东南方向上明显多于西北方向，西南和东北则处于二者之间，由等值线的分布情况可知，小叶杨林下生物结皮厚度在东南方向上较为显著。

6.1.3.2 小叶杨林下生物结皮沿不同方向的分布特征

生物结皮在东南、东北、西南和西北方向的分布半径差异显著，对 20 株小叶杨不同方向上生物结皮分布半径进行排序，发现生物结皮在东南方向的分布半径明显大于其他 3 个方向，而生物结皮在西北方向的分布半径明显小于其他 3 个方向。生物结皮在东南方向的平均分布半径为 188.20cm，在西北方向的平均分布半径仅为 139.60cm（表 6-1）。生物结皮在东北和西南方向的分布半径差异不显著（$P>0.05$），且分布半径在东南和西北方向之间。生物结皮在 4 个不同方向上的最大和最小分布半径分别为 224.00cm 和 98.00cm。

表 6-1　20 株小叶杨树冠半径及生物结皮分布半径

	树冠半径（cm）				生物结皮分布半径（cm）			
	东南	东北	西南	西北	东南	东北	西南	西北
最大	266.00	228.00	235.00	214.00	240.00	220.00	224.00	190.00
最小	181.00	168.00	145.00	137.00	160.00	150.00	153.00	98.00
均值	225.60±35.39	201.60±24.65	197.40±32.74	175.80±32.78	188.20±27.26	173.40±24.13	173.80±24.66	139.60±31.96

分析发现，生物结皮厚度在不同方向上的分布趋势是相似的，最大值均出现在距基部 0cm 处，距基部较近处生物结皮厚度下降速度较快，其余均呈缓慢逐渐下降趋势（图 6-6）。随着距小叶杨基部距离的增加，生物结皮厚度逐渐减小。小叶杨基部（0cm）生物结皮厚度大于距小叶杨基部 20~140cm 的生物结皮厚度。东南方向生物结皮厚度比西北方向生物结皮平均厚 0.21cm。生物结皮的厚度在 4

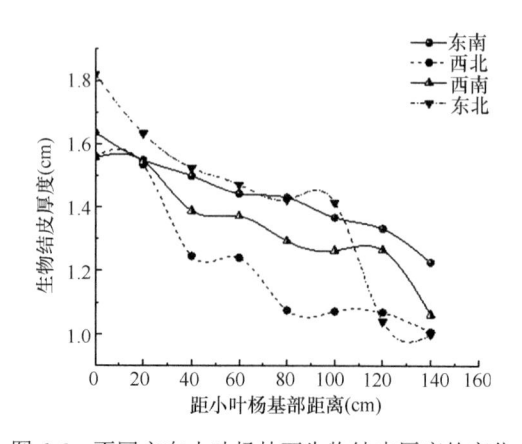

图 6-6　不同方向小叶杨林下生物结皮厚度的变化

个方向上有显著差异。东南方向生物结皮厚度最大，平均厚度为 1.44cm；西北方向生物结皮厚度最薄，平均厚度为 1.23cm；东北、西南方向生物结皮平均厚度分别为 1.42cm 和 1.34cm，介于东南方向和西北方向之间。在实测数据中，东北方向 0cm 处的生物结皮平均厚度为 1.82cm，是各方向的最大厚度，比东南方向厚 0.18cm，比西南、西北方向均厚 0.26cm。根据得到的实测数据，西北方向上生物结皮厚度最薄，为 1.23cm，四个方向的平均厚度为 1.35cm。

6.1.3.3 小叶杨树冠形态与生物结皮分布的相关性分析

小叶杨为落叶乔木，其树冠近似为圆形，胸径可达 50cm 以上。幼树小枝及萌枝具有明显棱脊，老树小枝圆形，细长而密。小叶杨由于特殊的地理环境，长期受北风向的影响，使其西北方向的枝条变短，分布密度降低，而与主导风向相反的东南方向枝条较长、密度较大，枝条也发育得较好。在调查中发现，小叶杨最大冠幅可达 531cm×640cm，最小的为 306cm×348cm。在东南、东北、西南和西北 4 个方向上，小叶杨树冠半径最大值为 266.00cm，最小值为 137.00cm，平均为 200.10cm。其中，东南、东北、西南 3 个方向上树冠半径比较接近，而西北方向上的树冠半径平均长度为 175.80cm，明显小于其他 3 个方向。4 个方向上生物结皮分布半径最大的为 240.00cm，最小的仅为 98.00cm，平均半径为 168.75cm。

由表 6-1 得出，在东南、东北、西南和西北 4 个不同方向上，小叶杨树冠半径东南方向较长，西北方向较短，西南和东北介于二者之间，而小叶杨林下生物结皮分布半径东南方向也较长，西北方向分布半径最短，对 4 个方向上对应的小叶杨树冠与生物结皮分布半径进行回归分析（图 6-7），得到小叶杨树冠与生物结皮分布之间的关系。结果表明：它们之间存在显著的线性正相关关系，回归方程为 $y=0.7258x+23.527$（$P=0.799$，$R^2=0.639$），表明小叶杨树冠半径与生物结皮分布之间关系密切。

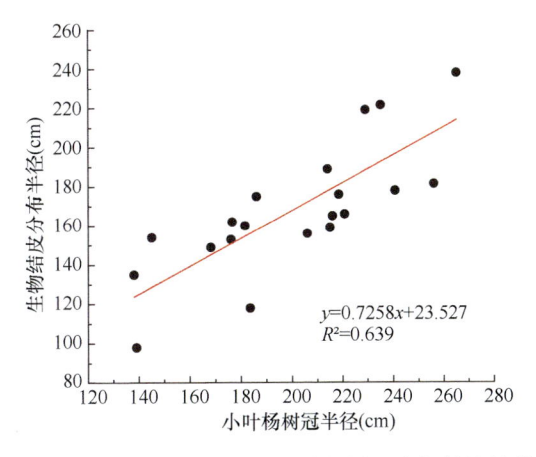

图 6-7 生物结皮分布半径与小叶杨树冠半径的线性关系

6.1.4 小叶杨林下生物结皮及其下层土壤粒度组成与养分含量

6.1.4.1 小叶杨林下生物结皮及其下层土壤粒度组成

生物结皮在固定流沙过程中起到了至关重要的促进作用,土壤粒度组成是决定土壤质地的重要因素之一。砂粒(粒径>0.05mm)很少或没有聚集细粒物质的作用,在风沙流的冲击作用下容易产生风蚀,而粉粒和黏粒则具有较好的黏性,容易形成团聚体,在抗风蚀性方面反而比粒径大的砂粒强。因此,土壤中粉粒、黏粒的含量是评价土壤质地改善的重要标志。

根据粒径大小,中国制定了土粒分级标准如表 6-2 所示。本试验土壤样品的粒径按中国制土粒分级标准分为 7 个级别,分别是:粗黏粒、细粉粒、中粉粒、粗粉粒、细砂粒、粗砂粒和石砾。分析发现,小叶杨林下生物结皮层中粗砂粒含量最多,占 54.2%,其次是细砂粒,为 27.3%,两者加起来,即砂粒的含量达到 81.5%;粉粒含量为 12.9%,其中粗粉粒占 9.2%,细粉粒和中粉粒分别占 1.5%和 2.2%,粉粒中以粗粉粒为主;砾石含量为 4.6%;黏粒含量最少,为 1%,其中粗黏粒占 0.6%。

表 6-2 中国制土粒分级标准

类型	粒径(mm)
石块	>3
石砾	1~3
砂粒(粗砂粒、细砂粒)	0.25~1、0.05~0.25
粉粒(粗粉粒、中粉粒、细粉粒)	0.01~0.05、0.005~0.01、0.002~0.005
黏粒(粗黏粒、细黏粒)	0.001~0.002、<0.001

小叶杨林下生物结皮层中土壤粒度主要以砂粒中的粗砂粒、细砂粒及粉粒中的粗粉粒和中粉粒为主,这 4 种粒径的颗粒约占全部的 92.9%,黏粒、砾石含量较少,且含量稳定。由表 6-3 可以看出,与流沙相比,结皮层中粉粒的比例为 12.9%,远高于流沙中粉粒的含量,约为流沙中的 4 倍,而砂粒中的粗砂粒含量占 54.2%,

表 6-3 不同土层的土壤粒度组成

土层深度	黏粒(<0.002mm)	粉粒(0.002~0.05mm)	细砂粒(0.05~0.25mm)	粗砂粒(0.25~1mm)	砾石(1~3mm)
对照层	0.8	3.2	13.3	76.8	5.9
0~5cm	0.4	2.1	10.5	71.5	15.5
5~10cm	0.5	1.8	11.6	73.4	12.7
结皮层	1.0	12.9	27.3	54.2	4.6
0~5cm	0.5	3.3	17.4	61.0	17.8
5~10cm	0.5	2.6	19.3	62.4	15.2

与流沙相比呈下降的趋势，说明生物结皮的形成有利于粉粒含量的增加，生物结皮对细颗粒物质有明显的聚集作用。随着生物结皮的出现，其厚度、盖度的增加，地表粗糙度也随之增加，加之生物结皮下部能黏结土壤中的细颗粒物质，使地表物质细砂粒、粉粒和黏粒的含量增加，最终不断细化生物结皮的土壤。

由生物结皮层中粉粒、粗粉粒、细砂粒、粗砂粒含量随距小叶杨基部距离的变化特征可得：粗粉粒含量随距小叶杨基部距离的增加而降低，由 0cm 处的 10.1%降至 140cm 处的 5.9%，平均每 20cm 降低 0.6 个百分点，同样，细砂粒含量也随距基部距离的增加而降低，由 0cm 处的 31.5%降至 140cm 处的 23.2%，平均每 20cm 降低 1.19 个百分点（图 6-8）。相反，粗砂粒含量随距基部距离的增加而增加，由 0cm 处的 50.4%增长至 140cm 处的 62.7%，平均每 20cm 增加 1.76 个百分点。

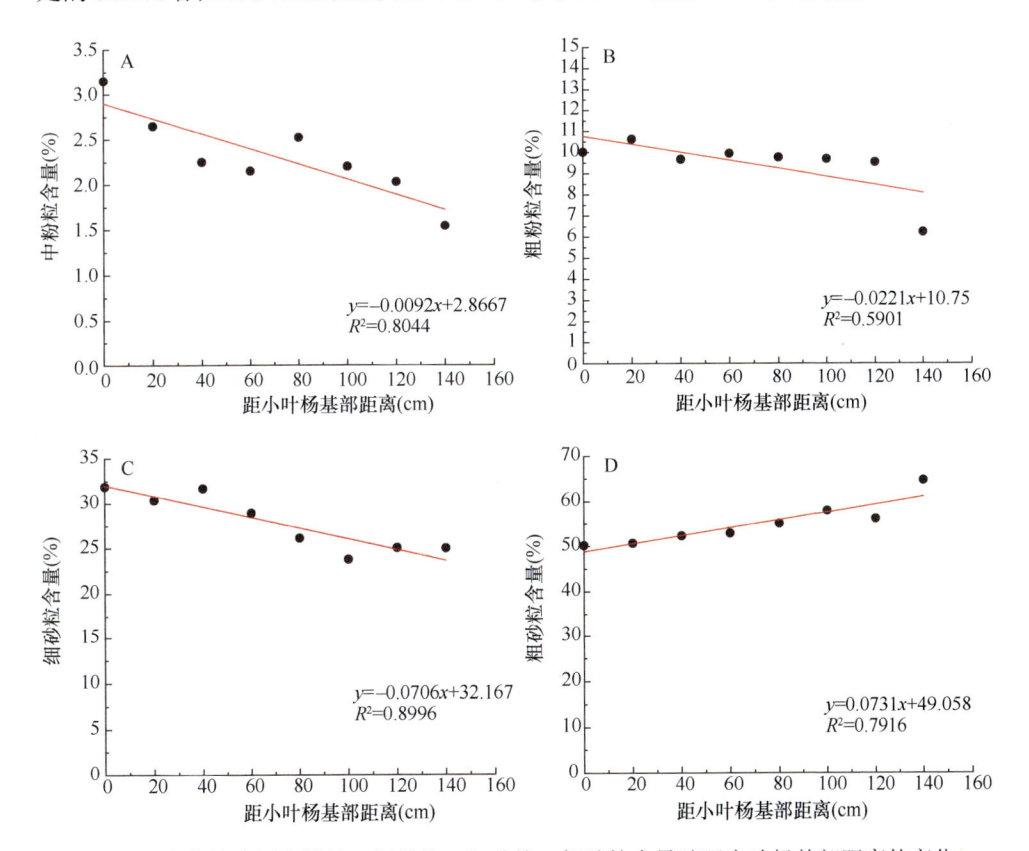

图 6-8 生物结皮层中粉粒、粗粉粒、细砂粒、粗砂粒含量随距小叶杨基部距离的变化

随生物结皮下层土壤沉积物剖面的加深，生物结皮下层沉积物粒度组成也发生了明显的变化。通过对生物结皮下层沉积物 0～5cm 土层各粒径段分析发现（表6-3）：小叶杨林下生物结皮下层 0～5cm 土层中以粗砂粒为主，含量为 61.0%，其

次是砾石，占 17.8%，细砂粒含量达到 17.4%，粗砂粒、细砂粒两者加起来，即砂粒含量达到 78.4%；粉粒含量为 3.3%，其中以粗粉粒为主，含量为 2.3%，细粉粒和中粉粒分别占 0.6% 和 0.4%；黏粒含量最少，占 0.5%，其中粗黏粒占 0.3%。

同时由表 6-3 可知，小叶杨林下生物结皮下层 0～5cm 土层中土壤颗粒主要以粗砂粒、细砂粒及砾石为主，这 3 种粒径的颗粒约占全部的 96.2%，粉粒、黏粒含量较少。与流沙相比，生物结皮下层 0～5cm 土层中粗砂粒呈减少态势，含量降低了 10.5 个百分点，而细砂粒的含量占 17.4%，高于流沙中细砂粒的含量，呈增长的趋势，砾石含量较为稳定，说明生物结皮的形成和发育有利于土壤中细颗粒物含量的增长。

由生物结皮下层土壤 0～5cm 土层中粉粒、粗粉粒、细砂粒及粗砂粒含量随距小叶杨基部距离的变化特征可知（图 6-9）：粗粉粒含量随距小叶杨基部距离的增加而降低，由 0cm 处的 3.1% 降至 140cm 处的 1.6%，平均每 20cm 降低 0.21 个百分点。相反，粗砂粒含量随距小叶杨基部距离的增加而增加，由 0cm 处的 59.6% 增长至 140cm 处的 66.1%，平均每 20cm 增加 0.93 个百分点。

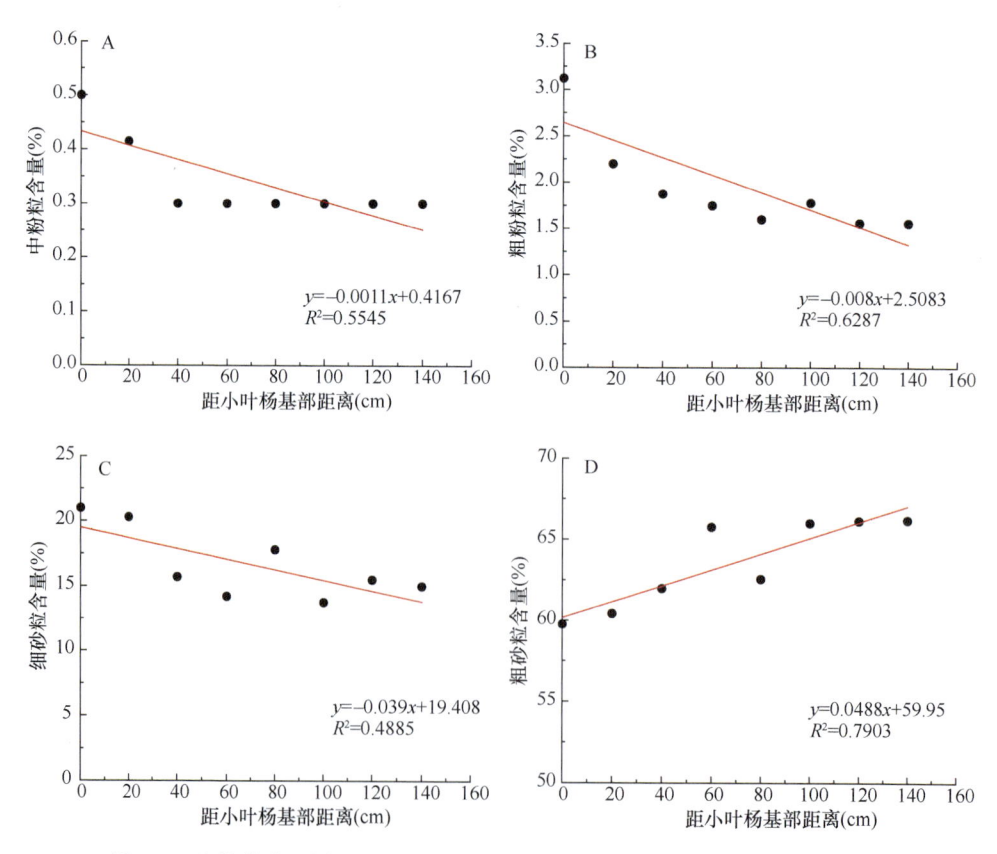

图 6-9 生物结皮下层 0～5cm 土层 4 种粒径含量随距小叶杨基部距离的变化

通过对生物结皮下层沉积物 5~10cm 土层各粒径段分析发现（表 6-3）：小叶杨林下生物结皮下层 5~10cm 土层中以粗砂粒为主，占 62.4%，其次是细砂粒，含量为 19.3%，两者加起来即砂粒含量达到 81.7%；砾石含量为 15.2%；粉粒含量占 2.6%，其中以粗粉粒为主，含量为 1.8%，细粉粒和中粉粒含量分别占 0.5% 和 0.3%；黏粒含量为 0.5%，其中粗黏粒占 0.3%。同时，由表 6-3 可知，小叶杨林下生物结皮下层 5~10cm 沉积物中土壤颗粒主要由粗砂粒、细砂粒及砾石组成。这 3 种粒径的颗粒约占全部的 96.9%，粉粒、黏粒含量较少。与流沙相比，生物结皮下层 5~10cm 沉积物中粗砂粒的比例呈下降的趋势，含量降低了 11 个百分点，而细砂粒的含量则呈增长的趋势，含量增长了 7.7 个百分点，砾石含量较为稳定。

由生物结皮下层沉积物 5~10cm 土层中粉粒、粗粉粒、细砂粒及粗砂粒含量随距小叶杨基部距离的变化特征可知：中粉粒含量随距小叶杨基部距离的增加而降低，由 0cm 处的 0.4% 降至 140cm 处的 0.2%，相反，粗砂粒的含量随距小叶杨基部距离的增加而增加，由 0cm 处的 61.4% 增长至 140cm 处的 66.9%，平均每 20cm 增加 0.79 个百分点（图 6-10）。

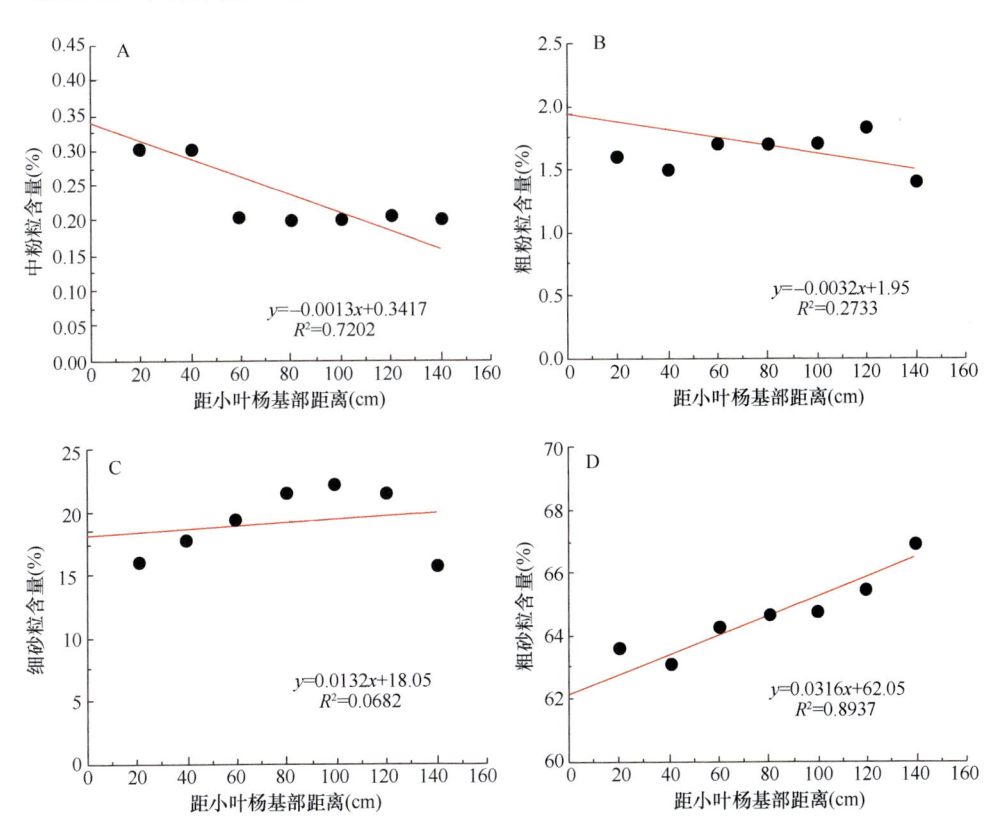

图 6-10 生物结皮下层 5~10cm 土层 4 种粒径含量随距小叶杨基部距离的变化

6.1.4.2 小叶杨林下生物结皮及其下层土壤有机质含量变化特征

土壤有机质是组成土壤固相部分的重要成分，是植物营养的重要来源之一。适宜的土壤有机质含量有利于土壤的形成与微生物的生存，提高土壤质量，减少水分及养分的流失，进而促进植物及微生物的生长发育。由图 6-11 可以看出，小叶杨林下生物结皮层的有机质含量从小叶杨基部到距基部 140cm 处，随距离的增加而降低。有机质含量在 0cm 处为 9.27g/kg，140cm 处下降到 5.66g/kg，0cm 到 140cm 处有机质含量与距离的回归方程为：$y = -0.0221x + 8.7158$（$R^2 = 0.92$）。

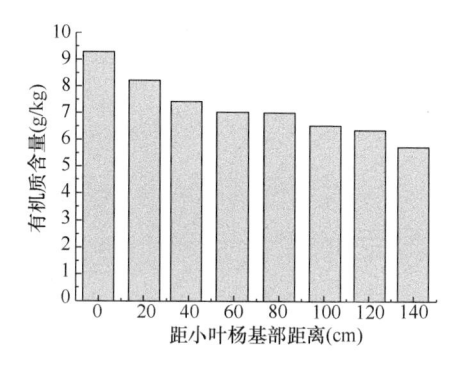

图 6-11 小叶杨林下生物结皮层有机质含量随距小叶杨基部距离变化

分析发现，东南、西北、西南和东北 4 个方向上，生物结皮层有机质含量存在差异（图 6-12），其中东南方向上生物结皮有机质含量高于其他 3 个方向，该方向上平均值为 7.64g/kg，最大值出现在距小叶杨基部 0cm 处，含量为 9.52g/kg，最小值出现在 140cm 处，为 6.24g/kg；西北方向上含量最低，均值为 6.73g/kg，西南和东北介于二者之间，差异不明显。4 个方向上土壤有机质含量表现为东南＞东北＞西南＞西北。总体趋势上，4 个方向有机质含量随距小叶杨基部距离的增加而降低。

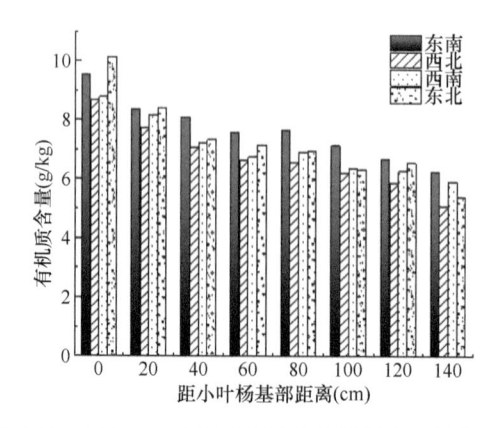

图 6-12 不同方向上生物结皮层有机质含量随距小叶杨基部距离的变化

由图 6-13 可知，东南、西北、西南和东北 4 个方向上，生物结皮下层 0~5cm 土壤有机质含量的变化趋势也有所不同，0~5cm 处土壤有机质平均含量为 3.74g/kg，较生物结皮层下降了 3.44g/kg。其中东南方向上 0~5cm 土壤有机质含量高于其他 3 个方向，西北方向有机质含量最低，而西南和东北介于二者之间。东南方向上有机质含量最大值出现在小叶杨基部（0cm）处，含量为 5.23g/kg，最小值出现在距小叶杨基部 140cm 处，为 3.04g/kg，该方向上平均值为 4.18g/kg；西北方向上有机质含量最大值出现在 20cm 处，含量为 4.41g/kg，最小值出现在 120cm 处，为 2.01g/kg，平均值为 3.2g/kg；西南方向上最大值出现在小叶杨基部处，含量为 4.59g/kg，最小值出现在 100cm 处，为 2.32g/kg，该方向上平均值为 3.56g/kg；东北方向上有机质含量最大值出现在 0cm 处，为 4.37g/kg，最小值出现在 120cm 处，含量为 2.94g/kg，该方向上平均值为 3.98；4 个方向上生物结皮下层 0~5cm 土壤有机质含量关系是：东南＞东北＞西南＞西北。

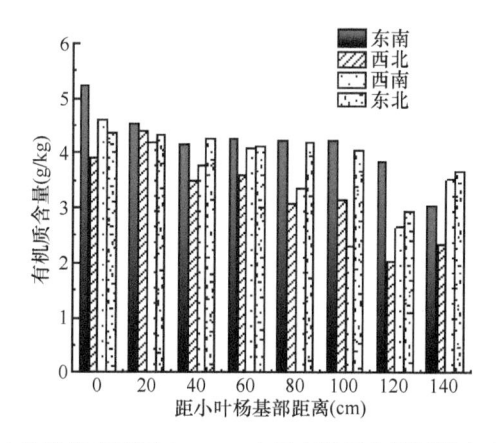

图 6-13　不同方向上生物结皮下层 0~5cm 土层有机质含量随距小叶杨基部距离的变化

分析发现，生物结皮下层 5~10cm 土壤有机质含量的变化趋势均表现出随土层加深含量逐渐降低。5~10cm 深处土壤有机质平均含量为 3.41g/kg，与生物结皮层相比平均降低 3.77g/kg。由图 6-14 可知，其中东北方向上 5~10cm 土壤有机质含量高于其他 3 个方向，西北方向上含量最低，西南和东南介于二者之间。东南方向上有机质含量最大值出现在距小叶杨基部 0cm 处，含量为 4.33g/kg，最小值出现在 120cm 处，其值为 2.13g/kg，该方向上平均值为 3.45g/kg；西北方向上最大值出现在 40cm 处，为 4.11g/kg，最小值出现在 100cm 处，含量为 2.15g/kg，该方向上平均值为 3.23g/kg；西南方向上最大值出现在 80cm 处，含量为 4.24g/kg，最小值出现在 140cm 处，其值为 2.02g/kg，该方向上平均值为 3.3g/kg；东北方向上最大值出现在 40cm 处，为 4.62g/kg，最小值出现在 120cm 处，含量为 2.65g/kg，该方向上平均值为 3.65g/kg。4 个方向上生物结皮下层 5~10cm 土壤有机质含量表现为：东北＞东南＞西南＞西北。

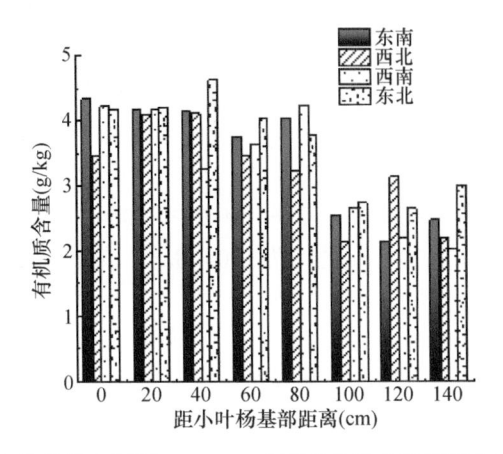

图 6-14　不同方向上生物结皮下层 5~10cm 土层有机质含量随距小叶杨基部距离的变化

6.1.4.3　小叶杨林下生物结皮及其下层土壤全氮含量变化特征

土壤全氮是土壤主要的养分指标。不同方向的太阳辐射度、温度、湿度、风蚀强度均有所差别，微环境的差异会对生物结皮产生不同程度的影响，因而生物结皮层的养分含量也存在差异。由图 6-15 可以看出，小叶杨林下生物结皮层的全氮含量从小叶杨基部到距基部 140cm 处，随距离的增加而降低。由于生物结皮伴随着小叶杨的生长及其自身的生理过程，加速了土壤的改良过程，从而加大了对养分的富集作用。全氮含量在 0cm 处为 1.79g/kg，140cm 处下降到 0.71g/kg，0cm 到 140cm 处全氮含量与距离的回归方程为：$y=-0.0068x+1.715$（$R^2=0.95$）。

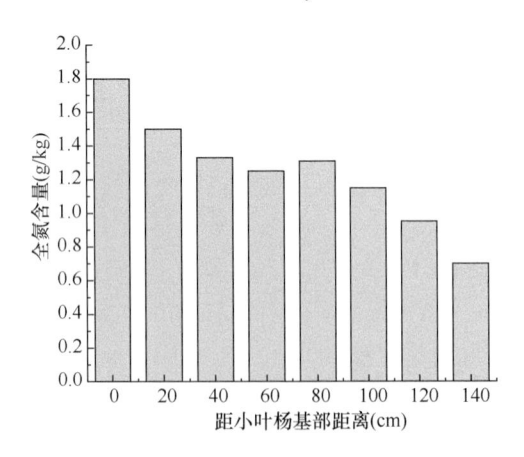

图 6-15　小叶杨林下生物结皮层全氮含量随距小叶杨基部距离变化

分析发现，东南、东北、西南和西北 4 个方向上，生物结皮层全氮含量存在差异（图 6-16），生物结皮层土壤全氮平均含量为 1.24g/kg，其中东南方向上生物结皮全氮含量高于其他 3 个方向，该方向上平均值为 1.49g/kg，最大值出现在距基部 0cm 处，含量为 1.9g/kg，最小值出现在距基部 140cm 处，为 0.85g/kg；西北方向上含量最低，平均为 1.08g/kg，东北和西南方向全氮含量差异不明显。4 个方向上生物结皮层土壤全氮含量表现为东南＞东北＞西南＞西北。总体趋势上，4 个方向全氮含量随距小叶杨基部距离的增加而降低。

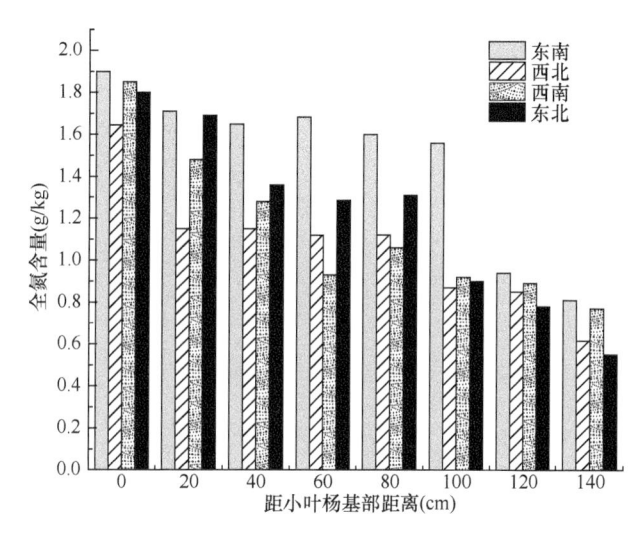

图 6-16　不同方向上生物结皮层全氮含量随距小叶杨基部距离的变化

分析发现，东南、东北、西南和西北 4 个方向上，生物结皮下层 0～5cm 土壤全氮含量的变化趋势也有所不同，0～5cm 深处土壤全氮平均含量为 0.40g/kg，与生物结皮层相比下降 67.7%。其中东北方向 0～5cm 土壤全氮含量高于其他 3 个方向，西北方向全氮含量最低（图 6-17），而东南和西南介于二者之间。东北方向上全氮含量最大值出现在距小叶杨基部 140cm 处，含量为 1.01g/kg，最小值出现在 0cm 处，为 0.22g/kg，平均值为 0.50g/kg；西北方向上全氮含量最大值出现在 0cm 处，为 0.97g/kg，最小值出现在 120cm 处，含量为 0.21g/kg，该方向上平均值为 0.33g/kg；东南方向上最大值出现在 0cm 处，为 0.61g/kg，最小值出现在 100cm 处，含量为 0.21g/kg，平均值为 0.35g/kg；西南方向上最大值出现在 0cm 处，含量为 1.15g/kg，最小值出现在 120cm 处，为 0.19g/kg，该方向上平均值为 0.41g/kg；4 个方向上生物结皮下层 0～5cm 土壤全氮含量表现为：东北＞西南＞东南＞西北。

分析发现，生物结皮下 5～10cm 土层土壤全氮含量均表现出随土层的加深逐渐下降的趋势。5～10cm 土层土壤全氮平均含量为 0.33g/kg，与生物结皮层相比下降 73.39%。由图 6-18 可知，其中东北方向上 5～10cm 土壤全氮含量高于其他 3 个方向，西北方向上含量最低，而西南和东南介于二者之间。东南方向上全氮含量最大值出现在距小叶杨基部 40cm 处，含量为 0.45g/kg，最小值出现在 120cm

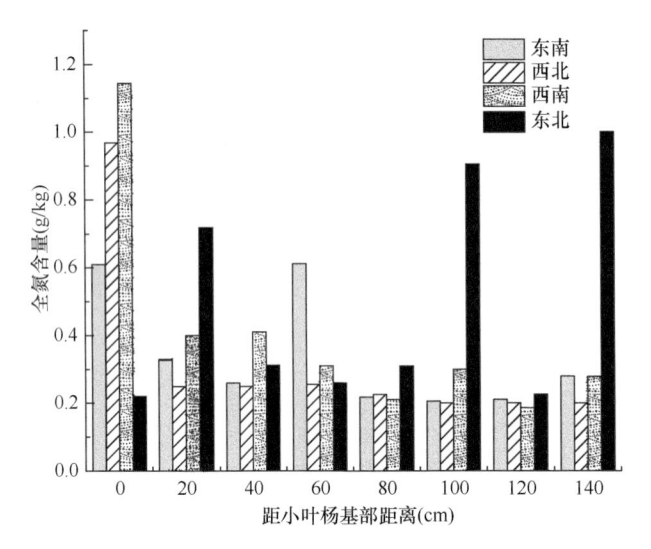

图 6-17　不同方向上生物结皮下层 0~5cm 土层全氮含量随距小叶杨基部距离的变化

处，为 0.23g/kg，该方向上平均值为 0.36g/kg；西北方向上最大值出现在 60cm 处，为 0.33g/kg，最小值出现在 120cm 处，含量为 0.16g/kg，该方向上平均值为 0.24g/kg；西南方向上最大值出现在 0cm 处，含量为 0.54g/kg，最小值出现在 60cm 处，为 0.24g/kg，该方向上平均值为 0.30g/kg；东北方向上最大值出现在 0cm 处，含量为 1.34g/kg，最小值出现在 120cm 处，为 0.20g/kg，该方向上平均值为 0.40g/kg。4 个方向上生物结皮下层 5~10cm 土壤全氮含量大小是：东北＞东南＞西南＞西北。

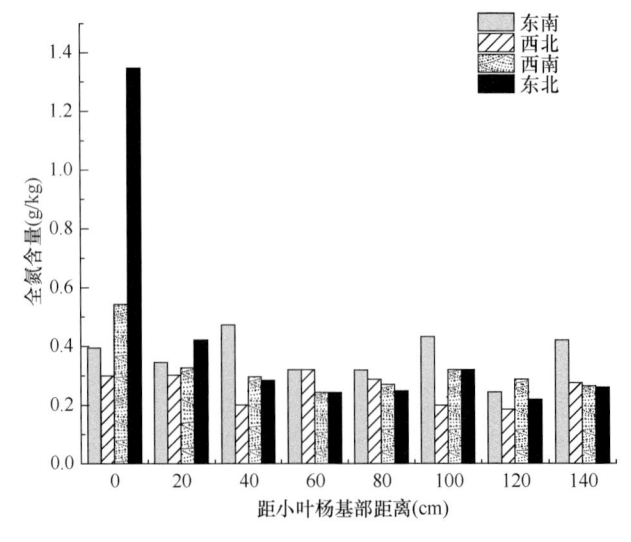

图 6-18　不同方向上生物结皮下层 5~10cm 土层全氮含量随距小叶杨基部距离的变化

6.1.5 小叶杨林下生物结皮对土壤水分的影响

土壤水分循环的重要载体是其表层土壤。生物结皮是在土壤表层之上形成的一种特殊表面结构，随着生物结皮的发育，表层土壤水分特征也随之变化，进而影响土壤水文过程。

6.1.5.1 生物结皮对土壤含水率的影响

近年来，生物结皮对土壤水分影响方面的研究一直备受关注，但在很大程度上地理位置、区域气候、土壤表面粗糙度及试验方法等原因，致使研究结论之间存在差异。由图 6-19 可知，0～5cm 土层土壤含水率表现为生物结皮覆盖＞流动沙丘。生物结皮覆盖下土壤含水率最大值出现在小叶杨基部处，为 4.28%，随距小叶杨基部距离的增加土壤含水率降低，到 140cm 处时，含水率只有 2.58%；流动沙丘下土壤含水率最大值出现在小叶杨基部处，为 2.70%，随距离的增加土壤含水率下降较为缓慢，到 140cm 处时，含水率为 1.85%。5～10cm 土层土壤含水率表现为生物结皮覆盖＞流动沙丘。生物结皮覆盖下土壤含水率最大值同样出现在小叶杨基部处，为 3.41%，在 0～60cm 距离内，含水率下降速率较快，由基部处的 3.41%下降到 60cm 处的 2.42%，到 140cm 处时，含水率仅为 2.19%；流动沙丘下土壤含水率最大值出现在小叶杨基部处，为 2.60%，随距离的增加土壤含水率下降速率较缓慢，到 140cm 处时，含水率为 2.35%。结果表明，距小叶杨基部距离越近，土壤含水率越高，随距离的增加含水率呈现下降的趋势。

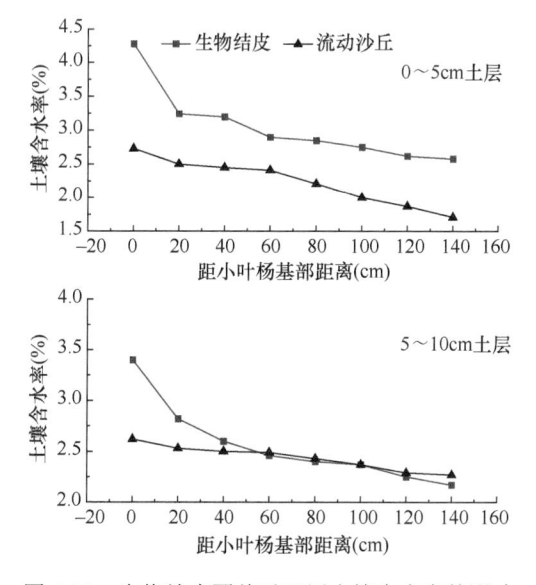

图 6-19 生物结皮覆盖对下层土壤含水率的影响

随土层深度的增加，不同覆盖下土壤含水率表现出不同的发展趋势。由图 6-20 可知，在生物结皮覆盖下 0~5cm 土层土壤自然含水率为 3.05%，5~10cm 土层土壤自然含水率为 2.57%，土壤含水率随土层深度的增加而降低；无生物结皮覆盖下 0~5cm 土层土壤自然含水率为 2.25%，5~10cm 土层土壤自然含水率为 2.46%，土壤含水率则随土层深度的增加而增加。结果表明，生物结皮的覆盖有利于增加表层土壤含水率，而无生物结皮覆盖则有利于水分下渗蒸发，致使降水能够更加有效地渗透到更深的土层。

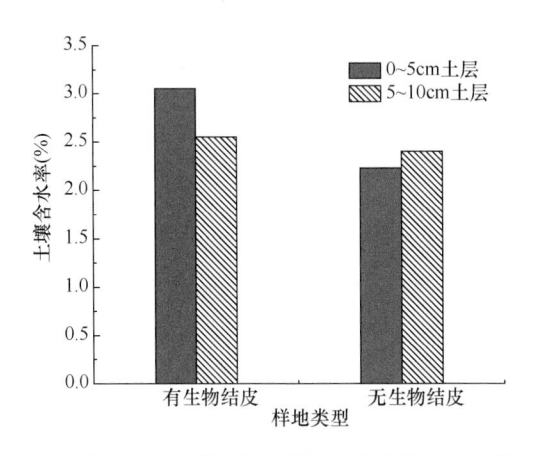

图 6-20　有无生物结皮覆盖对下层土壤自然含水率的影响

另外，通过此次研究发现，生物结皮厚度变化与土壤含水率变化趋势基本相同，由图 6-21 可以看出，小叶杨林下生物结皮厚度与土壤含水率变化从小叶杨基部到距基部 140cm 处，呈现随距离的增加而降低的趋势。在 0~40cm，生物结皮厚度从 3.85cm 下降到 2.87cm，同距离处土壤含水率从 1.64% 下降到 1.41%，生物

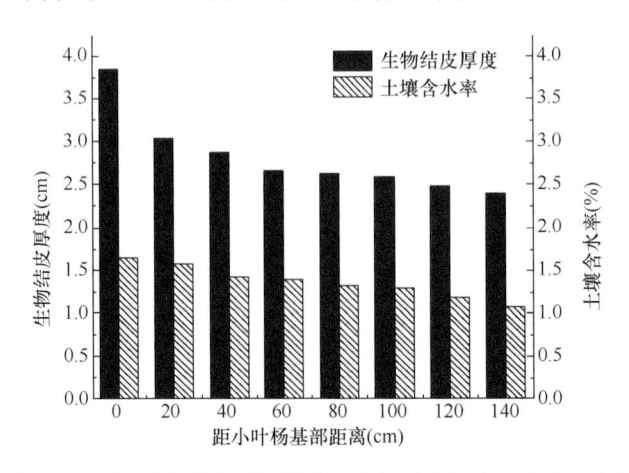

图 6-21　距小叶杨基部不同距离下生物结皮厚度与土壤含水率

结皮厚度与土壤含水率下降速度较快；在 40~140cm 处生物结皮厚度由 2.87cm 下降到 2.40cm，同等距离处土壤含水率则由 1.41%下降到 1.07%，呈现出缓慢下降趋势。可见，生物结皮厚度与土壤含水率的变化趋势基本一致。

6.1.5.2 生物结皮对降雨的拦截作用

有学者指出，生物结皮中存在的养分，会使结皮的持水性能大大提高，饱和持水量也明显增加，表现出强烈的非孔隙吸水现象，表明生物结皮具有明显的阻水作用。

通过模拟降雨试验由表 6-4 可以看出，渗透流沙层所需的降水量在 3.30mm，而渗透生物结皮层所需的降水量则在 5.02mm，高于流沙层。据统计，研究区所在地区，1957 年至 2019 年 63 年间，年平均降水量大于 5mm 的日数有 54 日，占年平均降水日数的 50%（表 6-5）。若土壤表层存在生物结皮，该地区全年 49.9%的降水量则会变成无效降水，使将近一半的降水量无法渗透到更深的土层中。研究表明，土壤表面生物结皮的生长在很大程度上会对降雨产生拦截作用，也就是说当降水量大于 5mm 到达一定等级时，降雨才可以继续下渗到生物结皮下的土层中。

表 6-4 渗透流沙及生物结皮层需要的降水量

样地类型	面积（cm²）	吸水量（mL）	降水量（mm）
流沙	25.0	8.13	3.30
生物结皮	25.0	12.55	5.02

表 6-5 研究区各级逐日降水量频率统计

降水量等级（mm）	频数	频率（%）
0.1~0.9	39	36.1
1.0~4.9	15	13.9
5.0~9.9	8	7.4
10.0~24.9	12	11.1
25.0~49.9	11	10.2
>50	23	21.3

注：数据引自中国气象数据网

6.1.5.3 生物结皮对水分入渗的影响

有学者认为，土壤容重、孔隙度、有机物、pH 等理化性质会使土壤入渗过程受到影响，而生物结皮的形成在很大程度上会改变土壤表层的理化性质，进而影响水分入渗过程，但生物结皮对土壤水分入渗的影响的研究结果一直饱受争议，可以大致分为促进、抑制和无显著作用 3 类。

由图 6-22 可知，通过对有无生物结皮的土壤水分过程进行分析得知，整体上土壤水分入渗过程存在相似的变化趋势。在初始阶段，土壤水分入渗率较快，当入渗时间在 0～10min 时入渗率呈急剧下降趋势，在 10～30min 土壤入渗率下降速度变缓并逐渐趋于稳定。结果表明，相同时间内，当有生物结皮覆盖时，土壤水分初渗速率为 5.61mm/min，为入渗率最大值，大约到 15min 时，入渗率逐渐降低为 1.98mm/min，30min 后土壤入渗率趋于稳定；无生物结皮覆盖的地方初渗速率为 11.09mm/min，远高于有生物结皮覆盖的地方，大约到 25min 时，入渗率逐渐减小，50min 后土壤入渗率达到稳定状态，其入渗率停止变化。

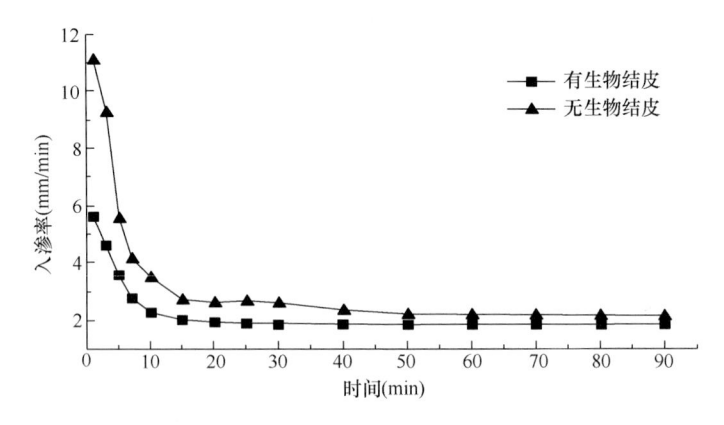

图 6-22　生物结皮影响下的土壤入渗率

由表 6-6 可知，有生物结皮覆盖的地方初渗速率低于无生物结皮覆盖的地方，对于稳渗速率而言，无生物结皮覆盖的地方为 2.19mm/min，高于有生物结皮覆盖地方的 1.86mm/min，并在稳渗时间上也高于有生物结皮覆盖的地方。达到稳渗时的累积入渗量表现为：无生物结皮覆盖>有生物结皮覆盖。

表 6-6　土壤水分入渗特征参数

类型	初渗速率（mm/min）	稳渗速率（mm/min）	稳渗时间（min）	达到稳渗时的累积入渗量（mm）
有生物结皮	5.61	1.86	30.07	24.64
无生物结皮	11.09	2.19	50.64	46.63

可以看出，无生物结皮覆盖的地方，土壤入渗率远高于有生物结皮覆盖的地方，生物结皮的生长和发育会对土壤入渗率产生影响，结皮发育越好，厚度越大，土壤入渗率越小，可能是因为土壤入渗率与生物结皮前期含水量有关，无生物结皮覆盖的地方前期含水量较低，所以土壤初渗速率就较大，其入渗率也较高。通

过测定有无生物结皮的土壤水分入渗率，表明生物结皮对土壤水分入渗有阻碍作用，使得土壤水分的分配过程发生变化。因为生物结皮本身具有吸水特性，并且植被的生长发育也要消耗水分，致使降水在入渗过程中有大量水分不能被吸收利用；同时，生物结皮中的细颗粒物能堵塞表层土壤的孔隙，从而使降水无法顺利入渗到下层土壤，大大降低了土壤水分的入渗率，在降水稀少且大部分降水为无效降水的地区，生物结皮的存在使得处于干旱区、半干旱区的深根系植被无法摄取一定水分，直接影响植被的生长发育。因此对于生物结皮，应当采取合理适当的控制，比如人为降低生物结皮厚度或翻耕，尽可能减小生物结皮对土壤水分入渗的负面影响，为干旱区植被恢复及有效合理利用降水建立基础。

6.2　地表生物结皮土壤碳排放对水热因子变化的响应

我国煤炭资源开采具有空间上的不均衡性，主要集中在西北干旱区、半干旱区和西南山区（Meng et al.，2009a）。据统计，截止到 2005 年，我国采煤沉陷区面积已达 700km^2，且以每年约 200km^2 的速度增长。据李佳洺等（2019）预测，我国采煤沉陷区面积已达到 6.0 万 km^2。我国煤炭资源主要采用井工开采工艺（周莹等，2009），导致原有的生态平衡被打破，形成大面积的采煤沉陷区，其地质、水分和土壤环境均发生了极大程度的改变。例如，土地沙化、土壤结构破坏、生物多样性降低，这些变化改变了原有土体结构的水肥运移规律，从而改变了采煤沉陷区生态系统碳循环过程（刘英等，2019）。

生物结皮是由细菌、真菌、地衣、藻类和苔藓等隐花植物分泌的多糖物质与表层土壤颗粒相互作用形成的具有生命活性的复合体（黄磊等，2012），广泛分布于干旱、半干旱区（崔燕等，2004；Cable and Huxman，2004），成为荒漠生态系统的重要组成部分。研究表明，生物结皮能提高土壤结构稳定性，增强土壤抗风蚀能力，具有改善土壤水文环境，增强土壤碳氮储蓄能力的作用（李新凯，2018）。Castillo-Monroy 等（2011）研究发现，地衣结皮覆盖区是伊比利亚半岛土壤碳的主要释放源。王爱国等（2013）发现藻类结皮和苔藓结皮土壤 CO_2 通量较去除生物结皮后呈现下降趋势，同时土壤 CO_2 通量的降低程度与生物结皮的组成和生物量呈正相关。齐玉春等（2010）研究表明，古尔班通古特沙漠混生结皮在降水后，土壤碳排放速率显著高于裸地。管超等（2017a）研究发现，增温能抑制生物结皮碳排放。可见，生物结皮土壤碳排放强度与土壤水分和温度密切相关。然而荒漠生态系统缺少水分和养分，导致生物结皮在碳源（汇）方面存在较多不确定性。

近年来，关于生物结皮对土壤碳循环影响的研究较多，而对风沙采煤沉陷区生物结皮土壤碳排放的研究鲜有报道。因此，为了准确掌握采煤沉陷区生物结类型与土壤碳排放间的关系,本研究对采煤沉陷区不同结皮类型土壤碳排放进行了实地测定。李家塔煤矿采煤沉陷区位于黄土高原与毛乌素沙地接壤的晋陕蒙交界地区,生态环境异常脆弱。经过多年的矿区生态综合治理,矿区生态环境得到了极大的改善,林分内分布大面积的生物结皮,其种类相对丰富,具有一定代表性(刘晓琼,2007)。基于此,笔者以毛乌素沙地采煤沉陷区为研究区域,以该地区典型生态修复树种小叶杨林地和乌柳林地内的生物结皮为研究对象,对各林分类型下生物结皮的土壤碳排放日动态、土壤水热条件进行实地原位动态监测,通过建立回归方程明确沙质土壤水热条件对不同林分类型下生物结皮土壤碳排放特征的影响,为采煤沉陷区生态修复中区域碳源、碳汇的评价提供借鉴。

1. 样地选择和布设

本试验于 2019 年 4 月中旬(春季)进行,选择小叶杨林地、乌柳林地和恢复裸地为试验样地。试验样地选择地势相对平坦、微地形相对一致的区域。在各样地分别设置 3 个 20m×20m 的样方,3 个样地间相距不超过 20m,利用 5 点法在每个大样方内设置 5 个 2.0m×2.0m 的小样方作为监测点。调查每个样方内的结皮类型(图 6-23)、结皮厚度、结皮盖度等。具体情况见表 6-7。

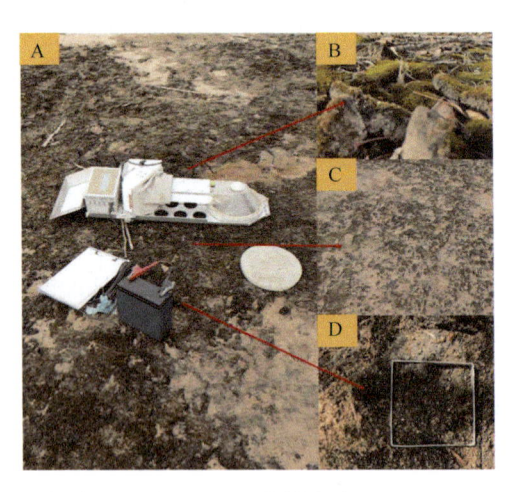

图 6-23 研究样地选取
A 表示 ACE 土壤碳通量自动监测系统;B 表示藓类结皮;C 表示藻类结皮;D 表示地衣结皮

表 6-7 不同林分类型地表生物结皮基本情况

样地位置	林地类型	建植年份	结皮类型	结皮盖度(%)	结皮厚度(mm)
39.4°N,110.2°E	小叶杨林地	2004	藓类结皮	71.28±1.48a	20.37±5.41a
39.5°N,110.4°E	乌柳林地	2004	藻类结皮	22.23±1.12b	10.95±4.41b
39.2°N,110.0°E	裸地		地衣结皮	6.68±1.24c	6.63±2.52c

注:不同小写字母表示差异显著,$P<0.05$

2. 土壤碳排放测定

选择晴朗无风或微风天气进行土壤碳排放测定。利用 ACE 土壤碳通量自动监测系统（品牌：英国 ADC；型号：ACE）对不同生物结皮类型土壤呼吸速率进行同步测定，每次测定时长为 30min。开始测定前 12h，用枝剪去除样方内地上草本植物并清除凋落物，利用取样器（高 8.0cm，直径 34.5cm 的钢圈）垂直压入土层 5.0cm，并保证生物结皮的完整性。每种结皮覆盖样地取 5 个取样点，即为 5 次重复。样方设置在植物冠幅边缘，将土壤碳通量自动监测仪自带的水分和温度探头插入 5.0cm 的土壤层中，同步测定土壤的温度和含水量。为了保证研究结果具有代表性，观测时间 7:00～18:00，观测频次为 1 次/h。连续观测 7 天，分别记录生物结皮土壤碳排放速率、地表 5.0cm 深度处土壤温度、地表温度和土壤含水量。

土壤 CO_2 排放速率与土壤温度、土壤含水量关系分别采用线性模型、指数模型、对数模型、多项式函数模型进行拟合，然后通过赤池信息量准则（Akaike information criterion，AIC）和决定系数 R^2 筛选出最优拟合方程，最后通过极大似然值判定拟合方程的优劣。

$$R_s = a + bT + cW$$
$$R_s = a + bT + cW + dTW$$
$$R_s = aT^b W^c \tag{6-3}$$
$$ALC = 2\ln L + 2P$$

式中，R_s 为土壤碳排放速率；a、b、c 和 d 为拟合参数；T 为土壤温度；W 为土壤含水量；L 为回归方程的极大似然函数；P 为回归方程的独立参数个数；ALC 值越小说明拟合方程越优。

用 Excel 2007 对监测的土壤碳排放数据进行整理，剔除异常数据。采用 SPSS 22.0 软件进行统计分析，采用单因素方差分析（one-factor analysis of variance）对 3 类土壤 CO_2 排放进行差异显著性分析，同时采用 Eviews 10 软件对荒漠地区土壤碳排放速率与土壤温度和含水量进行相关性分析。利用 OriginPro 2018 作图。

6.2.1 生物结皮土壤碳排放速率及环境因子日动态变化规律

由图 6-24 可知，3 类结皮碳排放和环境因子日动态变化存在一定的差异性。3 类结皮土壤碳排放速率日均值由大到小依次为藻类结皮 [0.47μmol/（m²·s）]、藓类结皮 [0.45μmol/（m²·s）]、地衣结皮 [0.44μmol/（m²·s）]。土壤碳排放速率的日变化均呈现出"单峰"曲线特征，其中藻类结皮的土壤碳排放速率"峰值"出现在 14:00，藓类结皮的土壤碳排放速率"峰值"出现在 12:30，地衣结皮的土壤碳排放速率"峰值"出现在13:00。土壤碳排放速率日变幅由大到小依次为藓类结皮地、藻类结皮地和地衣结皮地，其值分别为0.10～0.83μmol/（m²·s）、0.05～0.77μmol/（m²·s）和0.12～0.77μmol/（m²·s）。3类结皮下5.0cm深度土壤温度和地表温度呈现出相同趋势，整体表现为藻类结皮＞藓类结皮＞地衣结皮。3类结皮的土壤含水量出现最低值时间各异，藓类结皮在13:00达到土壤含水量的"谷值"，藻类结皮在14:00达到土壤含水量的"谷值"，地衣结皮在19:30达到土壤含水量的"谷值"，其时间最迟。

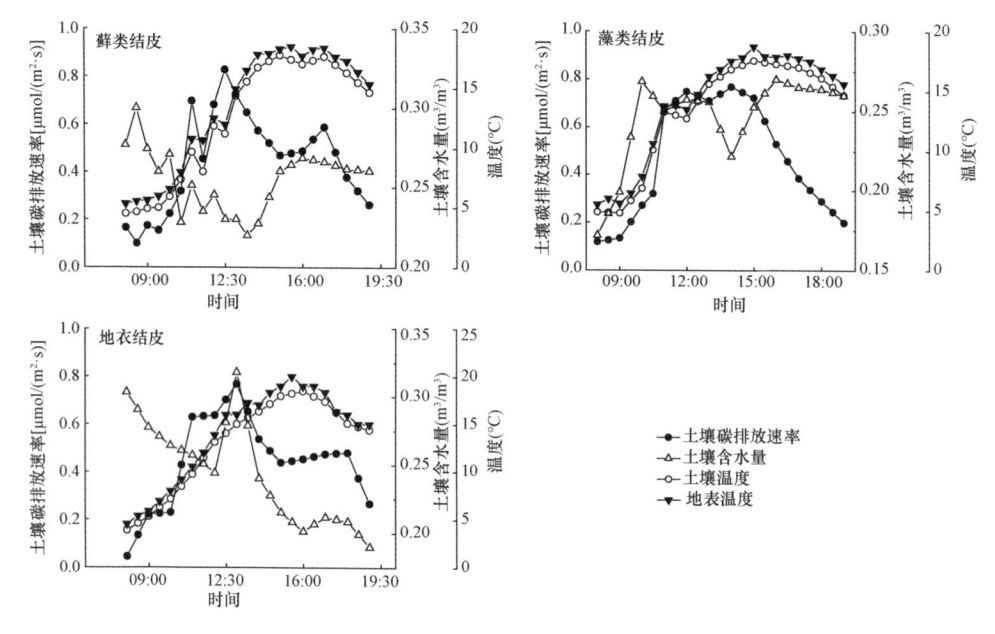

图6-24 3类结皮土壤碳排放速率及环境因子日动态变化

6.2.2 土壤碳排放速率与土壤温度的关系

由图6-25可知，土壤碳排放速率呈先升高后降低的变化趋势。3类结皮土壤碳排放速率最大值时间相差约30min。藻类结皮12:00达到土壤碳排放峰值[0.77μmol/（m²·s）]，其次为藓类结皮，其在12:30达到峰值[0.83μmol/（m²·s）]，最后为地衣结皮，其在13:00出现峰值[0.77μmol/（m²·s）]。通过回归拟合发现3类结皮土壤碳排放速率与土壤温度的拟合关系均为二次函数关系；土壤碳排放速率与0～5cm表层土壤温度呈顺时针环状分布，其中以藻类结皮最为明显。对3类结皮土壤碳排放速率和0～5cm土壤温度进行分段拟合发现，相同土壤温度情况下，土壤碳排放速率上升阶段显著大于下降阶段（$P<0.01$），产生这种现象的原因是土壤碳排放速率都呈现先升后降的趋势导致的时间滞后效应。

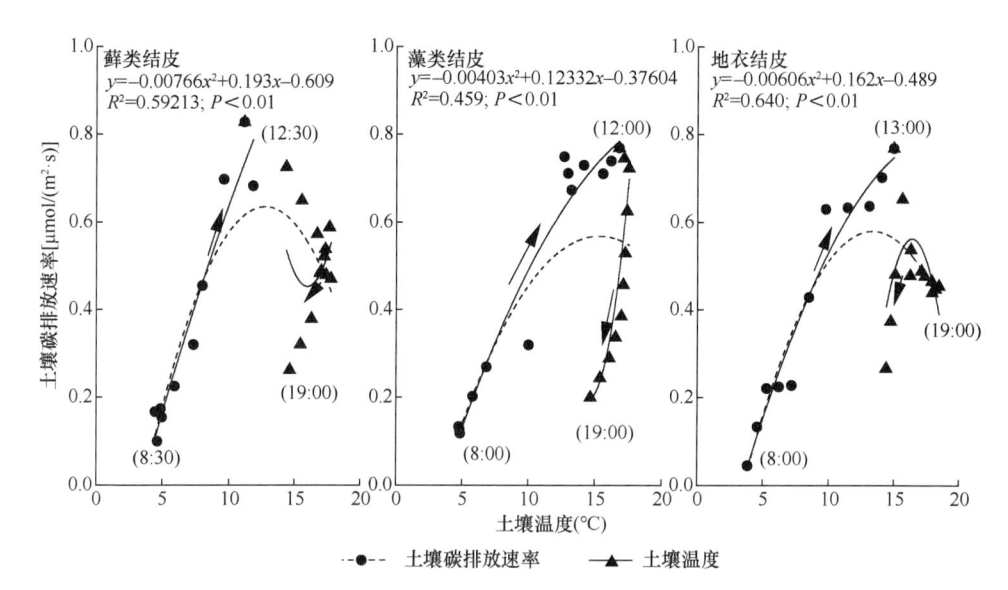

图 6-25 采煤沉陷区 3 种类型结皮土壤碳排放速率与土壤温度回归拟合

由表 6-8 可知，由于生物结皮土壤碳排放速率对温度的响应不同，3 类结皮的土壤碳排放速率与 0~5cm 土壤温度均呈现二次函数关系，藓类结皮、藻类结皮与地衣结皮的决定系数分别为 0.592、0.459 和 0.640（$P<0.01$）。

表 6-8 土壤碳排放速率与土壤温度的回归方程

结皮类型	阶段	拟合方程	R^2	F
藓类结皮	总体	$y=-0.00766x^2+0.193x-0.609$	0.592**	16.97
	上升阶段	$y=-0.00196x^2+0.124x-0.410$	0.921**	53.22
	下降阶段	$y=0.0313x^2-0.999x+8.438$	0.348	0.06
藻类结皮	总体	$y=0.00403x^2+0.123x+0.376$	0.459**	8.49
	上升阶段	$y=-0.00245x^2+0.109x-0.351$	0.935**	86.85
	下降阶段	$Y=0.055x^2-1.591x+11.760$	0.548**	7.06
地衣结皮	总体	$y=-0.00606x^2+0.162x-0.489$	0.640**	20.57
	上升阶段	$y=-0.0033x^2+0.126x-0.395$	0.943**	33.40
	下降阶段	$y=-0.0397x^2+1.300x-10.085$	0.221	1.42

*表示 $P=0.05$ 时显著相关；**表示 $P=0.01$ 时极显著相关；***表示 $P=0.001$ 时极显著相关；表 6-9、表 6-10 同

6.2.3 土壤碳排放速率与表层土壤含水量的关系

由图 6-26 可知，3 类结皮表层土壤含水量变幅较小。其中，藓类结皮为 0.21~0.30m³/m³、藻类结皮为 0.17~0.27m³/m³、地衣结皮为 0.19~0.32m³/m³。

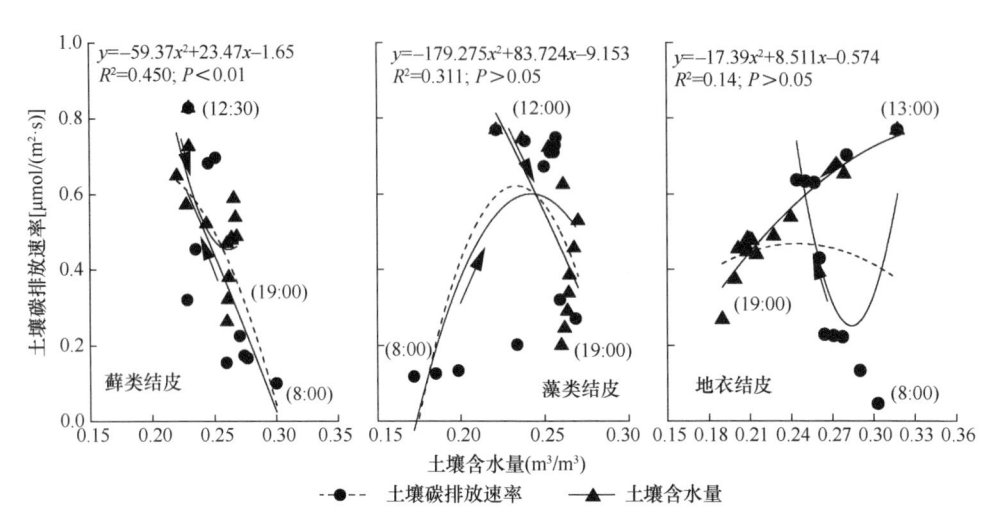

图 6-26　采煤沉陷区 3 种类型生物结皮土壤碳排放速率与土壤含水量回归拟合

通过拟合回归发现（表 6-9），3 类结皮土壤碳排放速率与土壤含水量最优关系均为二次函数。其中藓类结皮土壤含水量决定系数 R^2 为 0.450，且达到极显著水平（$P<0.01$）。藻类结皮和地衣结皮土壤碳排放速率与土壤含水量决定系数 R^2 分别为 0.311 和 0.134，但均未达到显著水平（$P>0.05$）。

表 6-9　土壤碳排放速率与土壤含水量的回归方程

结皮类型	阶段	拟合方程	R^2	F
藓类结皮	总体	$y=-59.37x^2+23.47x-1.65$	0.450**	8.19
	上升阶段	$y=-10.41x^2-2.60x+1.74$	0.500*	3.51
	下降阶段	$y=176.30x^2-92.30x+12.53$	0.470**	5.03
藻类结皮	总体	$y=-179.28x^2+83.72x-9.15$	0.311	5.96
	上升阶段	$y=-126.53x^2+61.30x-6.82$	0.355	4.31
	下降阶段	$y=-18.45x^2-0.43x+1.81$	0.453	3.31
地衣结皮	总体	$y=-17.39x^2+8.51x-0.57$	0.134	0.14
	上升阶段	$y=305.77x^2-173.80x+24.94$	0.388	2.54
	下降阶段	$y=-13.55x^2+10.02x-1.06$	0.878**	44.04

由图 6-26 可知，以土壤碳排放速率日峰值为界限将土壤碳排放速率与土壤含水量进行分段拟合发现，3 类结皮土壤碳排放速率与土壤含水量最优拟合关系均为二次函数。其中藓类结皮土壤碳排放速率与表层土壤含水量呈逆时针环形分布，而藻类结皮和地衣结皮土壤碳排放速率与表层土壤含水量呈顺时针分布。

6.2.4 土壤碳排放速率与土壤表层温度、含水量的关系

由表6-10可知，采煤沉陷区3种类型结皮土壤碳排放速率与表层土壤温度和土壤含水量的协同关系均达到极显著水平（$P<0.01$）。3类结皮土壤碳排放速率与表层土壤温度和土壤含水量拟合方程均表现为方程①变异解释率最低，方程②、方程③拟合效果较好，其中方程③的拟合效果最好，方程①在土壤碳排放速率对土壤温度和湿度协同响应研究中适用性最差。采煤沉陷区3种类型土壤含水量和土壤温度可以解释其土壤碳排放速率的57.8%~82.5%。通过分析AIC发现，在藓类结皮土壤碳排放速率对土壤温度和湿度协同响应研究中方程①适用性强于方程②、方程③，可以解释58.3%的土壤碳排放情况，但藻类结皮和地衣结皮，拟合方程②、方程③可以较好地解释土壤碳排放速率，解释系数在57.8%以上。

表6-10 土壤碳排放速率与表层土壤温度和含水量的回归拟合关系

结皮类型	方程	拟合方程	R^2	AIC
藓类结皮	①	$R_s=1.69+0.017T-5.703W$	0.583***	−9.880
	②	$R_s=1.99-0.0102T-6.85W+0.104TW$	0.585***	−0.906
	③	$R_s=e-7.28T0.69W-3.42$	0.754***	0.548
藻类结皮	①	$R_s=0.23+0.0376T-1.04W$	0.418**	−0.316
	②	$R_s=-1.52+0.25T+6.58W-0.701TW$	0.578***	−0.548
	③	$R_s=e-3.655T1.067W-0.045$	0.595***	1.260
地衣结皮	①	$R_s=-0.904+0.040T-3.374W$	0.617***	−1.253
	②	$R_s=2.153-0.160T-7.827W+0.745TW$	0.825***	−1.948
	③	$R_s=e-1.700T1.416W1.934$	0.753***	0.722

6.2.5 讨论

土壤碳排放速率是一个复杂的生化过程，其排放强度受生物因素和非生物因素共同影响（王珊等，2018）。本研究显示3类生物结皮土壤碳排放日动态变化各异。土壤碳排放速率日均值由大到小依次为藻类结皮[0.47μmol/（m²·s）]、藓类结皮[0.45μmol/（m²·s）]、地衣结皮[0.44μmol/（m²·s）]，说明结皮类型是导致碳排放强度差异的主要因素（刘允芬等，2001）。该研究结果与胡宜刚等（2014）对沙坡头生物结皮的研究结果一致。表明随着生物结皮的演替，生物结皮的土壤呼吸速率呈递增趋势且均高于裸地。生物结皮的形成增强了土壤碳排放速率（胡宜刚等，2014），这可能是土壤温度升高导致的。藻类结皮下5cm土壤温度（13.27℃）高于藓类结皮（12.50℃）和地衣结皮（12.97℃）（表6-11），导致土壤酶活性升高，加

速了土壤有机质的分解，进而导致土壤微生物呼吸加速（管超等，2017b），从而增强了土壤碳排放速率（赵蓉等，2015）。但是，与毛乌素沙地非采煤沉陷区相比[土壤碳排放速率为0.63μmol/（m²·s）]（丁金枝等，2011），采煤沉陷区各类生物结皮碳排放速率较小。采煤沉陷区土壤有机质含量较低，导致碳排放的减弱。加之春季气温较低，土壤干燥，导致生物结皮生理活动几乎处于休眠状态，因此采煤沉陷区生物结皮碳排放速率低于裸地碳释放速率（李炳垠等，2018）。说明生物结皮的覆盖，降低了土壤碳呼吸速率。

表6-11　生物结皮土壤碳排放速率及温湿度比较

结皮类型	土壤碳排放速率[μmol/（m²·s）]		5cm土壤温度（℃）		地表温度（℃）		5cm土壤含水量（m³/m³）	
	均值	标准误差	均值	标准误差	均值	标准误差	均值	标准误差
藓类结皮	0.45	0.34	12.50	5.06	13.39	0.85	0.26	0.17
藻类结皮	0.47	0.25	13.27	3.56	14.30	0.19	0.25	0.03
地衣结皮	0.44	0.18	12.97	3.66	13.85	0.43	0.24	0.04

本研究显示藓类结皮、藻类结皮和地衣结皮土壤碳排放日变化速率分别为0.21～0.30μmol/（m²·s）、0.17～0.27μmol/（m²·s）和0.19～0.32μmol/（m²·s）。可见，藻类生物结皮土壤碳排放速率日变幅小于藓类结皮和地衣结皮。该研究结果显著低于管超等（2017b）对腾格里沙漠生物结皮的研究结果。这主要与土壤温湿度有关。研究表明，土壤呼吸速率与土壤表层温湿度呈显著正相关（王博等，2019）。本研究中，监测时间为春季，土壤温度和含水量分别在3.87～18.46℃与0.17～0.32m³/m³，远远低于其他季节土壤温湿度。土壤温湿度较低，抑制了土壤酶的活性，降低了土壤有机质的分解速率，从而抑制了土壤微生物呼吸。本研究显示土壤碳排放速率日动态均呈单峰曲线特征，其中藓类结皮和地衣结皮的土壤碳排放速率"峰值"分别出现在12:30、13:00，藻类结皮的土壤碳排放速率"峰值"出现在12:00，与赵东阳（2016）对黄土高原土壤藓结皮的研究结论一致。土壤碳排放是酶促作用的结果，随着一天当中昼夜的变化，土壤温度和土壤水分等环境因子也会发生改变，这使得酶促反应中的各类酶活性不同，进而导致酶促反应的异质性，3类生物结皮土壤碳排放速率产生日动态间的差异（车升国，2010）。研究中还发现，5cm土壤温湿度日变化曲线峰值出现时间滞后于3类土壤碳排放速率曲线峰值，且土壤碳排放速率与土壤温度和水分均呈显著正相关关系。导致土壤温湿度滞后性的原因有待于进一步研究。

温度对土壤碳排放速率的影响局限在土壤表层（刘跃辉等，2015）。土壤温度和土壤含水量对于碳排放有较大影响，并呈显著线性关系。土壤碳排放是一个复杂的生物地球化学循环过程，是环境、植物、土壤共同作用下的过程（张东秋等，2005；Bond-lamberty et al.，2010；鲍芳和周广胜，2010）。也有多数研究发现，

温度是影响土壤 CO_2 排放的重要因素（王风玉等，2003；陈书涛等，2013）。研究发现，土壤碳排放速率日动态变化与 0～5cm 土壤温度变化趋势基本吻合，均在 8:00 以后，随着土壤温度升高土壤碳排放速率骤然升高，午后土壤温度降低，土壤碳排放速率随之降低，但生物结皮土壤碳排放速率"峰值"都早于土壤温度"峰值"，两者时间上存在着滞后现象（Gaumont-guay et al.，2006；Vargas and Allen，2008；Jia et al.，2013；Wang et al.，2014）。相关研究发现，造成土壤碳排放速率与土壤温度时间上的分离的主要原因是温度的混合效应。同时，生物因素也是影响土壤碳排放速率和土壤温度间滞后关系的重要环节，包括植物的光合作用和根系生长、凋落物及微生物的动态变化的共同影响（冯薇，2014）。

土壤温度影响了土壤的酶活性。在低温环境下，土壤酶的活性受到限制，随着温度的增加酶活性增强，当超过最适温度后，酶活性急剧下降，甚至降解。根系呼吸和土壤微生物呼吸都需要酶的参与，因此土壤温度会影响土壤碳排放速率（Belnap，2003）。整体而言，土壤碳排放速率时间变化对表层土壤温度的响应均达到了极显著水平，这与赵东阳（2016）、辜晨（2016）的研究结果一致。本研究中发现，李家塔采煤沉陷区 3 类结皮土壤含水量较低且变化幅度较小。水分对土壤碳排放作用影响相对较小，可能是少量水分便能刺激结皮覆被区微生物的生理活性（Feng et al.，2014）。只有藓类结皮的土壤含水量和土壤碳排放速率之间存在显著的负相关关系。土壤含水量对于土壤碳排放的影响主要集中在对植物和微生物的能量供应和在其体内的二次分配作用，与此同时，影响土壤通透性和气体扩散（陈全胜等，2003）。

6.3　毛乌素沙地不同植被生境下藓类结皮对土壤物理性质的影响

毛乌素沙地不仅是我国荒漠化治理的重点地区，也是我国北方沙区重要的生态屏障（张军红，2014）。经过多年实施防沙治沙和生态修复工程后（李胜龙等，2020），受损的生态系统得到极大改善，生物结皮在其定植的固定、半固定沙丘优先发育（孙永琦等，2020）。在植物恢复和重建过程中，生物结皮在该区域广泛分布，部分地区生物结皮盖度达 70%以上（赵允格等，2010）。大面积藓类结皮的出现能显著增加土壤稳定性，创造了良好的水热环境，在适应干旱环境和改善土壤水肥方面起着重要的作用（陈昌笃，2009）。

生物结皮作为一种荒漠地区生态修复的新方法，能有效改善干旱、半干旱地区的生态功能退化及荒漠化问题（郑智恒等，2020），是保护干旱、半干旱地区生态环境的最后一道防线（肖巍强等，2017；Adessi et al.，2018；都军等，2018）。生物结皮对土壤的改善作用主要集中在结皮下 0～5cm（张元明等，2005；郭轶瑞等，2008）。在生物结皮发育过程中，能显著增加地表 0~1cm 土壤细颗粒含量，同时减少土壤粗颗粒含量（何芳兰等，2017）；细颗粒物质增加，能有效增加土壤含水量，同时降低土壤容重（周小泉等，2014）。由此可知，生物结皮能显著改善土壤物理性质，增加土壤稳定性，尤其是在生态环境非常脆弱的黄土高原区。但是，已有的研究只是关注了生物结皮对土壤理化性质的影响，而对植物类型和土壤的复合作用下生物结皮对土壤物理性质的影响却鲜有报道。

随着毛乌素沙地生态环境综合治理的推进，生物结皮在该区域生态环境建设上起到了越来越重要的作用。鉴于此，本研究以毛乌素沙地 3 种不同典型植被样地为研究区，以藓类结皮下 0~30cm 土壤为研究对象，分析不同土层深度土壤粒径组成、土壤含水量及容重的差异，以期揭示毛乌素沙地藓类结皮的发育对土壤物理性质的影响，并为毛乌素沙地生态环境治理提供理论依据。

1. 试验设计

在前期充分探查的基础上，本研究于 2020 年 4 月中旬进行土壤样品采集。以代表性和典型性为原则，在毛乌素沙地沙蒿、小叶杨、乌柳样地（表 6-12）分别设置 3 个 10m×10m 的标准样地。在每块标准样地随机选择 3 棵长势良好、大小基本一致的植株，并在距离冠幅中心水平距离 30cm 处进行分层取样。取样前，首先去除表层藓类结皮，用土铲取出结皮，清除其下部疏松沙粒，用游标卡尺测量藓类结皮厚度，然后用环刀自上而下分别采集 0~5cm、5~10cm、10~20cm 和 20~30cm 土层进行土壤样品测定。每层用环刀取 2 份土样，一份原状土用于测定土壤含水量、土壤容重；另一份土样与同一样地内其他相同植株和土层深度土样均匀混合后，用于土壤粒径组成测定。以附近无藓类结皮样地为对照（CK），共计 48 个样品。土壤含水量与土壤容重分别采用烘干法和环刀法进行测定；土壤粒径组成采用筛分法测定，且以中国土壤粒径分级标准为准进行分级（朱鹤健和何宜庚，1992）。

表 6-12 试验地块基本情况

植被类型	植被盖度（%）	藓类结皮盖度（%）	藓类结皮厚度（cm）
沙蒿	35.43±1.82a	80.47±1.95b	1.76±0.14a
小叶杨	35.31±2.58a	75.11±1.23b	1.81±0.53a
乌柳	40.25±1.17a	90.39±5.17a	1.79±0.43a

注：表中数据均为平均值±标准偏差；同列不同小写字母表示各林分内植被盖度、藓类结皮盖度及藓类结皮厚度差异显著（$P<0.05$）

2. 数据处理及分析

运用 Microsoft Excel 2010 对试验数据进行前期整理。对各土壤物理指标进行单因素方差分析，数据表达形式为平均值±标准偏差。运用 Origin 2018 进行绘图。

6.3.1 3 种林分藓类结皮对 0~30cm 土壤粒径的影响

由图 6-27 可知，藓类结皮能使 0~30cm 土层深度土壤粗砂含量显著降低（$P<0.05$），沙蒿、小叶杨和乌柳分别降低了 12.15%、18.82%、24.42%，细砂含量分别增加了 79.14%、132.97%、180.70%。对土壤粉砂而言，沙蒿能显著增加土壤粉砂含量，较 CK 增加了 369.57%（$P<0.05$），说明藓类结皮对土壤粒径有明显细化作用。藓类结皮对土壤粒径的细化程度还与植被类型有关。综上可知，乌柳对土壤粗砂和细砂的细化作用效果更明显，沙蒿对粉砂作用效果更强。

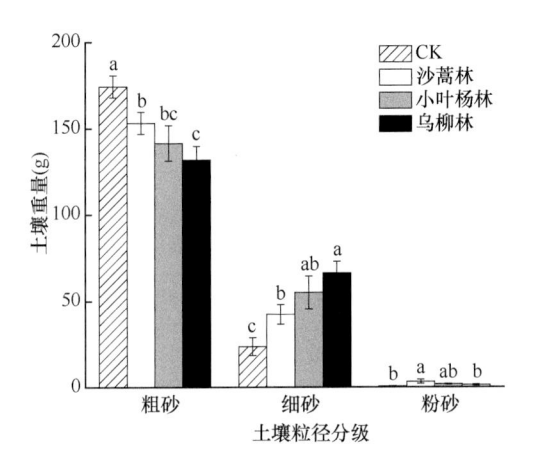

图 6-27 林分内藓类结皮下土壤机械组成
不同小写字母表示不同林分土壤机械组成差异显著（$P<0.05$）

由表 6-13 可知，3 种林分下土壤粗砂含量随土层深度加深逐渐升高，细砂和粉砂含量逐渐降低，说明藓类结皮对土壤粒径的细化作用主要集中于表层，且细化效果随土层深度增加而逐渐降低。总体而言，在 0~20cm，3 种林分藓类结皮下土壤粗砂含量均较 CK 显著降低，而在 20~30cm 土层深度则无显著变化。与 CK 相比，0~5cm、5~10cm、10~20cm 土层沙蒿土壤粗砂含量分别降低 21.45%、10.43%、14.67%；小叶杨土壤粗砂含量分别降低 19.31%、23.65%、28.67%；乌柳粗砂含量分别降低 36.51%、36.04%、26.94%。

表 6-13 林分内藓类结皮下不同土层深度土壤粒径分布特征

处理	土层深度（cm）	土壤机械组成（g）		
		粗砂（>0.25mm）	细砂（0.05~0.25mm）	粉砂（<0.05mm）
CK	0~5	39.25±1.62a	9.85±1.81c	0.39±0.12b
	5~10	43.26±3.49a	6.44±3.30b	0.12±0.05c
	10~20	45.59±1.48a	4.19±1.53b	0.05±0.03a
	20~30	46.26±1.48a	3.16±0.58b	0.05±0.01b

续表

处理	土层深度（cm）	土壤机械组成（g）		
		粗砂（>0.25mm）	细砂（0.05~0.25mm）	粉砂（<0.05mm）
沙蒿林	0~5	30.83±1.16b	16.89±1.05b	2.15±1.23a
	5~10	38.75±3.25ab	10.21±2.94b	0.68±0.12a
	10~20	38.90±4.66ab	10.54±4.59ab	0.14±0.02a
	20~30	44.70±0.87a	4.90±0.79ab	0.27±0.05b
小叶杨林	0~5	31.67±1.35b	16.90±1.12b	1.04±0.33ab
	5~10	33.03±6.64ab	16.08±6.55ab	0.61±0.09ab
	10~20	32.52±1.55b	16.55±1.42a	0.15±0.05a
	20~30	44.33±0.84a	5.52±0.61a	0.04±0.01b
乌柳林	0~5	24.92±4.75b	24.18±4.39a	0.77±0.38ab
	5~10	27.67±2.35b	21.74±2.47a	0.45±0.03b
	10~20	33.31±1.84b	16.17±1.76a	0.12±0.06a
	20~30	45.89±1.30a	4.24±0.86ab	0.03±0.01b

6.3.2　3种林分藓类结皮对土壤含水率的影响

由图6-28可知，3种林分下藓类结皮对0~30cm土壤含水率有明显的提升作用。其中，沙蒿、小叶杨、乌柳林藓类结皮下土壤平均含水率较CK分别增加53.77%、38.99%、56.69%（$P<0.05$），说明乌柳林对土壤含水率提升效果最为明显。但3种林分藓类结皮下土壤含水率呈不同的变化趋势，沙蒿林土壤含水率随土壤深度加深而增大，而小叶杨和乌柳林土壤含水率随土壤深度增加呈先增大后

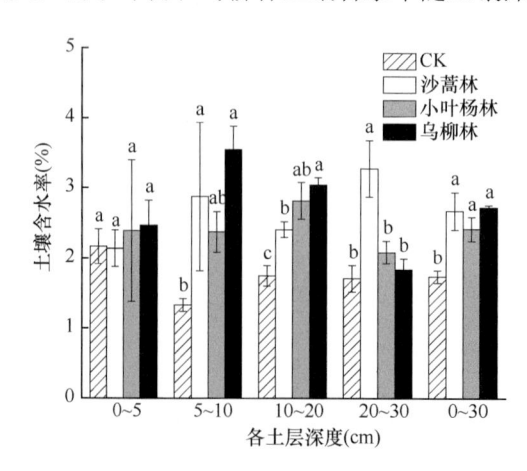

图6-28　林分内藓类结皮下不同土层深度土壤含水率

不同小写字母表示不同林分同一土层深度测定指标差异显著（$P<0.05$），下同

减小的趋势。在表层（0~5cm），3 种林分藓类结皮下土壤含水率均未出现显著变化。在 5~20cm 土层，藓类结皮对 3 种林分土壤含水率有显著提升作用；在 5~10cm 土层，沙蒿、小叶杨和乌柳林较 CK 分别增加 116.54%、78.95%、166.92%。在 10~20cm 土层，沙蒿、小叶杨和乌柳林较 CK 分别增加 37.66%、61.14%、74.29%。在 20~30cm，小叶杨和乌柳林藓类结皮下土壤含水率较 CK 变化不显著，沙蒿林土壤含水率增加了 91.36%。

6.3.3 3 种林分藓类结皮对土壤容重的影响

由图 6-29 可知，藓类结皮能有效降低 0~30cm 土壤容重。其中，沙蒿、小叶杨、乌柳林平均土壤容重较 CK 分别降低 3.84%、3.65%、3.54%（$P<0.05$），说明沙蒿对土壤容重降低效果最为明显。在 0~5cm 土层，沙蒿、小叶杨和乌柳林土壤容重较 CK 分别降低 5.17%、3.74%、6.58%（$P<0.05$）；在 5~10cm 土层，沙蒿、小叶杨和乌柳林较 CK 分别降低 6.94%、12%、5.48%（$P<0.05$）；而在 10~30cm 土层，土壤容重则无明显变化，说明藓类结皮对土壤容重的作用效果主要集中在表层，且随土壤深度增加作用效果逐渐下降。

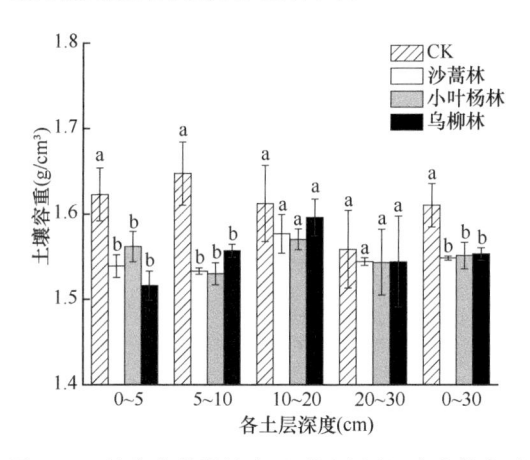

图 6-29 林分内藓类结皮下不同土层深度土壤容重

6.3.4 讨论

土壤是由各种形状、大小不一的固体组分及有一定排序的孔隙链接组成的多孔介质，不同的组分及孔隙的组合影响着土壤的物理性质。土壤物理性质包括土壤粒径、土壤含水率、土壤容重等，这些指标通过直接或间接的方式影响着土壤肥力（王文帆等，2021）。土壤颗粒作为土壤结构的基本单元，其各粒级组分含量影响着土壤的水分、容重的变化（张军红和侯新，2018）。本研究表明，毛乌素沙地 3 种林分藓类结皮下土壤各粒级组分含量均发生了显著变化（$P<0.05$）。其中粗砂含量明显降低，细砂和粉砂含量均有不同程度增加，说明藓类结皮对土壤粒径具有细化作用。该研究结果与 Harper 和 Pendleton（1993）、孙华方等（2020）和吴永胜（2016）的研究结果一致。由于藓类结皮的出现，可有效防止地表细粒物质被大风带走，同时可有效增加地表粗糙程度。此外，空气中飘浮的细小颗粒容易被植被拦截（都军等，2018），并随着雨水逐渐下落到地面，而藓类结皮具有较强的吸附能力，能吸附地表附近的细小颗粒，因为藓类结皮会产生多糖物质与土壤颗粒结合，增加土壤稳定性（孙华方等，2020）。3 种林分藓类结皮下土壤细粒物质含量随土层深度加深而降低，粗粒物质含量与之相反，该研究结果与 Hancock 和 Willgoose（2004）的研究结果一致。因为藓类结皮中存在大量隐花植物，可以截留大量水分，使细粒物质优先在表层固定，随着土壤冻融的发生，细粒物质逐渐聚集，导致土壤表层物质逐渐变细，但是这种作用机制随着土层深度增加，作用效果逐渐降低（刘利霞等，2007）。研究中还发现，藓类结皮对土壤粒径的作用效果与植被类型有关。其中，乌柳林对土壤粒径细化效果最佳。由于乌柳属于密丛型灌木，枝条密集，具有很强的降风滞尘能力，可以将风沙中的细粒物质拦截下来（都军等，2018），并被林下藓类结皮吸附留存。而且在 3 种林分中，乌柳林下藓类结皮盖度最大，达到 90.39%，其黏结力和吸附力更强（高丽倩等，2012）。

　　土壤容重是表征土壤紧实度的一个重要指标，土壤容重与土壤抗侵蚀能力密切相关（高丽倩等，2012）。本研究表明，3 种林分藓类结皮能有效降低浅层土壤容重，该研究结果与赵允格等的研究结果相悖（王国鹏等，2019），其研究结果表明，土壤在自然重力、降水等外力影响下不断夯实，进而导致容重增加，可能是因为藓类结皮的出现，增加了浅层土壤含水率，可有效促进浅层土壤有机质分解，提高土壤有机质含量，从而增加土壤团聚体数量，提高土壤孔隙度，降低土壤容重（Belnap，2006）。本研究表明，风沙区随着土层深度增加，藓类结皮对土壤容重的作用效果逐渐减弱，说明藓类结皮对土壤容重的作用效果主要集中在表层，该研究结果与肖波等（2007）的研究结果一致。研究中还发现，藓类结皮对土壤容重的改善程度与植被类型有关，其中乌柳对其作用效果最明显，这可能是因为乌柳属于密丛型灌木，具有较高的地下生物量和地上生物量，其根系主要分布在 0~40cm，且以 0~20cm 分布最多，呈辐射状分布（刘健等，2010）。因此，导致土壤容重随土层深度呈先增后减的变化趋势。另外，乌柳枝条细长密集，凋落物产量高，其不仅具有较强的降风滞尘作用，大量凋落物还能使土壤有机质含量迅速增加，有利于藓类结皮的发育（赵哈林等，2009）。而藓类结皮的增加，拦截了大量粉粒，增加了土壤孔隙度，降低了土壤容重。

　　藓类结皮能显著提高土壤水分的蓄积能力（闫德仁等，2009）。前文已说明藓类结皮对土壤粒径具有一定细化作用。土壤细粒物质增加有效促进了复杂的团粒结构的形成，土壤结构性更好，增强了土壤持水能力（李守中等，2004）。本研究中，藓类结皮对 0~5cm 土壤含水率改善效果不明显，研究结果与李宁宁等（2020）的研究结果相悖，该研究认为结皮下土壤含水量较高，这可能是因为藓类结皮的出现会在表层形成一层致密的隔水层减少水分入渗率（Wang et al.，2017）。其次可能与地表水分蒸发有关（李卫红等，2005）。由于本研究区位于干旱区，其光照资源充足，土壤水分蒸发强烈，导致 0~5cm 土壤含水率增加不明显。另外，3 种林分藓类结皮对 5~20cm 土壤含水率作用效果显著。藓类结皮具有良好的持水性，在干旱、半干旱的荒漠地区，藓类结皮的覆盖，使下渗的水分在浅层土壤得到有效保存（Li et al.，2007），可提高表层土壤的持水能力，增加土壤含水率，而裸露的地表无法长时间保存雨水所补充的水分（吴昊等，2020；张立恒等，2019）。另外，藓类结皮的覆盖可以降低土壤穿透阻力，使土壤表层蓄水能力得到增强，水分无法渗透到深层（王国鹏等，2019）。本研究发现，不同植被下藓类结皮土壤水分的蓄积能力存在差异。其中，乌柳林藓类结皮对土壤含水率的作用效果最显著，沙蒿次之。由于沙蒿和乌柳属于浅根植物，根系主要分布在 0~40cm 土层，有效降低了该土层土壤容重，增加了土壤孔隙度，有利于水分快速入渗。而小叶杨属于喜水肥的乔木，其自身生物量较大，且叶面积明显大于乌柳和沙蒿，增加了蒸腾速率，导致其耗水量增加（都军等，2018）。

6.4 小　　结

（1）生物结皮厚度在小叶杨基部出现最大值，平均厚度为 1.64cm，随着距小叶杨基部距离的增加生物结皮厚度呈逐渐减小的趋势，距小叶杨基部 140cm 处的生物结皮平均厚度仅为 1.07cm。小叶杨林下生物结皮的分布半径在 4 个方向上存在差异，东南方向分布半径明显大于其他 3 个方向，西北方向生物结皮的分布半径最小。小叶杨林下生物结皮厚度在 4 个方向上差异显著，东南方向生物结皮厚度最大，平均厚度为 1.44cm；西北方向生物结皮厚度最小，平均厚度为 1.23cm；西南方向和东北方向生物结皮平均厚度分别为 1.42cm 和 1.34cm。生物结皮厚度最大值均出现在基部，距基部较近处生物结皮厚度下降速度较快，其余均呈缓慢逐渐下降趋势。小叶杨树冠与生物结皮分布之间存在显著的线性相关关系。

（2）小叶杨林下生物结皮层土壤颗粒主要以粗砂粒、细砂粒、粗粉粒和中粉粒为主。其中，生物结皮层中粗砂粒含量占 54.2%，细砂粒含量为 27.3%，粉粒含量为 12.9%，砾石含量为 4.6%，黏粒含量最少，为 1%。生物结皮层中细砂含量随距小叶杨基部距离的增加而降低，而粗砂含量则随距离的增加而增加。小叶杨林下生物结皮下 0~5cm、5~10cm 土层土壤组成以砂粒为主,含量分别占 78.4%

和 81.7%；其次是砾石，分别占 17.8%和 15.2%；粉粒含量分别为 3.3%和 2.6%；黏粒含量最少，均为 0.5%。说明生物结皮的形成和发育有利于土壤中细颗粒物含量的增长。

（3）小叶杨林下生物结皮层及其下层土壤中有机质、全氮含量的分布具有明显规律性。从小叶杨基部到距基部 140cm 处，生物结皮层有机质、全氮含量随距离的增加而降低，其中东南方向上生物结皮有机质含量高于其他 3 个方向。生物结皮下 0~5cm 土层土壤有机质含量变化趋势在东南方向上高于其他 3 个方向，5~10cm 土壤有机质含量变化趋势表现出随土层的加深含量逐渐降低，其中东北方向上有机质含量高于其他 3 个方向；生物结皮下 0~5cm、5~10cm 土层土壤全氮含量变化均表现出差异，其中东北方向上土壤全氮含量高于其他 3 个方向。表明生物结皮的生长有利于表层土壤养分的增加。

（4）生物结皮覆盖下 0~5cm、5~10cm 土壤含水率最大值均出现在小叶杨基部处，随距基部距离的增加含水率呈现下降的趋势。生物结皮厚度变化与土壤含水率变化趋势基本相同。土壤含水率在生物结皮覆盖下随土层深度的增加而降低，而没有生物结皮覆盖的流沙则随土层深度的增加而增加。表明生物结皮的存在可直接影响土壤含水率，且生物结皮的覆盖有利于增加表层土壤含水率。

（5）生物结皮的生长会对降水产生拦截作用。渗透流沙层所需的降水量在 3.30mm，而渗透生物结皮层所需要的降水量则在 5.02mm，若土壤表层存在生物结皮，该地区全年 49.9%的降水量则会变成无效降水，无法渗透到更深的土层中。

（6）生物结皮对土壤水分入渗有阻碍作用，使得土壤水分的分配过程发生变化。生物结皮本身所具有的吸水特性，致使降水在入渗过程中有大量水分不能被吸收利用；生物结皮中的细颗粒物能堵塞表层土壤的导水孔隙，降低土壤水分的入渗率；在降水稀少且大部分降水为无效降水的地区，生物结皮的存在直接影响植被对水分的获取。因此，对于生物结皮，应当采取合理适当的控制，降低生物结皮对土壤水分入渗的负面影响，为干旱区植被恢复及有效合理利用降水建立基础。

（7）毛乌素沙地北缘采煤沉陷区 3 类结皮碳排放速率的日变化特征曲线基本一致。总体上呈现"不对称钟形"的"单峰"曲线特征，土壤碳排放速率峰值出现在 12:00~13:00。土壤碳排放速率日均值由大到小依次为藻类结皮 [0.47μmol/(m²·s)]、藓类结皮 [0.45μmol/(m²·s)]、地衣结皮 [0.44μmol/(m²·s)]，说明随着生物结皮演替，其土壤碳排放速率逐渐增强。3 类结皮土壤碳排放速率与表层土壤温度和土壤含水量均呈二次函数关系。土壤含水量与土壤温度可以较好地解释土壤碳排放速率，拟合方程中两者对于土壤碳排放速率的解释系数在 57.8%以上，说明土壤温度和土壤含水量能显著影响土壤碳排放速率。毛乌素沙地采煤沉陷区生物结皮覆盖可有效抑制土壤碳排放。在风沙采煤沉陷区生态修复过程中建议多栽植小叶杨和乌柳等乡土树种。

（8）藓类结皮对土壤粒径有明显细化作用。沙蒿、小叶杨和乌柳林土壤粗砂含量分别降低 12.15%、18.82%、24.42%，细砂含量分别增加 79.14%、132.97%、180.70%，粉砂含量分别增加 369.57%、165.22%、102.90%。细化作用主要发生在表层土壤，且细化效果随土层深度增加而逐渐降低。3 种林分下藓类结皮对表层（5～20cm 土层）土壤含水率有明显的提升作用。5～20cm 土层沙蒿、小叶杨、乌柳林土壤含水率分别较 CK 增加 78.70%、51.98%、76.07%。藓类结皮能有效降低土壤容重。沙蒿、小叶杨、乌柳林土壤容重分别较 CK 降低 3.84%、3.65%、3.54%。藓类结皮对土壤容重的作用效果主要集中在表层，且随土壤深度增加作用效果逐渐下降。毛乌素沙地藓类结皮对土壤物理性质的作用与植被类型密切相关，且以乌柳林内藓类结皮对土壤机械组成、土壤含水率改善效果最佳，0～30cm 土层含水率较 CK 增加 56.69%；沙蒿对土壤容重改善效果最佳。

7 风沙采煤沉陷对植被蒸散发的影响特征

7.1 风沙采煤沉陷对植物群落蒸散发的影响研究

《中国能源发展报告 2020》显示，虽然煤炭消费量占能源消费总量的比重连续九年下降，但依旧占据能源消费总量的 57.7%。受石油、天然气资源不足和清洁能源开发利用滞后等因素的综合影响，中国以煤炭资源为主的经济格局短期内很难改变（岳颖，2014）。煤炭资源的大量开采和利用在加速我国经济发展的同时也引发了一系列生态环境和人文社会问题，尤其是开采过程中导致的地表沉陷进一步引发的各种生态问题备受科研工作者的关注。

在中国，超过 95%的煤炭开采方式为井工开采，这种方法破坏了采空区上覆岩层的原始应力平衡，使它们发生了冒落、断裂和弯曲等移动变形，在地表形成了大面积的裂缝甚至出现塌方（陈龙乾等，1999a）。截至 2017 年，我国采煤沉陷区面积超过 20 000km²，且以每年 200km² 的速度增长，涉及 23 个省（区、市）151 个县 2000 万人（胡炳南和郭文砚，2018）。由于采煤沉陷面积大、破坏性强，且长期存在，采煤沉陷区生态环境受损具有广泛性、长期性的特点，加强采煤沉陷区土壤和植被受损特征、驱动机制及生态修复研究有利于更好地保护和修复矿区生态环境，促进矿区的和谐发展、绿色发展和可持续发展，加强矿区的生态文明建设（黄雅茹，2013）。

神府东胜煤田煤炭储量丰富，是我国已探明的煤炭储量最丰富的地区，也是世界八大煤田之一，在我国能源版图当中占据重要地位。该煤田总面积 22 860km²，预测储量 6690 亿 t，探明储量 2300 亿 t，煤炭储量占全国储量的 1/4~1/3（周文凤，1993），是国家特大型煤炭开发区域和输出基地。但神府东胜煤田位于半干旱区，地处黄土高原与毛乌素沙地两大生态系统过渡带，具有生态环境脆弱、水土贫瘠、生态承载力低、抗干扰能力差等特点，是国家级水土流失重点监督区和重点治理区（范立民等，2015）。煤田持续大规模、高强度的开采会造成采空区发生沉陷盆地、裂缝和沉陷坑等次生地质灾害（杨梅忠等，2001），造成地下水渗漏和水位下降（张发旺等，2001），河流断流（都平平，2012），土壤水分和养分流失（张萌等，2020；王健等，2006b），局部地段植被发生逆向演替（叶瑶等，2015），水土流失及土地荒漠化加剧等严重后果（王文龙等，2004）。目前对该地区采煤沉陷的综合研究已有较为丰富的成果，但是关于采煤沉陷对植物群落蒸散发影响的研究仍较为匮乏。

蒸散发包括系统蒸发（土壤蒸发和植被表面蒸发）和植物蒸腾两部分，蒸腾是指水分以气体状态，通过植物体的表面，从植株体内散失到大气中的过程，包括气孔蒸腾、角质层蒸腾和皮孔蒸腾，其中以气孔蒸腾为主；蒸发是指发生在植物表面和植物立地环境中的水分散失过程，包括植物表面蒸发和土壤蒸发两部分，其中以土壤蒸发为主（于贵瑞和王秋凤，2010）。植被蒸散是植被及林下立地环境向大气输送水汽的过程，全球陆地超过60%的降水经过蒸散发作用返还到大气中，因此蒸散发在很大程度上决定了陆地表面的可用水利用量和全球生态系统的水分状况，进一步影响着生态系统的碳同化、能量传输等重要的生态学过程（邱国玉和熊育久，2014）。蒸散发在土壤-植物-大气连续体水热传输过程中也占有极为重要的地位，它既是水量平衡，又是能量平衡的重要组成部分，同时与植物的生理活动及生物产量的形成密切相关（张劲松等，2001），长期以来始终是农学、林学、水文学、生态学等多个相关学科及交叉领域关注的重要课题之一（杨立成，2012），研究表明蒸散对CO_2等温室气体浓度增加、大气温度升高等变化有较敏感的反应，与全球气候变化密切相关，因此也成为近年来兴起的全球气候变化研究中的热点之一（陈凯，2011）。

  由于蒸散发在荒漠地区水分流失中占据重要地位，测定荒漠地区蒸散发的方法一直备受关注，在野外测定土壤蒸发时常采用微型蒸渗仪对土壤进行称重测定（周学雅等，2014），但此类方法测定土壤蒸发时会破坏原有土壤结构，最终结果也存在一定误差。植物蒸腾的测定在不同尺度上有不同的方法，但各种方法在野外实际测定单株植物蒸腾时均具有一定的局限性，无法在无接触、无损伤的条件下测出群落实际蒸散发量，目前采煤沉陷对于群落蒸散尤其是植物蒸腾的影响还没有量化的研究。

  "三温模型"（three-temperature model，3TModel）是近年来邱国玉等提出的基于"温度差"来测量蒸散发的一种方法，由于该模型的核心参数是表面温度、参考表面温度和气温，故被称为"三温模型"，具有参数少、计算简单、应用范围广、结果精准等特点（Qiu，1996；Qiu et al.，1998；Qiu et al.，2000；Qiu et al.，2002），美国田纳西大学RogerClapp教授认为它是一个非常有用的方法，是利用遥感真正测量水文过程的重要一步。热红外成像技术能观测人体肉眼不可见的红外波段的光谱，并将其转变为可见的热图像（Leinonen and Jones，2004），具有高通量、非接触、高分辨等特征（王冰等，2011）。"三温模型+热红外成像"的方法为无损伤、无接触测定蒸散发提供了技术手段和理论依据，已经被应用于草坪（于小惠等，2017）、作物（鲁赛红等，2019）、荒漠植物（高永等，2014）蒸腾速率测定，以及流域尺度的蒸散发量的计算（熊育久等，2012），并取得了理想的效果。

  本研究在典型的风沙采煤沉陷区进行，利用土壤温湿度监测仪长期监测沉陷区及非沉陷区土壤含水量变化，探究采煤沉陷对土壤含水量的影响，使用"三温模型+热红外成像"的方法对毛乌素沙地采煤沉陷区和非沉陷区林间裸露土壤的蒸发量和群落优势种乌柳（*Salix cheilophila*）和黑沙蒿（*Artemisia ordosica*）的蒸腾量进行了测定，以定量分析滑动型沉陷在不同物候期下对土壤蒸发及植物蒸腾作用的影响，量化不同物候期下群落蒸散发量变化规律；同时探究影响该地区蒸散发的主要环境因子，为无损伤、无接触测定沉陷区蒸散发提供技术支持，为矿区植被建设提供科学参考，为提高矿区的水分利用效率、群落生产力提供科学依据和技术手段。

7.1.1 采煤沉陷对植物及其群落蒸散发影响的研究

7.1.1.1 采煤沉陷对植物影响的研究

采煤沉陷对植物的影响分为直接影响和间接影响两个方面，直接影响主要是裂缝对植物根系造成拉伸损伤，阻断植物吸收水分及养分的途径，甚至使植物死亡（赵红梅，2006）；间接影响则是沉陷改变了植物原有的生活环境，水分流失加剧的同时导致养分流失加剧，间接导致植物大量死亡，土地荒漠化进程加剧。目前采煤沉陷对植被影响的研究主要集中在植物盖度、生物多样性、密度等方面，对于植物水分生理的研究较少。

马超等（2013）认为采矿扰动是矿区地表覆被归一化植被指数（NDVI）变化的主要诱因。张健雄（2011）研究表明，沉陷区 NDVI 变化与沉陷的变化期具有一定的一致性。李晓静等（2011）研究认为随着沉陷时间推移，沉陷区地表覆被 NDVI 值呈先降后升的特征，NDVI 值与沉陷范围及沉陷程度具有一定相关性。徐占军（2012）的研究表明植被净初级生产量（NPP）和土壤容重、饱和导水率显著相关，沉陷区积水是土壤有机碳和植被 NPP 的显著性影响因素。赵国平等（2010）认为植被生长状况与地表破损率呈负相关关系。于淼（2014）认为沉陷多年后植物群落多样性逐渐恢复。谢元贵等（2012b）认为沉陷多年后群落发生次生演替，物种组成和优势种发生显著改变。周莹等（2009）、郭友红（2009）的研究则表明沉陷区植物群落主要建群种没有变化但群落组分较沉陷前有所增加，物种组成与沉陷具有明显的相关性。邱汉周（2012）研究表明随着沉陷年限的增加，不同植被恢复模式下沉陷区各物种种类逐渐增加，群落层次趋于复杂，物种多样性指数逐渐升高。全占军等（2006）认为沉陷导致景观破碎度和隔离程度加重，群落原有生态格局被打破，植被开始新演替。徐友宁等（2008）认为采煤沉陷对沙漠化进程没有明显影响，矿区正常年份降水量基本可满足植被生长所需。王丽（2012）认为神东矿区煤炭开采对植物的影响较小。蒙仲举等（2014）研究发现采煤沉陷形成的地表附加坡度、裂缝宽度、裂缝两侧高差，以及裂缝与植物的距离是影响植被根系损伤程度的主要因素。马祥爱等（2004）认为采煤沉陷盆地中间区域作物减产不明显，沉陷边缘区作物减产一半以上，甚至绝产。许传阳等（2015）的研究表明采煤沉陷裂缝导致土壤微生物特性改变，影响植物叶绿素含量和光合特性，导致作物产量下降；距离裂缝越远，作物产量受到的影响越低。刘英等（2018）研究发现沉陷导致土壤含水量降低，柠条锦鸡儿气孔导度减小，进一步降低了植物蒸腾速率。

7.1.1.2 蒸散发理论的研究

蒸散发的研究始于 300 多年前，从 17 世纪后期有文献记载的水蒸气研究开始，人们对蒸发的认识始于定性描述，1802 年，Dalton 综合了风及温湿度对蒸发的影响提出了道尔顿（Dalton）蒸发定律，标志着蒸散理论的研究具有了明确的物理意义，对近代蒸发理论的创立具有决定性的作用（王丽，2012；蒙仲举等，2014），1893 年，Woods 提出植物蒸腾也是蒸发的一种形式，将蒸腾纳入水循环体系（王丽，2012）。1926 年，Bowen（1926）基于地表能量平衡的思路，将地表显热通量与潜热通量之比定义为波文比并以此提出了计算蒸发蒸腾量的波文比法。到目前为止，该方法依然是测量田间尺度蒸散量的常用方法（Qiu，1996）。1939 年，Thornthwaite 和 Holzman（1939）在假定边界层内动量、热量和水汽传输系数相等的基础之上，提出了利用空气动力学方法计算草地蒸散量的方法。之后几年关于蒸散发的研究仅限于单一的蒸腾或蒸发过程。1948 年，Penman（1948）提出了全面考虑气象要素，基于能量平衡和空气动力学基础的分析蒸散发的公式，即彭曼公式。同年，Thornthwaite（1948）提出了蒸散（evapotranspiration）的概念。Swinbank（1951）在 1951 年根据近地面湍层理论，提出了直接测量蒸散量的方法，即涡度相关法。1959 年，Covey 把气孔阻力的概念推广到整个植被表层（刘丙军等，2007）。1965 年，Monteith（1965）在 Penman 和 Covey 研究的基础上引入表面阻抗的概念，推导出结合植物蒸腾与下方蒸发的公式，即 Penman-Monteith 公式。20 世纪 20~60 年代是蒸散发机理和方法飞速发展的黄金期，但这一阶段的方法只适用于田间尺度的平坦均匀下垫面。Priestley 和 Taylor（1972）提出了仅有能量项的 Priestley-Taylor 公式（P-T 模型）。20 世纪 70 年代提出的 SPAC 模型（模拟 SPAC 系统的能量与物质交换过程）、SVAT 模型（描述传输机制和生理过程）及陆面模型（与大气环流模型结合）均是在上述物理模型的基础上与其他计算方式耦合推导而出的（邱国玉，2008）。

20 世纪 70 年代后期，遥感技术的蓬勃发展将蒸散发的尺度由田间扩大至流域以上，最大延展至全球尺度，研究人员随之提出了遥感估算蒸散发的经验统计模型、地表能量平衡模型、温度–植被指数特征空间法和陆面过程与数据同化等方法（刘可，2018）。

7.1.1.3 蒸散发测定方法的研究

测定蒸散发的方法，根据测定时间和测定尺度的不同有很多种，一般将其分为水分平衡法、微气象学方法和植物生理学方法 3 类。

1) 水分平衡法

该方法基于水分平衡的原理，分为间接水分平衡法和直接水分平衡法。间接水分平衡法将蒸散作为水量平衡方程的余项，通过测量水量平衡方程其他各分项，就可以估计出蒸散量。可表示为

$$P = E + T + R + \Delta W + S \tag{7-1}$$

式中，P 是降水量；E 是蒸发量；T 是蒸腾量；R 代表样地径流流入和流出量之差，包含地表径流和地下径流等；ΔW 是研究对象土体储水变化量；S 是深层渗漏量。该方法适用的空间尺度较广，测量时间较长，但单个参数误差累积到蒸散后最终误差较大，因此对各个参数的精准度要求较高。直接水分平衡法主要利用称重式蒸渗仪直接测量各个参数，它是测量单株植物蒸散发最为准确的方法（苏建平和康博文，2004），可用来对其他方法的准确性进行检验，但仪器昂贵的价格和庞大的体型导致该方法无法大规模应用，尤其是在野外条件下。

2) 微气象学方法

该方法利用实地测得的气象参数的瞬时值来计算蒸散，主要应用于林分及更高的尺度。时间尺度可以从几分钟到几个月，但此类方法中的大多数方法只适用于田间尺度下垫面均匀的情况，在地表起伏、对流强烈的情况下使用要十分慎重（郭孟霞等，2006）。微气象学方法包括很多方法，应用较广的有波文比法、涡度相关法、联合方法、温度差法等。

(1) 波文比法利用式（7-2）测算蒸散量（ET）。

$$\text{ET} = (R_n - G) / (1 + \beta) \tag{7-2}$$

式中，R_n 是净辐射量；G 是土壤热通量；β 是波文比。在应用波文比法时，气温和相对空气湿度的测定高度要接近地表，一般采用 1.5m、2m 的高度。

(2) 涡度相关法可以直接测量蒸发面上方水汽通量。该方法主要通过测定垂直方向上的风速和相对空气湿度来计算水汽通量。

$$\text{ET} = -\rho w'q' \tag{7-3}$$

式中，ρ 为空气密度；w' 是瞬时垂直风速与平均垂直风速的偏差；q' 表示瞬时垂直湿度与平均垂直湿度的偏差。此方法最大的特点是不受地表状况的限制，是目前通量观测的主要方法（陈世苹等，2020）。

(3) 联合方法联合了蒸发面的能量平衡和水汽的动力传输过程，全面考虑了能量平衡、空气饱和差和风速等要素（邱国玉，2008）。目前使用最多的是 Penman-Monteith 公式。

$$ET = \frac{\Delta(R_n - G) - \rho_a C_p (e_s - e_a)/r_a}{\Delta + r(1 + r_c, r_a)} \tag{7-4}$$

式中，R_n 是净辐射量；G 是土壤热通量；ρ_a 是空气密度；C_p 是空气定压比热；e_s 是饱和水气压；e_a 是空气水汽压；r_a 是空气动力学阻抗；r_c 是表面阻抗；r 是干湿球常数；Δ 是饱和水汽压曲线斜率。该方法也可用于检验其他方法的准确度，但空气动力学阻抗难以在遥感中获取，因此在遥感中难以应用（邱国玉和熊育久，2014）。

（4）温度差法是从能量平衡的角度，利用蒸散发面温度和气温的差值来计算蒸散量。

$$ET = (R_n - G) - \rho C_p(T_s - T_a)/r_a \tag{7-5}$$

式中，R_n 是净辐射量；G 是土壤热通量；ρ 是空气密度；C_p 是空气定压比热；T_s 是表面温度；T_a 是气温；r_a 是空气动力学阻抗。该方法主要用于简单表面（Stone and Horton，1974）。

3）植物生理学方法

植物生理学方法主要用来测定个体及个体以下尺度的蒸腾作用，主要用于揭示短时间内植物生理特征及环境因素对蒸腾的影响。该方法对地形要求不高，适合对孤立木的观测。但是由于测定时改变了植物原有的环境，观测的蒸腾量可能包含很大误差，而且测定结果很难向更大尺度进行推算，所以该方法主要用于比较研究。最常用的植物生理学方法有小室法和示踪法（邱国玉，2008）。

（1）小室法的原理是将植物样本放入已知体积的闭合式小室内，之后观测其湿度变化，就可以计算出蒸腾量（Reicosky and Peters，1977）。换气式小室分别测定进气口和排气口的湿度变化，就可以计算出蒸腾量，气孔计和光合仪均属于小室法的范畴。但这类方法测定的蒸腾量是在指定条件下的蒸腾量，而非实际蒸腾耗水量（张付杰，2014）。

（2）示踪法一般用来确定树干茎流量，也叫树干液流法，起源于 20 世纪 30 年代（张付杰，2014），基本原理是在植物茎干内人工加热，然后在离热源一定距离的一些点测定热的传导时间和温度。利用相应方程计算出茎干内的茎流量，主要包括热脉冲和热扩散两种方法。该方法的优点是可以测定单株植物（包括大型乔木）的茎流量，缺点是液流也可用于光合等其他生理作用，不完全等同于蒸腾耗水；而且仪器造价较为昂贵且探头在重力影响下容易弯曲，要经常返厂调试校准（刘龙，2019），影响监测。

7.1.1.4 "三温模型+热红外成像"方法的研究

1996 年，邱国玉等（2006）提出了"三温模型"用于测算蒸散发和评价环境质量，"三温模型"包括 5 个基本模块：土壤蒸发子模型、植被蒸腾子模型、土壤蒸发扩散系数（评价土壤水分状况）、植被蒸腾扩散系数（评价植被水分状况和植被环境质量）、作物水分亏缺系数。"三温模型"首先在田间尺度以甜瓜（*Cucumis melo*）、番茄（*Solanum lycopersicum*）等作物为研究对象进行了一系列系统试验。之后邱国玉等就"三温模型"的测算结果和蒸渗仪及包括 P-T 模型在内的 4 个模型的测算结果进行比较，结果证明"三温模型"的测算结果与实测值的误差在可接受范围之内，和常规模型性能一致（Qiu et al.，2002）。2005 年，王丽明等（2005）就作物水分亏缺系数同作物干旱指数（CWSI）进行了比较，认为作物水分亏缺系数可以代替CWSI 进行植物评价。2011 年，Xiong 和 Qiu（2011）在原有的"三温模型"基础上提出了适用于遥感的 3T-R 模型，为遥感测定蒸散发提供了新的方式，之后熊育久等（2012）用该方法对黑河流域蒸散进行了计算和验证，取得了理想的结果。马育军（2011）使用该方法对青海湖流域的蒸散发进行了模拟和验证。2014 年，高永等（2014）利用"三温模型"计算了濒危植物半日花（*Helianthemum songaricum*）的蒸腾，是第一次将该模型应用于荒漠植被，赵云霞等（2016）、党晓宏等（2019）利用植被蒸腾扩散系数对沙冬青（*Ammopiptanthus mongolicus*）的健康状况进行了评价，并对衰退状况进行了分级定等。于小惠等（2017）则用此方法同波文比法就绿色屋顶的蒸散量测算结果进行了比较，证明了"三温模型"的精确性。Zhou 等（2014）则对"三温模型"的使用时间进行了规定。鲁赛红等（2019）将此方法用于筛选耐旱的大豆（*Glycine max*）品种。目前"三温模型+热红外遥感"的方法被更多应用于城市热环境及蒸散发评价（Qiu et al.，2021）。Qiu 等（2021）将该方法的维度由 2 维提升到了 3 维，提高了该方法测量城市灌木蒸腾速率的精度度，该方法是为数不多的可以测量城市灌木蒸腾速率的方法之一（连天俊等，2015）。

目前采煤沉陷对土壤水分循环的影响研究主要集中在土壤含水量的变化，对于水分入渗和蒸发的动态过程研究较少，由于野外条件的限制，半干旱区真实环境中的植物的实际蒸腾量始终不是很明确，"三温模型"可以在无接触、不损伤、不影响植物生长的情况下测量荒漠区植物蒸腾量和土壤蒸发量。为研究采煤沉陷对群落蒸散发的影响提供了合适的方法，也为量化采煤沉陷对水分循环的影响提供了有力武器。

7.1.2 研究内容与试验设计

1. 研究内容

1）最适参考叶片筛选及研究区环境因子变化特征

通过预试验筛选出适合在该地区使用的参考叶片；使用自动气象站监测研究区内主要气象因子（太阳辐射、气温、相对空气湿度、风速、降水量）及不同季节变化特征；利用土壤温湿度监测仪对 0~60cm 处土壤含水量进行长时间的动态监测，量化采煤沉陷在不同时期对土壤含水量的影响状况，明确降水后沉陷区及非沉陷区各土层土壤水分变化状况，同时对沉陷及非沉陷区不同土层土壤积蓄水分的能力进行分析。

2）采煤沉陷对群落蒸散发的影响

利用热红外成像仪在无接触、无损伤的情况下获取土壤及灌丛表面温度，结合"三温模型"计算沉陷区及非沉陷区土壤蒸发速率和主要天然植被黑沙蒿及人工植被乌柳的蒸腾速率，明确不同季节下群落蒸散发变化规律；量化研究区中蒸散发各组分日耗水量状况，同时分析不同季节下蒸散发各组分在蒸散发总量中的占比状况。

3）不同气候蒸散发各组分对环境因子的响应

将沉陷区内土壤瞬时蒸发速率和植物瞬时蒸腾速率分别和 10~60cm 土层土壤含水量以及主要气象因子（风速、气温、相对空气湿度、太阳辐射）进行相关性分析，探究影响研究区蒸散发各组分的主要环境因子。

2. 样地选择

研究区沉陷裂缝以拉伸型裂缝和滑动型裂缝为主，其中拉伸型裂缝主要以裂隙的形式存在，但研究区沉陷已经发生多年，沉陷处于稳定阶段，拉伸型裂缝较少且拉伸型裂缝主要出现在没有植物生长的地表，在植物主干周围很少有沉陷裂缝产生，无法判断此类裂缝是否会影响植物蒸腾作用，因此选择沉陷范围大的滑动型沉陷作为研究对象进行研究。经过实地调查，选择李家塔矿区南部一处典型滑动型沉陷地作为沉陷区，在距沉陷区约 50m 处的地方选择没有产生沉陷且土壤和植被结构与沉陷区类似的地带作为非沉陷区作为对照（图 7-1）。

图 7-1 研究样地
左图为沉陷区，右图为非沉陷区

3. 样本选择

该地区已经开采多年，原生植物被破坏殆尽，现存主要植物种为人工种植的小叶杨和乌柳，以及黑沙蒿，其中小叶杨所在的区域周边没有明显的沉陷发生，无法探究沉陷对小叶杨蒸腾速率的影响；沉陷区内因为下方有大量的结皮，除乌柳和黑沙蒿外没有生长其他植物，因此选择乌柳和黑沙蒿作为研究对象，分析采煤沉陷对植物群落蒸散发的影响。

根据植物实际生长状况并结合梁椿烜（2019）的研究，8 月初为夏季蒸散发观测期，9 月底 10 月初天气转凉，乌柳叶片变色的同时开始出现落叶，此时进行秋季蒸散发的观测。

依据树冠不受遮蔽原则，在沉陷区及非沉陷区分别选择独立的、不受其他植株遮蔽的黑沙蒿和乌柳各 3 株作为研究对象，将红色布条系在所选植株上作为标记，便于在不同物候期对同株植物蒸腾速率进行观测。在沉陷及非沉陷区林内分别选择没有植株生长的 3 处裸露土壤作为土壤蒸发观测的对象，为避免产生误差，沉陷区内外的土壤表面状况应保持一致。

4. 参考表面布设

为保证参考表面和拍摄对象受到相同的温度和光照，拍摄前半小时将参考表面提前布设于试验样地。

1）参考叶片制作及布设方法

经过筛选发现，绿色卡纸可以应用于荒漠植被蒸腾速率的监测，因此选择和叶片颜色相近的绿色卡纸作为参考叶片，依据研究区黑沙蒿及乌柳的高度分别在沉陷及非沉陷区布设 0.5m 及 1.7m 两种高度的参考叶片，参考叶片长约 6cm，宽约 2cm。参考叶片布设时倾斜角度、方位等尽量和观测的植物保持一致。

2）参考土壤制作及布设方法

于 2020 年 7 月 25 日在试验地沉陷及非沉陷区分别取土带回实验室后，使用 DHG-9420A 型电热鼓风干燥箱在 105℃条件下烘干后装入长 25cm，直径 16cm，壁厚 0.3cm 的 PVC 管内作为参考土壤（图 7-2），为保证参考土壤与外部只进行热量交换不进行水分交换，使用不锈钢作为土柱底部，利用胶水将其封住，上部同样使用不锈钢作为顶，非试验期间将顶覆盖在参考土柱上方，保证参考土柱的长期干燥。将参考土柱带至研究区后分别埋在沉陷区及非沉陷区内，土柱顶端与土壤表面平行。

5. 表面温度获取

1）拍摄仪器及参数

利用 Fluke TiR4FT 热成像仪（Fluke TiR4FT Infrared Camera，USA）获取沉陷区和非沉陷区乌柳、黑沙蒿、土壤及参考表面的温度（图 7-3），该仪器通过 IR-Fusion®（红外融合）技术能够把可见光图像和热图像合二为一，提高了红外图像辨别的准确率。仪器配备 320×240 焦平面阵列（FPA）探测器，选用标准红外镜头，视场为 23°×17°，热敏度为≤0.05℃，发射率设定为 0.95，精度为 0.05℃。

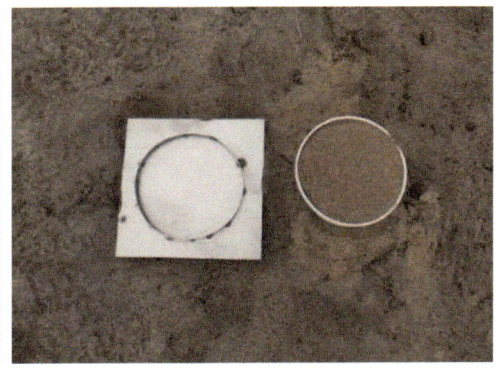

图 7-2 参考表面布设方法
左图为参考叶片，右图为参考土壤

图 7-3 表面温度拍摄

2）拍摄时间及方式

前人研究表明，在太阳辐射强度较高时，"三温模型"具有较高的准确性，因此为确保测定精度，选择太阳辐射强度较高的时段（9:00～15:00）进行拍摄，每次拍摄间隔 2h。拍摄图像时采用轮流测定的方法：相邻的两次拍摄按照相反的顺序进行。为确保对焦精准，拍摄时镜头垂直于冠层顶部的同时距冠层 1m 以上。

3）叶片温度提取

将拍摄好的热红外图像导入 PC 端，使用 FlukeSmart View 4.3 软件 [软件自美国福禄克（Fluke）-中国官方网站下载] 提取叶片温度，植物冠层热红外图像及可见光图像如图 7-4A、图 7-4B 所示，结合图 7-4A 和图 7-4B 可以将图像中的土壤及植物进行区分，红色区域（土壤）温度比蓝色区域（植被）高，对蓝色部分进行温度提取，图 7-4C 中白色方框代表提取一次叶片温度，重复提取 15 次，以 15 次的均值作为该时刻植物灌丛的叶温，如图 7-4D 所示。若在拍摄参考表面温度时，参考表面出现问题（沾水或掉地）导致提取的参考表面温度出现极大误差，则可以提取相应的红外图像当中的最大值作为参考表面温度。

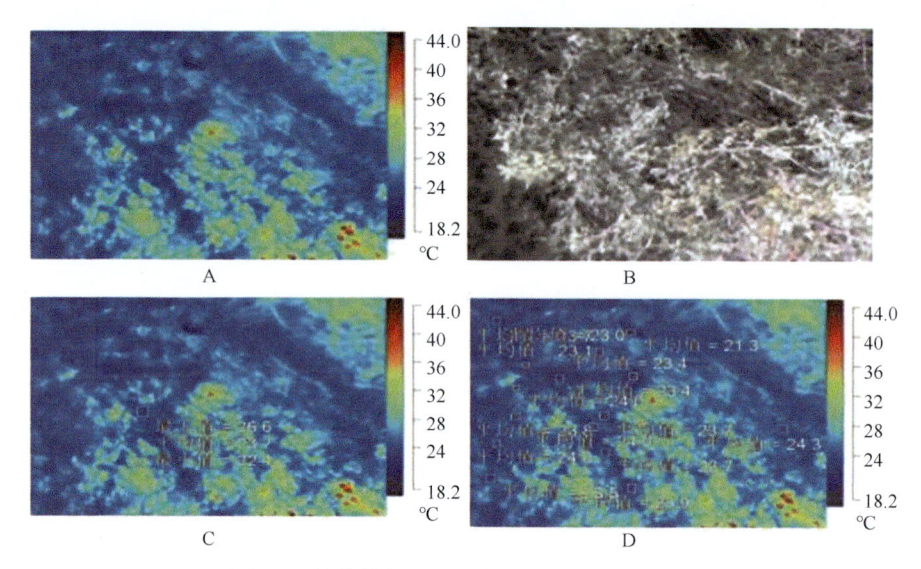

图 7-4 植株的热红外温度图像及其温度提取
A. 植株热红外图像；B. 植株可见光图像；C. 植株和叶温提取过程；D. 植株叶温提取结果

6. 环境因子观测

1）土壤温湿度监测

分别在沉陷区和非沉陷区布设一台北京盟创伟业科技有限公司生产的土壤温湿度监测仪监测 10cm、20cm、30cm、40cm、50cm、60cm 处的土壤含水量，该仪器配备 6 个二合一传感器，土壤水分分辨率为 0.03%，温度分辨率为 0.1℃；该仪器利用太阳能进行供电，GPRS 数据无线传输，可将数据实时传输到物联网数据平台，每 10min 记录一次数据。在 PC 端进入对应网页可选择并导出对应日期的土壤温湿度数据（图 7-5）。由于信号传输问题，部分数据会出现缺失情况，对于缺失的数据在 SPSS 中使用线性插值法进行补齐。

2）气象因子观测

在沉陷区及非沉陷区的中间位置布设 VaisalaWXT520 移动气象站同步测定研究区气象因子，该仪器使用维萨拉 WINDCAP® 传感器，利用超声波来测定水平风速与风向。3 个等距的传感器排列在一个水平面上，使用电容式测量法测量大气压、气温和相对空气湿度。使用 CR200X 数据采集器激活和终止气象观测设备，同时计算和记录每分钟气象数据,在 PC 端使用 LoggerNet 4.0 软件导出气象数据,将每 10min 的数据求均值用于蒸散发的计算。

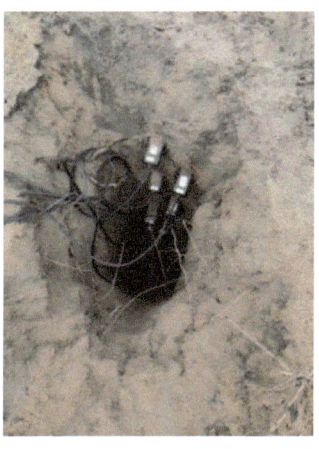

图 7-5　土壤含水量监测方法

7. 土壤蒸发速率及植物蒸腾速率计算

1) 土壤蒸发速率计算

根据地表能量平衡方程,土壤表面的能量交换可表示为

$$LE_s = R_{n,s} - H_s - G_s \tag{7-6}$$

式中,LE_s 为土壤的潜热通量（W/m²）；$R_{n,s}$ 是土壤吸收的太阳净辐射（W/m²）；G_s 是土壤热通量（W/m²）；H_s 是显热通量（W/m²）,可表示为

$$H_s = \rho C_p (T_s - T_a)/r_a \tag{7-7}$$

式中,ρ 是空气密度,为 1.39kg/m³；C_p 是空气定压比热 [在平均空气状况下,其值约为 1.013×10^{-3} MJ/（kg·K）]；T_s 是土壤表面温度；T_a 是气温,单位均为 K；r_a 是空气动力学阻抗（s/m）,其可通过参考表面计算,参考表面无蒸发作用,且不会导致周围环境发生显著改变,r_a 计算公式如下:

$$r_a = \rho C_p (T_{s,d} - T_a)/(R_{n,sd} - G_{s,d}) \tag{7-8}$$

式中,$T_{s,d}$ 是参考土壤的表面温度（K）；$R_{n,sd}$ 是参考土壤吸收的净辐射（W/m²）；$G_{s,d}$ 是参考土壤热通量（W/m²）；其他参数定义与上文一致。

结合式（7-6）、式（7-7）、式（7-8）可得到土壤的潜热通量计算公式:

$$LE_s = R_s - G_s - (R_{n,sd} - G_{s,d})(T_s - T_a / T_{s,d} - T_a) \tag{7-9}$$

依据式（7-9）,输入参数 R_s、$G_{s,d}$、G_s、T_a、T_s、$T_{s,d}$ 即可计算出土壤瞬时蒸发速率（G）,其中土壤热通量使用经验公式进行估算,引起的计算误差为 1.31%。公式如下:

$$G = 0.2R_n \tag{7-10}$$

式中，R_n 为净辐射量（W/m²）。

$$G_{s,d} = 0.1R_{n,sd} \tag{7-11}$$

2）植物蒸腾速率计算

当地表被植被覆盖时，土壤热通量可以忽略不计，植被表面的能量平衡可表示为

$$LE_c = R_{n,c} - H_c \tag{7-12}$$

式中，LE_c 为植被的潜热通量（W/m²）；$R_{n,c}$ 是植被吸收的太阳净辐射（W/m²）；H_c 是显热通量（W/m²）。H_c 可表示为

$$H_c = \rho C_p (T_c - T_a)/r_a \tag{7-13}$$

式中，T_c 是植被冠层温度（K），其他参数同上。

$$r_a = \rho C_p (T_{c,p} - T_a)/R_{n,cp} \tag{7-14}$$

式中，$T_{c,p}$ 是参考植被的冠层温度（K）；$R_{n,cp}$ 是参考植被吸收的净辐射（W/m²）。结合式（7-12）、式（7-13）、式（7-14）即可得到植被蒸腾速率的计算公式：

$$LE_c = R_{n,c} - R_{n,cp}(T_c - T_a/T_{c,p} - T_a) \tag{7-15}$$

依据式（7-15），输入参数 $R_{n,c}$、T_a、T_c、$T_{c,p}$ 即可计算出植物瞬时蒸腾速率。

3）净辐射计算

净辐射可以利用太阳辐射进行计算，其公式如式（7-16）。

$$R_n = (1-\alpha)R_s + \Delta R_l \tag{7-16}$$

式中，R_n 是净辐射（W/m²）；α 是地表反照率（本试验中计算植物蒸腾速率时 α 取 0.22；计算土壤净辐射时 α 取 0.25；计算参考土壤净辐射时 α 取 0.275）；R_s 是太阳辐射（W/m²）；ΔR_l 是净长波辐射（W/m²），可以用太阳辐射和表面温度计算。

$$\Delta R_l = (0.4 + 0.6 R_s/R_{s0})(\varepsilon_a \sigma T_a^4 - \varepsilon_s \sigma T_c^4) \tag{7-17}$$

式中，R_{s0} 是晴天太阳辐射量（W/m²），当研究区为晴朗天气时，默认 R_{s0} 与 R_s 相等；ε_a 是大气发射率；ε_s 是地表放射率（植被地表放射率取 0.98，土壤的放射率取 0.925）；σ 是斯特藩–玻尔兹曼常数 [$\sigma = 5.675 \times 10^{-8}$ W/（m²·K⁴）]。

4）数据处理软件

使用 Fluke Smart View 4.3 提取蒸散表面温度，数据分析采用 Microsoft Excel 2016 和 SPSS 22.0，图形的绘制使用 Origin 2021 软件。

8. 技术路线图

研究风沙采煤沉陷对植被蒸散发的影响特征的技术路线见图 7-6。

7 风沙采煤沉陷对植被蒸散发的影响特征 | 179

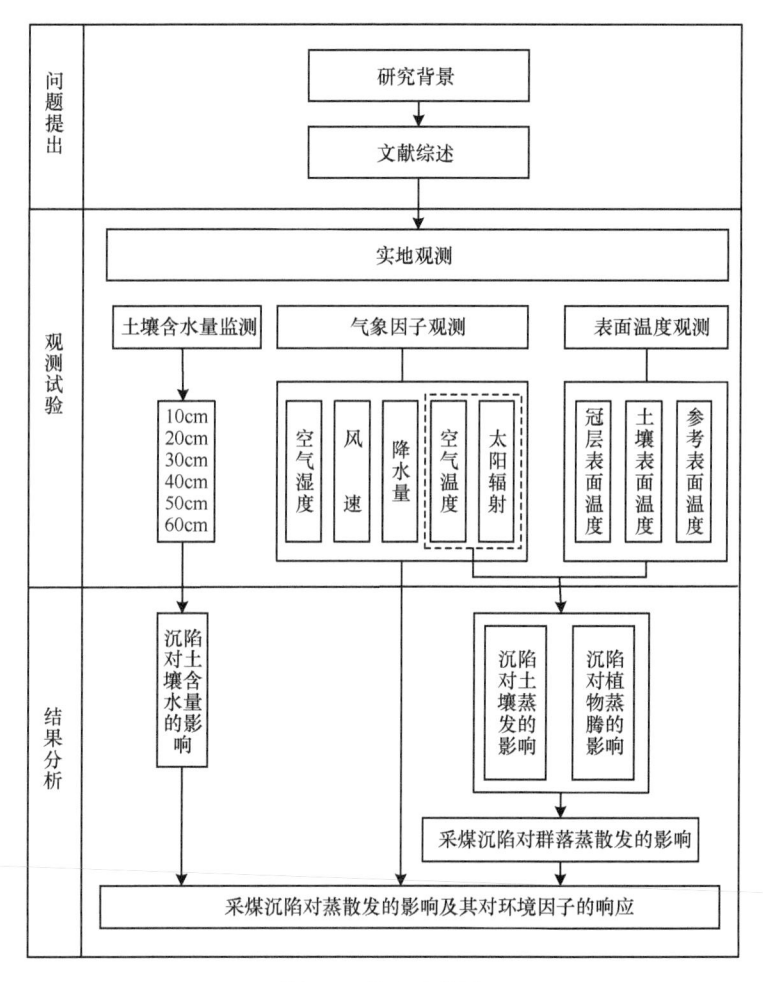

图 7-6 技术路线图

7.1.3 参考叶片筛选及研究区环境因子变化状况

7.1.3.1 参考叶片筛选

植物叶片温度是环境和植物共同影响叶片能量平衡的结果，20 世纪中后期以来，大量研究表明植物叶片温度与蒸腾作用联系紧密，植物通过蒸腾作用消耗叶片吸收和产生的热量，使叶片温度维持在一定范围内，防止叶片生理组织受损，保证植物正常生长，因此叶片温度在一定程度上反映了植物蒸腾变化，"三温模型"通过能量平衡方程在温度差法的基础上引入参考表面的概念，规避了难以测定的空气动力学阻力，且参数简单易获取，在野外环境应用时具有很大优势。

参考表面是"三温模型"中的核心，其温度决定了"三温模型"的准确程度，在使用植被蒸腾子模型时应当使用烘干植物叶片作为参考叶片，但是在野外测定中往往不具备烘干植物叶片的条件，因此研究人员常使用绿色的纸作为参考叶片进行观测，但不同地区植物叶片在适应当地环境的过程中往往形成了不同的叶片结构，对绿色纸张的要求也有所不同。对于干旱、半干旱地区的植物而言，其叶片较厚，质地偏向革质且叶片较小，和其他地区的植物叶片有很大区别。因此筛选出适合干旱、半干旱地区植物蒸腾速率计算的参考叶片既可保证本试验的顺利进行，同时对于该方法在干旱、半干旱地区的推广具有重要意义。结合前人研究及本研究所选叶片状况，选择参考叶片时应遵循以下原则：①获取途径简单方便；②表面温度变化和干叶片相似；③计算结果准确。

经过实地调查发现，研究区最容易获得的绿色纸张为绿色卡纸和绿色便笺纸，因此选用上述两种纸片作为参考叶片同干叶片（85℃环境下烘干带至研究区，挑选保存完整、品相完好的叶片作为参考叶片）从温度和计算结果两方面进行比较，筛选适合采煤沉陷区植物蒸腾速率计算的参考叶片。

1. 不同参考叶片表面温度日变化

由图 7-7 可知，各参考叶片日变化为"单峰型"，均在 13:00 时达到峰值，但便笺纸温度在太阳辐射较高时远低于其他两种参考叶片，与植物叶片温度的差值较小，卡纸与干叶片温度变化在 15:00 有较高的拟合度，但是 15:00 以后随着太阳辐射的降低速度加快，卡纸与干叶片间的温差开始变大，17:00 各叶片温度大小关系为干叶片＞植物叶片＞便笺纸≈卡纸。因此从表面温度变化角度认为便笺纸不适合作为采煤沉陷区植物蒸腾的参考叶片。

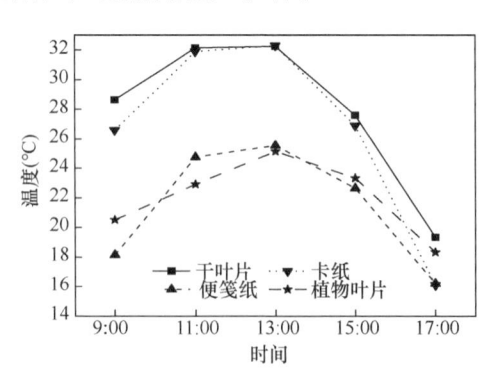

图 7-7　参考叶片、干叶片及植物叶片温度日变化

2. 不同参考叶片植物蒸腾速率变化

依据提取的叶温及气象数据结合"三温模型"计算了卡纸及干叶片作为参考

叶片时植物的蒸腾速率并绘出柠条锦鸡儿蒸腾速率日变化曲线（图7-8）。卡纸和干叶片计算得到的植物日蒸腾速率为"单峰型"，和对应叶片蒸腾速率日变化相符，且均在13:00达到峰值，为0.71mm/h，17:00二者差值最大，为0.16mm/h；以干叶片为参考叶片时，植株的日蒸腾量为4.64mm，以卡纸为参考叶片时，植物的日蒸腾量为4.26mm，二者日蒸腾量差值为0.38mm，各时刻瞬时蒸腾速率及日蒸腾量不存在显著差异性（$P>0.05$）。以便笺纸作为参考叶片时，9:00植物瞬时蒸腾速率为4.95mm/h，超过其余两种参考叶片计算的植物日蒸腾速率之和，也不符合植物瞬时蒸腾速率日变化规律。

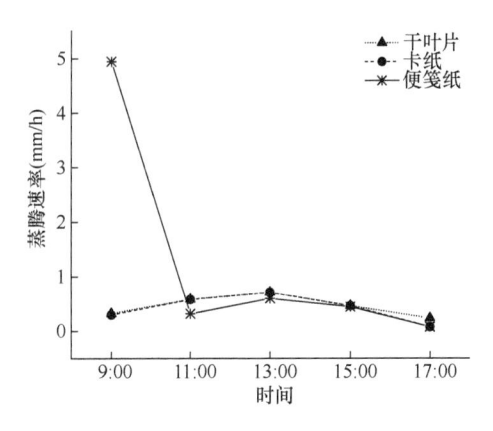

图7-8 不同参考叶片和干叶片的植物蒸腾速率日变化

综上可知，便笺纸在表面温度日变化、植物瞬时蒸腾速率及日蒸腾量上均与卡纸和干叶片之间存在较大差异，因此本研究认为便笺纸不适合作为半干旱采煤沉陷区植物的参考叶片计算植物蒸腾速率。同时我们也发现在17:00，太阳辐射强度较低，卡纸的表面温度低于干叶片和植物叶片，计算结果和干叶片的吻合程度也低于其他时间，因此为保证结果的准确性，本研究的参考叶片选择卡纸，日内拍摄时间段为9:00~15:00，每2h拍摄一组红外图像。

7.1.3.2 研究区环境因子变化状况

气象因子在为蒸散发提供能量的同时也影响蒸发水汽向大气中的扩散速度和路径，是影响蒸散发的主要外部因子之一，研究气象因子的变化对探究沉陷对蒸散发的影响机制具有重要意义。

1. 气象因子变化规律

1）夏季气象因子变化规律

图7-9是夏季研究区气象因子的变化规律，由图可知，各气象因子中太阳辐射日变化最为剧烈，在12:00~14:00，太阳辐射最强，每天的峰值均超过900W/m²，

最高可达 1000W/m² 以上。8 月 9 日 15:00 云层的遮挡导致太阳辐射骤降,影响蒸散发计算的准确程度,其他几日太阳辐射虽然也有不同程度的波动,但是对于蒸腾速率的测定没有造成明显的影响。8 月 10 日 17:00 的太阳辐射（776W/m²）略高于 15:00 的太阳辐射且远高于其他几日同时刻的太阳辐射强度。气温和相对空气湿度呈现相反的变化趋势且每天的变化范围和波动性较为稳定,6:00 左右,太阳辐射强度开始增加,气温在 6:00 开始上升,空气中的水分受到上下温度差的影响开始向上运动,相对空气湿度开始降低,中午随着太阳辐射达到峰值,气温随后达到峰值,相对空气湿度达到一天的最低值,但二者达到最高点和最低点的时间相较于太阳辐射具有一定的滞后性,时间相差 1～2h。相对空气湿度整体变化为白天低,夜晚高,在凌晨时分最高,达 90%以上,此时气温最低,在 20℃以下;8 月 7 日至 8 月 9 日,气温在 14:00～15:00 达到峰值（30～34℃）,此时相对空气湿度降至 30%甚至更低。8 月 10 日 17:00 由于太阳辐射仍保持较高的水平,此时气温达到拍摄时间内的最高值（37.07℃）,风速作为影响蒸散发的又一重要因子,其变化规律具有一定的随机性,8 月 7 日和 8 月 8 日的风速变化规律具有一定的相似性,白天风速主要集中在 0～2m/s,在 18:00 前后风速较高,7 日风速最高达 4m/s 以上,8 日风速最高可达 5m/s 以上;8 月 9 日和 10 日的风速峰值出现在正午时分,9 日风速最高可达 3m/s 以上,10 日风速变化较小,最高接近 3m/s。

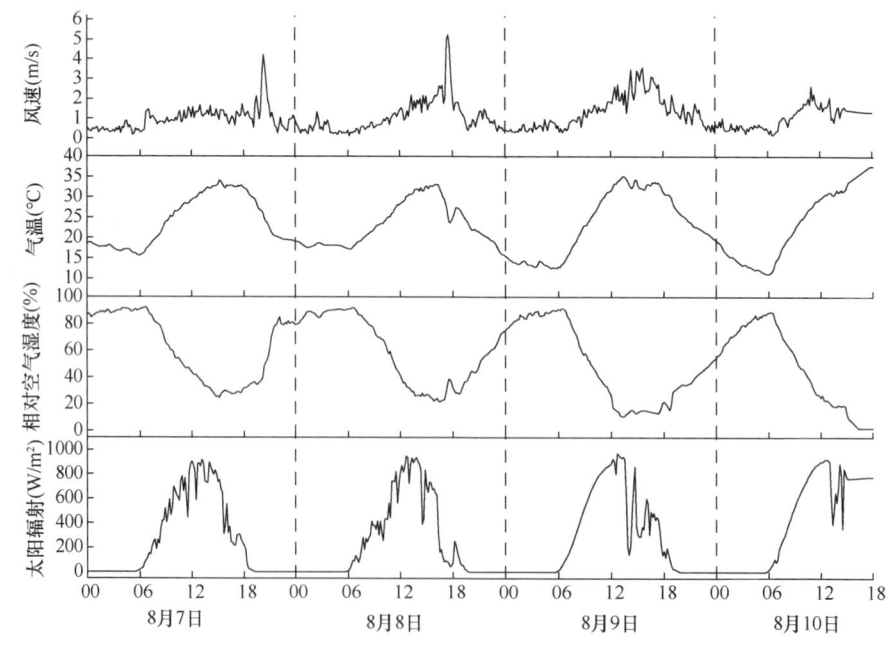

图 7-9　研究区夏季气象因子变化规律

横轴的 00 代表 0:00，06 代表 6:00，以此类推，下同

2）秋季气象因子变化规律

如图 7-10 所示，由于 9 月 28 日有较大降雨，10 月 2 日气温首次降至 0℃以下且 10 月 4 日气温骤降，乌柳开始进入落叶期，因此秋季拍摄时间较长。对于气象因子变化的分析分为 9 月底和 10 月初两部分，其变化规律如图 7-10，图 7-11 所示：在进行 9 月末的气象数据采集时，由于数据采集器出现故障需要维修，9 月 26 日夜间的数据没有记录完整，9 月 28 日发生降雨事件，该日没有拍摄活动，其余时间气象因子变化如图 7-10 所示，由图可知：在拍摄时间段太阳辐射波动性极强尤其是在下午时分，这是云层的遮挡导致天气由晴转阴，太阳辐射降低。在 9 月 25 日及 9 月 29 日，云层较薄，太阳辐射受云层的影响较小且拍摄时太阳辐射基本符合日内单峰型变化规律，因此对于蒸散发计算结果没有影响，在这两日内太阳辐射变化整体呈先增加后减小的趋势，太阳辐射强度峰值可达 800W/m² 以上。9 月 26 日和 27 日上午太阳辐射强度变化和其他几日太阳辐射强度变化相似，最高同样接近 800W/m²，但 12:00 以后天气由晴转阴，云层较厚且持续遮挡研究区，太阳辐射强度骤降。9 月 26 日下午太阳辐射强度在 400W/m² 左右波动；9 月 27 日下午太阳辐射在 200~600W/m² 波动。9 月 30 日全天阴天，拍摄时间内太阳辐射变化整体呈双峰型，太阳辐射强度较低，最高仅为 513W/m²。相对空气湿度和气温的变化和 8 月研究区空气温湿度变化类似，但由于太阳辐射的降低，9 月气温峰值低于 24℃，9 月 26 日以后，最高温度甚至不足 20℃。相对空气湿度在深

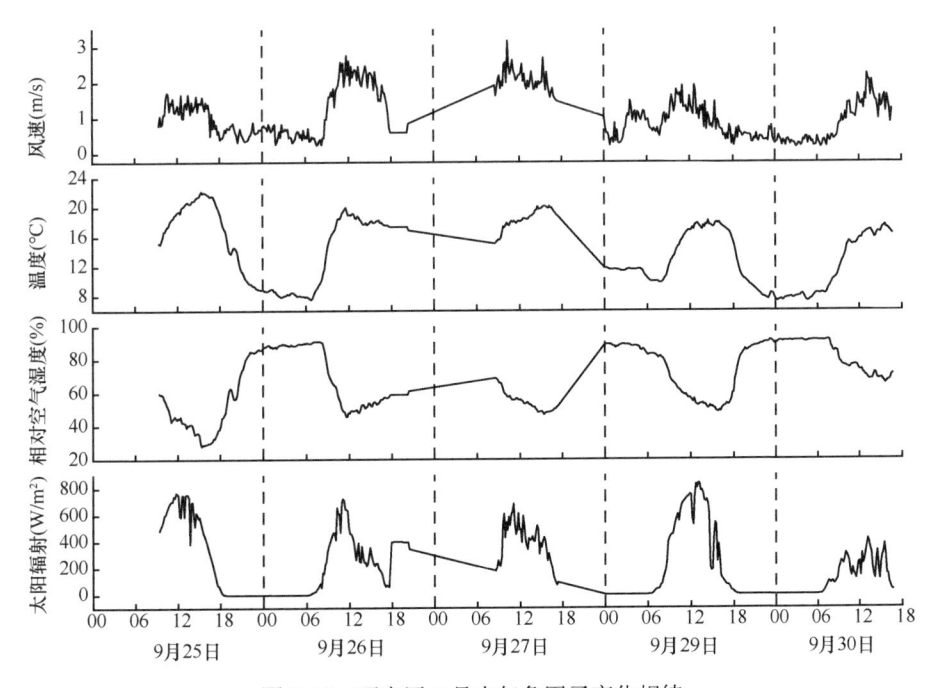

图 7-10　研究区 9 月末气象因子变化规律

夜和凌晨较高，9月26日起，相对空气湿度都在40%以上。9月25日、9月29日、9月30日的整体风速较低，在0~2m/s波动，9月26、27日风速较高，风速与太阳辐射变化规律相似，表明太阳辐射波动性越强，风速变化越明显。

10月4日气温寒冷且伴有大风，无法获取植物冠层温度，因此没有对其气象数据进行记录，其余几天气象因子变化如图7-11所示，由图可知，除10月6日外，其他几日太阳辐射强度呈明显的先增加后减少的"钟罩型"变化，在12:00达到峰值，各日太阳辐射强度最高为750W/m²左右，10月6日11:00前天气状况为晴，11:00开始出现云层并逐渐变厚，太阳辐射开始下降，之后天气由多云转为阴，太阳辐射在小幅回升后持续下降，日太阳辐射强度最高不足600W/m²。气温在10月2日凌晨首次降至零下，气温峰值出现在12:00~15:00。经过10月4日的强降温后，10月5日凌晨气温降至-5℃，且之后几天的气温最大值有一定幅度的下降，10月7日开始温度有所回升。相对空气湿度与气温变化趋势相反，在10月2日深夜及10月3日凌晨之间具有其他几日同一时间段不具备的较大的波动性，10月3日夜间相对空气湿度上升速度变慢，夜间最大值仅为其他几日相同时间段的一半，10月5日12:00~18:00，相对空气湿度为10月最低，在20%以下。10月6日由于天气状况为阴，相对空气湿度保持在较高水平。10月初研究区最高风速和最高温度出现时间基本一致，表明此时风速受气温影响最大，除10月3日和7日风速

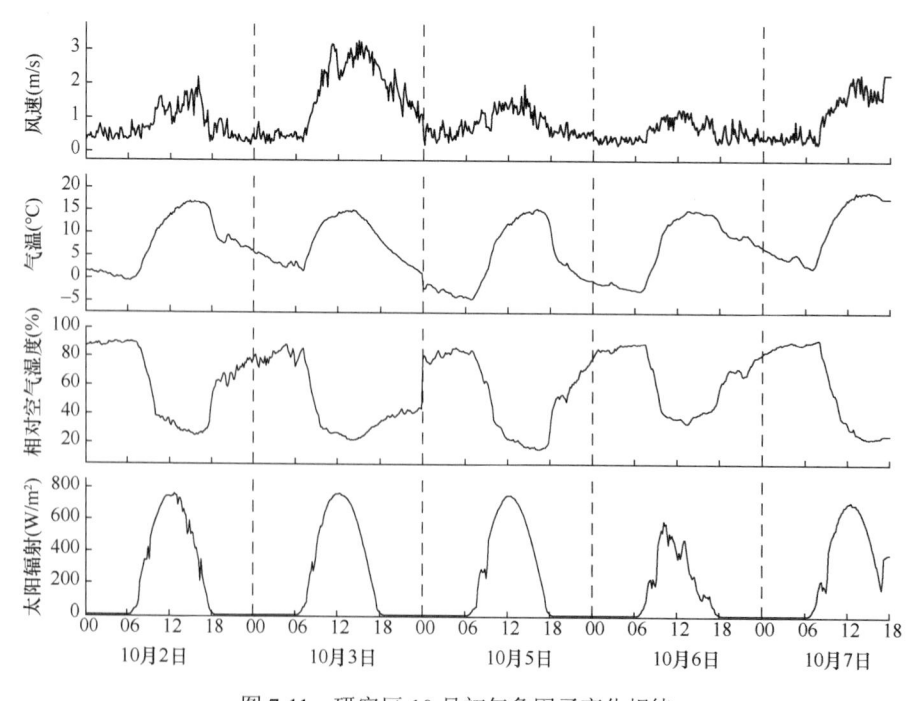

图 7-11 研究区10月初气象因子变化规律

变化范围较大外，其余时间风速保持在 0～2m/s，10 月 3 日天气晴朗，但同时伴有大风，拍摄冠层时具有一定困难，需要拍摄多次以获取清晰的红外图片。

3）研究区降雨情况

在试验期间气象站监测到的降雨情况如表 7-1 所示，由表可知拍摄期间研究区共有两次降雨事件发生，第一次降雨发生在 8 月 7 日夜间至 8 月 8 日凌晨，总降水量为 1.68mm；雨量等级为小雨；第二次降雨发生在 9 月 28 日正午至 29 日凌晨，总降水量为 23.03mm，雨量等级为中雨。

表 7-1　拍摄期间降雨情况

顺序	降雨开始时间	降雨完全结束时间	累计降水量（mm）
1	8 月 7 日 20：33	8 月 8 日 3：33	1.68
2	9 月 28 日 12：00	9 月 29 日 3：41	23.03

2. 研究区土壤含水量变化规律

1）不同季节土壤含水量变化规律

表 7-2 为不同季节研究区土壤含水量变化情况，由表可知，除秋季非沉陷区 10cm 土层含水量略低于沉陷区外，非沉陷区其他土层土壤含水量均高于沉陷区。且整体表现为表层和浅层（10～40cm）土壤含水量波动性较强，深层土壤含水量波动性较弱的趋势。

表 7-2　不同季节研究区土壤含水量变化情况

区域	土层深度（cm）	夏季（%）	秋季（%）	秋季与夏季差值（百分点）
沉陷区	10	7.09±0.10	9.14±0.81	2.05
	20	5.94±0.10	6.68±0.79	0.74
	30	5.77±0.11	5.66±0.05	−0.11
	40	6.76±0.05	6.38±0.17	−0.38
	50	5.35±0.05	5.30±0.36	−0.05
	60	5.92±0.04	6.03±0.19	0.11
非沉陷区	10	7.51±0.11	9.07±0.69	1.55
	20	8.21±0.09	11.77±1.11	3.56
	30	6.47±0.07	8.03±0.79	1.60
	40	7.70±0.07	9.45±0.77	1.75
	50	7.78±0.05	8.88±0.32	1.03
	60	6.69±0.03	6.33±0.12	−0.36

对研究区土壤含水量垂直分布进行分析发现：夏季沉陷区各土层土壤含水量大小为 10cm＞40cm＞20cm＞60cm＞30cm＞50cm；非沉陷区各土层土壤含水量大

小为 20cm＞50cm＞40cm＞10cm＞60cm＞30cm。非沉陷区 20cm 和 50cm 处土壤含水量比沉陷区对应土层高 2 个百分点以上，其余土层含水量差值在 1 个百分点以下，60cm 土壤含水量差值仅为 0.77 个百分点。说明沉陷增强了 20cm 和 50cm 处土壤水分的空间异质性。

秋季沉陷区各土层含水量大小关系为 10cm＞20cm＞40cm＞60cm＞30cm＞50cm，非沉陷区为 20cm＞40cm＞10cm＞50cm＞30cm＞60cm。对非沉陷区和沉陷区各土层土壤含水量进行差值分析发现，整体上秋季沉陷与非沉陷区土壤含水量差值高于夏季，但在 60cm 和 10cm 处秋季含水量差值低于夏季。秋季非沉陷区 20cm 处土壤水分量比沉陷区高 5.09 个百分点，30～50cm 土层含水量差值则在 2.37～3.58 个百分点变化。

相对于夏季，秋季沉陷区 10cm、20cm 及 60cm 处土壤含水量持续增加，其中 10cm 处含水量累积增加量最多，为 2.05 个百分点；30～50cm 处土壤含水量则低于夏季，30cm 处土壤含水量降低 0.11 个百分点，40cm 处土壤含水量最终降低 0.38 个百分点。50cm 处降低 0.05 个百分点。秋季非沉陷区 60cm 土层以上的土壤含水量均高于夏季，含水量增加强度为 20cm（3.56 个百分点）＞40cm（1.75 个百分点）＞30cm（1.60 个百分点）＞10cm（1.55 个百分点）＞50cm（1.03 个百分点）。

对从夏季到秋季研究区各土层土壤含水量的变化值分析表明，除沉陷区 10cm 土层土壤含水量增加值高于非沉陷区外，其余土层土壤含水量增加值均低于非沉陷区，说明从夏季到秋季的过程中，沉陷区保存水分的能力低于非沉陷区，这主要是沉陷增加了入渗路径和土壤蒸发面积导致的。

2）秋季降雨后沉陷区土壤水分变化情况

半干旱区土壤水分主要依赖降水进行补充，本试验期间自动气象站监测到的降雨只有两次，其中夏季监测到的降水量很小，对各土层土壤含水量没有明显影响，因此选用 9 月 28 日降水量达 23.03mm 的降雨事件分析降雨后沉陷及非沉陷区土壤水分的变化情况。以降雨前 12 小时（9 月 28 日 0:00）至降雨结束后 36 小时（9 月 30 日 18:00）为一阶段，对降雨后沉陷区及非沉陷区各土层土壤含水量变化情况进行分析。

由图 7-12 可知，降雨前非沉陷区各土层土壤含水量高于沉陷区，在降雨开始 5 小时后非沉陷区 10cm 土层土壤含水量开始增加，且在 3 小时内增加至含水量最大值（10.7%）之后开始下降，沉陷区 10cm 土层土壤含水量在降雨 6 小时后开始上升，且上升的时间长于非沉陷区，在降雨开始后 24 小时，沉陷区与非沉陷区 10cm 土层土壤含水量基本相等，之后沉陷区 10cm 土层土壤含水量高于非沉陷区，在降雨后 36 小时，沉陷区 10cm 土层土壤含水量与非沉陷区相近，略高于非沉陷区，此时沉陷区土壤含水量开始下降，非沉陷区缓慢上升。

沉陷区 20cm 土层土壤含水量变化与非沉陷区类似，均在降雨开始 9 小时后变化，非沉陷区 20cm 土层土壤含水量在降雨开始 10 小时后达到峰值，含水量在峰值保持 10 小时左右之后开始下降，变化幅度小于非沉陷区 10cm 土层土壤含水量。沉陷区 20cm 土层土壤含水量则在降雨开始 24 小时后才达到峰值，并在之后一段时间内保持在这一水平。

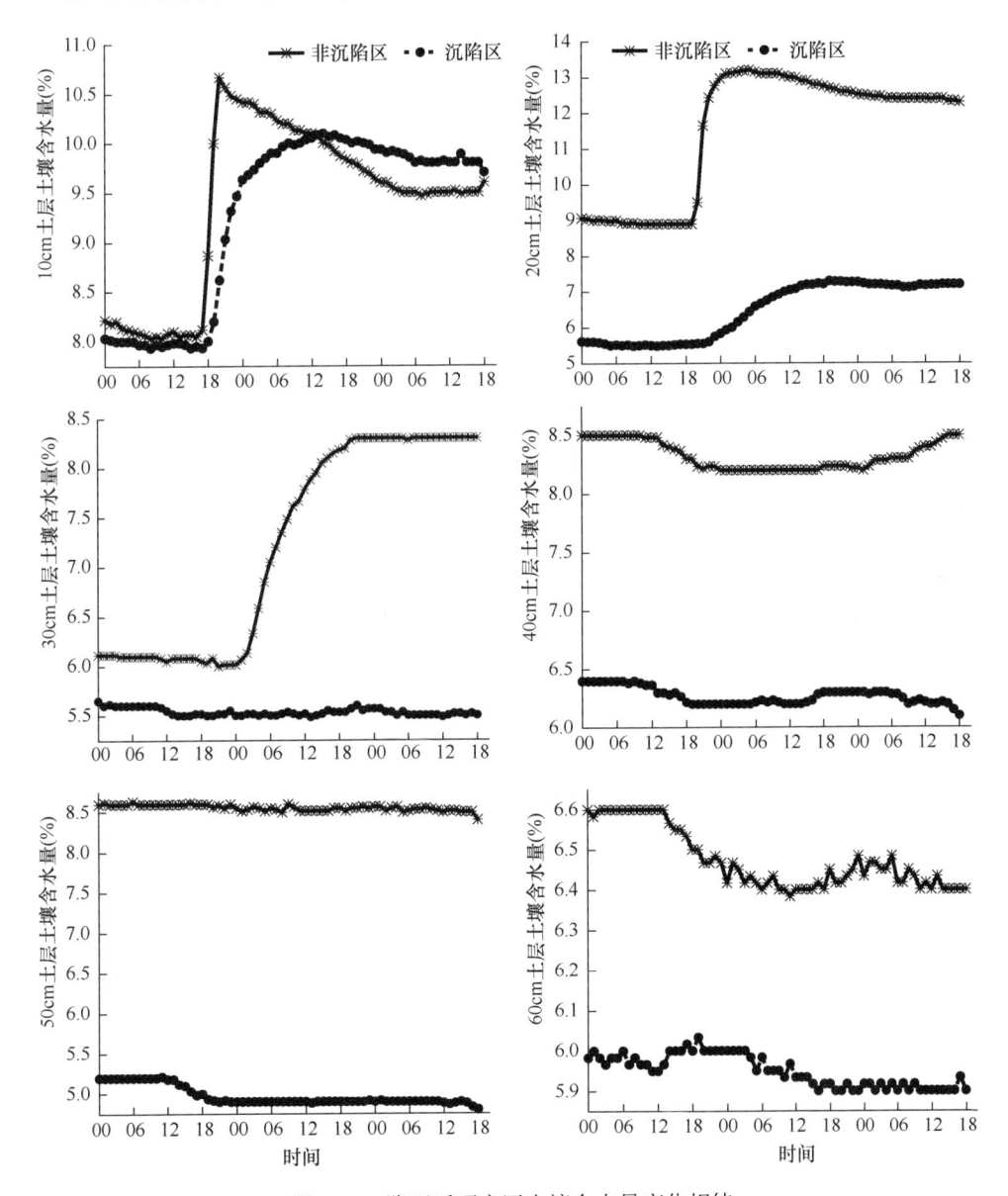

图 7-12 降雨后研究区土壤含水量变化规律

沉陷区 30cm 土层土壤含水量没有明显变化，说明此次降雨对该区域土壤水分没有明显影响。非沉陷区 30cm 土层土壤含水量变化明显，在降雨开始 30 小时后到达最高值并保持稳定，没有明显降低的趋势。从时间上看，非沉陷区 20cm 土层土壤含水量开始上升时，10cm 土层含水量开始下降，当 20cm 土层含水量开始下降时，30cm 土层含水量开始上升，此时 10cm 土层水分含量保持下降趋势，当非沉陷区 30cm 土层土壤含水量变化趋于稳定时，10cm、20cm 土层含水量也开始趋于稳定，40cm 土层水分含量则出现小幅回升。说明此次降雨事件使得非沉陷区 10~30cm 土层土壤水分达到饱和状态，沉陷区仅补充了 10~20cm 土层土壤水分。

7.1.4 采煤沉陷对土壤蒸发的影响

7.1.4.1 夏季土壤蒸发变化规律

1. 地表温度单日内变化规律

图 7-13 是夏季地表温度日变化规律，由图可知：除 8 月 10 日研究区太阳辐射始终保持在较高水平导致地表温度持续上升外，其余几天地表温度日变化均为先增大后减小的规律，且均在 13:00 达到地表温度峰值。8 月 7 日沉陷区地表温度最高可达 66°C 左右，且在 13:00 前高于非沉陷区，沉陷区及非沉陷区地表温度差值最高可达 6.13°C。8 月 8 日由于短暂降水的原因，研究区地表温度明显降低，沉陷区地表温度最高为 60°C，在正午时分沉陷区地表温度上升速度高于非沉陷区，二者差值为 5°C。8 月 9 日沉陷区地表温度变化范围为 39.47~65.67°C，非沉陷区地表温度变化范围为 36.37~63.17°C，11:00 二者之间相差 4.07°C。8 月 10 日研究区地表温度均在 15:00 最高，非沉陷区及沉陷区地表温度差值最大为 4.97°C。

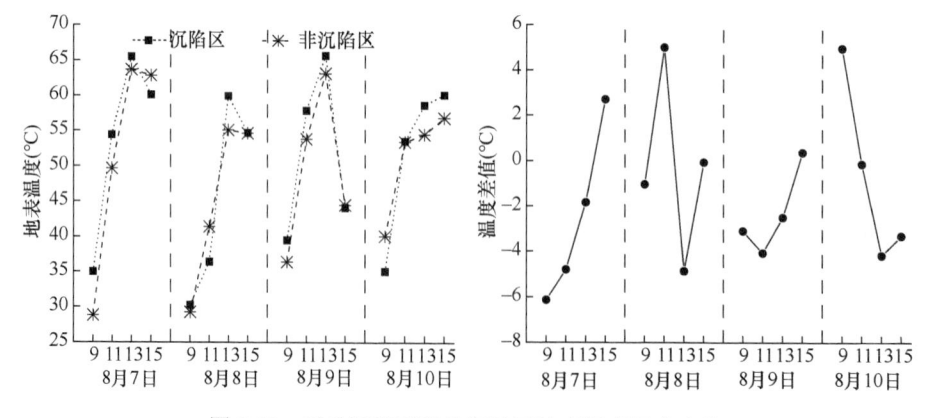

图 7-13　夏季沉陷区及非沉陷区地表温度日内变化

横轴中 9 代表 9:00，11 代表 11:00，以此类推，下同。左图为地表温度，右图为它们的温度差值（非沉陷区减去沉陷区，下同）

2. 地表温度多日变化规律

对测定时间内所有的土壤瞬时表面温度求平均值即为对应的日地表温度，对相应的日地表温度进行比较得图 7-14，由图可知：夏季沉陷区日地表温度始终高于非沉陷区，且沉陷区及非沉陷区地表温度均在 8 月 8 日有明显的下降，这是因为夜间的小雨导致土壤表层的含水量升高，表层温度随之下降，随着新增水分的快速蒸发，土壤表面温度开始回升，并且逐渐达到未降雨前的水平。沉陷区及非沉陷区日地表温度差值最大为 2.54℃，最小仅为 0.28℃。

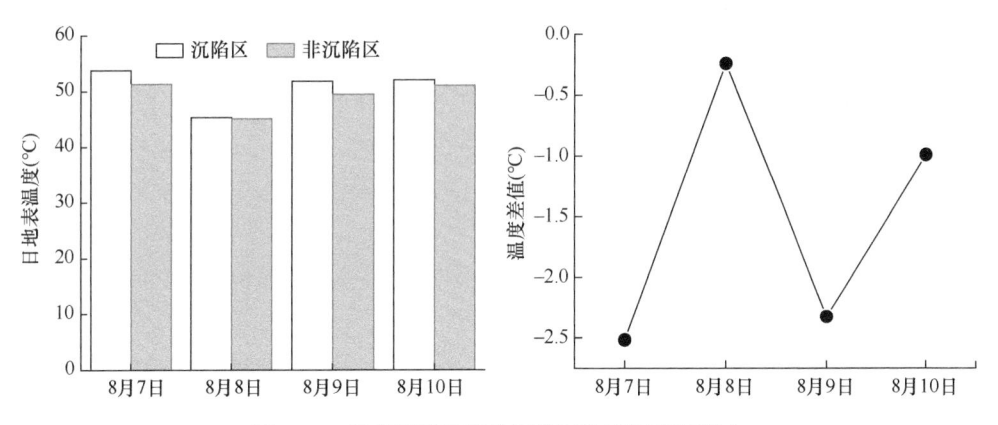

图 7-14　夏季沉陷区及非沉陷区地表温度日变化
左图为土壤日地表温度，右图为差值

3. 土壤蒸发速率变化规律

夏季研究区土壤蒸发速率变化如图 7-15 所示，由图可知，8 月 7 日沉陷区及非沉陷区土壤蒸发速率持续下降，但下降幅度随时间的变化逐渐变缓，非沉陷区

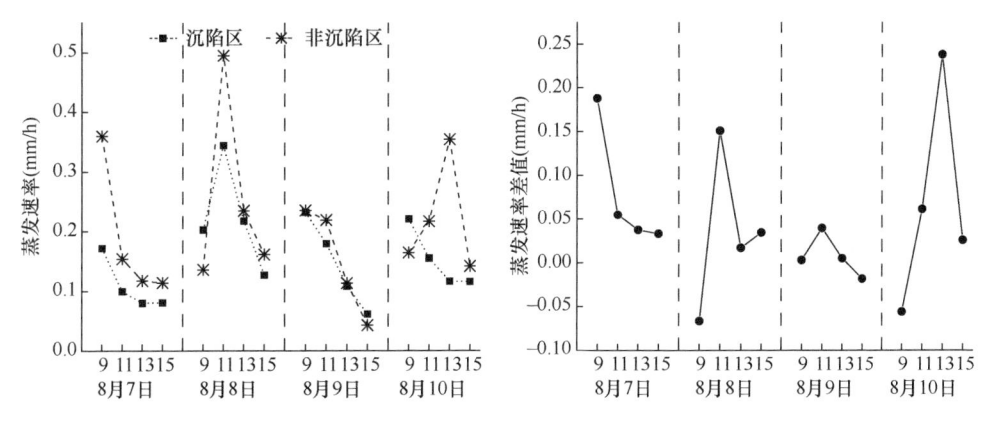

图 7-15　夏季沉陷区及非沉陷区土壤蒸发速率日变化
左图为土壤蒸发速率，右图为蒸发速率差值

土壤蒸发速率高于沉陷区，9:00 二者蒸发速率差值最大，为 0.19mm/h。8 月 8 日沉陷区及非沉陷区土壤蒸发速率呈先增大后减小的单峰变化，均在 11:00 达到蒸发速率最大值，分别为 0.34mm/h 和 0.49mm/h。8 月 9 日研究区土壤蒸发速率持续减小，沉陷区蒸发速率变化类似线性变化，沉陷区及非沉陷区土壤蒸发速率差异不明显。8 月 10 日非沉陷区土壤蒸发速率变化为单峰曲线，沉陷区土壤蒸发速率则持续降低，非沉陷区土壤蒸发速率在 13:00 比沉陷区高 0.24mm/h。

4. 土壤日蒸发量变化规律

夏季土壤日蒸发量变化如图 7-16 所示。由图可知，非沉陷区土壤日蒸发量始终高于沉陷区。由于降水事件，土壤水分得到补充，蒸发量增加，8 月 8 日非沉陷区及沉陷区土壤日蒸发量均达到四日内最大值，分别为 2.05mm 和 1.78mm。非沉陷区和沉陷区土壤日蒸发量的差值在 8 月 7 日最高，为 0.62mm。由于沉陷区积蓄水分的能力高于非沉陷区，降水后二者日蒸发量差值变小，在 8 月 9 日差值最小，仅为 0.06mm。沉陷区土壤累积蒸发量为 5.03mm，非沉陷区土壤累积蒸发量为 6.52mm，二者相差 1.49mm。夏季沉陷区土壤日均蒸发量为 1.26mm，非沉陷区土壤日均蒸发量为 1.63mm。

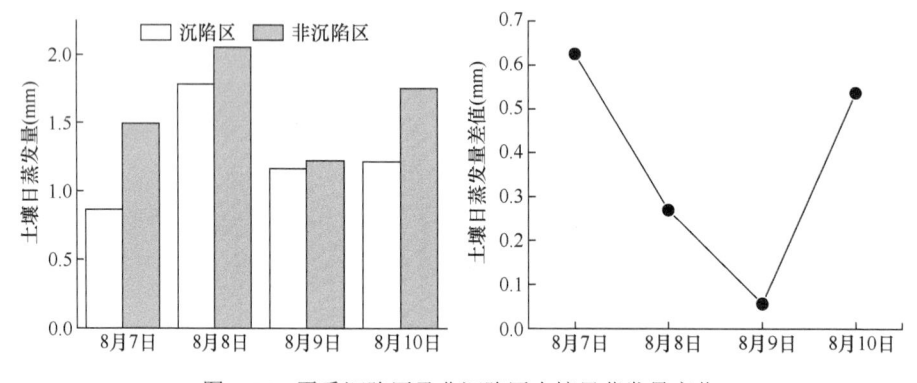

图 7-16　夏季沉陷区及非沉陷区土壤日蒸发量变化
左图为土壤日蒸发量，右图为土壤日蒸发量差值

7.1.4.2　秋季土壤蒸发变化规律

1. 地表温度单日内变化规律

秋季沉陷区及非沉陷区地表温度日变化如图 7-17 所示，测定时间内，地表温度整体呈先增大后减小且多在 13:00 达到峰值的变化规律。9 月 25 日和 9 月 26 日非沉陷区地表温度始终高于沉陷区，但 9 月 25 日沉陷区地表温度在测定时间内持续增加，非沉陷区地表温度则在 13:00 达到峰值（37.37℃）后开始下降，二者温度差值最大达 9.67℃。9 月 26 日沉陷区及非沉陷区地表温度差值较小。9 月 27

日非沉陷区地表温度达到峰值的时间晚于沉陷区，在 9:00 二者差值最大。9 月 29 日地表温度变化与 27 日相反，13:00 沉陷区地表温度达到最大值，晚于非沉陷区。10 月 2 日 13:00 之后非沉陷区温度高于沉陷区，15:00 温差最高，达 4.33℃。10 月 3 日沉陷区地表温度均高于非沉陷区，二者差值最大为 2.6℃。10 月 5 日除 15:00 非沉陷区地表温度比沉陷区高 2℃外，其余时间低于沉陷区。10 月 7 日沉陷区与非沉陷区间的地表温度日内变化趋势基本吻合，几乎在 9:00 差值最大，为 1.73℃，随着时间的推移温差逐渐减小，15:00 温差仅有 0.13℃。

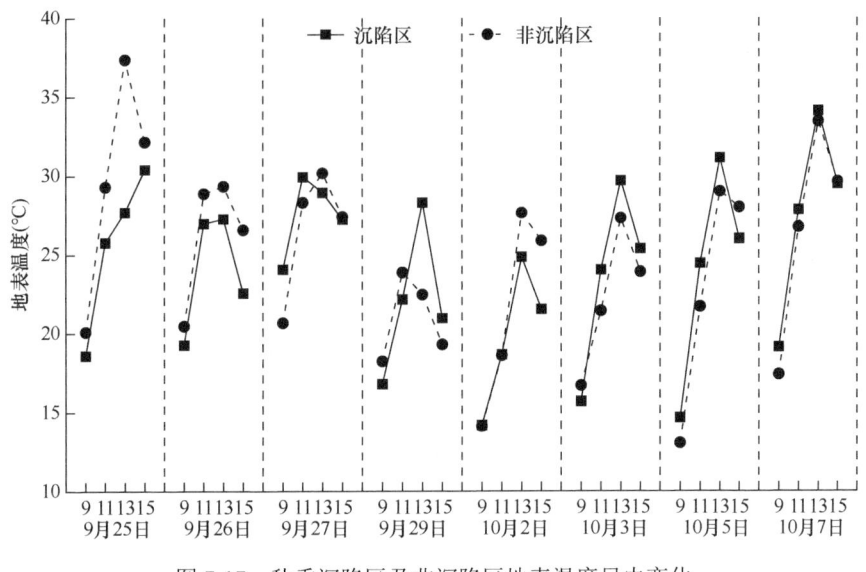

图 7-17　秋季沉陷区及非沉陷区地表温度日内变化

2. 地表温度多日变化规律

秋季沉陷区及非沉陷区地表温度日均值及其差值如图 7-18 所示，由图可知：非沉陷区地表温度日变化规律较为复杂，9 月 25 日非沉陷区地表温度最高，为 29.73℃。沉陷区地表温度在 9 月 27 日明显回升后下降，由于降水的影响，9 月 29 日沉陷区地表温度高于非沉陷区，非沉陷区地表温度为测量时段内最低值，10 月 2 日非沉陷区地表温度高于沉陷区，此时沉陷区地表温度为测量期内最低，10 月 3 日起研究区地表温度开始上升，沉陷区地表温度高于非沉陷区。在测定时间内，10 月 7 日沉陷区地表温度最高，为 27.64℃。9 月 25 日沉陷区与非沉陷区地表温度日均值差值最高，为 4.12℃；10 月 7 日沉陷区及非沉陷区地表温度日均值相差最小，为 0.84℃。

3. 土壤蒸发速率日内变化规律

秋季土壤蒸发速率日内变化规律及其差值如图 7-19 所示，由图可知，在测量时

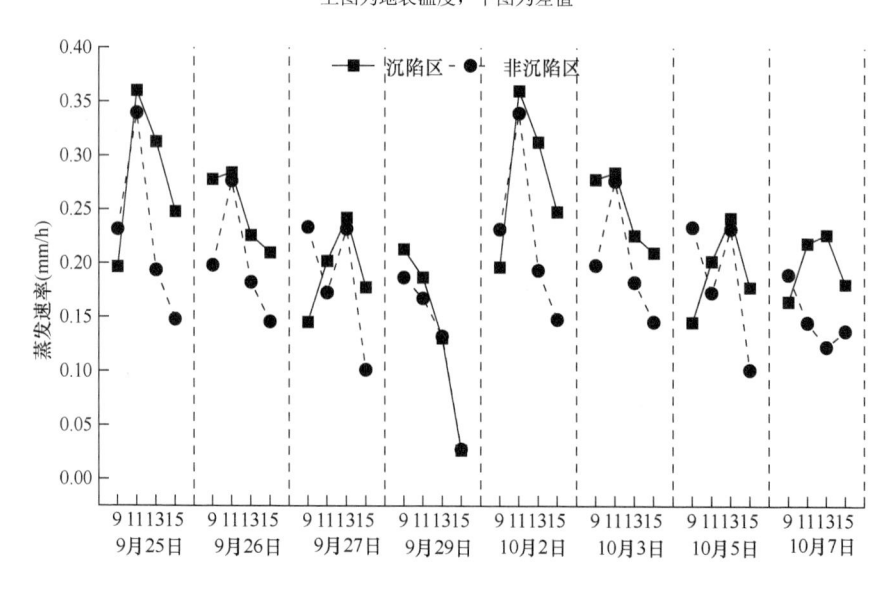

间内沉陷区及非沉陷区土壤蒸发速率日变化以单峰变化为主，和夏季相比，土壤蒸发速率间差值较小。9月25日沉陷区和非沉陷区蒸发速率先升高后降低。9月26日

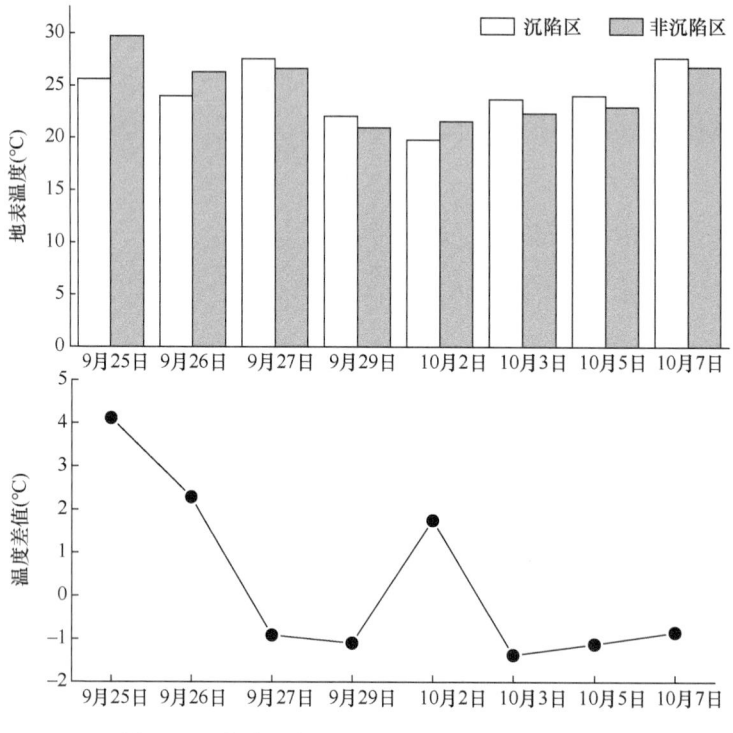

图 7-18 秋季沉陷区及非沉陷区地表温度日变化
上图为地表温度，下图为差值

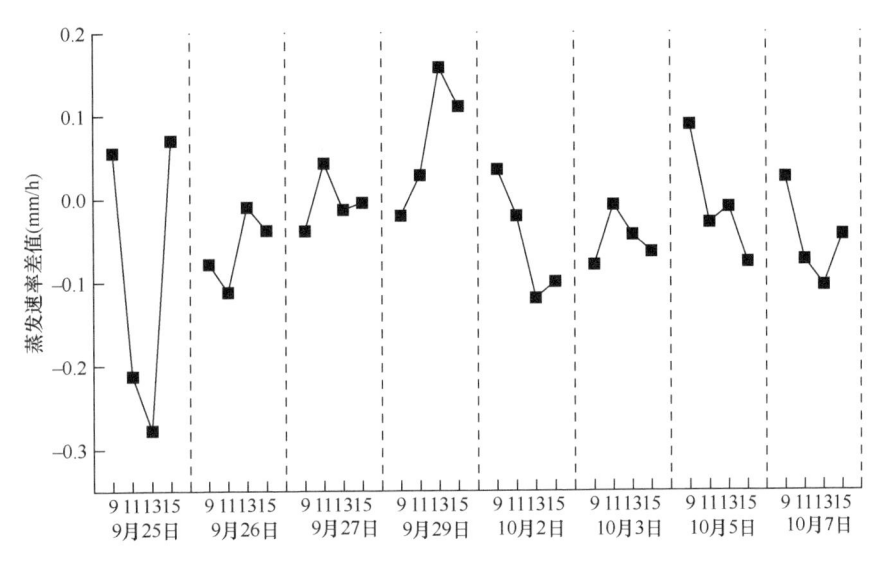

图 7-19　秋季沉陷区及非沉陷区土壤蒸发速率日变化
上图为土壤蒸发速率，下图为土壤蒸发速率差值

沉陷区土壤蒸发速率始终高于非沉陷区。9月27日沉陷区及非沉陷区蒸发速率变化基本一致，在13:00～15:00沉陷区蒸发速率下降速度低于非沉陷区，蒸发速率差值最大为0.04mm/h。9月29日沉陷区与非沉陷区蒸发速率均表现为持续下降的趋势，蒸发速率差值最大为0.15mm/h，10月2日沉陷区及非沉陷区蒸发速率变化趋势相同，11:00研究区土壤蒸发速率达到测定时间内最大值，沉陷区蒸发速率最大为0.36mm/h，非沉陷区则为0.34mm/h，土壤蒸发速率差0.12mm/h。10月3日沉陷区蒸发速率始终高于非沉陷区，但蒸发速率变化幅度小于非沉陷区。10月5日非沉陷区蒸发速率日内变化规律呈双峰型，且在9:00蒸发速率明显高于沉陷区，二者蒸发速率最高相差0.09mm/h。10月7日沉陷区和非沉陷区土壤蒸发速率日内变化规律完全相反，13:00沉陷区与非沉陷区蒸发速率差值最大，为0.10mm/h。

4. 土壤日蒸发量变化规律

秋季土壤日蒸发量如图7-20所示，由图可知：除9月29日外，其余几日沉陷区土壤日蒸发量始终高于非沉陷区，9月25日起，研究区土壤日蒸发量逐渐降低，受到28日强降雨的影响，研究区土壤日蒸发量在29日明显增加之后逐日降低。9月25日沉陷区土壤日蒸发量最高，为2.27mm，比非沉陷区土壤日蒸发量高0.73mm；非沉陷区土壤日蒸发量则在9月29日最高，为2.18mm。沉陷区8天累计土壤蒸发量为13.65mm，非沉陷区8天累计土壤蒸发量为11.73mm，二者相差1.92mm。秋季沉陷区土壤日均蒸发量为1.70mm，非沉陷区土壤日均蒸发量为1.47mm。

图 7-20　秋季沉陷区及非沉陷区土壤日蒸发量变化

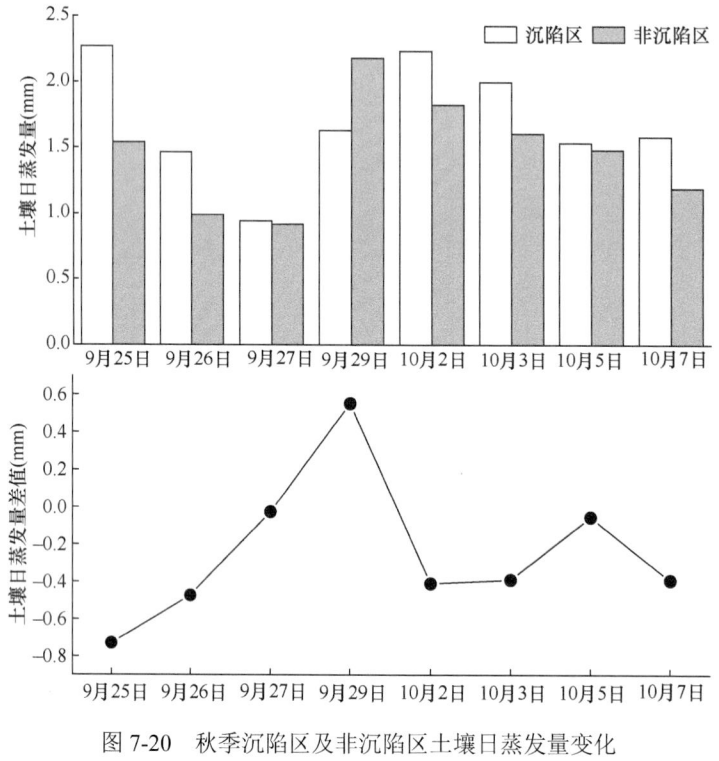

上图为土壤日蒸发量，下图为土壤日蒸发量差值

7.1.4.3　采煤沉陷区影响土壤蒸发速率的环境因子分析

1. 土壤含水量与土壤蒸发速率的相关性分析

对测定时间内的土壤蒸发速率及对应时刻的各土层土壤含水量进行相关性分析（表 7-3），结果表明沉陷区土壤蒸发速率与 40cm 和 60cm 土层土壤含水量负相关，与其余土层土壤含水量正相关，其中土壤蒸发速率与 10cm、20cm 及 40cm 土层土壤含水量显著相关。

表 7-3　不同土层土壤含水量与土壤蒸发速率的相关系数

	蒸发速率	60cm	50cm	40cm	30cm	20cm	10cm
蒸发速率	1.000	−0.104	0.020	−0.181*	0.026	0.178*	0.172*
60cm	−0.104	1.000	0.646**	0.314**	0.231**	0.149	0.236**
50cm	0.020	0.646**	1.000	0.650**	0.723**	0.125	−0.055
40cm	−0.181*	0.314**	0.650**	1.000	0.658**	−0.381**	−0.661**
30cm	0.026	0.231**	0.723**	0.658**	1.000	0.121	−0.208**
20cm	0.178*	0.149	0.125	−0.381**	0.121	1.000	0.882**
10cm	0.172*	0.236**	−0.055	−0.661**	−0.208**	0.882**	1.000

*表示 0.05 水平上显著相关，**表示 0.01 水平上极显著相关，下同

2. 气象因子与土壤蒸发速率的相关性分析

气象因子与秋季土壤蒸发速率的相关性分析结果如表 7-4 所示，由表可知，土壤蒸发速率与气温和太阳辐射负相关，与风速和相对空气湿度正相关，其中土壤蒸发速率与风速显著相关，和气温极显著相关。由各气象因子与土壤蒸发速率的相关系数的绝对值可知，各气象因子对蒸发速率的影响程度依次为气温＞风速＞太阳辐射＞相对空气湿度。

表 7-4　气象因子与土壤蒸发速率的相关系数

	蒸发速率	风速	气温	相对空气湿度	太阳辐射
蒸发速率	1.000	0.174*	−0.253**	0.100	−0.113
风速	0.174*	1.000	0.160*	−0.348**	0.085
气温	−0.253**	0.160*	1.000	−0.347**	0.427**
相对空气湿度	0.100	−0.348**	−0.347**	1.000	−0.533**
太阳辐射	−0.113	0.085	0.427**	−0.533**	1.000

7.1.5　采煤沉陷对植物蒸腾速率的影响

7.1.5.1　采煤沉陷对黑沙蒿蒸腾速率的影响

1. 夏季黑沙蒿蒸腾速率变化规律

1）夏季黑沙蒿瞬时蒸腾速率日内变化规律

由图 7-21 可知，8 月 7 日沉陷区黑沙蒿瞬时蒸腾速率变化为双峰型，11:00 瞬时蒸腾速率最高，为 0.42mm/h，13:00 出现"午休"现象；非沉陷区黑沙蒿瞬时蒸腾速率日变化为单峰型，在 13:00 瞬时蒸腾速率最高，为 0.52mm/h，当日非沉陷区黑沙蒿瞬时蒸腾速率始终高于沉陷区。8 月 8 日沉陷区及非沉陷区黑沙蒿瞬时蒸腾速率变化均为单峰型，且在 13:00 达到峰值，9:00 非沉陷区黑沙蒿瞬时蒸腾速率低于沉陷区。8 月 9 日非沉陷区黑沙蒿瞬时蒸腾速率在 9:00 和 13:00 时较高，沉陷区黑沙蒿瞬时蒸腾速率在 13:00 最高，和非沉陷区黑沙蒿瞬时蒸腾速率差值为 0.11mm/h。8 月 10 日非沉陷区黑沙蒿的瞬时蒸腾速率在 11:00 达到日最大，为 0.55mm/h，沉陷区黑沙蒿瞬时蒸腾速率则在 13:00 达到最大值，为 0.46mm/h，二者瞬时蒸腾速率最大相差 0.20mm/h。

2）夏季黑沙蒿日蒸腾量变化规律

图 7-22 为研究区黑沙蒿 8 月初日蒸腾量变化规律，由图可知测量时间内沉陷区及非沉陷区黑沙蒿日蒸腾量变化趋势基本一致，且非沉陷区日蒸腾量高于沉陷区，但二者之间的差值在 8 月 10 日前不断减小，8 月 10 日当天则有一定回升。沉陷区黑沙蒿 4 日累计蒸腾量为 9.82mm，非沉陷区黑沙蒿累计蒸腾量为 12.40mm。

夏季沉陷区黑沙蒿日均蒸腾量为2.46mm，非沉陷区黑沙蒿日均蒸腾量为3.10mm。

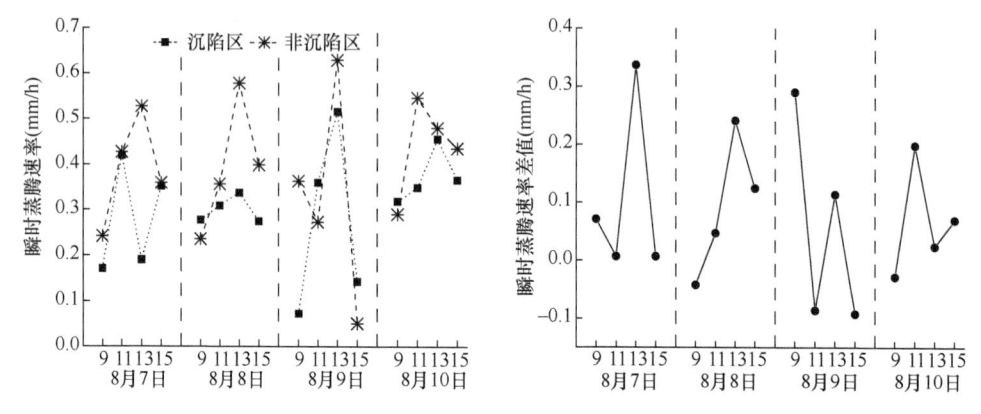

图7-21 夏季沉陷区及非沉陷区黑沙蒿瞬时蒸腾速率日变化
左图为黑沙蒿瞬时蒸腾速率，右图为瞬时蒸腾速率差值

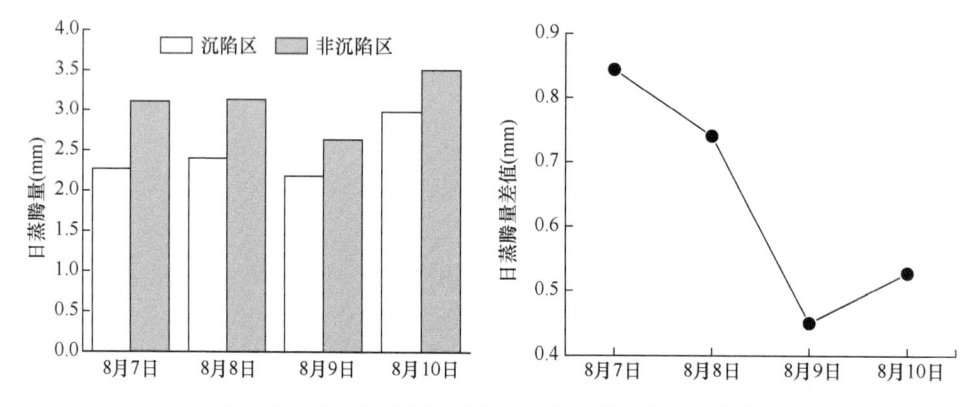

图7-22 夏季沉陷区及非沉陷区黑沙蒿日蒸腾量变化
左图为黑沙蒿日蒸腾量，右图为日蒸腾量差值

2. 秋季黑沙蒿蒸腾速率变化规律

1）秋季黑沙蒿瞬时蒸腾速率日内变化规律

图7-23是秋季研究区黑沙蒿瞬时蒸腾速率日内变化规律及差值，由图可知，黑沙蒿瞬时蒸腾速率日内变化规律有3种，以单峰变化为主。9月25日非沉陷区黑沙蒿瞬时蒸腾速率持续增加，沉陷区黑沙蒿瞬时蒸腾速率则在11:00达到峰值（0.41mm/h）后开始下降，15:00二者之间差值最大，为2.45mm/h。9月26日非沉陷区黑沙蒿瞬时蒸腾速率略高于沉陷区，差值最大为0.15mm/h。9月27日研究区黑沙蒿瞬时蒸腾速率变化趋势相同，但非沉陷区黑沙蒿变化幅度较大，非沉陷区瞬时蒸腾速率仅在11:00高于沉陷区，此时二者间差值当日最大。9月29日沉陷区及非沉陷区瞬时蒸腾速率相差不大，仅在15:00时非沉陷区黑沙蒿瞬时蒸腾速率明显

高于沉陷区。10月2日沉陷区内外黑沙蒿瞬时蒸腾速率变化规律一致,但沉陷区黑沙蒿瞬时蒸腾速率变化幅度较大,在15:00时高于非沉陷区。10月3日非沉陷区瞬时蒸腾速率变化为双峰型,沉陷区黑沙蒿瞬时蒸腾速率仅在13:00时高于非沉陷区。10月5日沉陷区黑沙蒿瞬时蒸腾速率随时间的延长持续增加,非沉陷区则为先增大后减小的趋势,在15:00时高于非沉陷区。10月7日沉陷区黑沙蒿瞬时蒸腾速率日变化规律为双峰型,在9:00和15:00时高于非沉陷区。

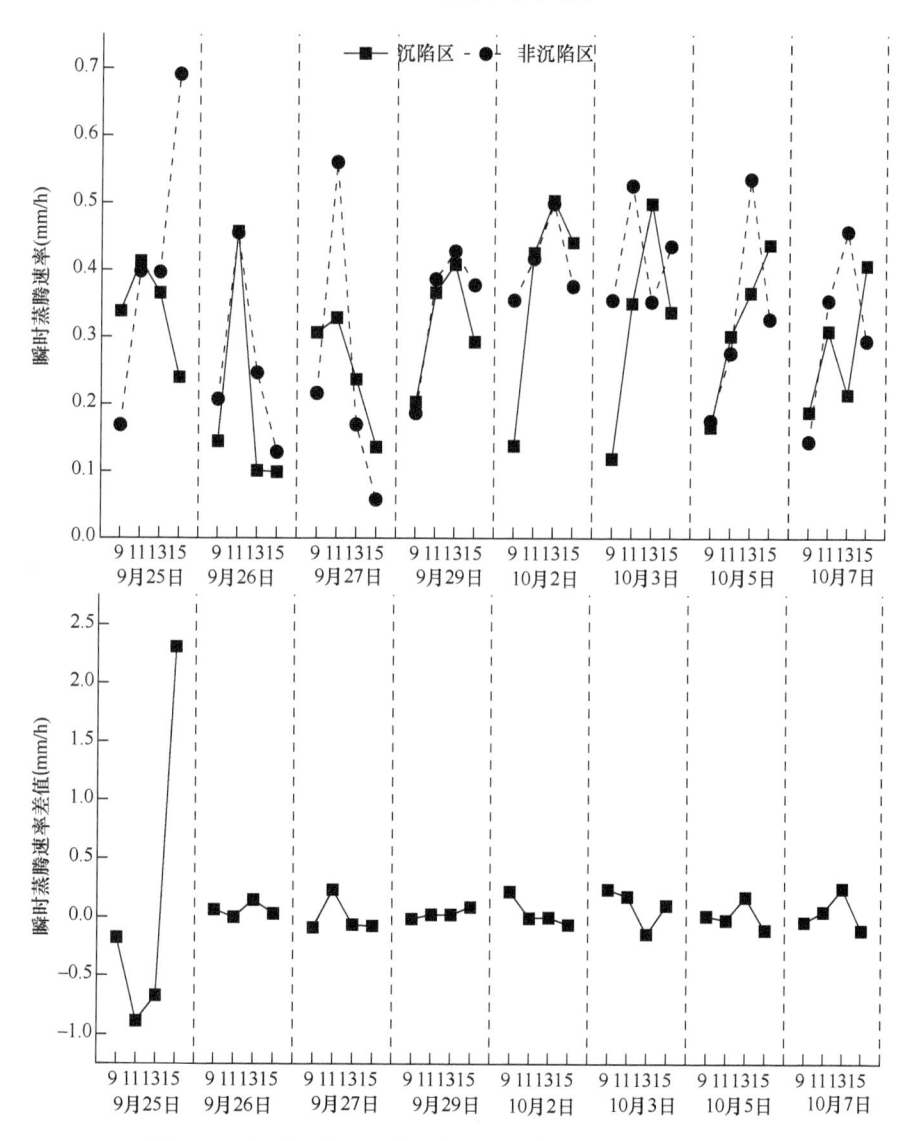

图 7-23 秋季沉陷区及非沉陷区黑沙蒿瞬时蒸腾速率日变化
上图为黑沙蒿瞬时蒸腾速率,下图为瞬时蒸腾速率差值

2）秋季黑沙蒿日蒸腾量变化规律

由图 7-24 可知，除 9 月 27 日沉陷区黑沙蒿日蒸腾量略高于非沉陷区外，其余几天非沉陷区黑沙蒿日蒸腾量均高于沉陷区，研究区黑沙蒿蒸腾量日变化表现为先减小后增大再减小的趋势。10 月 2 日沉陷区黑沙蒿日蒸腾量为测定时段内最大值，为 3.02mm，10 月 3 日非沉陷区黑沙蒿日蒸腾量达到最大值（3.29mm）。9 月 27 日和 10 月 5 日沉陷区内外黑沙蒿日蒸腾量差值低于 0.1mm，分别为 0.01mm 和 0.08mm。10 月 3 日非沉陷区和沉陷区黑沙蒿日蒸腾量差值最大，为 0.73mm。沉陷区黑沙蒿 8 天累计蒸腾量为 19.27mm，非沉陷区黑沙蒿 8 天累计蒸腾量为 21.90mm，二者黑沙蒿蒸腾量累计值相差 2.63mm。秋季沉陷区黑沙蒿日均蒸腾量为 2.41mm，非沉陷区黑沙蒿日均蒸腾量为 2.74mm。

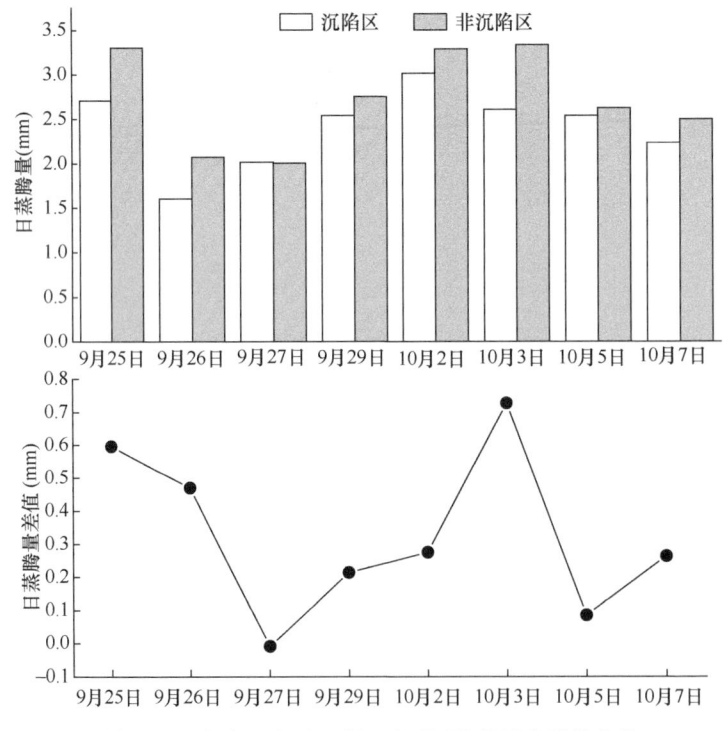

图 7-24　秋季沉陷区及非沉陷区黑沙蒿日蒸腾量变化
上图为黑沙蒿日蒸腾量，下图为日蒸腾量差值

3. 采煤沉陷区影响黑沙蒿灌丛蒸腾速率的环境因子分析

1）土壤各土层含水量与黑沙蒿瞬时蒸腾速率的相关性分析

对测定时间内的黑沙蒿瞬时蒸腾速率及对应时刻的各土层土壤含水量进行相关性分析（表 7-5），结果表明黑沙蒿瞬时蒸腾速率与 10cm、20cm 和 60cm 土层土壤含水量负相关，与其余土层土壤含水量正相关，其中黑沙蒿瞬时蒸腾速率与 30cm 土层

土壤含水量显著相关。由与各土层土壤含水量相关性的绝对值可知，土壤含水量对黑沙蒿瞬时蒸腾速率的影响程度依次为 30cm＞10cm=60cm＞40cm＞50cm＞20cm。

表 7-5　不同土层土壤含水量与黑沙蒿瞬时蒸腾速率的相关系数

	瞬时蒸腾速率	60cm	50cm	40cm	30cm	20cm	10cm
瞬时蒸腾速率	1.000	−0.146	0.075	0.144	0.179*	−0.056	0.146
60cm	−0.146	1.000	0.646**	0.314**	0.231**	0.149	0.236**
50cm	0.075	0.646**	1.000	0.650**	0.723**	0.125	−0.055
40cm	0.144	0.314**	0.650**	1.000	0.658**	−0.381**	−0.661**
30cm	0.179*	0.231**	0.723**	0.658**	1.000	0.121	−0.208**
20cm	−0.056	0.149	0.125	−0.381**	0.121	1.000	0.882**
10cm	−0.146	0.236**	−0.055	−0.661**	−0.208**	0.882**	1.000

2）气象因子与黑沙蒿瞬时蒸腾速率的相关性分析

气象因子与黑沙蒿瞬时蒸腾速率的相关性分析结果如表 7-6 所示，由表可知，黑沙蒿瞬时蒸腾速率与气温和太阳辐射正相关，与风速和相对空气湿度负相关，其中黑沙蒿瞬时蒸腾速率与气温显著相关，和相对空气湿度、太阳辐射极显著相关。由各气象因子与瞬时蒸腾速率相关系数的绝对值可知，各气象因子对蒸发速率的影响程度依次为太阳辐射＞相对空气湿度＞气温＞风速。

表 7-6　气象因子与黑沙蒿瞬时蒸腾速率的相关系数

	瞬时蒸腾速率	风速	气温	相对空气湿度	太阳辐射
瞬时蒸腾速率	1.000	−0.005	0.169*	−0.299**	0.302**
风速	−0.005	1.000	0.160*	−0.348**	0.085
气温	0.169*	0.160*	1.000	−0.347**	0.427**
相对空气湿度	−0.299**	−0.348**	−0.347**	1.000	−0.533**
太阳辐射	0.302**	0.085	0.427**	−0.533**	1.000

7.1.5.2　采煤沉陷对乌柳蒸腾速率的影响

1. 夏季乌柳蒸腾速率变化规律

1）夏季乌柳瞬时蒸腾速率日内变化规律

图 7-25 是研究区 8 月初乌柳瞬时蒸腾速率日内变化规律，由图可知，在观测期内，沉陷区和非沉陷区乌柳瞬时蒸腾速率日内变化规律存在 3 种类型。8 月 7 日和 8 月 10 日沉陷区乌柳瞬时蒸腾速率持续增加；8 月 8 日沉陷区乌柳瞬时蒸腾速率日内变化曲线为单峰型；8 月 9 日为双峰型，在 11:00 时瞬时蒸腾速率出现小幅下降。8 月 7 日和 8 月 9 日非沉陷区乌柳瞬时蒸腾速率为单峰型；8 月 8 日和 8 月 10 日则为双峰型，瞬时蒸腾速率在 13:00 时下降。

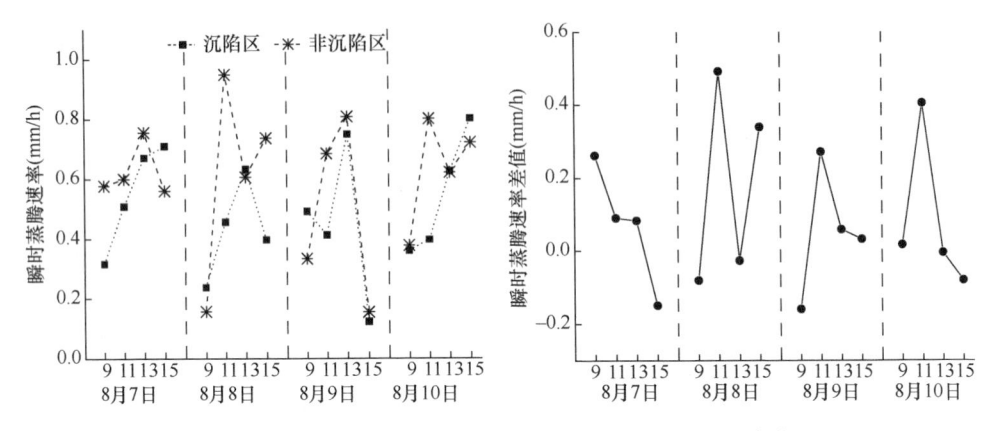

图 7-25 夏季沉陷区及非沉陷区乌柳瞬时蒸腾速率日变化
左图为乌柳瞬时蒸腾速率，右图为瞬时蒸腾速率差值

2）夏季乌柳日蒸腾量变化规律

由图 7-26 可知，测定的 4 天内，非沉陷区乌柳每日蒸腾量均高于沉陷区。8 月 10 日非沉陷区乌柳日蒸腾量最高，为 5.04mm，8 月 7 日沉陷区乌柳日蒸腾量最高，为 4.37mm。非沉陷区及沉陷区乌柳日蒸腾量差值最大为 1.45mm。沉陷区乌柳 4 天累计蒸腾量为 15.78mm，非沉陷区乌柳 4 天累计蒸腾量为 18.88mm，二者相差 3.10mm。夏季沉陷区乌柳日均蒸腾量为 3.94mm，非沉陷区乌柳日均蒸腾量为 4.72mm。

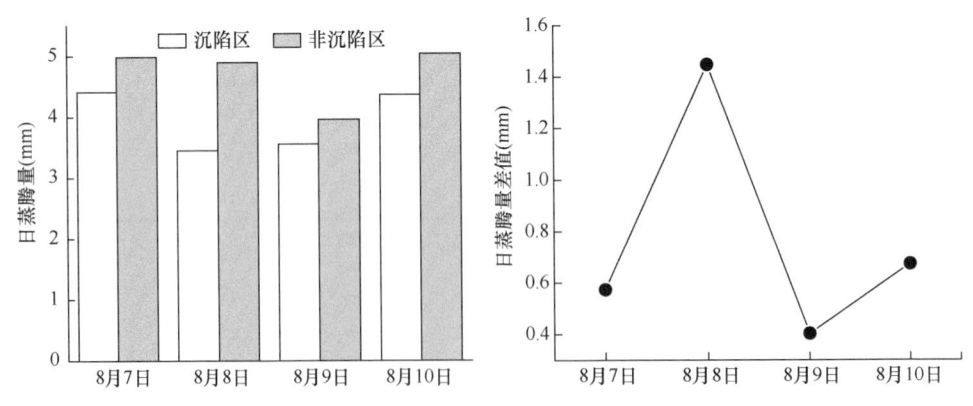

图 7-26 夏季沉陷区及非沉陷区乌柳日蒸腾量变化
左图为乌柳日蒸腾量，右图为日蒸腾量差值

2. 秋季乌柳蒸腾速率变化规律

1）秋季乌柳瞬时蒸腾速率日内变化规律

秋季研究区乌柳瞬时蒸腾速率日内变化规律如图 7-27 所示，除 9 月 25 日、26 日非沉陷区乌柳瞬时蒸腾速率变化为双峰型外，其余几日为单峰型；沉陷区乌柳瞬

时蒸腾速率始终为单峰型。9月25日乌柳瞬时蒸腾速率在13:00时达到最大值,沉陷区内外瞬时蒸腾速率差值最大为0.33mm/h,此时非沉陷区乌柳瞬时蒸腾速率为秋季最大,为0.72mm/h。9月26日非沉陷区乌柳瞬时蒸腾速率在9:00时最大,沉陷区在11:00时最大。9月27日沉陷区乌柳瞬时蒸腾速率变化范围高于非沉陷区,但仅在11:00时大于非沉陷区。9月29日,经过降雨的补充,研究区乌柳瞬时蒸腾速率有所增加,沉陷区乌柳瞬时蒸腾速率达到秋季最大值(0.70mm/h)。10月2日沉陷区及非沉陷区乌柳瞬时蒸腾速率在13:00时最高。10月3日非沉陷区乌柳瞬时蒸腾速率始终高于沉陷区,蒸腾速率差值日内变化规律和10月2日相反。

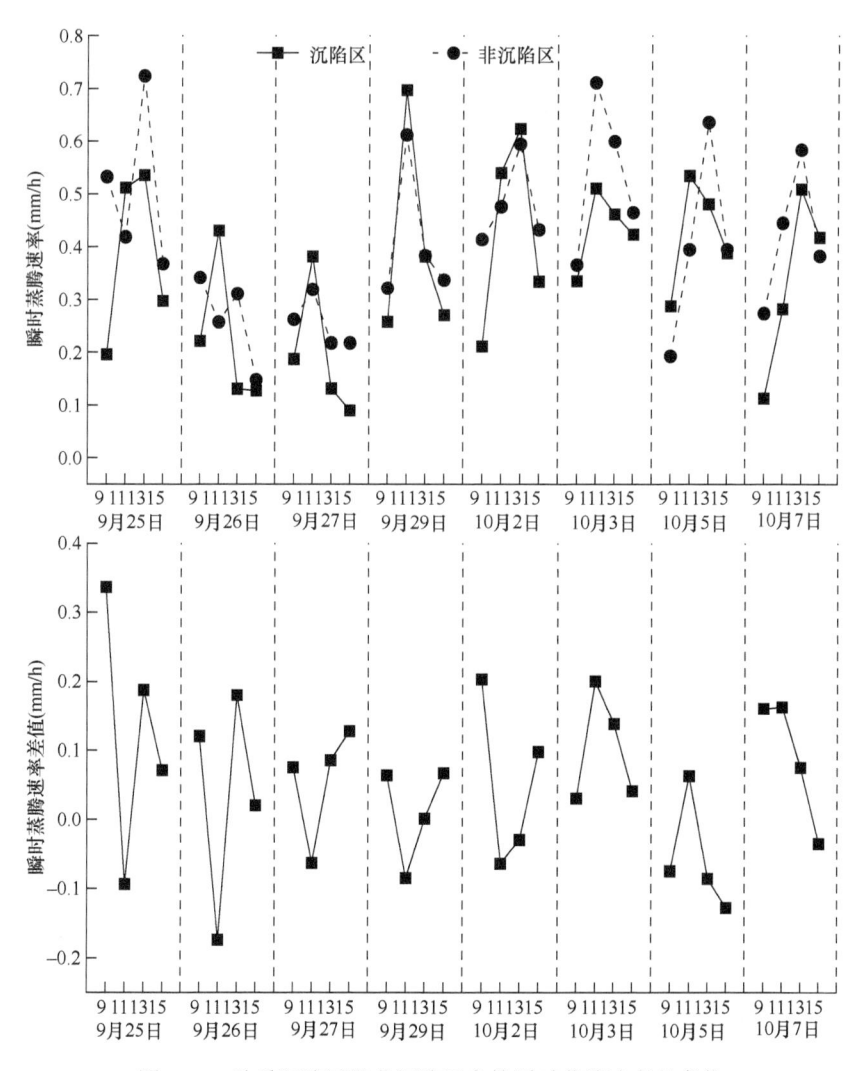

图 7-27　秋季沉陷区及非沉陷区乌柳瞬时蒸腾速率日变化

上图为乌柳瞬时蒸腾速率,下图为瞬时蒸腾速率差值

10月5日沉陷区乌柳瞬时蒸腾速率11:00时最高,非沉陷区则在15:00时最高。10月7日沉陷区乌柳瞬时蒸腾速率在15:00时高于非沉陷区,二者均在13:00时达到乌柳瞬时蒸腾速率最大值。

2)秋季乌柳日蒸腾量变化规律

图7-28是秋季沉陷区及非沉陷区乌柳日蒸腾量变化规律及其差值,由图可知,除10月5日外,其余时间均为非沉陷区乌柳日蒸腾量高于沉陷区。沉陷区及非沉陷区乌柳日蒸腾量变化规律相同,均表现为先减小后增大再减小的趋势。10月3日沉陷区及非沉陷区乌柳日蒸腾量为测量时间内最高,沉陷区为3.46mm,非沉陷区为4.28mm。9月25日沉陷区内外乌柳日蒸腾量差值最高,为1mm,9月29日沉陷区内外乌柳日蒸腾量差值最低,为0.09mm。沉陷区乌柳8天累计蒸腾量为22.61mm,非沉陷区乌柳8天累计蒸腾量为26.27mm,二者蒸腾量累计值相差3.66mm。秋季沉陷区乌柳日均蒸腾量为2.83mm,非沉陷区乌柳日均蒸腾量为3.28mm。

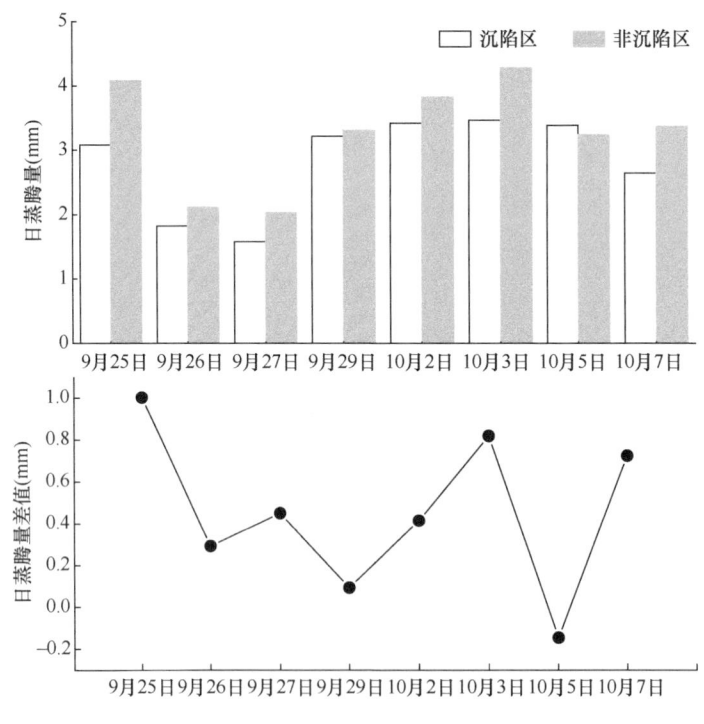

图7-28 秋季沉陷区及非沉陷区乌柳日蒸腾量变化
上图为乌柳日蒸腾量,下图为日蒸腾量差值

3. 采煤沉陷区影响乌柳灌丛蒸腾速率的环境因子分析

1)土壤各土层含水量与乌柳瞬时蒸腾速率的相关性分析

对测定时间内的乌柳瞬时蒸腾速率及对应时刻的各土层土壤含水率进行相关

性分析（表 7-7），结果表明乌柳瞬时蒸腾速率与 10cm、20cm 和 60cm 土层土壤含水量负相关，与其余土层土壤含水量正相关，其中乌柳瞬时蒸腾速率与 10cm、30cm、40cm、60cm 土层含水量极显著相关。由各土层含水量与乌柳瞬时蒸腾速率相关系数的绝对值可知，土壤含水量对乌柳瞬时蒸腾速率的影响程度依次为 10cm＞30cm=40cm＞60cm＞20cm＞50cm。

表 7-7　不同土层土壤含水量与乌柳瞬时蒸腾速率的相关系数

	瞬时蒸腾速率	60cm	50cm	40cm	30cm	20cm	10cm
瞬时蒸腾速率	1.000	−0.242**	0.091	0.270**	0.270**	−0.099	0.277**
60cm	−0.242**	1.000	0.646**	0.314**	0.231**	0.149	0.236**
50cm	0.091	0.646**	1.000	0.650**	0.723**	0.125	−0.055
40cm	0.270**	0.314**	0.650**	1.000	0.658**	−0.381**	−0.661**
30cm	0.270**	0.231**	0.723**	0.658**	1.000	0.121	−0.208**
20cm	−0.099	0.149	0.125	−0.381**	0.121	1.000	0.882**
10cm	−0.277**	0.236**	−0.055	−0.661**	−0.208**	0.882**	1.000

2）气象因子与乌柳瞬时蒸腾速率的相关性分析

气象因子与乌柳瞬时蒸腾速率的相关性分析结果如表 7-8 所示，由表可知，乌柳瞬时蒸腾速率与风速、气温和太阳辐射正相关，与相对空气湿度负相关，其中乌柳瞬时蒸腾速率与气温、相对空气湿度、太阳辐射极显著相关。由各气象因子与乌柳瞬时蒸腾速率相关系数的绝对值可知，各气象因子对乌柳瞬时蒸腾速率的影响程度依次为太阳辐射＞相对空气湿度＞气温＞风速。

表 7-8　气象因子与乌柳瞬时蒸腾速率的相关系数

	瞬时蒸腾速率	风速	气温	相对空气湿度	太阳辐射
瞬时蒸腾速率	1.000	0.040	0.352**	−0.365**	0.414**
风速	0.040	1.000	0.160*	−0.348**	0.08
气温	0.352**	0.160*	1.000	−0.347**	0.427**
相对空气湿度	−0.365**	−0.348**	−0.347**	1.000	−0.533**
太阳辐射	0.414**	0.085	0.427**	−0.533**	1.000

7.1.6　采煤沉陷对群落蒸散发的影响

7.1.6.1　夏季采煤沉陷对蒸散发的影响

将每日土壤蒸发量及黑沙蒿和乌柳蒸腾量求和作为当日该研究区的蒸散发量，图 7-29 是夏季研究区蒸散发量日变化，由图可知，研究区蒸散耗水量组成大小为乌柳蒸腾量＞黑沙蒿蒸腾量＞土壤蒸发量，沉陷区日蒸散发量小于非沉陷区。沉陷区日蒸散发量最大值为 8.56mm，最小为 6.90mm，日均蒸散发量为 7.88mm；非沉陷区日蒸散发量最大值为10.30mm，最小为7.81mm，日均蒸散发量为9.45mm。沉陷区乌柳蒸腾量与黑沙蒿蒸腾量差值最大为2.15mm，最小为1.05mm。

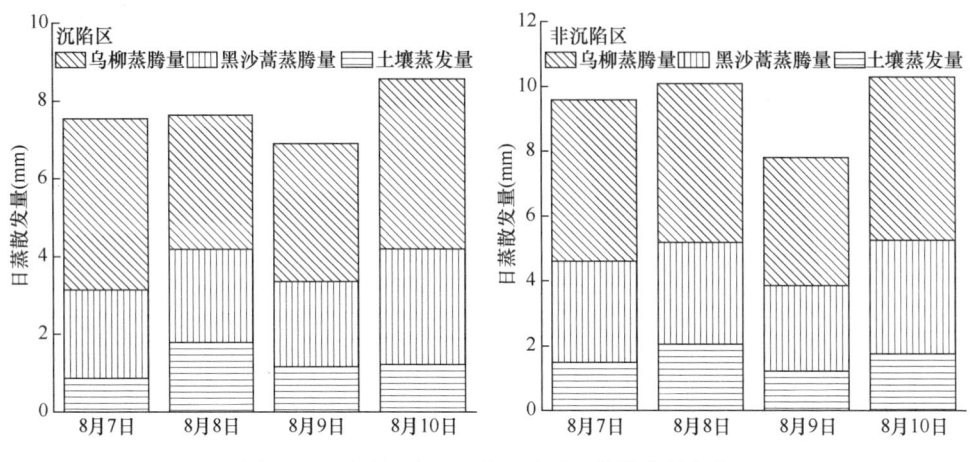

图7-29 夏季沉陷区及非沉陷区日蒸散发量变化

7.1.6.2 秋季采煤沉陷对蒸散发的影响

图7-30是秋季蒸散发状况，由图可知沉陷区蒸散耗水量各组分大小关系基本为乌柳蒸腾量＞黑沙蒿蒸腾量＞土壤蒸发量，但在9月27日乌柳蒸腾量小于黑沙蒿蒸腾量，且秋季乌柳蒸腾量与黑沙蒿蒸腾量差值最高为0.85mm。黑沙蒿和乌柳日蒸腾量相较于夏季差值变小，是因为乌柳已经开始落叶，黑沙蒿的生长状况好于乌柳，蒸腾量下降幅度有限。非沉陷区蒸散耗水量各组分大小为乌柳蒸腾量＞黑沙蒿蒸腾量＞土壤蒸发量。沉陷区日蒸散发量最大值为8.67mm，最小为4.54mm，日均蒸散发量为6.94mm；非沉陷区日蒸散发量最大值为9.23mm，最小为4.95mm，日均蒸散发量为7.49mm。

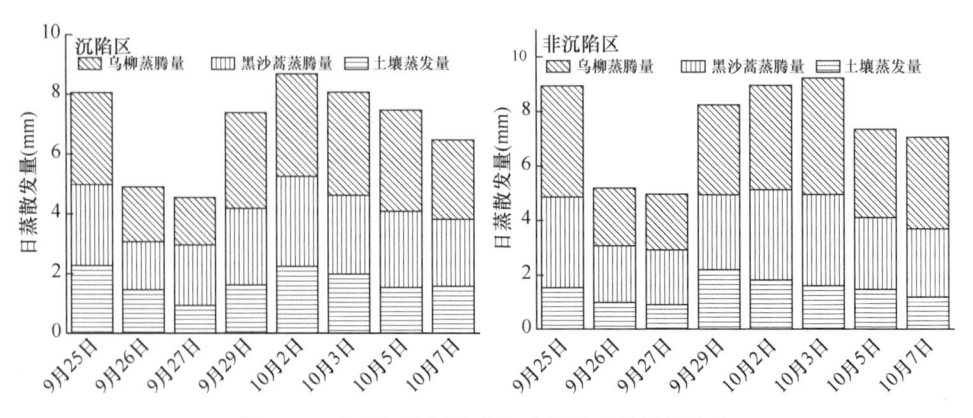

图7-30 秋季沉陷区及非沉陷区日蒸散发量变化

7.1.6.3 不同时期研究区蒸散发组分占比及蒸腾蒸发分摊系数

植物蒸腾量与土壤蒸发量的比值即为蒸腾蒸发分摊系数,这一系数能够反映林地土壤水分的利用效率,是研究林地水分循环的重要参数。表 7-9 是研究区不同时期蒸散发各组分占比及蒸腾蒸发分摊系数,由表可知夏季植物蒸腾占据蒸散发量的 80%以上,其中乌柳蒸腾量占据蒸散量的一半左右,沉陷区乌柳蒸腾在蒸散中的比重高于非沉陷区,黑沙蒿蒸腾量和土壤蒸发量占蒸散发量的比重则低于非沉陷区。相比于夏季,秋季乌柳蒸腾占蒸散的比重下降,黑沙蒿蒸腾和土壤蒸发的比重则有不同幅度的上升。其中沉陷区乌柳蒸腾在蒸散中的比重下降速度最快,为 10.66 个百分点,土壤蒸发的比重涨幅最大,为 8.05 个百分点。夏季及秋季沉陷区内外的蒸腾蒸发分摊系数均大于 1,且沉陷区植物蒸腾量占据蒸散发量的 75%左右,非沉陷区则达 80%以上,说明在这两个物候期内土壤水分主要用于植物蒸腾作用。

表 7-9 不同季节蒸散发各组分占比及蒸腾蒸发分摊系数

	夏季		秋季	
	沉陷区	非沉陷区	沉陷区	非沉陷区
乌柳蒸腾量占比(%)	51.44	49.95	40.78	43.79
黑沙蒿蒸腾量占比(%)	32.11	32.80	34.72	36.58
土壤蒸发量占比(%)	16.45	17.25	24.50	19.63
蒸腾蒸发分摊系数	5.08	4.80	3.08	4.10

7.2 风沙采煤沉陷区生态修复树种蒸腾特征及能量收支

柠条锦鸡儿(*Caragana korshinskii*)、乌柳、沙棘(*Hippophae rhamnoides*)是半干旱地区主要的乡土树种,因其具备良好的防风固沙能力,同时也具有较高的经济价值,成为该地区主要的生态修复树种,研究其蒸腾耗水量及树种对环境的改善能力对于半干旱区水分调控及生态修复具有重要意义。目前对于 3 种植物的蒸腾特征的研究已有较多报道(孙龙,2014;刘龙,2019)。探索一种能够在野外条件下测定植株实际蒸腾耗水量的方法对研究荒漠地区植物蒸腾具有重要意义。"三温模型"是邱国玉等提出的测算蒸散发的方法,由于该模型的核心参数是植被表面温度、参考表面温度和气温,故被称为"三温模型",具有参数少、计算简单、应用范围广、结果精准等特点(Qiu,1996;Qiu et al.,2002;邱国玉和熊育久,2014),红外热成像技术能观测人体肉眼不可见的红外波段的光谱,将其转变为可见的热图像(Leinonen and Jones,2004),具有高通量性、非接触性、高分辨率等特征(王冰等,2011)。本试验以毛乌素沙地采煤沉陷区常见生态修复树种为研究对象,探究"热红外遥感+三温模型"的方法在半干旱地区应用过程中,适合采煤沉陷地区植物蒸腾测量的参考叶片，并确定 3 种主要树种的蒸腾特征，以及在蒸腾过程中能量的收支情况，为风沙采煤沉陷区植被恢复提供理论依据和技术支持。

1. 研究对象选择

本试验于 2019 年 9 月 25 日（晴朗无云的天气）进行，选择毛乌素沙地东北缘采煤沉陷区生态恢复示范区作为试验区，面积约为 1762.85m^2，海拔 1228m。依据树冠不受遮蔽原则，在试验区内选择 7 株不受其他植株遮蔽、生长健康的柠条锦鸡儿作为试验对象，用于参考叶片的筛选。同时在该区域选择株高、冠幅相似的柠条锦鸡儿（高 120cm 左右）、沙棘（高 110cm 左右）、乌柳（高 250cm 左右）各 3 株作为试验对象，用于植物蒸腾特征的研究（参考叶片为绿色卡纸），乌柳为人工种植，沙棘和柠条锦鸡儿为"飞播"种植。

2. 参考叶片布设

卡纸和便笺纸是研究区容易获得的纸张，因此使用上述两种纸张和烘干植物叶片（实验室烘干带至研究区）作为参考叶片，两种纸张均购买于当地文具品店。将两种纸张裁剪为长约 5cm，宽约 2cm 的矩形参考叶片。将参考叶片布设于无蒸腾冠层上方，参考叶片布设的倾斜角度、方位参数尽量和同时观测的植物叶片保持一致，为保证参考叶片和植物叶片受到相同的温度与光照，拍摄前半小时将参考叶片布设于试验样地。

7.2.1 研究区气象因子日变化

在"三温模型"中，气温和太阳辐射是测量植物蒸腾速率的关键因子。由图 7-31 可知，气温和太阳辐射均呈现先增加后减小的趋势；气温日变化类似"钟罩"

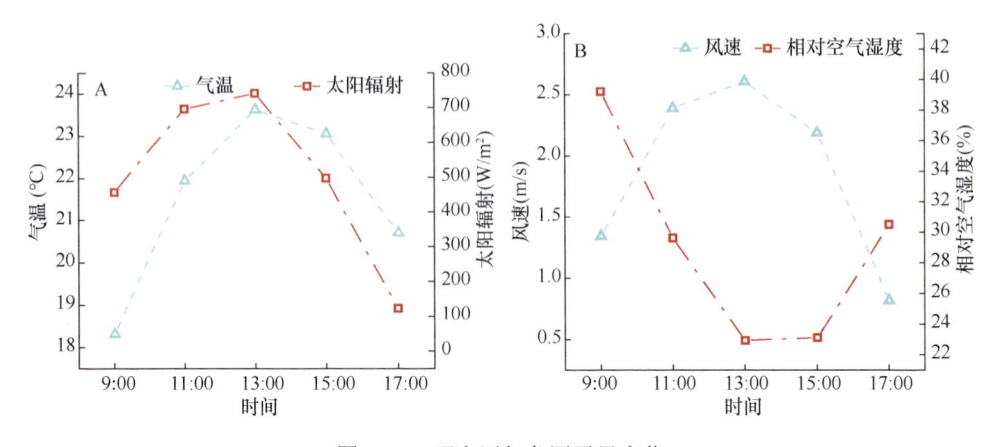

图 7-31 研究区气象因子日变化

形，波动范围较小，早上 9:00 时气温最低，13:00 时气温达最大值（23.63℃）；太阳辐射在 13:00 时达到峰值（741.07W/m²），13:00 后太阳辐射变化幅度加快，近于线性变化，17:00 时达到最小值（123.16W/m²）。风速日变化同气温及太阳辐射日变化规律一致，13:00 时风速最大，为 2.61m/s，17:00 时风速最小，为 0.81m/s；相对空气湿度日变化趋势同气温及太阳辐射相反，9:00 时太阳辐射和气温较低，空气中水分较多，相对空气湿度最高，为 39.21%。随着气温和太阳辐射的上升，空气中的水分蒸发，相对空气湿度开始降低，在 13:00 时达到最低值（22.94%），13:00～15:00 相对空气湿度和气温变化幅度一致，15:00 后相对空气湿度上升幅度加快，在 17:00 时相对空气湿度达到测定时间内第二峰值（30.49%）。

7.2.2 参考叶片的筛选

由图 7-32 可知，各参考叶片温度日变化为"单峰型"，且均在 13:00 时达到峰值，但便笺纸温度在太阳辐射较高时远低于其他两种参考叶片，与植物叶片温度的差值较小，卡纸与干叶片温度变化在 15:00 之前有较高的拟合度，但是 15:00 以后随着太阳辐射的降低速度加快，卡纸与干叶片间的温差开始变大，17:00 时各叶片温度大小关系为：干叶片＞植物叶片＞便笺纸≈卡纸。经计算，当便笺纸作为参考叶片时，柠条锦鸡儿在 9:00 时的瞬时蒸腾速率为 4.95mm/h，远大于其余两种参考叶片同时刻的植物瞬时蒸腾速率，由图 7-33 可知，当以卡纸为参考叶片时，其计算结果与干叶片作为参考叶片的计算结果在 9:00～15:00 有较高的吻合度，在 13:00 时达到最大值（0.71mm/h），在 17:00 时二者吻合程度较低。综上所述，以表面温度和计算结果作为选择参考叶片的指标发现绿色便笺纸不适合作为采煤沉陷区柠条锦鸡儿的参考叶片，绿色卡纸可以在 9:00～15:00 替代干叶片作为植物蒸腾速率测量的参考叶片。

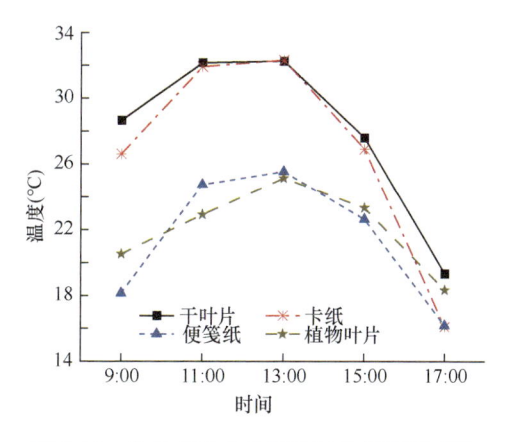

图 7-32 各参考叶片及植物叶片温度日变化

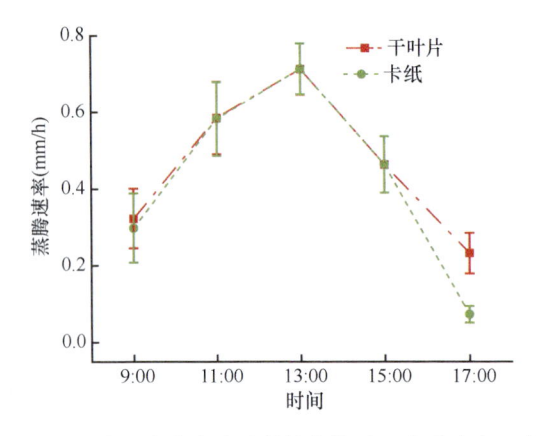

图 7-33　以卡纸为参考叶片的柠条锦鸡儿蒸腾速率日变化

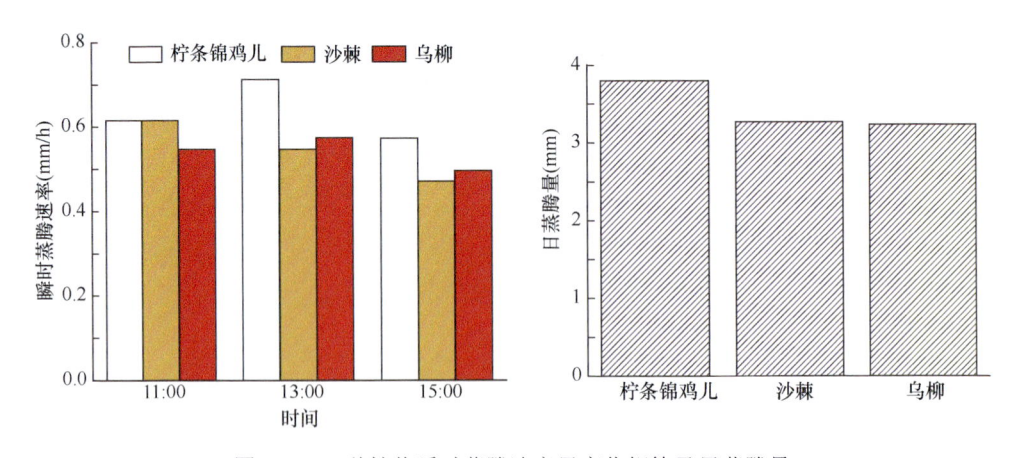

7.2.3　3 种植物瞬时蒸腾速率日变化规律及日蒸腾量

图 7-34 是 3 种植物 11: 00～15: 00 瞬时蒸腾速率日变化规律，3 种植物瞬时蒸腾速率日变化趋势均为"单峰型"，沙棘瞬时蒸腾速率在 11: 00 时达到峰值（0.61mm/h），日蒸腾量为 3.27mm，柠条锦鸡儿和乌柳瞬时蒸腾速率则在 13: 00 时达到最大值，最大值分别为 0.71mm/h 和 0.57mm/h。日蒸腾量则分别为 3.80mm、3.24mm。和柠条锦鸡儿相比，乌柳和沙棘瞬时蒸腾速率变化较为平缓，柠条锦鸡儿在太阳辐射和温度高时蒸腾水平高于其他两种植物。

图 7-34　3 种植物瞬时蒸腾速率日变化规律及日蒸腾量

7.2.4　3 种植物蒸腾扩散系数变化规律

植被蒸腾扩散系数（h_{at}）是衡量植被蒸散量并评价其水分利用状况的一种模

型指标，可反映植物根系土壤水分状况，进而指示作物水分亏缺。h_{at}取值范围为$h_{at} \leqslant 1$，h_{at}越小，说明植被越无水分亏缺或越不受环境胁迫；h_{at}越大则表明植被受到最大水分亏缺或环境胁迫越大。由图7-35可知，3种植物的h_{at}最大值在0.20左右，说明植物在测量时间内受到的水分胁迫程度轻微，主要原因是在测量前研究区经历了两天的降雨过程，土壤水分较为充足。其中，柠条锦鸡儿和乌柳的h_{at}值日变化规律为"单峰型"，乌柳则为"双峰型"。3种植物的h_{at}日均值从大到小依次为乌柳（0.18）、沙棘（0.11）、柠条锦鸡儿（0.03）。说明柠条锦鸡儿抵抗胁迫的能力最强，乌柳抵抗胁迫的能力最差。

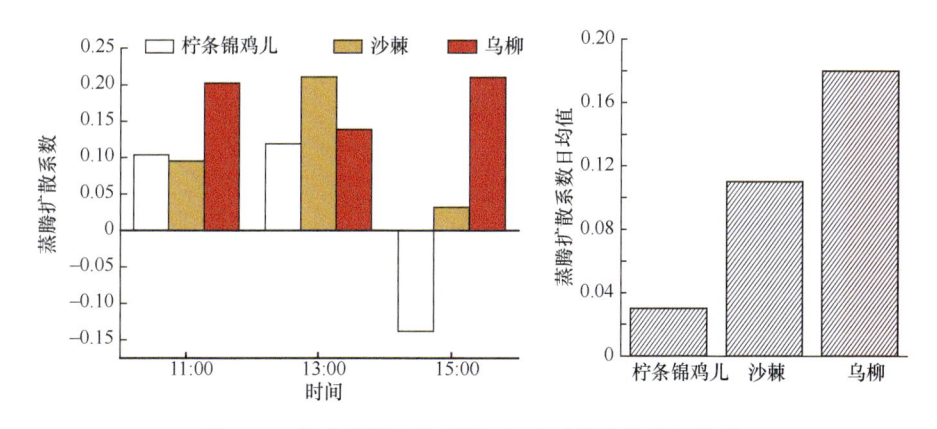

图7-35　植物蒸腾扩散系数（h_{at}）变化规律及日均值

7.2.5　常见荒漠植物能量收支特征

地表能量收支是一种陆面过程，包括太阳能和地球内能在地表物质之间的传递输送及存在形式的转变等。在本研究中能量收支指的是植物的能量收支情况，净辐射通量（R_n）是指地表净得的短波辐射和长波辐射的和，是地表能量、动量、水分输送与交换过程中的主要能源。对于植物的蒸腾耗能需求具有重要意义。本研究中净辐射依据太阳辐射计算得到。显热通量（H）是物体或热系统之间的热量交换，不会发生相变，唯一改变的是温度。单位时间内，大气与地表间沿铅直向通过单位面积流过的热量即为显热通量，又称感热通量。对于本研究，显热通量指的是植株向周围环境释放的能量，正值为向空气中释放热量，负值为吸收空气中热量。本研究显热通量通过能量平衡公式反推得到。由图7-36可知，柠条锦鸡儿净辐射通量在13：00时最高，为533.62W/m²；沙棘的净辐射通量在11：00、13：00时较高，在456～460W/m²，乌柳的净辐射通量则在11：00最高，为450.24W/m²。柠条锦鸡儿和乌柳的显热通量存在小于0的情况，说明该时刻净辐射通量无法满足植物蒸腾的需要，植物开始从空气中吸收能量来保证蒸腾的正常进行，柠条锦鸡儿从外界吸收的热量高于其他两种植物。

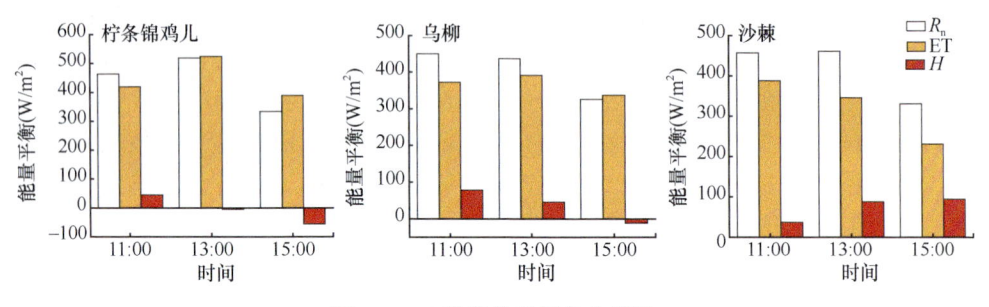

图 7-36　3 种植物能量收支状况

7.2.6　讨论

不同地区的植物叶片在长期进化的过程中形成了不同的结构来适应当地环境，因此在选择参考叶片时应该因地制宜，选择适合该地区植物的参考叶片。在选取参考叶片时应同时考虑获取的简单性和结果的准确性两大特点，本着获取简单的原则，选择绿色卡纸和便笺纸作为参考叶片进行植物蒸腾速率的计算，但和柠条锦鸡儿叶片相比，便笺纸厚度较薄，卡纸的厚度和柠条锦鸡儿叶片类似。由于参考叶片不具备蒸腾降温作用，其温度变化主要受太阳辐射的影响，当辐射强度较高时，其温度远高于植物叶片。不同厚度的参考叶片吸收太阳辐射的能力不同，便笺纸温度在正午时分仅略高于叶片温度，与卡纸和干叶片温度相差极大，这一结果和 Qiu 等（2009）、凌军等（2012）测得的在强太阳辐射下干叶温度高于植物叶的情况不符。而卡纸与干叶片温度在太阳辐射较高时温度变化极为吻合，随着太阳辐射强度的降低吻合度略有降低但计算的植物蒸腾速率结果不存在显著性差异，结合 Zhou 等（2014）发现的"三温模型"在 9:00～16:00 具有较高的精确度的研究结果，说明当太阳辐射强度较高时卡纸可以替代干叶片进行荒漠地区植物蒸腾速率的计算。植物在绿化环境的同时也可以降低环境温度。苏从先和胡隐樵（1987）的研究表明，西北干旱荒漠地区的植物相较于周围环境是一个冷源，形成冷岛效应，植物的冷岛效应可以进一步改善城市热环境，提高人们生活质量（唐罗忠等，2009）。本试验中 3 种植物的显热通量存在接近零甚至小于零的情况，表明植物为满足其蒸腾的需要，从外界环境中吸收热量，从而达到降低外界环境温度的目的，与于小惠等（2017）研究发现草坪净辐射通量低于潜热通量的结果一致。但不同植物的蒸腾水平不同，对水分的消耗和抵御胁迫的程度也有所不同。高永等（2014）研究发现植物蒸腾与株高冠幅间具有很大关系。本研究中乌柳株高及冠幅大于柠条锦鸡儿和沙棘，但日蒸腾量和沙棘相仿，低于柠条锦鸡儿，表明同水平下乌柳的蒸腾耗水量低于其他两种植物。同时柠条锦鸡儿累计蒸腾耗水量最高，说明柠条锦鸡儿的吸水能力更强，其适应性也最强。邱国玉等（2006）在温室通过对番茄、甜瓜等作物进行的水分控制试验研究表明，h_{at} 值可以反映植物根系水分状况，h_{at} 值越接近 1 受到的水分胁迫越大，本试验中乌柳的 h_{at} 值平均值高于沙棘和柠条锦鸡儿，说明其抵御胁迫的能力最弱，柠条锦鸡儿抵抗胁迫的能力最强。

7.3 基于"三温模型"的风沙采煤沉陷区柠条锦鸡儿灌丛蒸腾特征研究

采矿活动不但占用和破坏大量土地，而且在矿山开采过程中还会通过粉尘、潜在的酸性废水排放、地表径流、滑坡、塌陷等过程再次污染及破坏周边土地资源，并使周边环境不断恶化（Li，2006）。特别是矿山恢复治理区域土壤养分缺乏，不适当的护理或长期的搁置可能会永久性损害植被的健康（帅爽等，2021）。恢复治理区植被恢复状况是评价恢复治理工作效果的重要指标之一。

我国 95%的煤炭开采采用井工开采的方式，这种方式会导致矿区大面积的塌陷下沉，导致环境进一步恶化，加速了土地荒漠化进程（张鸿龄等，2018）。因此，做好矿区的植被恢复工作是煤炭开采的前提。水分是矿区植被恢复的主要限制因子（陈洪松和王克林，2008；张川等，2013），探明该地区水分循环过程对植被恢复具有重要意义。植物蒸腾是干旱、半干旱地区水分散失的主要途径，董学军等（1997）以毛乌素沙地几种沙地灌木为研究对象，发现毛乌素沙地灌木生态系统的蒸散发主要来自于植物蒸腾作用。常见的测量单株植物蒸腾的方法在野外条件下具有一定的局限性："称重法"和"光合仪法"容易对植物叶片造成损伤，影响植物正常生长；"蒸渗仪"的测量结果最准确但价格昂贵、设备笨重导致其难以在野外应用（苏建平和康博文，2004）。一种能在野外条件下测定植株实际蒸腾耗水的方法在生态修复工作中具有重要意义。

7.2 节已知"三温模型"是邱国玉等提出的测算蒸散发的方法，在应用"三温模型"时常使用烘干植物叶片作为参考叶片（邱国玉等，2006），但是在实际测定中往往不具备烘干条件，因此研究人员常使用绿色纸张作为参考叶片进行观测（高永等，2014；于小惠等，2017；鲁赛红等，2019）。由于不同地区植物叶片种类不同，因此选择的绿色纸张也应有所不同，但目前对于纸张的选择方式尚缺少普适性强的研究成果。确定适合半干旱地区植物蒸腾测定的参考叶片对于该方法在半干旱地区的推广应用具有重要意义。

本试验以毛乌素沙地采煤沉陷区生态修复树种柠条锦鸡儿（*Caragana korshinskii*）为研究对象，采用"热红外遥感+三温模型"方法探究绿色便笺纸和绿色卡纸作为参考叶片时与烘干植物叶片的差别，确定适合荒漠地区植物蒸腾速率测量的参考叶片，同时明晰影响该区域柠条锦鸡儿蒸腾的主要气象因子，为非接触、无损伤、高精度测定荒漠灌丛蒸腾速率提供参考。

7.3.1 研究区气象因子日变化规律

由图 7-37 可知：气温、太阳辐射和风速随着测定时间呈先升高后降低的变化趋势，且在 13:00 时达到最大值。相对空气湿度变化则与之相反。对于气温而言，其波动范围较小，早上 9:00 时气温最低，13:00 时气温最高，为 23.63℃；对于太阳辐射而言，太阳辐射在 13:00 时达到峰值（741.07W/m²），13:00 后太阳辐射变化幅度加快，近于线性变化，17:00 时达到最小值（123.16W/m²）。对于风速而言，13:00 时风速为 2.61m/s。对于相对空气湿度而言，9:00 时太阳辐射和气温较低，空气中水分较多，相对空气湿度最高，为 39.21%，随着气温和太阳辐射的上升，空气中的水分蒸发，相对空气湿度开始降低，在 13:00 时达到最低值（22.94%），15:00 后相对空气湿度上升速度加快，在 17:00 时相对空气湿度达到测定时间内第二峰值（30.49%）。

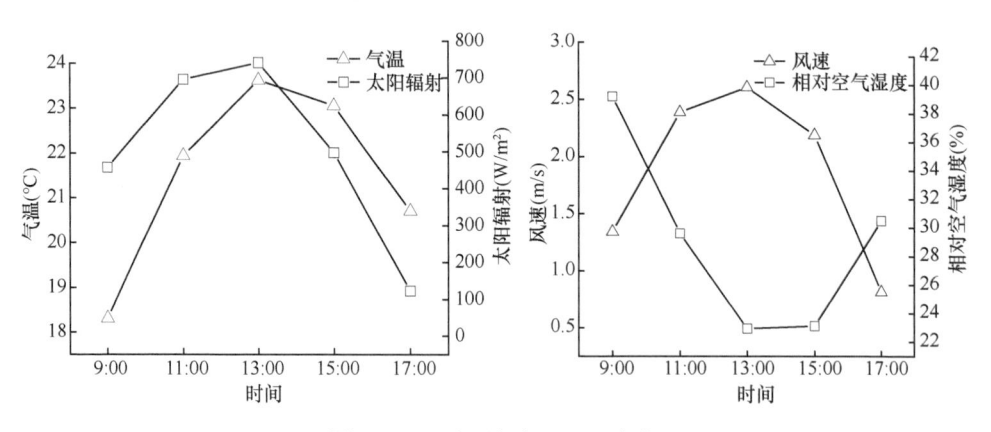

图 7-37 研究区气象因子日变化

7.3.2 柠条锦鸡儿灌丛蒸腾速率日变化规律与日蒸腾量

依据提取的叶温、气温和太阳辐射结合"三温模型"计算了柠条锦鸡儿蒸腾速率并绘出了柠条锦鸡儿蒸腾速率日变化曲线（图 7-38）。柠条锦鸡儿日蒸腾速率为"单峰型"，在 13:00 时达到峰值，为 0.71mm/h。以瞬时蒸腾速率作为基础对柠条锦鸡儿的日蒸腾量进行了计算，发现其日蒸腾量为 4.64mm。

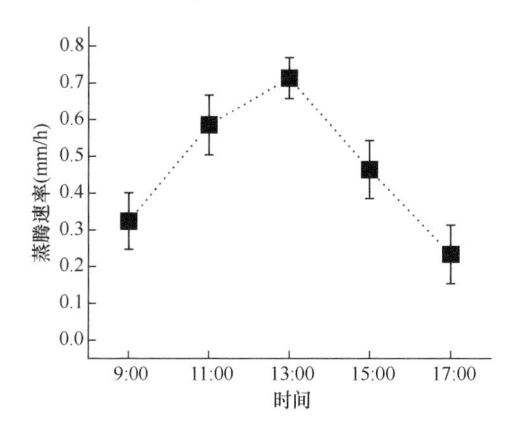

图 7-38　柠条锦鸡儿蒸腾速率日变化

7.3.3　影响荒漠灌丛柠条锦鸡儿蒸腾速率的主要气象因子分析

影响植物蒸腾作用的因素包括内因和外因，气象因子是影响蒸腾速率的主要外因。由表 7-10 可知：柠条锦鸡儿蒸腾速率（T_r）与太阳辐射（R_s）和风速（V_s）分别呈显著正相关和极显著正相关，相关系数分别为 0.932 与 0.961；V_s 与 R_s 之间呈显著正相关，相关系数为 0.938。气温（T_a）与相对空气湿度（R_h）之间呈极显著负相关。在各气象因子中，V_s 和 R_s 是影响柠条锦鸡儿蒸腾速率的主要气象因子。

表 7-10　柠条锦鸡儿蒸腾速率与气象因子的相关关系

参数	T_r（mm/h）	V_s（m/s）	T_a（℃）	R_h（%）	R_s（W/m²）
T_r（mm/h）	1.000				
V_s（m/s）	0.961**	1.000			
T_a（℃）	0.742	0.752	1.000		
R_h（%）	−0.621	−0.643	−0.982**	1.000	
R_s（W/m²）	0.932*	0.938*	0.498	−0.355	1.000

*代表显著水平 $P<0.05$，**代表显著水平 $P<0.01$

7.3.4　讨论

虽然大田试验证明"三温模型"性能与其他计算蒸腾速率的模型性能相当，和蒸渗仪的测量结果相比较也具有高精准度。但这是该方法首次应用于柠条锦鸡儿的蒸腾速率测定，计算结果尚需与他人测定结果进行比较验证。光合仪测定结果可以用于树种蒸腾间的比较（苏建平和康博文，2004），因此可以将该方法与光合仪法测定结果进行蒸腾速率日变化规律的比较。本研究中柠条锦鸡儿蒸腾速率日变化为"单峰型"，13:00 时蒸腾速率最大，与杨国敏（2017）、邵玲玲等（2007）

使用光合仪测得的柠条锦鸡儿蒸腾速率日变化一致。蒸渗仪是测定单株植物实际蒸腾量的最佳方法，但无法对研究区生长多年的柠条锦鸡儿进行测定，王幼奇等（2009）在距研究区 60km 的神木侵蚀与环境试验站使用称重式蒸渗仪对柠条锦鸡儿的蒸腾耗水进行了测定，发现 9 月柠条锦鸡儿日蒸腾量集中在 3～5mm，均值为 3.17mm，最大值接近 6mm，且降雨后的几天蒸腾量明显增加。由于试验开始前研究区有较大降雨（21 日、22 日），且所测柠条锦鸡儿样丛株高大于王幼奇等的试验对象（60cm），因此日蒸腾量高于王幼奇等（2009）测定的 9 月日平均蒸腾量，但计算值仍在王幼奇等（2009）测得的柠条锦鸡儿 9 月蒸腾量范围内。上述结果表明：采用"三温模型+热成像技术"方法测定柠条锦鸡儿的蒸腾速率是可行的（邵玲玲等，2007）。

植物蒸腾作用主要以气孔蒸腾的方式进行。影响气孔蒸腾作用的因素主要为土壤水分、光照强度、空气温湿度和风速等（Herrmann and Witter，2002；罗林涛等，2013）。本研究发现，影响柠条锦鸡儿蒸腾速率的主要因素为太阳辐射和风速。在毛乌素沙地，其光照资源非常丰富，随着太阳辐射逐渐增强，其气温逐渐升高，导致叶片内外蒸气压差逐渐增大，从而提高了叶片水分蒸发速率。风是影响植物生长发育的外部环境因子，其主要通过影响边界层阻力影响植物蒸腾。黄磊等（2011）研究表明，风能促进植物蒸腾；但 Griddings（1914）研究表明，风会抑制植物蒸腾，风速增强将会导致植物叶片气孔关闭。本研究结果与黄磊等（2011）的研究结果一致。这可能是因为风降低了叶片气孔周边的水汽浓度，导致其周围相对空气湿度降低，从而增加了水汽扩散梯度，最终提高了植物蒸腾速率（徐军亮，2006）。

7.4 小　　结

（1）当土壤含水量处于稳定阶段时，沉陷区 10～60cm 土层含水量均低于非沉陷区，夏季沉陷区土壤含水量为非沉陷区的 83.50%，秋季土壤含水量为非沉陷区的 77%，沉陷增加了土壤蒸发面积，沉陷区土壤日均蒸发量比非沉陷区高 0.33mm。

（2）降水是半干旱地区土壤水分补充的主要来源，小型降水（1.68mm）仅能补充表层土壤含水量，降低土壤表面温度。中等强度的降水（20mm）可以补充非沉陷区 10～40cm 土层和沉陷区 10～20cm 土层的土壤含水量，同时明显增加蒸散发量。

（3）沉陷区黑沙蒿和乌柳日蒸腾量低于非沉陷区，夏季非沉陷区黑沙蒿日蒸腾量比沉陷区高 0.70mm，非沉陷区乌柳日蒸腾量比沉陷区高 0.78mm；秋季非沉陷区黑沙蒿日蒸腾量比沉陷区高 0.43mm，非沉陷区乌柳日蒸腾量比沉陷区高 0.45mm。

（4）夏季沉陷区日均蒸散发量为 7.66mm，植物蒸腾量占蒸散发量的 80.55%，非沉陷区日蒸散发量为 9.45mm，植物蒸腾量占据蒸散发量的 82.85%；秋季沉陷区日蒸散发量为 6.94mm，植物蒸腾量占蒸散发量的 75.44%，非沉陷区日蒸散发量 9.45mm，植物蒸腾量占据蒸散发量的 80.49%，沉陷区植物蒸腾量季节下降速率更快。

（5）综合参考叶片表面温度变化规律和蒸腾速率计算结果表明绿色便笺纸不适合作为参考叶片进行荒漠植物蒸腾速率的计算。绿色卡纸可以在 9:00～15:00 时作为参考叶片进行植物蒸腾速率的测定。乌柳、沙棘、柠条锦鸡儿的蒸腾速率日变化规律均为单峰曲线，最高瞬时蒸腾速率分别为 0.57mm/h、0.61mm/h 和 0.71mm/h，日蒸腾量大小为柠条锦鸡儿＞沙棘＞乌柳。3 种植物蒸腾扩散系数（h_{at}）日均值大小为乌柳（0.18）＞沙棘（0.11）＞柠条锦鸡儿（0.03）。植物可以从外界吸收热量用于蒸腾从而达到降低环境温度的目的，综合 3 种植物蒸腾量和 h_{at} 值，在进行生态修复工作时，地势平坦、水分状况较好的地区应优先考虑乌柳；在地势险要、水分状况较差的区域应优先考虑沙棘和柠条锦鸡儿。

（6）研究区气温、太阳辐射和风速随着测定时间呈先升高后降低的变化趋势，且在 13:00 达到最大值；相对空气湿度则与之相反。卡纸和干叶片作为参考叶片计算的柠条锦鸡儿蒸腾速率较吻合，13:00 时均达到 0.71mm/h 的蒸腾速率最大值，以卡纸作为参考叶片时柠条锦鸡儿日蒸腾量为 4.26mm，低于干叶片的 4.64mm。可见，绿色卡纸可以作为参考叶片计算柠条锦鸡儿蒸腾速率。

8 采煤沉陷区不同种源地文冠果的生长适宜性及耐盐性

我国是一个人口多、人均耕地少、耕地资源短缺的国家，因此将"十分珍惜、合理利用土地和切实保护耕地"确定为基本国策，土地复垦实行的"谁破坏、谁复垦"原则也是对各种破坏土地行为的处理方式。虽然我国煤炭资源比较丰富，但其属于不可再生能源，近年来，随着开采力度的加大，煤炭资源储量不断减少，同时地表的大面积塌陷、地表裂缝等灾害也日益增多，在一定程度上影响到农田的理化性质，尤其是对土壤水分的影响，致使农作物产量和质量不同程度的下降，原有地表植被遭到不同程度的破坏，加剧了水土流失和土地沙漠化。而且煤炭燃烧还会释放出大量的二氧化碳、二氧化硫等温室气体或有害气体污染环境。

因此，矿区采煤沉陷地植被恢复、生态建设既是资源与环境协调开采的需要，也是构建和谐社会的需要，又是地方政府和群众的需要。同时，发展可再生的生物质能源不但可以弥补不可再生能源减少造成的能源缺口，还能实现能源物质的可持续利用，更重要的是，生物质在生长的过程中会吸收大量的二氧化碳、二氧化硫，释放氧气，同时还能防风固沙、保持水土，绿化美化环境，具有多方面的优点。目前，已对沉陷区进行了土地的全面复垦和利用，建设了生态经济林，既符合国家的土地复垦原则，也有利于地方经济的可持续发展，既有利于建设资源节约型、环境友好型社会，也有利于促进经济社会发展与人口、资源、环境协调统一发展，可谓一举多得。

文冠果（*Xanthoceras sorbifolium*）是我国北方特有的一种优良木本油料能源树种，具有较高的生态价值和经济价值。目前，我国很多地区已经对文冠果进行了引种栽培试验，并对文冠果的植物学特性、地理分布现状、栽培技术及其种子的含油率与化学成分等进行了比较成熟的分析研究。研究人员经过优良乡土树种筛选培育，认为文冠果是神府东胜矿区采煤沉陷地最适宜开发利用的树种，可是当地文冠果成树较少，产收的种子远远不能满足沉陷区育种的需要；同时试验区土壤 pH 呈微碱性且灌溉用水含盐量较高，土壤 pH 都在 8.1 以上，最高可达 9.1，当土壤 pH 大于 8.3 时，普遍含有过量的钠离子，而钠离子是对植物危害最大、最严重的一种离子，因此，本书通过对翁牛特旗经济林场朱代沟作业区、翁牛特旗红山林场、翁牛特旗经济林场红牛作业区、敖汉旗双井子林场、赤峰市林业科学研究所、阿鲁科尔沁旗坤都林场、阿鲁科尔沁旗白城子林场、兴安盟科右中旗及阿荣旗 9 个不同种源地文冠果整个生长过程进行分析研究，并对最适种源地文冠果进行不同盐分浓度的灌溉试验，为文冠果优良种源的筛选及其耐盐性提供基础数据，进而为文冠果作为矿区采煤沉陷地生物质能源树种进一步扩大栽种面积提供理论依据。

8.1 植物繁育及耐盐的研究

8.1.1 植物引种的研究

植物引种（plant introduction）是指从外地或外国引进一个本地区或本国所没有的植物，经过驯化培育，使其成为本地或本国的一种栽培植物。有些引进植物长成后开花结实、自行繁衍传播，成为本地植物，即所谓的"乡土化"（domestication）（胡建忠，2002）。植物引种不仅对植物资源的储存、遗传育种和进化有很大的作用，同时在农业的生产活动中也必不可少，是不可或缺的部分。植物引种是对现有植物资源的选择利用，可以丰富引种地资源植物种类，提高资源植物单位面积产量及效益，是最迅速、最廉价地获得较大遗传增益的一条重要途径。即使在植物资源丰富的地区，引种也是乡土植物改良利用的最简便、最廉价的方法之一。植物引种还具有植物实验生态学的作用，能够更充分地了解引种地植物生产的自然条件和潜力，深入认识一种植物的生境和它的生态生理性状，也能大大丰富植物栽培的知识。

不同的植物种都有各自的自然分布范围和分布规律，植物的分布和区系与植物引种有着密切的关系（吴中伦，1982）。在很多国家和地区的生产中，外地起源的种类和品种往往占有较大的比重。据统计，我国从世界各地引入的植物有 267 科 837 种，占我国栽培植物的 25%～33%。同时，世界各国普遍关注有关植物引种驯化及繁育技术方面的研究，通过引种驯化不仅可以丰富植物资源，而且可以为杂交育种提供广泛优良新品种的亲本资源（崔向新等，2008b）。植物的引种一方面对植物资源的保存意义重大，另一方面也决定着植物种群的扩大及植物资源的可持续利用。

8.1.2 文冠果的研究

8.1.2.1 文冠果简介

文冠果属于无患子科（Sapindaceae）文冠果属（*Xanthoceras*），又名木土瓜、文灯果、僧灯毛道等。属落叶乔木或大灌木，树高可达 8m，胸径能够达到 90cm，树龄可达几百年。花期 4～5 月，果期 7～8 月。文冠果嫩枝呈红褐色，平滑无毛，多呈二、三叉分出，一般每年分枝1次，树皮为灰褐色，有直裂或扭曲状纵裂。芽较小，侧生。叶互生，单数羽状复叶，窄椭圆形至披针形，边缘具锐锯齿，叶背面颜色较淡，表面暗绿色，光滑无毛。花5瓣，白色，内侧基部有黄色或紫红色的斑纹，美丽而具香气；花盘5裂，裂片背面有一橙色角状附属物；雄蕊8枚，子房矩圆形；多为两性花，总状花序，分孕花和不孕花。蒴果绿色，成熟后逐渐变为黄绿色，圆形、扁圆形或长圆形，表面粗糙；种子球形，直径1cm，黑褐色具光泽，种脐白色，种仁乳白色（马毓泉等，1986）。种子含油率为30%～36%，种仁含油率为55%～67%，具有较高的生态价值和经济价值（牟洪香等，2007a），有"北方油茶"之称，是我国特有的一种珍稀木本油料植物。

文冠果为喜光的中生植物，天然分布于我国北纬32°～46°，东经100°～127°的广大区域，集中分布在内蒙古、陕西、河北、甘肃等地，辽宁、吉林、山东、河南等地均有少量分布（马启慧，2007）。文冠果适应性强，耐干旱瘠薄、抗严寒、抗病虫害能力强，是山区绿化、退耕还林先锋树种，也是节水型木本经济植物（刘占牛和唐伟斌，2007）。文冠果种子营养丰富、种仁含油率高、可入药；其木材坚硬致密、抗腐性强、纹理美观，可做农具、家具（韩学俭，2001）。近年来，文冠果以其较高的营养价值、丰富的种子含油量及医药工业价值，日益受到人们的关注。

8.1.2.2 繁殖技术研究

目前文冠果繁殖技术主要以采种育苗为主，主要有扦插、嫁接和组织培养等无性繁殖技术。文冠果种子种皮厚且比较坚硬，采用种子繁殖播种前必须经过一定的处理，高述民等（2002）曾用二氧化碳激光处理文冠果种子，发现聚焦的脉冲照射对文冠果出苗及生长结实都有促进作用。王晓春和邓世荣（2004）利用一定配置的营养土进行容器育苗，也大大提高了移植成活率。

同时，许多学者就有关文冠果的扦插、嫁接和组织培养等无性繁殖技术也都做了大量的研究。王晓春和邓世荣（2004）利用育苗床的残根和母树根系培育出根蘖苗；赵国锦和于明礼（2006）对文冠果进行的根插育苗技术实验表明，利用根插育苗的方式可以保持亲本的优良性状，且操作简单、繁殖速度快，成活率高达93.6%，显著高于嫩枝扦插和硬枝扦插。传统的育苗方法繁殖系数较低，已不能满足生产中对苗木的大量需求。采用现代化的组培育苗不仅可以缩短育苗时间，而且能够大大提高苗木的性能，是建设大规模文冠果苗木生产基地最有效的措施。2000年，高述民等（2002）进行了一系列的培养基筛选试验，获得了比较适宜诱导愈伤组织的培养基。2004年，顾玉红等（2004）利用文冠果种胚，初步建立了文冠果快速成苗的悬浮培养体系，为文冠果产业化和规模化的快速繁殖开辟了可能的途径。但是由于研究中扦插生根率、嫁接成活率、组织培养繁殖系数与难生根等问题未从根本上得到解决，目前在实际生产中仍是以文冠果繁殖育苗为主要方式。

8.1.2.3　文冠果的引种栽培技术研究

文冠果是我国西北地区的乡土树种，主要分布在内蒙古、甘肃、陕西、河北等地的黄土丘陵沟壑区。由于文冠果适应性强，并具有良好的抗逆能力，在许多地区都进行了引种栽培试验，并在大部分地区都取得了成功。自 1960 年开始，定西市巉口林业试验场就从甘肃庆阳引种育苗，进行荒山造林，至今已有 64 年栽植史。1961~1967 年，通辽市林业科学研究所大面积引种栽培文冠果取得成功，并进行了文冠果生理学特性、生长结实规律及综合利用价值的研究（王宝侠等，2007）。1964 年，黑龙江双鸭山市成功引种文冠果 33.33hm^2；年均气温较低的鸡西市林业局苗圃，曾进行过文冠果的引种栽培试验，一度长势良好（韩小万，2007）；20 世纪 80 年代嫩江地区林业科学研究所也引进了文冠果，进行了栽培技术研究，成功建立了文冠果园（孙士庆等，2007）。1971 年开始，新疆伊犁地区也进行了文冠果引种，伊犁巩留野核桃沟林场引种一年生文冠果苗木定植，2007 年栽植面积已经达到 13.33hm^2（周英和谷文生，2007），冬季平均最低气温在–35℃以下的新疆奇台和乌鲁木齐、昌吉、沙湾一带也已引种成功（江萍和宋于洋，2007）。

此外，文冠果在自然条件相对恶劣的山东济宁、河北张家口等地也已引种栽培成功，都能正常开花坐果（赵锁江，2006）。但 1980 年在齐齐哈尔大兴安岭林区引种文冠果却失败，杨菲等（2001）认为是适生条件的限制所致。牟洪香等（2007b）总结之前的研究并与实地调查相结合认为，文冠果分布的北部极限位置达北纬 47°20′，南部达北纬 29°，同时还调查了 14 个分布区文冠果的 15 个表型性状，结果表明文冠果分布区内的变异大于分布区间的变异，分布区间的分化相对较小；出种数随经度的增大而减少，果宽随纬度的增大而增大，但随年平均气温的增大而减小，而其他 13 个性状随地理位置的改变没有特别明显的变化；表型性状的欧氏距离与地理距离相关不显著。也有学者对文冠果引种种源、栽培管理方法及措施等进行了研究，刘才和杨玉贵（1994）、曹振岭等（2009）经过摸索总结出了一套如何提高黑龙江地区文冠果引种栽培成活率的完整经验。

8.1.2.4　品种选育研究

文冠果人工栽培历史较短，长期处于半栽培半野生状态，存在株间产量差异大、坐果率低等现象，文冠果为异花授粉，而且多是自然杂交品种，遗传性状很不稳定。文冠果不同品种之间产量大小、质量优劣差异极大，进行优良品种的选育研究是非常必要的。从 20 世纪 70 年代中期开始，我国相继展开了一系列文冠果优良品种的选育工作，并取得了很大进展。1974 年内蒙古林学院就开始了选育工作，1979 年选出了内林 53 号优良单株，徐东翔选出内林 2 号，并对其经济性状进行了调查（薛培生等，2007）；杨凌金山农业科技有限责任公司近年已成功培育出文冠果 1 号，彻底改良了野生文冠果素有的弊端（江萍和宋于洋，2007）。

目前，在早期选育和理论探索的基础上总结出的文冠果的选育主要通过选择优株和育种两个途径进行。文冠果自然分布生境差异大，遗传资源丰富，若能以此育成文冠果自交系纯合二倍体，配成优良杂交组合，进而建立杂交种子园，选择其中杂种优势明显、后代表型整齐一致的良种，可以直接用于育苗造林（高述民等，2002）；另外，可以从现有群体中选择生长快、产量高、抗逆性强、种子含油量高的优良单株，进行无性繁殖，形成遗传性状稳定的无性系，进而培育出优良品种；还可利用有性杂交、化学诱变、辐射育种等方法，通过改变文冠果的遗传性状来选育新的优良品种。

8.1.2.5 文冠果种子方面的研究

文冠果喜阳，耐半阴，对土壤适应性很强，耐瘠薄、耐盐碱，抗寒能力强，3 年生文冠果便可开花结果，15~20 年进入盛果期，可持续百余年。果实为蒴果，黄白色，长 3.5~6.0cm，表面粗糙，常为 3 瓣开裂，每果内含种子 8~10 粒，种子球形，直径 1cm，黑褐色，花期 4~5 月，果熟期 7~8 月。历史上人们常采集文冠果种子榨油供点佛灯之用，之后逐渐转为食用，还可用作高级润滑剂、增塑剂、制油漆和肥皂，亦可作为生物柴油的生产原料（王力川，2006；李巍等，2005）。

关于文冠果种子方面的研究前人已做了大量的工作，积累了不少经验，取得了一系列重要成果。邓红等（2007）以文冠果种子为原料，通过对文冠果种子油的不同提取工艺及其组成成分比较分析研究，认为冷榨提取、超声波萃取、微波辅助提取 3 种方法提取的文冠果籽油的化学成分有所差异，共有油酸、亚油酸、棕榈酸等 8 种成分，超声波萃取的成分最多，为 11 种，且萃取的油品质稳定，萃取率高，是较理想的提取文冠果籽油的方法。敖妍（2009）采用核磁共振技术，以文冠果主要分布区的 6 个群体为实验材料，测定了种子的含油率，并对群体间和群体内种子含油率与产量的变异情况做了分析，结果指出含油率、产量平均值、标准差及变异系数 4 个性状在 6 个群体间差异显著，群体内单株间无显著差异，含油率和产量的群体间变异都大于群体内变异，且与地理气候因子相关性不明显，文冠果的遗传改良应着重于群体。马养民等（2010）也利用索氏抽提法提取了文冠果种子油，对文冠果种子油的理化性质进行了测定，并用气相色谱法分析了脂肪酸组成及相对含量，认为文冠果种子含油率为 56.4%，相对密度（d20）0.9124，折光率（n20）1.4665，水分及挥发物含量 10.13%，酸值 0.93mg/g（以 KOH 计），皂化值 167.46mg/g（以 KOH 计），碘值 101.32g/100g（以 I 计）。文冠果种子油中主要含有棕榈酸（7.87%）、硬脂酸（5.25%）、油酸（33.93%）、亚油酸（48.34%）、亚麻酸（4.61%）。

8.1.2.6 文冠果经济及生态价值

文冠果作为北方一种特有的优良木本油料作物，具有很高的食用价值和药用价值。文冠果种仁不仅蛋白质含量比核桃仁高，还含粗纤维、非氮物质等有益成分，是可食用干果，古书中称其果为"有子二十余颗，如肥皂角子，中瓤如栗子"（高述民等，2002）。

文冠果种子油呈橙黄色，似芝麻油，文冠果种子油含有的丰富亚油酸、亚麻酸，都是人体自身不能合成的，对防治心血管疾病有益，当人体缺少时容易引发脱发及各种皮肤病等，文冠果种子油还可以作为化妆品行业的一种高级按摩油（黄玉广等，2004），中国林业科学院牟洪香（2006）利用液相色谱法对文冠果种子油脂肪酸组成成分及含量进行了测定，认为从碳链长度来看文果种子油适宜做生物柴油的原料油；文冠果种仁乳熟期可加工成罐藏食品，味道可口；果粕中的蛋白质含量高达40%，且含有18种氨基酸，是制造精饲料的优良原料；叶子经过加工可代茶用（张联祥和徐生荣，2005），种皮可制成活性炭（高伟星等，2007），果皮还可以提取糠醛（马启慧，2007）。

文冠果叶中含有杨梅素（于洋，2002），具有显著的杀菌、止血、降胆固醇等作用；另据文献报道，文冠果木可以祛风湿性关节炎、皮肤风湿、风湿热等，1977年已被《中国药典》收载（李占林等，2004）。文冠果皂苷的结构类型属齐敦果烷型（OTS）三萜皂苷，具有较强的抗癌活性（王红斗，1998）；中国科学院应用生态研究所根据文冠果治疗遗尿症的独特药理作用，已研究开发出文冠果子仁霜及遗尿停胶囊一类新药（王晋华等，1992）。

文冠果是北方乡土树种，不畏干旱、风沙、严寒，在丘陵山区、水土流失严重的沟壑和侵蚀沟两壁都能正常生长，甚至在崖壁缝隙中也能存活，具有很强的生态适应能力。因此，文冠果可以在营建生态林、水土保持林、防风固沙林等方面发挥重要作用。同时，文冠果木材坚硬、纹理细致、抗腐蚀性能好，也是制造家具、农具的良好材料（李瑞平等，2003）。综上所述，文冠果具有很高的经济价值和生态价值。为此，应尽快形成文冠果的规模化种植、集约式管理，实现种植、采收、加工、销售的新型林业"产业链"，在促进人类健康，帮助农民致富，改善生态环境的同时推动区域经济发展，实现经济效益、生态效益、社会效益的高度统一。

8.1.3 植物耐盐性的研究

8.1.3.1 盐胁迫对植物的影响

我国西北地区属于干旱和半干旱地区，土地的盐渍化是一个极为严重的问题，土壤的盐碱性过高会对植物产生盐害或碱害，影响植物的正常生长。世界上的盐碱土面积很大，约有4亿公顷，约占灌溉农田的1/3，我国盐碱土主要分布于西北、华北和滨海地区，总面积达2000万公顷，约占耕地总面积的10%（李合生，2002）。盐胁迫主要通过渗透胁迫和离子效应两大方面使植物发生一系列的代谢紊乱，从而对植物产生毒害作用（Yeo，1983），同时，盐胁迫也会诱发植物体内多种结构和功能的改变，以适应新的环境。

盐分对植物个体的发育有非常显著的影响，可抑制植物器官和组织的生长与分化，提早植物的发育过程（曹帮华，2005）。在盐胁迫下，植物生长缓慢，叶片变黄、脱落，甚至萎缩死亡（Xiong and Zhu，2002；Mark and Romolt，2005）。植物细胞中盐分的积累对膜系统和酶类也会造成直接的伤害，盐分对细胞膜的伤害主要是离子效应。细胞质中酶蛋白的合成会受到高浓度阳离子的抑制，植物体内过高的没有活化的 Na^+，使代谢中的酶形成无活性的蛋白结构，进而对植物产生毒害（黄丽丽，2009），因此，在盐胁迫下存活的一些盐生植物，通常要通过积累大量的盐分来调节外界环境下较低的水势（Ramadan，2001）。同时，盐胁迫下细胞内自由基的产生和清除间的平衡会遭到破坏，产生自由基的积累（陈少裕，1991；Salin，1988）。盐胁迫下产生的活性氧若不能及时猝灭，就会导致氧化损伤造成生物膜受损等一系列伤害。盐分对植物光合作用的影响极为严重。盐胁迫下，植物的光合速率下降，影响光合碳同化的进行，叶绿体中基粒含量减少，类囊体结构松散膜成分发生变化，光合作用有关酶的活性都会不同程度地受到抑制（张金凤，2004）。除此之外，盐胁迫还会引起植物呼吸作用过程中氮素和蛋白质代谢、硫代谢和生物固氮活动的改变（马建华等，2001），对植物渗透调节物质积累产生影响，引起离子失调与单盐毒害（胡生荣，2008），根据报道发现 ABA、CTK、ET 与植物的抗盐性有很大关系。

8.1.3.2 植物对盐胁迫的适应机制

在盐胁迫下，植物为了生存形成了各种各样的抗盐、耐盐机制。抗盐性（salt resistance）是植物对土壤盐分过多的适应能力或抵抗能力（胡建忠，2002）。植物对盐胁迫的抗性包括耐盐性和避盐性两种形式。植物的耐盐机理十分复杂，大致包括选择性、排盐性、离子区域化、渗透调节等（赵可夫，1993），大量的研究证明，渗透调节和离子区域化是植物的主要耐盐机理（李加宏和俞仁培，1995；翟风林，1989）。植物的避盐机理通过稀盐作用、拒盐作用和泌盐作用3种方式实现。人们已在多种植物上从多种角度进行了植物抗盐性探讨，也根据这些研究提出了很多机理试图解释抗盐机理。虽然这些机理在解释各自被研究植物的抗盐性时是可行的，但一旦用于其他植物时，就显得失之偏颇。目前，没有一个统一的机理能够解释所有植物对盐的适应性。

8.1.3.3 文冠果对盐胁迫的适应机制

目前，关于文冠果各方面的研究已经非常广泛，我国很多地区已经对文冠果进行了引种栽培试验，并对文冠果的植物学特性、地理分布现状、栽培技术及其种子的含油率与化学成分等进行了比较成熟的分析研究。然而有关文冠果耐盐、抗盐能力方面的研究鲜有报道，因此，本研究进行的 NaCl 和 NaHCO$_3$ 两种单质盐水处理下文冠果耐盐性的研究，是比较有创新的分析研究，可以为文冠果的抗性研究提供数据基础，进而为文冠果作为矿区采煤沉陷地生物质能源树种进一步扩大栽种面积提供理论依据。

8.2 研究内容与试验设计

1. 研究内容

1）不同种源地文冠果生长适宜性研究

在神府东胜矿区采煤沉陷地试验区，以翁牛特旗经济林场朱代沟作业区、翁牛特旗红山林场、翁牛特旗经济林场红牛作业区、敖汉旗双井子林场、赤峰市林业科学研究所、阿鲁科尔沁旗坤都林场、阿鲁科尔沁旗白城子林场、兴安盟科右中旗及阿荣旗 9 个种源地文冠果为研究对象，通过对各种源地文冠果出苗率、生长状况、结实状况进行测定分析，评价各种源地文冠果生长适宜性，筛选适合矿区采煤沉陷地生长的种源。

2）文冠果耐盐性研究

在优良乡土树种选育及种源地筛选的基础上进一步进行文冠果耐盐试验。经过优良乡土树种筛选培育，认为文冠果是神府东胜矿区采煤沉陷地最适宜开发利用的树种，可是试验区土壤、灌溉用水含盐量均较高，pH 都在 8.1 以上，最高可达 9.1。当土壤 pH 大于 8.3 时，普遍含有过量的 Na$^+$，而 Na$^+$ 是对植物危害最大、最严重的一种离子，本书通过对文冠果进行不同盐分浓度的灌溉试验，对其株高和地径生长指标及细胞膜相对透性、丙二醛含量、可溶性糖含量、过氧化物酶活性等生理指标进行测定分析，进而对文冠果的耐盐能力进行综合评价。

2. 试验设计

1）大田育苗试验

2008 年 8 月至 2008 年 11 月采购各种源地文冠果种子，11 月下旬在内蒙古农业大学采用沙藏层积催芽法处理种子，于 2009 年 4 月下旬从催芽坑中取出处理过的种子，当天运往试验区，于试验区选择地势平坦、土层较厚、土质肥沃、光照充足、灌溉方便、排水良好的沙质土壤地进行整地、施肥、起垄分畦、灌水，等地面土壤松散时按畦分别播种各种源地种子并做好标记,定期对试验地进行中耕除草、灌水等基本的抚育管理。

2)文冠果种子催芽处理试验

由于文冠果种子种皮较厚且含油量大,吸水困难,浸种消毒后进行混沙埋藏催芽处理。文冠果育苗 3 年后,于 2011 年 7 月 20 日至 2011 年 8 月 10 日分别按各种源地采摘种子,去杂晾干。2012 年 1 月初,将各种源地文冠果种子用凉水浸泡 48h 后,将种子与 3 倍体积的湿沙混合(沙子的湿度以手握成团不出水、松开裂为三瓣为宜),在试验区挖取 1.5m 深的土坑,将混合好的文冠果种子埋入坑内,于 5 月初将种子取出测定其出芽率。

3. 文冠果耐盐试验

试验以由不同种源地筛选出的生长适应性最好的阿鲁科尔沁旗坤都林场的长势基本一致的一年生文冠果营养杯苗为研究对象,试验共设 6 个处理,分别以 0%、0.1%、0.2%、0.4%、0.6%、0.8%的氯化钠溶液和 0%、0.1%、0.2%、0.4%、0.6%、0.8%的碳酸氢钠溶液为灌溉用水,每个处理选取 30 棵文冠果营养杯苗,处理之间设有 1.5m 的隔离,灌水量为 1.5L/棵,灌水 1 次,灌水处理 30 天后,测定各植株的株高和地径,并自各植株相同位置摘取新鲜叶片,装袋、标记并用保鲜盒带回实验室待测。

4. 测定内容

(1)出苗率:在测定时间内,植株正常出苗株数占正常发芽种子数的百分率。于种子出苗初期开始对各种源地文冠果的成活株数进行统计,每隔一个月进行一次统计,直至第一个生长季结束。

(2)株高:测定各种源地内植株的绝对高度。2009～2011 年 3 年内每年每个生长季内每隔一个月进行一次测定。

(3)地径:用游标卡尺在地径处进行测量,与植株高度同时测定。

(4)结实量:果实成熟后,按种源地进行分类采摘,自然风干后测定各种源地种子产量。在一般栽植条件下,文冠果定植 1～2 年缓苗后才有可能形成花芽,所以 3～4 年生幼树开花结实是正常的。文冠果可孕花授粉受精后,子房即开始膨大,正常生长幼果纵、横径在 6 月初出现峰值,试验区高家畔果实成熟时间在 7 月底 8 月初,以 2009 年播种的不同种源地大田苗为采摘对象,以果实开裂为成熟采摘标准,以下试验所需果实于 2011 年 7 月 20 日至 2011 年 8 月 10 日采摘完成。

(5)种子百粒重:百粒重是以克表示的一百粒种子的重量,它是体现种子大小与饱满程度的一项指标,是检验种子质量和作物考种的内容,也是田间预测产量时的重要依据。一般测定大粒种子可取三个一百粒分别称重，取其平均值，称百粒重。不足百粒的采取全量法。

（6）种子出仁率：种仁重占种子重的百分率。文冠果种子除杂后，洗净晾干，称重后手工去壳，再称取种仁重计算种子出仁率，并将种仁保存，留用测定种仁含油率。

（7）种仁含油率：采用索氏抽提法测定。将去壳后的种仁粉碎后，用低沸点的有机溶剂（乙醚或石油醚）回流抽提，除去样品中的粗脂肪，以样品与残渣重量之差计算种仁含油率。

$$含油率（\%）=(W_1-W_0)/W\times100\% \tag{8-1}$$

式中，W_1 表示接受瓶和脂肪重量（g），W 表示样品重量（g），W_0 表示接受瓶重量（g）。

（8）种子出芽率：种子出芽粒数占种子总数的百分比。

5. 生理生化指标测定

（1）细胞膜相对透性：采用相对电导率法测定（高俊凤，2000）。植物组织在逆境胁迫，受到伤害时，细胞膜的功能受损或结构破坏，其通透性增大，以致细胞内的盐类及有机物不同程度地渗出，使其组织液电导率发生改变。因此，通过测定外渗液电导率的变化，可以判别细胞质膜所受的伤害程度及所测材料抗逆性的大小。

（2）叶绿素含量：根据叶绿体色素提取液对可见光谱的吸收，利用分光光度计在某一特定波长下测定其吸收光度，用公式计算出提取液中各色素的含量（黄丽丽，2009）。

色素质量浓度（mg/L）计算公式为

$$\begin{aligned} C_a &= 13.95\times A665 - 6088\times A649 \\ C_b &= 24.96\times A649 - 7.32\times A665 \\ C_c &= (1000\times A470 - 2.05\times C_a - 114.8\times C_b)/245 \\ 色素质量分数（mg/g) &= n\times C\times N\times W - 1 \end{aligned} \tag{8-2}$$

式中，n 表示提取液体积（mL）；C 表示色素质量浓度（mg/L）；N 表示稀释倍数（若提取液未经稀释，则取 1）；W 表示样品鲜重（g）。

（3）可溶性糖含量：使用蒽酮比色法测定（张志良，2000）。糖在浓硫酸作用下，经脱水反应生成糖醛或羟甲基糖醛与蒽酮反应生成蓝绿色糖醛衍生物，通过计算可溶性糖含量制作可溶性糖含量标准曲线。

$$可溶性糖含量（mg/g）=(C\times V_T)/(10^3\times V_1\times W) \tag{8-3}$$

式中，C 表示标准曲线值（μg）；V_T 表示提取液总体积（ml）；V_1 表示测定时加样量（mL）；W 表示样品鲜重（g）。

(4) 超氧化物歧化酶（SOD）活性：采用氮蓝四唑（NBT）法测定（陈建勋和王晓峰，2006），根据 SOD 对氮蓝四唑在光下的还原作用的抑制性，来确定酶活性大小。在有氧物质存在下，核黄素可被光还原，被还原的核黄素在有氧条件下极易再氧化而产生 O_2，O_2 可将氮蓝四唑还原为蓝色的甲䐶，甲䐶在 560nm 处有最大吸收。而 SOD 可清除 O_2，从而抑制了甲䐶的形成（黄丽丽，2009）。光还原反应后，反应液蓝色越深，说明酶活性越低，反之酶活性越高，由此计算出酶活性大小。

$$\text{SOD总活性} = (A_{CK} - A_E) \times V / (A_{CK} \times 0.5 \times W \times V_t) \tag{8-4}$$

式中，SOD 总活性以每克鲜重酶单位表示；A_{CK} 表示照光对照管的吸光度；A_E 表示样品管的吸光度；V 表示酶液总体积（mL）；V_t 表示测定时酶液体积（mL）；W 表示样品鲜重（g）。蛋白质浓度单位——每克鲜重含蛋白质毫克数（mg/g）。

(5) 过氧化物酶（POD）活力：采用比色法（愈创木酚法）测定（张志良，2000）。当有过氧化氢存在时，愈创木酚被过氧化物酶氧化，生成茶褐色物质，可用分光光度计测量生成物的含量，以确定过氧化物酶活性。以每分钟吸光度的变化值表示酶活性的大小，即每分钟 OD 值减少 0.01 定义为 1 个酶活性单位。

$$\text{过氧化物酶活力}[U/(g \cdot min)] = \frac{\Delta OD_{470} \times V_0}{m \times V_1 \times 0.01 \times t} \tag{8-5}$$

式中，ΔOD_{470} 表示反应时间内吸光度值的变化；m 表示植物鲜重（g）；V_0 表示提取酶液总体积（mL）；V_1 表示测定时取用酶液体积（mL）；t 表示反应时间（min）。

(6) 可溶性蛋白（SP）含量：采用考马斯亮蓝法测定，该方法属于染料结合法的一种。考马斯亮蓝 G-250 在游离状态下呈红色，在稀酸溶液中，当它与蛋白质的疏水区结合后变为青色，前者最大光吸收在 465nm，后者在 595nm。在一定蛋白质浓度范围内，蛋白质与色素结合物在 595nm 波长下的光吸收与蛋白质含量成正比，因此用于蛋白质的定量测定。

$$\text{样品中蛋白质含量}(mg/g) = (C \times V_T) / (1000 \times V_S \times W_F) \tag{8-6}$$

式中，C 表示查标准曲线值（ug）；V_T 表示提取液总体积（mL）；V_S 表示测定时加样量（mL）；W_F 为样品鲜重（g）。

(7) 丙二醛（MDA）含量：采用硫代巴比妥酸（TBA）法测定（李合生，2003）。TBA 在酸性条件下加热与组织中的丙二醛产生显色反应，生成红棕色的三甲川，但测定中易受多种物质的干扰，其中最主要的是可溶性糖，因此在测定试验中一定要排除可溶性糖干扰。植物器官衰老或在逆境条件下受伤害时，其组织或器官膜脂质发生过氧化反应而产生丙二醛，它的含量与植物衰老及逆境伤害有密切关系。

$$C(\mu mol/L) = 0.645(OD_{532} - OD_{600}) - 0.56 OD_{450}$$

$$单位鲜重中MDA含量（umol/L) = C \times V_T /(W \times V_S)$$

(8-7)

式中，C 为 MDA 浓度；V_T 表示提取液体积（mL）；V_S 表示测定液体积（mL）；W 表示样品鲜重（g）。

6. 技术路线图

研究采煤沉陷区不同种源地文冠果的生长适宜性及耐盐性的技术路线见图 8-1。

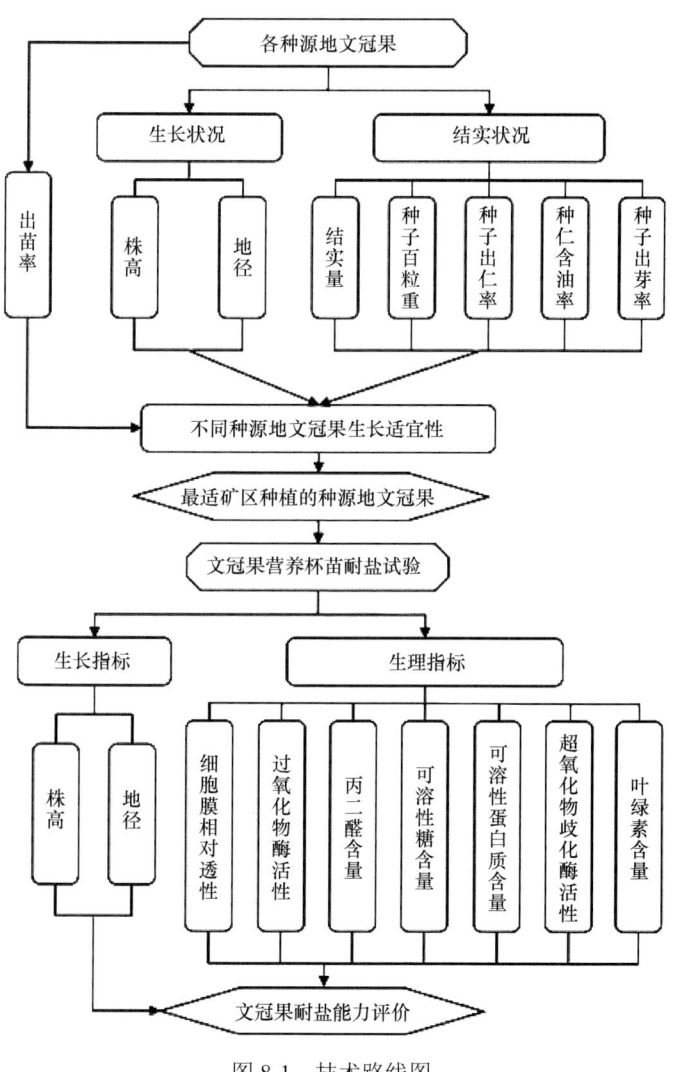

图 8-1 技术路线图

8.3 不同种源地文冠果的生长适宜性

8.3.1 不同种源地文冠果出苗率分析

图 8-2 为一个生长季内不同种源地文冠果出苗率示意图,由图可知,在整个生长季内各种源地文冠果出苗率随着时间的延长而增大。到生长季结束时各种源地文冠果出苗率敖汉旗双井子林场＞兴安盟科右中旗＞阿鲁科尔沁旗白城子林场＞翁牛特旗经济林场红牛作业区＞阿鲁科尔沁旗坤都林场＞阿荣旗＞翁牛特旗经济林场朱代沟作业区＞翁牛特旗红山林场＞赤峰市林业科学研究所,各种源地中敖汉旗双井子林场的文冠果出苗率最高,在整个生长季出苗率都以较快速度不断增长,到生长季结束时出苗率达到 37.06%,除赤峰市林业科学研究所的文冠果在整个生长季出苗率均较低,生长季结束时为 9.94%外,其他各种源地文冠果出苗率基本呈缓慢平稳的增长趋势。

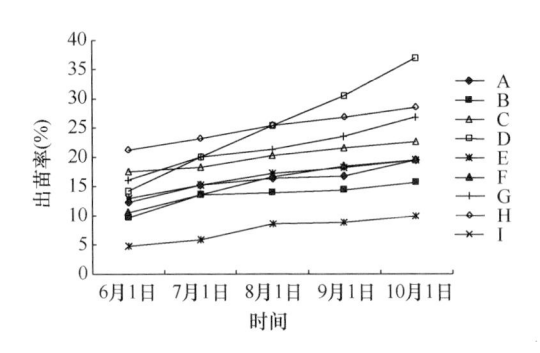

图 8-2 不同种源地文冠果出苗率
A 表示翁牛特旗经济林场朱代沟作业区,B 表示翁牛特旗红山林场,C 表示翁牛特旗经济林场红牛作业区,D 表示敖汉旗双井子林场,E 表示赤峰市林业科学研究所;F 表示阿鲁科尔沁旗坤都林场,G 表示阿鲁科尔沁旗白城子林场,H 表示兴安盟科右中旗,I 表示阿荣旗;下同

经方差分析,各种源地的出苗率显著不同,显著水平达 0.001,多重均值检验结果表明,在 0.05 显著水平,赤峰市林业科学研究所文冠果出苗率与其他 8 个种源地之间差异显著,敖汉旗双井子林场、兴安盟科右中旗的文冠果出苗率与翁牛特旗红山林场相比,差异性均显著,其他各种源地之间的文冠果出苗率差异不显著。总体来看,各种源地的文冠果出苗率均较低,分析认为出苗率低的原因主要不是种子品质方面,而是种子处理技术方面。

8.3.2 不同种源地文冠果种子产量分析

由图 8-3 可知,各种源地间文冠果单畦结实量相差较大,阿鲁科尔沁旗坤都林场＞阿鲁科尔沁旗白城子林场＞兴安盟科右中旗＞阿荣旗＞翁牛特旗红山林场＞敖汉旗双井子林场＞翁牛特旗经济林场朱代沟作业区＞赤峰市林业科学研究所＞翁牛特旗经济林场红牛作业区，阿鲁科尔沁旗坤都林场最高，为 125.70g/畦，阿鲁科尔沁旗白城子林场次之，仅比坤都林场低 4.78g/畦，兴安盟科右中旗为 117.33g/畦，其余各种源地均低于 100g/畦，翁牛特旗经济林场红牛作业区最低，为 34.90g/畦，只有坤都林场的 27.76%。方差分析输出结果显示显著水平达 0.001，说明各种源地文冠果单畦结实量是显著不同的，多重均值检验结果说明各种源地之间文冠果单畦结实量差异显著，显著水平为 0.05。

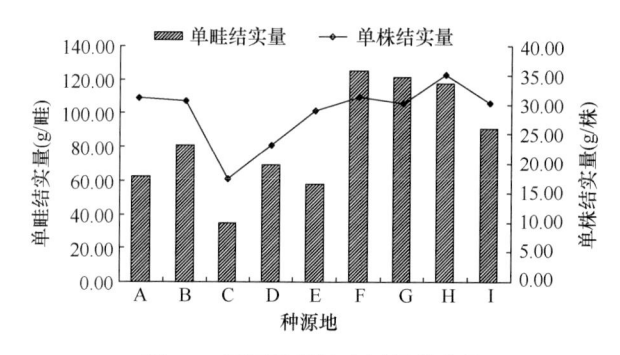

图 8-3　不同种源地文冠果结实量

不同种源地文冠果的单株结实量相差也较大，各种源地间的变化关系基本与其单畦结实量变化一致，但各种源地单株产量较单畦产量均匀。兴安盟科右中旗文冠果单株结实量最高，为 35.20g/株，阿鲁科尔沁旗坤都林场次之，较之低 3.78g/株，与翁牛特旗经济林场朱代沟作业区、翁牛特旗红山林场、阿荣旗、阿鲁科尔沁旗白城子林场及赤峰市林业科学研究所相差不大，敖汉旗双井子林场和翁牛特旗红山林场单株结实量非常低，分别为 23.10g/株、17.54g/株。方差分析表明，单株结实量与单畦结实量一样，显著水平达 0.001，说明各种源地文冠果单株结实量显著不同，多重均值检验结果说明，各种源地文冠果单株结实量之间差异显著，显著水平为 0.05。

8.3.3　不同种源地文冠果种子百粒重分析

种子的大小、颗粒是否饱满是检验种子质量和作物考种的重要衡量标准，也是种子产量预测的重要依据。通常采用种子千粒重作为测定标准，由于本试验文冠果种子颗粒较大，遂选取种子百粒重作为测定指标。

从图 8-4 可以看出，9 个种源地文冠果第一年产种的种子百粒重各有差异，敖汉旗双井子林场、阿鲁科尔沁旗坤都林场和兴安盟科右中旗的文冠果种子百粒重较大，种子颗粒较大较饱满，敖汉旗双井子林场最大，为 48.13g/100 粒，翁牛特旗经济林场红牛作业区、赤峰市林业科学研究所、阿鲁科尔沁旗白城子林场和阿荣旗种子百粒重基本在 40g/100 粒左右，只有翁牛特旗经济林场朱代沟作业区比较小，为 34.34g/100 粒。与此同时，试验期对研究区附近文冠果成树进行种子采收，经测定成树种子百粒重平均为 87.67g/100 粒，可见文冠果种子的百粒重与其苗龄有密切关系，应继续进行长期观测分析。方差分析和多重均值检验结果表明，各种源地文冠果种子百粒重差异不显著。

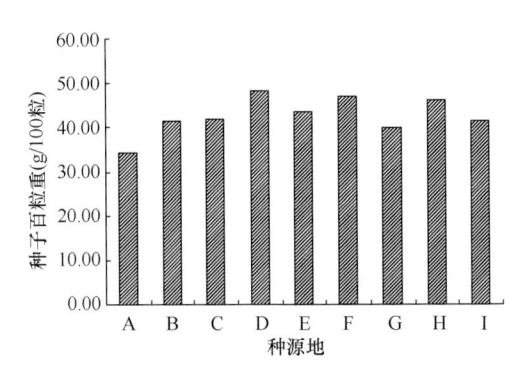

图 8-4　不同种源地文冠果种子百粒重

8.3.4　不同种源地文冠果种子出仁率分析

不同种源地种子出仁率也存在一定的差异，由图 8-5 可知，各种源地种子出仁率阿鲁科尔沁旗坤都林场＞阿荣旗＞兴安盟科右中旗＞翁牛特旗红山林场＞阿鲁科尔沁旗白城子林场＞赤峰市林业科学研究所＞敖汉旗双井子林场＞翁牛特旗经济林场朱代沟作业区＞翁牛特旗经济林场红牛作业区；种子百粒重较大的阿鲁科尔沁旗坤都林场、兴安盟科右中旗和阿荣旗的文冠果其种子出仁率也较高；除翁牛特旗经济林场红牛作业区和阿鲁科尔沁旗坤都林场外，其他种源地种子出仁

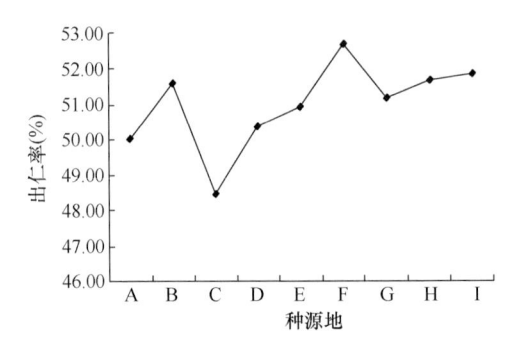

图 8-5　不同种源地文冠果种子出仁率

率相差较小，且除翁牛特旗经济林场红牛作业区（48.48%）之外其余各种源地种子出仁率均在 50% 以上，其中阿鲁科尔沁旗坤都林场的种子出仁率最高，为 52.68%，较最低的翁牛特旗经济林场红牛作业区高 4.2 个百分点。同时，9 个种源地文冠果种子出仁率的平均值较同期试验区周边文冠果成熟种子出仁率（46.95%）高 4.04%。

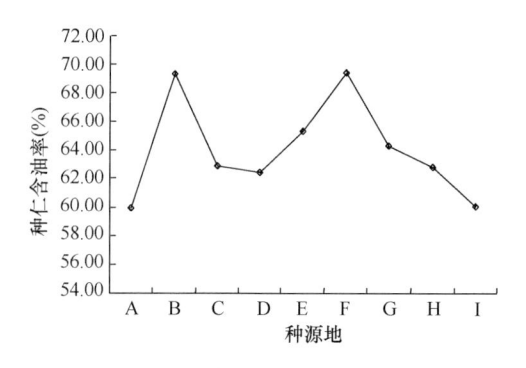

8.3.5 不同种源地文冠果种仁含油率分析

文冠果种仁含油率高是其可以作为生物柴油生产原料的主要缘由，由图 8-6 可以看出，9 个种源地的文冠果种仁含油率基本都大于 60%，只有翁牛特经济林场朱代沟作业区略低，为 59.98%；与种子出仁率一致，翁牛特旗红山林场和阿鲁科尔沁旗坤都林场文冠果种仁含油率较高，均达到了 69% 以上，且各种源地文冠果种仁含油率的平均值较同期成树的高 3.09%。各种源地文冠果种仁含油率由高到低依次为阿鲁科尔沁旗坤都林场＞翁牛特旗红山林场＞赤峰市林业科学研究所＞阿鲁科尔沁旗白城子林场＞翁牛特旗经济林场红牛作业区＞兴安盟科右中旗＞敖汉旗双井子林场＞阿荣旗＞翁牛特旗经济林场朱代沟作业区。总体来看，虽各种源地文冠果第一年采摘期种子颗粒较小，种子百粒重仅为成树种子的 49%，但其颗粒饱满，种子出仁率和种仁含油率均高于文冠果成树，种子质量较好。

图 8-6　不同种源地文冠果种仁含油率

8.3.6 不同种源地文冠果种子出芽率分析

从图 8-7 中可以看出，9 个种源地文冠果种子出芽率依次为翁牛特旗红山林场＞阿鲁科尔沁旗坤都林场＞赤峰市林业科学研究所＞阿鲁科尔沁旗白城子林场＞兴安盟科右中旗＞敖汉旗双井子林场＞阿荣旗＞翁牛特旗经济林场红牛作业区＞翁牛特旗经济林场朱代沟作业区，其中翁牛特旗红山林场的种子出芽率最高，达 94.34%，阿鲁科尔沁旗坤都林场次之，为 82.83%，而翁牛特旗经济林场朱代沟作业区最低，仅为 60.00%。总体来说，各个种源地文冠果种子出芽率均超过 60%，出芽效果较好，为文冠果此次的育苗奠定了良好的基础。

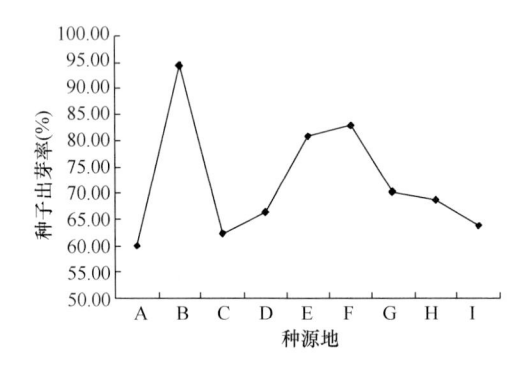

图 8-7　不同种源地文冠果种子出芽率

8.3.7　综合评价

植物生长的适应性应是受多种因素影响的一个较为复杂的综合性状，不能只从一个指标单方面进行适应性的评价，各因素之间的综合作用才可促进适应性的形成。因此对植物生长适应性的评价应该尽量用多个指标来综合评价，以缓和与弥补单个指标对评定植物生长适应性所造成的片面性。

为此本书选取了文冠果的出苗率、株高生长量、地径生长量、单畦结实量、单株结实量、种子百粒重、种子出仁率、种仁含油率及出芽率 9 个指标，采取隶属函数的评分法，对 9 个不同种源地文冠果的生长适应性进行综合评价。

具体计算公式如式（8-8）和式（8-9）

如果指标与适应性呈正相关则

$$X(\mu) = \frac{X - X_{\min}}{X_{\max} - X_{\min}} \quad (8\text{-}8)$$

如果指标与适应性呈负相关则

$$X(\mu) = 1 - \frac{X - X_{\min}}{X_{\max} - X_{\min}} \quad (8\text{-}9)$$

式中，X 为各指标的当测值；$X_{\max}$ 为指标最大值；$X_{\min}$ 为指标最小值。将各指标的隶属函数值累加起来，求平均值，值越大，适应性就越强。

表 8-1 显示了不同种源地文冠果从出苗到结种三年间生长适应性评价指标隶属度平均值，可以看出，各个种源地文冠果生长适应性强弱为阿鲁科尔沁旗坤都林场＞阿鲁科尔沁旗白城子林场＞翁牛特旗红山林场＞兴安盟科右中旗＞敖汉旗双井子林场＞阿荣旗＞赤峰市林业科学研究所＞翁牛特旗经济林场红牛作业区＞翁牛特旗经济林场朱代沟作业区，阿鲁科尔沁旗坤都林场的文冠果虽然在出苗率和

株高生长量上不是太理想,但其后期的结实量及种子的出仁率、种仁含油率均最高,沙埋催芽后种子出芽较好,质量较高,综合评定其对神东矿区采煤沉陷地的生长适应性最强;阿鲁科尔沁旗白城子林场和翁牛特旗红山林场的文冠果结实量较高,且种子出仁效果也不错,种子出芽率也较高,翁牛特旗红山林场种仁含油率仅次于阿鲁科尔沁旗坤都林场,种子出芽率最高,有关种子的其他各项指标评定值均匀,因此,阿鲁科尔沁旗坤都林场、阿鲁科尔沁旗白城子林场和翁牛特旗红山林场 3 个种源地的文冠果均可适应试验区的环境,可以作为优良种源的选择地。

表 8-1 不同种源地文冠果隶属度函数生长适宜性综合评定

	出苗率(%)	株高(m)	地径(cm)	单畦结实量(g/畦)	单株结实量(g)	种子百粒重(g)	种子出仁率(%)	种仁含油率(%)	出芽率(%)	综合评定
A	0.35	0.00	0.00	0.30	0.78	0.00	0.37	0.00	0.00	0.20
B	0.21	0.74	0.46	0.51	0.74	0.51	0.74	0.99	1.00	0.66
C	0.47	0.64	0.13	0.00	0.00	0.56	0.00	0.31	0.07	0.24
D	1.00	0.85	0.35	0.38	0.31	1.00	0.45	0.26	0.18	0.53
E	0.00	0.66	0.53	0.25	0.65	0.66	0.58	0.56	0.61	0.50
F	0.35	0.32	0.92	1.00	0.79	0.91	1.00	1.00	0.66	0.77
G	0.63	1.00	1.00	0.95	0.72	0.40	0.64	0.46	0.30	0.68
H	0.68	0.41	0.07	0.91	1.00	0.86	0.76	0.00	0.25	0.58
I	0.35	0.74	0.85	0.62	0.72	0.51	0.80	0.00	0.11	0.52

到第一个生长季结束时 9 个种源地中敖汉旗双井子林场的文冠果出苗率最高,为 37.06%,赤峰市林业科学研究所最低。各种源地文冠果出苗率差异性显著,显著水平为 0.001,多重均值检验结果表明,在 0.05 显著水平,赤峰市林业科学研究所文冠果出苗率与其他 8 个种源地之间差异显著,敖汉旗双井子林场、兴安盟科右中旗的文冠果出苗率与翁牛特旗红山林场相比,差异性均显著,其他各种源地之间的文冠果出苗率差异不显著。

文冠果结实方面:阿鲁科尔沁旗坤都林场结实量最大,为 125.70g/畦,翁牛特旗经济林场红牛作业区最小,仅为 34.90g/畦,各种源地单株结实量与单畦结实量变化基本一致;敖汉旗双井子林场、阿鲁科尔沁旗坤都林场和兴安盟科右中旗的文冠果种子颗粒较大较饱满,种子百粒重较大;阿鲁科尔沁旗坤都林场种子出仁率最高,为 52.68%,翁牛特旗红山林场和阿鲁科尔沁旗坤都林场种仁含油率较高,均达到了 69%以上。

采取隶属函数的评分法通过对 9 个种源地文冠果的生长适宜性进行综合评价,得出各个种源地文冠果生长适宜性强弱顺序依次为阿鲁科尔沁旗坤都林场>阿鲁科尔沁旗白城子林场>翁牛特旗红山林场>兴安盟科右中旗>敖汉旗双井子林场>阿荣旗>赤峰市林业科学研究所>翁牛特旗经济林场红牛作业区>翁牛特旗经济林场朱代沟作业区,即阿鲁科尔沁旗坤都林场的文冠果对神东矿区采煤沉陷地生长适应性最强。

8.4 土壤盐胁迫对植物生理特征的影响

8.4.1 盐胁迫对植被生长指标的影响

图 8-8 为盐胁迫处理后文冠果株高和地径的净增长量示意图，由图可以看出，在不同浓度的单质盐水 NaHCO₃ 和 NaCl 处理下文冠果株高的生长明显受到了抑制，且抑制作用基本上随着单质盐水浓度的增大而增大，经 NaCl 单质盐水浇灌后株高生长量由对照的 11.67cm 降低到 2.15cm，NaHCO₃ 单质盐水浇灌后株高生长量降低到 6.17cm。同时 NaCl 单质盐水的抑制作用强于 NaHCO₃，在 0.8%的 NaCl 单质盐水处理下株高增长量仅为对照（蒸馏水）的 18.42%。方差分析和多重均值检验结果显示，两种不同浓度单质盐水处理对文冠果株高生长的影响极显著，各处理之间均达到显著水平（$P<0.05$）。由此可见，较低浓度的单质盐水就会抑制文冠果株高的增长，并随着盐胁迫浓度的增加抑制作用也越来越大。

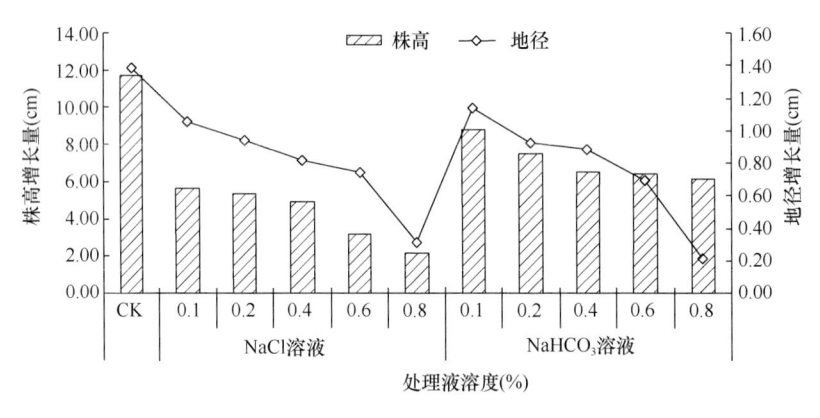

图 8-8 盐胁迫对文冠果株高和地径增长量的影响

盐胁迫同样抑制了文冠果地径的增长（图 8-8），从图 8-8 中可以看出，蒸馏水（对照）浇灌的文冠果地径增长量最大，单质盐水处理对文冠果的地径增长抑制作用明显，且与株高增长的变化规律基本一致，随着盐浓度的增加地径增长量逐渐下降，NaHCO₃ 单质盐水处理植株由 1.14mm 下降到 0.21mm，NaCl 单质盐水处理植株由 1.05mm 下降到 0.35mm。当 NaHCO₃ 单质盐水浓度为 0.8%时，文冠果地径增长量仅为对照的 50.25%。方差分析结果表明，各胁迫处理对文冠果植株地径增长的影响均达到显著水平（$P<0.001$）。多重均值检验结果说明，除 0.4%的 NaCl 和 0.2%的 NaHCO₃ 及 0.6%的 NaCl 和 0.6%的 NaHCO₃ 处理之间差异不显著

外，其余各浓度单质盐水处理间文冠果地径的差异均显著，显著水平为 0.05。结合株高增长量可以看出，较低浓度的盐胁迫就会对文冠果产生盐害作用，其株高和地径的生长均受到了明显的抑制。

8.4.2 盐胁迫对叶片生理指标的影响

8.4.2.1 盐胁迫对叶片细胞膜相对透性（RCM）和丙二醛（MDA）含量的影响

1. 盐胁迫对叶片细胞膜相对透性的影响

细胞膜是细胞与环境进行物质交换的重要通道，是分割细胞质和胞外物质的屏障，也是细胞感受环境胁迫最敏感的部位。当植物处于逆境胁迫时，细胞内的自由基在产生和清除之间的平衡就会受到破坏而出现自由基的累积，在细胞缺乏保护机制时，自由基就会对细胞结构和功能产生不同程度的伤害。若在盐胁迫下，细胞中盐分的累积就会对膜系统造成直接的伤害，同时盐胁迫下形成的活性氧以及盐分累积导致的渗透效应也会促进植物的衰老和死亡。因此，通过测定细胞膜相对透性的变化，可以反映出细胞膜受伤害的程度和所测植物抗逆性的大小。

由图 8-9 可以看出，在两种单质盐水的盐胁迫下，文冠果叶片细胞膜的相对透性均发生了变化，且随单质盐水浓度的增大而不断增大，表明细胞膜均受到了盐胁迫的伤害。文冠果叶片在 NaCl 单质盐水浓度 0.1%～0.2%胁迫下细胞膜相对透性变化较小，之后迅速增大；而在 NaHCO$_3$ 单质盐水胁迫下细胞膜相对透性增大一直较快，且各浓度下的细胞膜相对透性均高于相同浓度时 NaCl 单质盐水的细胞膜相对透性。NaCl 单质盐水胁迫下的细胞膜相对透性由 23.91%增加到 56.90%，最大为对照的 2.94 倍；NaHCO$_3$ 单质盐水胁迫下的细胞膜相对透性由

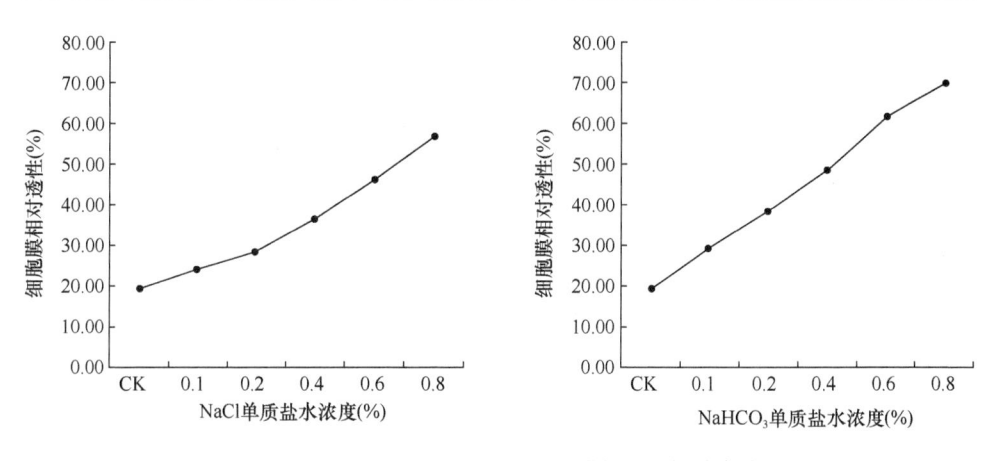

图 8-9　盐胁迫下文冠果叶片细胞膜相对透性的变化

28.79%增加到 69.19%，最大为对照的 3.58 倍。由此可见，在两种单质盐水的盐胁迫下文冠果叶片的细胞膜相对透性较对照均有明显增大，文冠果叶片细胞膜均受到了不同程度的伤害，其中 NaHCO₃ 单质盐水盐害破坏较为严重。

方差分析和多重均值检验结果表明，NaCl 和 NaHCO₃ 两种单质盐水各浓度盐胁迫对文冠果叶片细胞膜相对透性的影响均达到了显著水平，且对照与各浓度单质盐水处理间的差异均显著，显著水平为 0.05。

2. 盐胁迫对叶片 MDA 含量的影响

膜脂过氧化的主要产物之一就是 MDA，研究表明它对许多生物大分子均有不同程度的破坏作用，而且它是对细胞有毒性的物质，可与细胞膜上的蛋白质、酶等结合使之失去活性，从而引起膜结构的严重损伤。在逆境下，自由基累积的活性氧可通过直接攻击膜系统中的不饱和脂肪酸，使膜脂发生过氧化，MDA 含量增加，膜脂组分发生变化，膜的流通性下降，生物膜的结构和功能遭到损伤或破坏。

图 8-10 为盐胁迫下文冠果叶片 MDA 含量的变化图，从图中可以看出，NaCl 和 NaHCO₃ 两种单质盐水各浓度处理下 MDA 含量基本上都大于对照处理，最大值都出现在较低浓度的盐胁迫下，NaCl 单质盐水在 0.2%时 MDA 含量达 9.16μmol/g，NaHCO₃ 单质盐水在 0.1%时 MDA 含量达 8.75μmol/g，且随着处理液浓度的增大 MDA 含量都有不同程度的下降。NaCl 单质盐水处理下 MDA 含量随着盐浓度的增大基本呈现先增大后减小的趋势，NaHCO₃ 单质盐水处理下，随着处理液浓度的增大 MDA 含量呈先下降，而在 0.4%和 0.6%时略有增大后再降低的趋势。

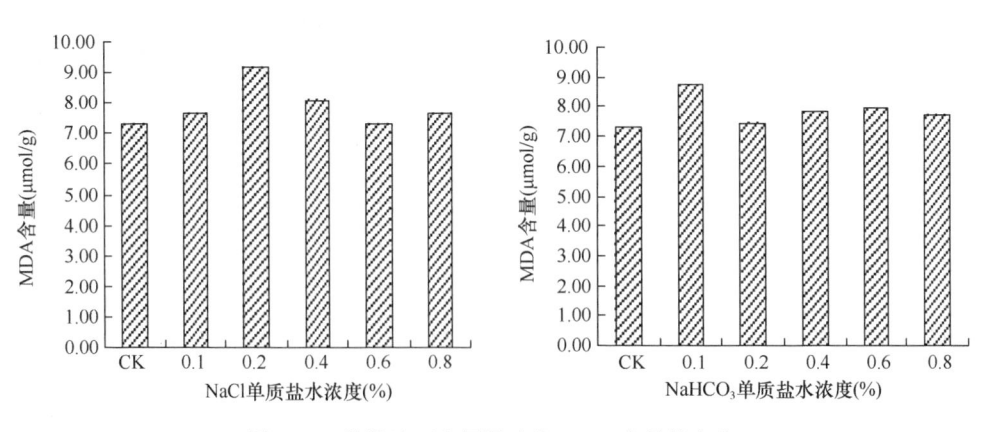

图 8-10　盐胁迫下文冠果叶片 MDA 含量的变化

方差分析和多重均值检验结果表明，NaCl 和 NaHCO₃ 两种单质盐水各浓度盐胁迫对文冠果叶片 MDA 含量的影响均达到了显著水平，对照与各浓度单质盐水处理间的差异均显著，显著水平为 0.05，各浓度单质盐水处理之间的差异不显著。

许多研究认为，植物叶片的 MDA 含量随着盐胁迫的持续而上升，但也有研究表明 MDA 含量在盐胁迫下与对照相比有所下降。本试验中盐胁迫下文冠果叶片在低浓度单质盐水处理下 MDA 含量最高，在高浓度的盐胁迫下均有所下降，其下降的原因不是文冠果受盐害胁迫的缓解，而可能是由于叶片吸收了大量的盐离子，从而使叶片单位重量干物质含量下降，就 MDA 含量来说，叶片吸收的盐分通过渗透调节增加了水分的吸收，从而导致单位鲜重叶片 MDA 含量的相应下降。

8.4.2.2 盐胁迫对叶片过氧化物酶（POD）活性和叶片超氧化物歧化酶（SOD）活性的影响

1. 盐胁迫对叶片 POD 活性的影响

POD 是广泛存在于植物细胞内的氧化还原酶类。它作为植物体内消除自由基伤害防护酶系的成员，可以清除植物体内的 H_2O_2，使需氧生物体免受毒害，在植物抗性中发挥着重要作用，与植物的抗逆境能力密切相关。

NaCl 和 $NaHCO_3$ 两种单质盐水盐胁迫下文冠果叶片 POD 活性变化如图 8-11 所示，文冠果叶片 POD 活性随着盐胁迫浓度的增加表现出一定的规律性且均高于对照，即随着单质盐水浓度的增大呈先上升后下降再上升的趋势，低浓度胁迫下 POD 活性上升较为缓慢，降低后高浓度胁迫下迅速增大。NaCl 单质盐水处理在 0.2%时出现拐点，0.6%时达到最大，为 1.22U/g FW，是对照的 4.30 倍，$NaHCO_3$ 单质盐水处理在 0.4%出现拐点，0.8%时达到最大值，为 1.48U/g FW，是对照的 5.22 倍。由此可见，在不同程度的盐胁迫下文冠果叶片 POD 活性有不同程度的增加，以保护细胞膜的相对完整，对其抗盐能力的提高具有重要意义。

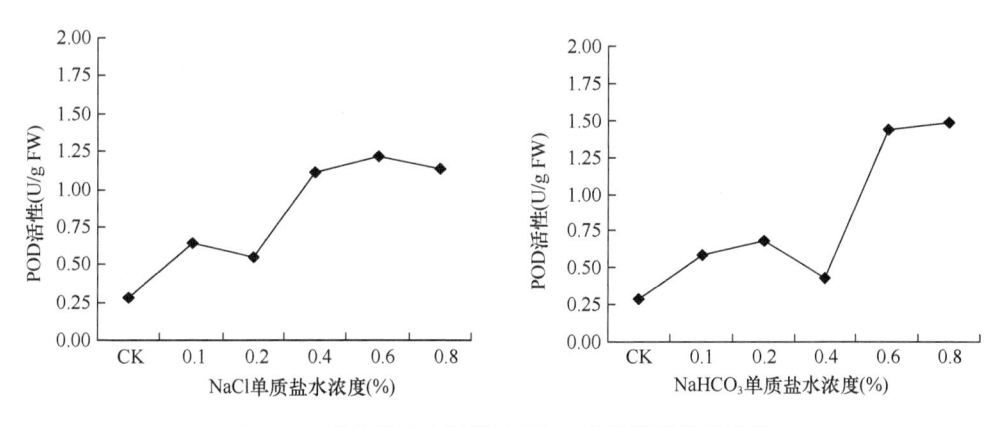

图 8-11 盐胁迫下文冠果叶片过氧化物酶活性的变化

有关植物体中 POD 活性的变化规律人们已经进行了大量的研究,但到目前还没有定论,盐胁迫下在不同植物体中 POD 活性的表现也不同,既有升高也有降低。

有学者认为耐盐品种比盐敏感品种有较高的 POD 活性。对于本试验中在低浓度单质盐水处理下文冠果 SOD 活性在随着单质盐水浓度增大而增大的过程中突然出现降低的原因，还有待于进一步探讨。

2. 盐胁迫对叶片 SOD 活性的影响

在逆境条件下，植物体可以通过酶性和非酶性的防御系统保护细胞免受氧化伤害。SOD 是酶防御系统中的重要保护酶，可以通过消除植物体内有强烈毒性的超氧离子自由基而对细胞起到保护作用，与植物抗逆性密切相关。

由图 8-12 可以看出，在 NaCl 和 $NaHCO_3$ 两种单质盐水盐胁迫下，文冠果叶片 SOD 活性变化规律基本一致，随着单质盐水浓度的增加都呈先降低后增加再降低的趋势，但两种处理的变化幅度有所差异。NaCl 单质盐水处理下，除在浓度为 0.2%时突然降低外，文冠果叶片 SOD 活性基本随着盐浓度的增大而降低，且在 0.1%和 0.4%时均大于对照，最大值达到 264.29U/g FW；$NaHCO_3$ 单质盐水处理下，文冠果叶片 SOD 活性除在浓度为 0.6%时达 244.61U/g FW 大于对照外，其他浓度下均小于对照。由此可以看出，不同单质盐水盐胁迫下文冠果 SOD 活性表现出的规律不同，文冠果在低浓度的 NaCl 单质盐水盐胁迫下叶片中的 SOD 能够保持较高的活性，可有效地清除自由基以保护细胞膜的相对完整，当达到一定盐浓度（0.8%）后 SOD 活性较 CK 有所下降。而文冠果在 $NaHCO_3$ 单质盐水盐胁迫下其 SOD 活性较低。

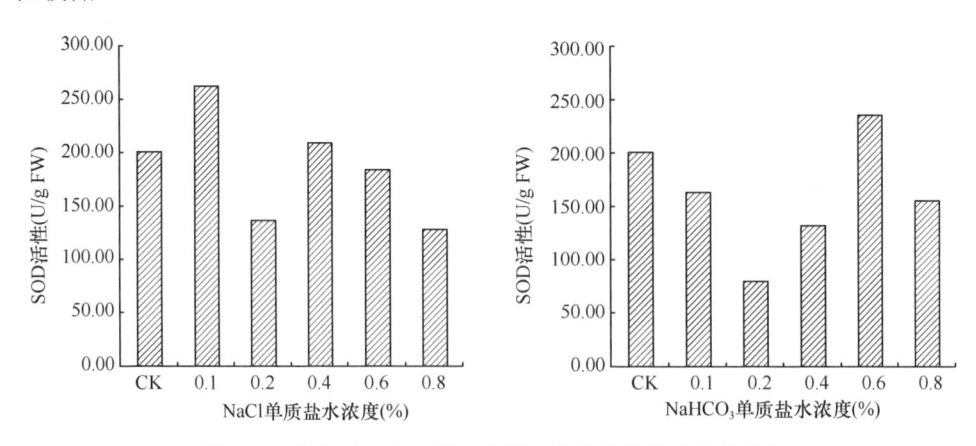

图 8-12　盐胁迫下文冠果叶片超氧化物歧化酶活性的变化

关于盐胁迫对植物叶片 SOD 活性的影响，各位学者对不同植物研究得出的结论也不相同。马纯艳和李莹（2006）基于不同浓度的 NaCl 对玉蜀黍的盐胁迫试验得出低浓度下 SOD 活性升高，高浓度下 SOD 活性急剧下降。李国雷（2004）对臭椿（*Ailanthus altissima*）、刺槐（*Robinia pseudoacacia*）、君迁子

（*Diospyros lotus*）等树种叶片的研究表明，SOD 活性随盐处理浓度的增大而下降，对栾树（*Koelreuteria paniculata*）的研究却显示在盐浓度小于 0.4%时 SOD 活性均随盐浓度的增大而下降，在 0.6%处理时都有上升，大致呈"V"形。因此，不同的植物，甚至同种植物在不同时期或不同盐浓度的胁迫下叶片 SOD 活性的变化规律也不完全一致，影响植物 SOD 活性的关键因素还有待于进一步深入研究。

8.4.2.3 盐胁迫对叶片可溶性蛋白（SP）和可溶性糖（SS）含量的影响

1. 盐胁迫对叶片 SP 含量的影响

可溶性蛋白是可以以小分子状态溶于水或其他溶剂的蛋白质。通常在植物生理、微生物、食品加工等实验中作为重要指标。众多研究表明，植物体内正常的蛋白质合成会在一些条件下受到抑制，如在干旱、盐分、病菌侵染等多种逆境胁迫的条件下，但是植物可以通过一定的途径来适应这种逆境，如增加可溶性蛋白的合成。

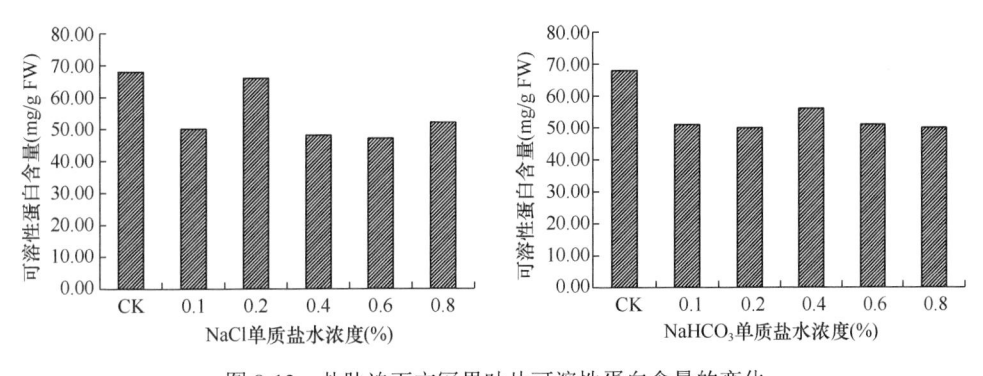

图 8-13 为盐胁迫下文冠果叶片可溶性蛋白含量的变化，从图中可以看出，NaCl 和 NaHCO$_3$ 两种单质盐水处理下文冠果叶片可溶性蛋白含量随盐浓度的增大基本呈先增大后减小的趋势，且都小于对照叶片的可溶性蛋白含量，可见盐胁迫下文冠果叶片可溶性蛋白的分解速度很快。NaCl 单质盐水处理下，浓度为 0.2%时文冠果叶片可溶性蛋白含量最大，为 65.56mg/g FW，最接近于对照，NaHCO$_3$ 单质盐水处理下，各不同浓度处理间差异不明显，只有在 0.4%时达到最大值，为 56.69mg/g FW。方差分析表明，与 CK 相比两种单质盐水处理对文冠果叶片可溶性蛋白含量的影响极显著，NaCl 和 NaHCO$_3$ 两种单质盐水处理间的差别极显著。多重均值检验结果表明，除 0.1%NaCl 单质盐水和 0.6%NaHCO$_3$ 单质盐水及 0.2%和 0.8%的 NaHCO$_3$ 单质盐水处理之间的差异性不显著外，其余各处理方法间的差异均显著，显著水平为 0.05。

图 8-13　盐胁迫下文冠果叶片可溶性蛋白含量的变化

在遭遇逆境胁迫时，植物体内常会合成和积累脯氨酸、可溶性糖、可溶性蛋白等，以降低细胞渗透势，适应不良环境。在盐胁迫下，植物的可溶性蛋白含量下降，可能是由于可溶性蛋白作为一种重要的渗透调节物质，加速分解为脯氨酸等各种氨基酸，使脯氨酸含量升高，叶片水势降低，促进了植物对水分的吸收，减轻盐害程度。

2. 盐胁迫对叶片 SS 含量的影响

生物组织中普遍存在的可溶性糖种类较多，常见的有葡萄糖、果糖、麦芽糖和蔗糖等，可增加细胞原生质浓度，起到抗脱水作用，是水分胁迫下植物体内的渗透调节物质；也可以作为碳架和能量来源合成其他有机溶质，同时对细胞膜和原生质胶体也有稳定作用，还可以在细胞内无机离子浓度较高时保护酶类。在盐胁迫下，植物可溶性糖含量是增加的。

两种单质盐水盐胁迫下文冠果叶片的可溶性糖含量均发生了变化（图8-14），两种处理下可溶性糖含量基本都随着盐水浓度的增大呈先增后减的趋势，且除 0.1%的 NaCl 单质盐水外其他处理的可溶性糖含量均大于对照，表明文冠果在一定浓度的盐胁迫下通过可溶性糖的积累以部分缓解由盐溶液引起的渗透胁迫，而当盐浓度太高时，可利用其他渗透调节物质，不需要大量可溶性糖的积累就可保持较低的渗透势，以避免渗透胁迫造成的伤害。NaCl 单质盐水处理下文冠果叶片可溶性糖含量在 0.4%和 0.6%时达到较大值，分别为 0.72g/g FW 和 0.71g/g FW，之后降低到 0.8%的 0.57g/g FW。$NaHCO_3$ 单质盐水处理下文冠果叶片可溶性糖含量由 0.2%的 0.54g/g FW 增加到 0.6%的 0.77g/g FW，之后降低到 0.8%的最小值（0.51g/g FW）。方差分析表明，两种单质盐水处理对文冠果叶片可溶性糖含量的影响极显著，NaCl 和 $NaHCO_3$ 两种单质盐水处理间的差异极显著。多重均值检验结果显示，除 $NaHCO_3$ 单质盐水浓度 0.4%

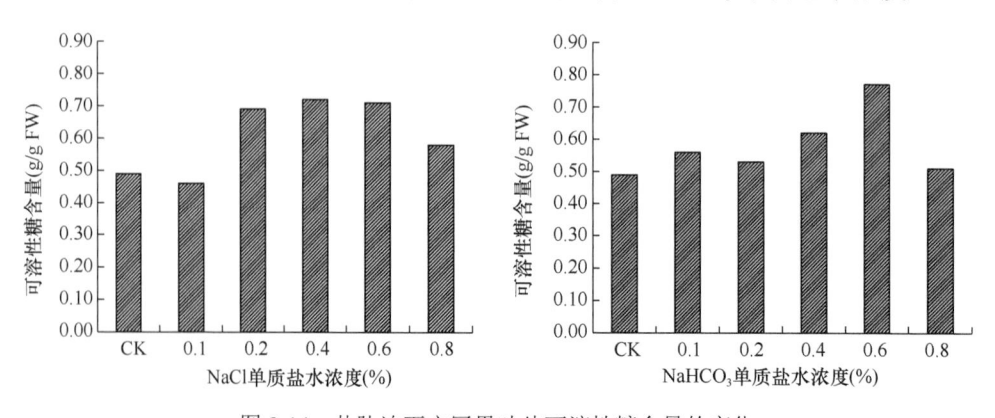

图 8-14 盐胁迫下文冠果叶片可溶性糖含量的变化

和 0.8%处理间文冠果叶片可溶性糖含量出现显著差异，差异水平为 0.05，其余各处理各浓度间差异性不显著。

8.4.2.4 盐胁迫对叶片叶绿素（Chl）含量的影响

叶绿素是植物进行光合作用的主要色素，是一类含脂的色素家族，位于类囊体膜，不仅在植物光合作用光能的吸收、传递和转化中起核心作用，而且可以动态地调节环境变化过程中的比例关系，以保证光合系统的正常运转。通常叶绿体色素与蛋白质结合在一起，但在逆境时叶绿体色素变得不稳定，植物叶片叶绿素含量不仅直接关系植物的光合同化过程，同时也是衡量植物耐盐性的重要生理指标。有研究表明，部分非盐生植物盐胁迫下植物叶绿素与叶绿素蛋白的结合变得松弛，叶绿素容易提取，可以显著增加植物叶绿素含量。

在梯度盐胁迫下，文冠果叶片 Chla、Chlb 和叶绿素总量（Chla+b）含量均发生了变化（表 8-2），两种单质盐水胁迫下，Chla、Chlb 和 Chla+b 含量随着盐浓度的增大基本上逐渐下降，且 Chla 的含量均大于 Chlb 的含量。其中，Chla、Chlb 和 Chla+b 含量在 NaCl 单质盐水的处理下随着盐浓度增大均呈逐渐降低的趋势，且在盐水浓度≥0.4%后文冠果叶片 Chla 和 Chla+b 的含量均低于对照；Chla、Chlb 和 Chla+b 含量在 NaHCO$_3$ 单质盐水的处理下随盐水浓度的增大先逐渐降低，当到 0.8%浓度时又小幅上升，在浓度 0.4%和 0.6%时 Chla+b 含量低于对照，分别为 11.23mg/g FW 和 9.24mg/g FW。可见，文冠果在 NaCl 单质盐水的盐胁迫下引起了叶绿素总量的下降，进而降低了其光合速率，抑制了植物的正常生长。

表 8-2　盐胁迫下文冠果叶片叶绿素含量（mg/g FW）的变化

处理		Chla	Chlb	Chla+b
CK		8.16	3.50	11.66
NaCl 单质盐水	0.1%	9.15	4.14	13.29
	0.2%	8.77	3.92	12.69
	0.4%	7.87	3.69	11.56
	0.6%	7.20	3.25	10.46
	0.8%	7.56	3.22	10.79
NaHCO$_3$ 单质盐水	0.1%	9.50	4.40	13.89
	0.2%	8.94	4.30	13.24
	0.4%	7.76	3.47	11.23
	0.6%	6.40	2.85	9.24
	0.8%	8.03	3.74	11.77

通常认为盐胁迫可降低植物叶绿素含量，但也有研究表明盐胁迫可显著增大叶绿素含量，关于盐胁迫逆境下叶绿素含量下降的原因可能是叶绿素酶活性的增

强，促使叶绿素分解速度加快或者植物叶片细胞中叶绿素与叶绿素蛋白间的结合变得松弛，使更多的叶绿素遭到破坏。目前，对于两者的影响还存在争议。

8.4.3 盐胁迫下植被各指标间相关性分析

本研究对两种单质盐水盐胁迫下文冠果叶片的细胞膜相对透性（RCM）、丙二醛（MDA）含量、超氧化物歧化酶（SOD）活性、过氧化物酶（POD）活性、可溶性糖（SS）含量、可溶性蛋白（SP）含量和叶绿素（Chl）含量，7 个指标之间进行了简单线性相关性分析（Pearson correlation），分析结果如表 8-3 所示。

表 8-3　盐胁迫下文冠果生理生化指标相关性分析

指标	RCM	MDA 含量	POD 活性	SOD 活性	SS 含量	SP 含量	Chl 含量
RCM	1.000						
MDA 含量	−0.429*	1.000					
POD 活性	0.761**	−0.394*	1.000				
SOD 活性	−0.102	−0.011	0.298	1.000			
SS 含量	0.170	0.213	0.315	0.202	1.000		
SP 含量	−0.266	0.702**	−0.554**	−0.313	0.074	1.000	
Chl 含量	−0.730**	0.357*	−0.681**	−0.247	−0.665**	0.202	1.000

*表示相关性达到显著水平（$\alpha=0.05$），**表示相关性达到极显著水平（$\alpha=0.01$）。

由表 8-3 可知，单质盐水盐胁迫下文冠果 RCM 与 MDA 呈显著负相关，与 Chl 呈极显著负相关，与 POD 活性呈极显著正相关，表明在此范围内文冠果叶片细胞膜相对透性越大，文冠果受害越严重，MDA 和 Chl 含量越少；MDA 与 SP 含量呈极显著正相关（$r=0.702$），与 Chl 含量显著正相关，而与 POD 活性呈显著负相关；POD 活性与 SP 和 Chl 含量呈极显著负相关，表示 POD 活性越高，SP 和 Chl 含量越少；SS 含量与 Chl 含量呈显著负相关；SOD 活性与 SP 含量、Chl 含量呈负相关，但没有达到显著水平。

8.4.4 植被抗盐能力综合评价

植物的抗盐性状是一个由多基因控制的数量性状，这也决定了抗盐机制的复杂性。人们已在多种植物上从多种角度对抗盐性进行了探讨，并且也根据这些研究提出了很多机制试图解释抗盐机理。而这些机理在解释各自所研究植物的抗盐性时是可行的，但是一旦用于其他植物时，就显得失之偏颇。目前为止，仍没有一个统一的机理能够解释所有植物对盐的适应性。同时，同一指标在不同植物间甚至同种植物的不同生育期表现也不尽相同，因此植物抗盐性评价用多指标综合评价方法将更加客观准确。本书选取了试验地神东矿区采煤沉陷地文冠果的株高、地径生长量、细胞膜相对透性（RCM）、MDA 含量、SOD 活性、POD 活性、SS 含量、SP 含量、Chl 含量 9 个指标，采用隶属度函数法对两种单质盐水不同浓度处理下文冠果的抗盐能力进行综合评价，具体计算公式见式（8-8）和式（8-9），结果如表 8-4 所示。

表 8-4　不同浓度盐胁迫下文冠果抗盐性综合评定

		株高	地径	RCM	MDA	POD	SOD	SS	SP	Chl	综合评定
CK		1.00	1.00	1.00	1.00	0.00	0.65	0.08	1.00	0.52	0.69
NaCl 溶液	0.1%	0.38	0.72	0.91	0.79	0.30	1.00	0.00	0.17	0.87	0.57
	0.2%	0.35	0.62	0.82	0.00	0.22	0.31	0.71	0.86	0.74	0.52
	0.4%	0.30	0.52	0.65	0.59	0.69	0.71	0.85	0.02	0.50	0.54
	0.6%	0.11	0.46	0.46	0.99	0.79	0.57	0.82	0.56	0.26	0.50
	0.8%	0.00	0.09	0.25	0.81	0.71	0.27	0.35	0.23	0.33	0.34
NaHCO$_3$ 溶液	0.1%	0.73	0.79	0.81	0.22	0.26	0.47	0.33	0.20	1.00	0.53
	0.2%	0.58	0.61	0.63	0.92	0.34	0.00	0.24	0.12	0.86	0.48
	0.4%	0.48	0.57	0.42	0.72	0.12	0.29	0.53	0.45	0.43	0.44
	0.6%	0.47	0.41	0.15	0.62	0.97	0.89	1.00	0.16	0.52	0.52
	0.8%	0.44	0.00	0.78	1.00	0.40	0.18	0.13	0.54	0.39	0.39

表 8-4 显示了在 NaCl 和 NaHCO$_3$ 两种单质盐水盐胁迫下文冠果在不同胁迫梯度 9 个抗盐评价指标隶属度平均值，可以看到，两种单质盐水处理下随着盐浓度的增大抗盐能力呈现先减弱后增强再减弱的趋势，对照处理下的文冠果抗盐能力最大。NaCl 单质盐水处理下在浓度大于 0.4%后综合评定值减小较快，抗盐能力减弱，NaHCO$_3$ 单质盐水处理下浓度大于 0.6%后综合评定值迅速减小，抗盐能力降低，因此，文冠果在 NaCl 单质盐水处理下可承受的最大盐分浓度为 0.4%，在 NaHCO$_3$ 单质盐水处理下可承受的最大盐分浓度为 0.6%。

8.5　小　　结

（1）到第一个生长季结束时 9 个种源地中敖汉旗双井子林场的文冠果出苗率最高，为 37.06%，赤峰市林业科学研究所最低。各种源地文冠果出苗率差异性显著，显著水平为 0.001，多重均值检验结果表明，在 0.05 显著水平，赤峰市林业科学研究所文冠果出苗率与其他 8 个种源地之间差异显著，敖汉旗双井子林场、兴安盟科右中旗的文冠果出苗率与翁牛特旗红山林场相比，其差异性均显著。

（2）2009~2011 年 3 年间，阿鲁科尔沁旗坤都林场的文冠果生长状况一直较好，株高和地径 3 年间分别增长了 46.66%和 140.01%；2011 年生长季结束时株高和地径最大的是翁牛特旗红山林场，分别为 125.95cm 和 2.01cm，而阿鲁科尔沁旗白城子林场的生长状况最差，株高和地径仅分别为 97.05cm 和 1.42cm。且不同种源地间文冠果株高和地径差异均不显著（$P>0.05$）。

（3）文冠果结实方面：阿鲁科尔沁旗坤都林场结实量最大，为 125.70g/畦，翁牛特旗经济林场红牛作业区最小，仅为 34.90g/畦，各种源地单株结实量与单畦结实量变化基本一致；敖汉旗双井子林场、阿鲁科尔沁旗坤都林场和兴安盟科右中旗的文冠果种子颗粒较大较饱满，种子百粒重较大；种子出仁率阿鲁科尔沁旗坤都林场最高，为 52.68%，种仁含油率翁牛特旗红山林场和阿鲁科尔沁旗坤都林场较高，均达到了 69%以上。

（4）采取隶属函数的评分法通过对 9 个种源地文冠果的生长适宜性进行综合评价，得出各个种源地文冠果生长适宜性强弱顺序依次为阿鲁科尔沁旗坤都林场>阿鲁科尔沁旗白城子林场>兴安盟科右中旗>翁牛特旗红山林场>敖汉旗双井子林场>阿荣旗>赤峰市林业科学研究所>翁牛特旗经济林场红牛作业区>翁牛特旗经济林场朱代沟作业区，即阿鲁科尔沁旗坤都林场的文冠果对神东矿区采煤沉陷地的生长适应性最强。

（5）在两种盐胁迫下，文冠果株高和地径的生长均受到了明显的抑制，并随着盐胁迫浓度的增大，抑制作用增大；且 NaCl 单质盐水的抑制作用较 $NaHCO_3$ 单质盐水强。

（6）盐胁迫对文冠果生理生化指标均产生了一定的影响，主要表现为细胞膜相对透性随着胁迫浓度的增大而明显增大，NaCl 单质盐水胁迫下的细胞膜相对透性由 23.91%增加到 56.90%；$NaHCO_3$ 单质盐水胁迫下由 28.79%增加到 69.19%，$NaHCO_3$ 单质盐水对文冠果叶片细胞膜伤害较为严重。各浓度盐胁迫下 MDA 含量也有不同程度的增大。盐胁迫下文冠果叶片的 SOD 和 POD 活性较对照基本均有不同程度的增加，POD 活性随着单质盐水浓度的增大呈先上升后下降再上升的趋势，NaCl 单质盐水处理在浓度为 0.6%时达到最大（1.22U/g FW），$NaHCO_3$ 单质盐水处理在 0.8%时达到最大，为 1.48U/g FW；SOD 活性随着单质盐水浓度的增加都呈先降低后增加再降低的趋势，NaCl 单质盐水处理下，在浓度 0.1%和 0.4%时均大于对照，最大值达到 264.29U/g FW，$NaHCO_3$ 单质盐水处理下，SOD 活性除在浓度为 0.6%时达 244.61U/g FW，大于对照外，其他浓度下均小于对照。

（7）盐胁迫下文冠果叶片的可溶性蛋白分解速度很快，两种单质盐水处理下文冠果叶片的可溶性蛋白含量均小于对照，随盐浓度的增大基本呈先增大后减小的趋势。可溶性糖在盐胁迫下也有一定的积累，在 NaCl 单质盐水浓度 0.4%时达到最大值，为 0.72g/g FW，在 $NaHCO_3$ 单质盐水浓度 0.6%时达到 0.77g/g FW，以缓解由盐溶液引起的渗透胁迫。同时，两种单质盐水胁迫下，文冠果叶片 Chla、Chlb 和 Chla+b 含量随着盐浓度的增大基本上逐渐下降，可见，文冠果在 NaCl 单质盐水的盐胁迫下引起了叶绿素总量的下降，进而降低了其光合速率，抑制了植物的正常生长。

（8）运用简单线性相关分析对盐胁迫下文冠果叶片各生理指标相关性进行分析表明，在此盐浓度范围内，文冠果叶片细胞膜相对透性越大，文冠果受害越严重，MDA 和叶绿素含量越少；MDA 与可溶性蛋白含量呈极显著正相关（r=0.702），与叶绿素含量显著正相关，而与 POD 活性呈显著负相关；POD 活性越高，可溶性蛋白和叶绿素含量越少；SOD 活性与可溶性蛋白含量、叶绿素含量呈负相关，但没有达到显著水平。运用隶属度函数法对盐胁迫下文冠果抗盐能力进行综合评价，结果表明，两种单质盐水处理下随着盐浓度的增大文冠果抗盐能力呈现先减弱后增强再减弱的趋势，文冠果在 NaCl 单质盐水处理下可承受的最大盐分浓度为 0.4%，在 NaHCO$_3$ 单质盐水处理下可承受的最大盐分浓度为 0.6%。

9 采煤沉陷区土壤防渗蓄水保肥技术

目前，我国大中型煤矿所广泛采用的煤炭开采方式主要是长臂式法，同时利用跨落顶板的方式对采煤沉陷区进行管理，这样的开采方式会造成地面漏斗状沉陷和地表台阶状断裂，形成大面积地表沉陷。在沉陷地区，地面形成大量的沉陷裂缝群与沉陷台阶，其分布的范围和煤层采空区分布的范围一致，其延伸方向和煤矿的巷道设计方向基本一致，范围略小于采空区。采煤沉陷地产生的地表裂缝与台阶会对矿区居民的生活、生产和环境造成很大的影响。使当地居民的生活、生产等各类设施遭到严重破坏，对矿区居民的生命财产造成极大的威胁。同时还会引起土壤质量的变化，使土壤结构组成、土层厚度、土壤含水量等都发生变化，由于土壤裂缝大量存在，灌溉和降雨时土壤中的各种养分更易淋溶，降低土壤质量。中国科学院水土保持研究所和陕西省榆林市环保部门的调查结果表明：大柳塔煤矿首采区矿井井口 3km 范围内发生的 $0.8hm^2$ 的沉陷，裂缝宽度在 0.3~0.6m，最大下沉深度为 6.5m。裂缝的产生造成植物根系撕裂，植被随之枯萎死亡（侯庆春等，1994）。采煤沉陷使土壤各层次发生错位，土壤深层的块状、柱状土体翻转到土壤表面，覆盖在有机质含量丰富的团聚体之上，土壤结构遭到严重破坏，生产力严重下降（张发旺等，2003）。同时，沉陷区内垂向裂隙的发育，增强了土壤水分的蒸发与渗漏，土壤水分与养分的大量损失，在一定程度上影响天然植被的生理功能，进而影响生长，威胁天然植被的生存，进一步恶化了本来就已经相当脆弱的生态环境（高国雄，2005；刘梅和王美英，2005；侯新伟等，2006）。

聚丙烯酰胺（polyacrylamide，PAM）作为一种土壤结构改良剂，能够有效加强土壤颗粒之间的凝聚力，保持良好的土壤结构，具有改良砂壤土持水性能、抑制土壤水分蒸发、减少地表径流、防止水土流失及增加土壤的入渗等作用，提高水分利用效率就能为沉陷区植被提供更多的水分供给，加快植物的生长，提高植被成活率。PAM 有保土、保水、保肥、增产等作用，已经成为节水、增产的较好方法之一（员学锋，2003）。目前，PAM 作为土壤改良剂在国内外农业生产及防止水土流失等各个方面已经被广泛研究，但是在采煤沉陷区的研究还未见报道。

本书针对神东矿区的采煤沉陷地，以土壤改良剂 PAM 为材料，通过室内模拟试验，研究不同施用方法与用量的 PAM 对采煤沉陷区土壤物理性质及植物光合特性的影响，在可控的试验条件下，确定各项指标的变化情况，为 PAM 在采煤沉陷区的野外试验研究与推广应用提供理论依据。

9.1 PAM 应用的研究

9.1.1 PAM 概述

PAM 是丙烯酰胺含量在 50%以上的水溶性高分子聚合物的总称，是丙烯酰胺单体在引发剂作用下聚合成的。聚丙烯酰胺分子式为$(CH_2CHCONH_2)_n$，其分子链很长，分子量具有很宽的调节范围，另外，胺基能够与许多物质亲和、吸附形成氢键，一个 PAM 分子可以同时黏结几个颗粒。PAM 呈白色或微黄色的细沙状粉末颗粒或无色透明胶体，不溶于苯、乙醚酯类、丙酮等一般有机溶剂，易溶于水，具有良好的絮凝性和较高的化学活性。其水溶液为近乎透明的黏调液体，属非危险品，无毒，无腐蚀性。按离子特性分可分为非离子、阴离子、阳离子和两性型 4 种类型。PAM 易于通过接枝或交联得到网状结构的多种改性物，在石油生产、制糖、洗煤、选矿、造纸、油漆、湿法冶金，纺织、石材切割、化工、农药、医药、污水处理等领域应用非常广泛，有"百业助剂"之称（刘海滨和黄福堂，2001）。近年来 PAM 作为水土保持剂和土壤结构调理剂在农业生产中也有着突出的应用价值（张婉璐，2012）。

9.1.2 PAM 在农业生产中的应用研究进展

人工合成高分子聚合物作为土壤结构调理剂始于 20 世纪 50 年代，这些高分子聚合物因为有着特殊的结构和优异的性能而得到相关领域研究者的青睐。1952年，Hedrick 和 Moury 发现使用聚合物作为土壤改良剂可以促进土壤团聚体的稳定，减少土壤结皮的形成，使土壤保持良好的渗透性和透气性（柴文晴，2009）。90 年代，PAM 因其具有的水土保持价值而再次受到重视，研究出现了新的高潮（Lentz and Sojika，1994；1996）。此后，国外研究人员针对 PAM 的产品开发、作用效果、使用方法、作用机理等方面相继展开了大量研究工作。随着新剂型的研制和使用技术的改进，PAM 的应用取得了较大的进展。1994 年底，PAM 作为水土保持措施的一种商业性产品在美国西部的大多数州已进行登记注册；1995 年 1月应用 PAM 作为美国西部一项临时水土保持措施被美国农业部批准。1995 年 PAM 在美国的应用面积为 2 万 hm^2，1996 年达到 20 万 hm^2，截至 1997 年，PAM 在美国的应用推广面积已超过 24 万 hm^2，PAM 的应用使土壤流失量减少了 500 万～1000 万 t，而且其后使用量仍迅速增长，1998 年扩大至约 100 万 hm^2（冯浩等，

2001）。80年代中期，PAM产品引入我国农业应用领域，并在我国北方一些地区进行了室内模拟与野外小范围试验（王晓彬和蔡典雄，2000）。在此期间，研究工作一度中断，主要原因是PAM应用成本较高。"九五"计划开始，对PAM技术及应用的研究进入了一个新时期，我国科研人员在不同地区、不同对象、不同条件下对PAM的作用效果、使用方法、作用机理等方面开展了研究，取得了一批有价值的研究成果。

9.1.3 PAM对土壤物理性状的影响研究

PAM可有效改善土壤结构，降低土壤容重，增加土壤大团聚体的数目，增大土壤表层粗糙度，进而使土壤毛管孔隙度和总孔隙率上升，提高土壤入渗率，增加土壤的含水量（李俊颖，2009）。1987～1989年中国农业科学院通过土壤肥料研究发现，给土壤喷施PAM，能够减少粒径为0.1mm的颗粒（减少51.3%～62.5%）。而且施用PAM后，土壤的入渗速率显著增加（王维敏，1994）。员学锋等（2005）曾研究了PAM处理后的关中娄土的物理性状，结果表明，PAM可有效降低土壤容重，增加土体水稳定性、土壤饱和含水量与土壤田间持水量，大大降低土壤渗透性。沈丽萍（2005）通过研究发现，PAM能够促进土壤的水分入渗，减少水分渗出量，抑制土壤中水分的蒸发，进而增强土壤持水能力（张淑芬，2001；Terry et al.，1986）。夏海江和肇普兴（1997）通过研究发现，PAM可以改善土壤的水稳性。PAM处理后的土壤，分散系数会减少7%～9%，沉降系数会增大9%左右，结构系数普遍增大3%～8%，土壤中水稳性团粒的含量与微团聚体的结构性能同样都呈上升的趋势，分别增加30%～50%、3%～8%。杨永辉等（2007）研究了PAM对黄绵土、黑垆土和娄土保水性能的影响，结果表明，PAM可有效提高黄土高原中主要类型土壤（黑垆土、娄土和黄绵土）的持水性能和导水性能，抑制土壤中水分的蒸发。Malik等曾将PAM以液态的形式喷洒于地表，结果表明PAM主要对距地表0～5cm深处的耕层起作用，可有效控制土壤吸胀性，抑制土壤结皮生成（Lentz et al.，1992）。冯雪等（2008）通过盆栽试验研究了PAM对土壤中水分蒸发带来的影响，结果发现，在有作物种植的情况下，在作物腾发量影响下，PAM对土壤水分蒸发的抑制作用表现得不是特别明显；在无作物种植的情况下，PAM则会对土壤水分的蒸发产生抑制作用，且随PAM用量的不断增多，其抑制效果更加显著。李佳佳等（2010）将不同剂量的PAM施入沙质土壤中，进而研究PAM对土壤持水能力的影响，试验结果表明，PAM可使土壤累积蒸发量降低，最大降低14.46%，PAM还能促进田间持水量、平均含水量、毛细管持水量、最大持水量的增加，最大增加量分别为33.71%、5.64%、29.04%、29.70%，PAM能有效改良砂壤土的保水性能。

9.1.4 PAM 对降雨入渗与防治水土流失研究

造成干旱地区水土流失的原因之一是超渗径流。黄土高原位于我国干旱、半干旱地带，年降水量为 300~700mm，土壤的入渗量不足降水量的 30%，降水量之多，入渗量之少，使得沟坡侧蚀与沟间地面蚀、沟蚀均很活跃（蒋定生，1997）。美国爱达荷大学的 Lentz 和 Sojika（1996）对轻壤土进行了研究，结果表明，当坡度为 1°~2°时，浓度为 1.3kg/hm² 的 PAM 能使水分入渗量增加 15%，当 PAM 浓度达到 2kg/hm² 时，入渗速率增大 57%左右，达到最大值。加利福尼亚沙漠灌溉研究站的 Mitchell（1986）分别采用浓度为 15mg/L、50mg/L、150mg/L 的 PAM 对棉花地进行灌溉，刚开始的 4h 内入渗速率增长较快，可增加 30%~57%，然而长时间灌溉土壤，土壤总入渗量将趋于稳定。此研究在抑制降雨，尤其是暴雨导致的土壤侵蚀方面意义重大。唐泽军等（2006）利用 PAM 进行了增加玉蜀黍田土壤入渗，减少土壤表面径流的试验，研究结果显示，PAM 能较好地增加土壤有效降水量，进而促进玉蜀黍的生长发育。夏海江和肇普兴（1997）在辽宁分别选取了不同地区、不同土壤条件和不同降水量地点为试验样地进行试验，结果发现，在坡度为 6°、10°、15°的地方施用 PAM，其保土率分别为 77%、67%和 57%，3 个坡度的保肥率依次是 80%、65%和 55%。在扰动土壤 8 次后，水土流失的防治效果可下降约 50%，一般来说，PAM 的作用效果可持续 2~3 年。冯浩等（2001）采用法国 SNF 公司研制的 PAM，针对其 PAM 对黄土坡地的产沙过程所造成的影响进行了一系列研究，研究发现，在垆土上施用 PAM 的效果远远胜于黄绵土，对娄土施加浓度为 0.8g/m² 的 PAM，其泥沙量可减少 85%，径流量减少约 16%；浓度为 0.08g/m² 的 PAM，几乎不会对土壤产生任何影响。陈渠昌等（2006）通过在野外沙壤土的坡地进行人工降雨产流试验，分析了施 PAM 对地表径流含沙量、降雨径流量、一次降雨产生的土壤侵蚀总量的影响，研究结果显示，PAM 可降低土壤的入渗率，进而增加坡地的径流量，PAM 的用量和使用方法对降低土壤入渗率还存在着一个阈值，对于试验所选的洪积砂壤土而言，应为 1.0g/m² 左右。张振华等（2006）研究发现，PAM 对一维垂直积水入渗的累积入渗量、入渗率及湿润锋 3 个指标均有显著的抑制作用。何丙辉和 Hickman（1998）研究了在人工降雨下 PAM 与除草剂结合处理对美国中西部地区典型土壤侵蚀的影响，研究结果表明，PAM 在防止此类型土壤侵蚀方面的效果相当显著。

9.1.5 PAM 的增产效益研究

PAM 对土壤水力及物理特性的影响直接导致作物的增产。PAM 通过影响土壤的物理及水力特性,进而改善土壤中的水、肥、气、热等状况,提升土壤保水性能。进而为种子的出苗、作物的生长及增产提供良好的条件。Stern 等(1992)在灌溉土的表面撒施浓度为 20kg/m^2 的 PAM,发现施用 PAM 后,小麦产量提高的幅度达到 9.0%。员学锋等(2002)曾在玉蜀黍地施用 PAM,结果发现玉蜀黍的产量得到了显著的提高,当 PAM 施用量控制在 0.75~1.25g/m^2 时,玉蜀黍的增产率达 11.7%~18.3%,然而当施用 PAM 的浓度超过一定范围时,其增产的效果反倒不显著。侯冠男(2012)通过研究发现,在河套灌区对小麦施用 PAM,可使土壤的温、气、养分、水的供给条件得到明显改善,有利于植株的良好发育,促使根系逐渐发达,促进作物在生育期中稳健生长,进而在旱作条件下也能达到甚至超过正常水分条件下植株的生育特性与产量。杜社妮等(2008)通过分析 PAM 对马铃薯生长和土壤水分的影响,发现 PAM 的施用量越大,块茎产量与生物量越高、块茎的个数越少、最大块茎也越大,综合以上分析得出 PAM 的用量宜在 45kg/hm^2 左右。

9.1.6　PAM 施用方法研究

不同土壤、不同 PAM 产品类型对 PAM 的施用量影响很大,其施用的效果也随施用量、施用方法、土壤类型的不同而有所差异(员学锋,2003)。孟维忠等(2000)通过室内模拟试验,针对 PAM 在防治土壤侵蚀方面的适宜用量、最优剂型、抗溅蚀性以及 PAM 对土壤物理性质产生的影响进行了研究,研究表明,阴离子型的分子量在 300 万~400 万的 PAM 在减少辽宁棕壤土土壤侵蚀量方面表现的效果最佳,较对照而言,其土壤侵蚀量平均减少了 78.1%,PAM 适用量在 0.3~1.3g/m^2,坡度较小时应采用下限值,当坡度较大时则应采用上限值,在降水量趋于一定时,土壤的溅蚀量随 PAM 用量的增加呈减少的趋势。于健等(2010)发现在减少土壤侵蚀效果方面,将 PAM 的干粉直接撒在粉砂壤质土壤表层较混施于土壤中的效果明显增加。杜社妮等(2008)将 PAM 干粉穴施或沟施于正在播种玉蜀黍的黄绵土中,结果发现,较直接撒施于土壤表层或混施于土壤而言,其增产效果明显增加。张蕊等(2013)在内蒙古河套灌区研究了在玉蜀黍生产中 PAM 最佳的施用方式,主要研究了 PAM 混施、撒施、穴施、沟施对土壤温度、土壤水分和玉蜀黍生长发育的影响,结果显示,玉蜀黍播种时撒施 PAM 是最有利玉蜀黍生长的施用方法。雷廷武等(2004)利用室内微型水槽进行试验发现,施入 PAM 可使河套灌区的典型土壤(砂壤土)入渗率大大减少。王辉等(2009)进行了室内一维垂直积水入渗试验,分析了 PAM 施加方式(与土混施、表施)和施用量对入渗量、入渗率与湿润锋的影响,结果表明,不同施加方式与施用量对水分的入渗影响非常大,并且当 PAM 的施用量较小时,还会抑制水分的入渗。吴海霞等(2013)研究了不同施用量的 PAM 对玉蜀黍经济性状及其产量的影响,结果表明,当 PAM 的施用量达 0.40～0.60g/m² 时，玉蜀黍增产的幅度最大。但当施用量超过一定的范围时，玉蜀黍产量的增长逐渐变得缓慢，该现象说明并不是 PAM 施用量越多效果越好，在使用的过程中还应注意控制其施用量。

9.2 研究内容与试验设计

1. 研究内容

1）PAM 对沉陷区土壤水分蒸发的影响研究

通过研究不同 PAM 施用方法、施用量对沉陷区土壤水分日蒸发量、累积蒸发量的影响，并对 PAM 施用量与土壤水分累积蒸发量进行回归预测，分析 PAM 施用量、施用方法对采煤沉陷区土壤水分蒸发量的影响。

2）PAM 对沉陷区土壤物理特性的影响研究

研究不同 PAM 施用方法、施用量对沉陷区土壤团聚体、容重、田间持水量、毛管持水量各项物理指标的影响，探明 PAM 用量与土壤物理指标之间的变化规律，分析在采煤沉陷区施用 PAM 在改善土壤物理性状方面的效果。

3）PAM 对采煤沉陷区植物光合特性的影响研究

通过研究施加 PAM 后采煤沉陷区植物净光合速率、蒸腾速率、胞间 CO_2 浓度、水分利用率、气孔导度等特性的变化规律，分析 PAM 对采煤沉陷区植物的最适宜用量及用法。

4）PAM 在采煤沉陷区应用综合评价分析

应用成分分析及模糊数学评价方法对土壤物理指标与植物光合指标进行综合评价分析，得出采煤沉陷区最适的 PAM 用法与用量。

2. 试验设计

试验土壤取自陕西省神木市高家畔采煤沉陷区硬梁地地表（0～20cm 土层）土壤，地理坐标为 N39°14.986′，E110°10.296′，土壤类型为栗钙土。采集土壤后，将土壤置于室内条件下自然风干，过 2mm 筛，并剔除植物根系等杂物备用，土壤主要物理性状见表 9-1。试验用 PAM 为河南巩义市宝来水处理材料厂生产的阴离子型聚丙烯酰胺（含量≥90%），白色粉末晶体，可溶于水，分子量为 1000 万，水解度 20%。

表 9-1 供试土壤主要物理性状

各粒级的百分含量（%）			容重（g/cm³）	田间持水量（%）	土壤质地
砂粒 0.05～1mm	粗粉粒 0.01～0.05mm	细黏粒 (<0.01mm)			
93.42	2.56	1.04	1.60	22.5	粗沙土

1）土壤蒸发试验设计

试验在内蒙古农业大学生态环境学院智能型研究温室内进行，温室内温度控制在 25～30°C，且不进行遮光处理。设置 PAM 两种施用方式（拌施与干撒）和 6 种浓度水平（0mg/kg、100mg/kg、200mg/kg、400mg/kg、600mg/kg、800mg/kg）相互交叉的 12 种处理，每种处理 3 个重复。

（1）土柱构建与 PAM 施用

土柱材料为 PVC 管材，内径 10cm，高 11cm，将土柱底部用细布封实，保证土柱下边界能够良好透水又不会将土带出。

拌施法施用方法，将过筛后的土样与 PAM 按设计浓度均匀混合，按采煤沉陷区原状土容重（1.60g/cm³）均匀装入土柱，土柱中土样质量约为 1.38kg，并加入足量蒸馏水使土壤水分达到饱和。

干撒法施用方法，先将过筛后土样按原状土容重装入土柱，并将 PAM 按设计浓度与少量土壤均匀混合后撒在土柱表面，土柱中土壤质量约为 1.38kg，之后加入蒸馏水使土壤水分达到饱和。

（2）蒸发量测定

采用称重法测定土壤水分蒸发量，测量精度为 0.1g。测量时间为每天晚上 6 点，试验持续 31d。

2）PAM 对土壤物理性质影响试验设计

将过 2mm 筛后的土样与 PAM 以设计浓度混合，分拌施与干撒两种方法，按原状土容重装入高 20cm，内径 18cm 的花盆中进行灌溉模拟培养（PAM 施用浓度与施用方法同上），5d 后分别在 0～10cm、10～20cm 土层采集土样进行土壤指标测定，每个处理 3 个重复。

（1）土壤容重采用环刀法测定。

（2）土壤田间持水量测定采用室内测定法——威尔科克斯（Wilcox）法，即将用环刀采集的土样放于盛水的搪瓷盘内，有孔盖（底盖）的一端朝下，盘内水面较环刀上缘低 1～2mm，让水饱和土壤 12h 后，打开底盖（孔盖）将其连滤纸一起放在装有干土的环刀上。为紧密接触，可压上重物。经过 8h 吸水后，从上面环刀内取出 15～20g 土壤测定含水量，此值近似该土壤的田间持水量。

（3）毛管持水量测定采用圆筒浸透法，将采集土样的环刀放于盛有 2～3mm 水的瓷盘中 8h，让土壤毛管吸水。从环刀中取出 4～5g 湿土测定含水量，即为毛管持水量。

（4）土壤团聚体含量采用干筛法测定，土样沿自然面剥成直径 2～10mm 大小的样块；风干后通过孔径为 5mm、2mm、1mm、0.5mm、0.25mm 的筛组进行干筛后将各级筛子上的样品分别称重（精确到 0.01g），计算各级干筛团聚体的百分含量。

具体试验操作按照中国科学院南京土壤研究所土壤物理研究室主编的《土壤物理性质测定法1981》进行。

3）PAM对植物生理特性影响试验设计

供试植物为风沙采煤沉陷区常见草种苜蓿（*Medicago sativa*），苜蓿是重要的豆科牧草，具有营养价值高、适口性好、适应性强等特点，在全世界范围内分布广泛。

试验在内蒙古农业大学生态环境学院智能型研究温室内进行，温室内温度控制在25～30℃，且不进行遮光处理。于2014年6月3日将供试植物栽植于规格为20cm（高）×17cm（内径）的花盆中，每个花盆播种苜蓿种子15颗，每个花盆按照PAM拌施与干撒两种施用方式将PAM与2.0kg土壤混合装入花盆中，PAM施用浓度分为6个水平[0mg/kg(CK)、100mg/kg、200mg/kg、400mg/kg、600mg/kg、800mg/kg]，每种处理3个重复。

整个试验期间采取统一的田间管理措施。每隔一个月喷施一次多菌灵，对苜蓿幼苗进行病害防治，在苗齐后间苗，去弱小苗，每盆留健苗10株。试验期间每隔3天灌一次水，每次灌水均使花盆内土壤过饱和。

采用LI-6400便携式光合作用测定仪，设置叶室温度为30℃，相对空气湿度约为60%，样本室内气流速率设定为750μmol/s，大气CO_2浓度约为400μmol/mol。测定植株上部健康且叶龄适中叶片的各光合参数值，包括净光合速率（P_n）、蒸腾速率（T_r）、气孔导度（cond）和胞间CO_2浓度（C_i）等。

4）土壤盐胁迫对植物生理特征影响的试验设计

研究对象为一年生文冠果营养杯苗，要求长势基本一致。试验设置6个处理，每个处理30株，共180株，灌溉用水使用碳酸氢钠（$NaHCO_3$）溶液，浓度分别为0（CK）、0.1%、0.2%、0.4%、0.6%、0.8%。6个处理之间设置1.5m的隔离带，灌水处理1次（灌水量1500g/株），30天后，采集不同处理文冠果新鲜叶片，装入自封袋，放入保鲜盒，带回实验室。需要测定的生理指标及其测定方法见表9-2。

表9-2 需测定的生理指标及其测定方法

测定指标	测定方法
细胞膜相对透性（RCM）	相对电导率衡量法
叶绿素（Chl）含量	分光光度计测定吸光度法
可溶性糖（SS）含量	蒽酮比色法
超氧化物歧化酶（SOD）活性	氮蓝四唑（NBT）法
过氧化物酶（POD）活性	比色法（愈创木酚法）
丙二醛（MDA）含量	硫代巴比妥酸（TBA）法
可溶性蛋白（SP）含量	考马斯亮蓝法

9.3 土壤改良剂对沉陷区土壤和植被的影响

9.3.1 土壤改良剂对沉陷区土壤水分蒸发的影响

9.3.1.1 不同浓度PAM处理对土壤水分日蒸发量的影响

PAM施入土壤后，拌施与干撒土壤水分日蒸发量如表9-3所示。由表9-3可知，每种处理日蒸发量随时间的变化趋势基本一致，都是前期（1~4d）蒸发速度较快，并且随时间推移逐渐降低，后期（15~31d）蒸发速度逐渐稳定，但各种处理每日的蒸发量有所差别。为了更加清晰地说明PAM对土壤水分蒸发的影响，将土壤蒸发分为3个阶段，在蒸发前期（1~4d），蒸发主要受天气、温度等外界条件影响，蒸发速度稳定，各处理土壤水分蒸发量都小于对照。在蒸发5~15d阶段，影响蒸发的因素由天气、温度等外界因素逐渐转为土壤本身的物理性质与含水率，蒸发速度呈波动降低趋势，PAM各处理蒸发量均小于对照蒸发量。在蒸发16~31d阶段，蒸发发生在土壤内部，水分主要靠土壤内部水汽扩散方式进入大气，蒸发取决于干土层对水汽扩散的控制能力。蒸发速度趋于稳定，且蒸发速度较低，各处理蒸发量接近对照蒸发量。

表9-3 拌施与干撒不同浓度PAM情况下土壤水分日蒸发量（单位：g）

施用方式	蒸发天数	CK（P_0）	100mg/kg（P_{100}）	200mg/kg（P_{200}）	400mg/kg（P_{400}）	600mg/kg（P_{600}）	800mg/kg（P_{800}）
拌施	1	34.2	33.5	30.3	29.3	30.9	28.7
	2	35.8	34.1	33.9	33.4	29.3	29.6
	3	37.6	35	33	32.4	29.1	28.3
	4	30.5	24.4	23.6	23.7	19.3	19.3
	5	20.6	16.9	15.4	14.9	13.1	12.6
	6	11.9	12.9	10.3	10.2	7.3	7.6
	7	10.8	9.1	8	7.7	6.7	6.7
	8	10.9	8.1	7.2	7.2	5.4	4.9
	9	9.8	7.6	6.5	6.3	5.7	5.4
	10	7.6	7.7	6.6	6.9	5.9	4.7
	11	6.7	6.3	5.4	4.8	4.3	4.2
	12	7.1	5.3	6.3	6.4	4.8	3.6
	13	6.8	6.3	5.2	5.3	4.4	4.1
	14	6.4	5.4	4.6	4.1	3.8	3.7
	15	4.5	3.8	3.9	3.7	3.1	3.9
	16	4.1	5.3	4.1	4.2	4.9	4

续表

施用方式	蒸发天数	CK（P$_0$）	100mg/kg（P$_{100}$）	200mg/kg（P$_{200}$）	400mg/kg（P$_{400}$）	600mg/kg（P$_{600}$）	800mg/kg（P$_{800}$）
拌施	17	4.7	4.3	4.4	4.3	4.1	4.7
	18	3.6	3.9	3.8	4	3.3	3.7
	19	4.7	4.2	4.1	3.9	3.8	3.5
	20	4.3	5.2	4.5	4.2	4.9	4.5
	21	3.2	3.1	3.1	3	3.3	3.3
	22	3.1	2.8	2.9	2.8	2.8	2.9
	23	2.5	2.8	2.6	2.4	2.5	2.3
	24	2.8	2.8	2.5	2.7	2.8	2.7
	25	2.8	3.6	3	2.7	2.9	2.9
	26	2.8	2.3	2.4	2.3	2.2	2.4
	27	2.1	2.7	2.7	3	2.9	2.6
	28	3	3	3	2.4	3.1	3
	29	1.3	1.2	1.4	1.1	1.4	1.5
	30	1.9	1.8	1.8	2	2.2	2
	31	1.7	1.5	1.6	1.4	1.1	1.1
干撒	1	34.2	31.8	30.5	26.3	25.6	24.1
	2	35.8	35.7	33.2	26.4	27.7	26.5
	3	37.6	32.5	31.2	28.2	27.9	28.4
	4	30.5	24.1	23.5	21.8	20.8	21.3
	5	20.6	15.7	15.6	14.9	13	12.8
	6	11.9	10.5	10	9.8	9	10.9
	7	10.8	8.2	8	7.6	7.4	7.6
	8	10.9	7.5	7.4	5	7.7	7.9
	9	9.8	6.6	6.4	6.2	5.9	4.8
	10	7.6	6.6	6.9	6	6.3	6.1
	11	6.7	5	4.7	4.4	4.7	4.2
	12	7.1	5.8	5.5	5.7	5.6	5.9
	13	6.8	5.8	5.9	3.9	5.4	4.9
	14	6.4	4.3	4.4	3.2	4.2	4.2
	15	4.5	4.1	3.7	4.2	3.8	3.9
	16	4.1	4.3	4.1	3.8	3.8	4.1
	17	4.7	4	4.2	4.2	3.9	4.2
	18	3.6	4	3.9	3.5	3.6	3.8
	19	4.7	3.9	3.9	3.6	3.6	4.9
	20	4.3	4.6	4.3	5	4.1	4.3

续表

施用方式	蒸发天数	CK（P₀）	100mg/kg（P₁₀₀）	200mg/kg（P₂₀₀）	400mg/kg（P₄₀₀）	600mg/kg（P₆₀₀）	800mg/kg（P₈₀₀）
干撒	21	3.2	2.8	3	3.2	3.5	3.7
	22	3.1	2.9	2.8	3	2.9	2.8
	23	2.5	2.4	2.5	2.5	2.2	2.1
	24	2.8	2.7	2.5	2.6	2.2	2
	25	2.8	2.8	2.7	3.2	2.6	2.3
	26	2.8	2.6	2.3	2.5	2	1.6
	27	2.1	3.5	2.9	2.9	2.2	2.4
	28	3	1.9	2.6	2.6	2.7	2.2
	29	1.3	1.5	1.5	1.4	1.7	0.8
	30	1.9	1.8	1.7	2.2	1.6	1.9
	31	1.7	1.5	1.5	1.4	1.2	1.1

9.3.1.2 不同浓度PAM处理对土壤水分累积蒸发量的影响

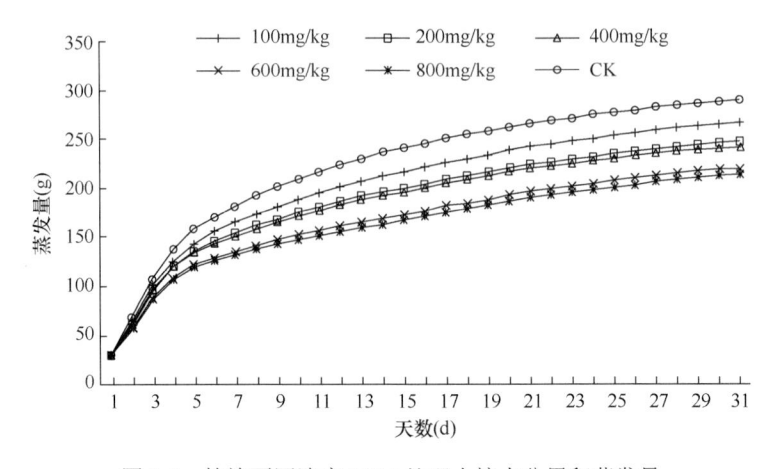

图9-1、图9-2分别为拌施、干撒不同浓度PAM处理土壤水分累积蒸发量，可以看出在31天中，经过拌施与干撒PAM处理后的土壤水分累积蒸发量大小均为$P_{800}<P_{600}<P_{400}<P_{200}<P_{100}<P_0$，拌施PAM处理后的土壤水分累积蒸发量$P_{100}$、$P_{200}$、$P_{400}$、$P_{600}$、$P_{800}$，分别较对照（$P_0$）减少了7.9%、14.4%、16.3%、23.6%、26.0%；干撒PAM处理较对照（P_0）分别减小了12.91%、15.36%、23.22%、23.46%、23.88%。拌施与干撒两种施用方式31天土壤水分累积蒸发量相比，拌施P_{100}、P_{200}、P_{400}比干撒P_{100}、P_{200}、P_{400}蒸发量分别减少5.01%、0.96%、6.92%；拌施P_{600}、P_{800}比干撒P_{600}、P_{800}蒸发量分别增加0.14%、2.12%。

图9-1 拌施不同浓度PAM处理土壤水分累积蒸发量

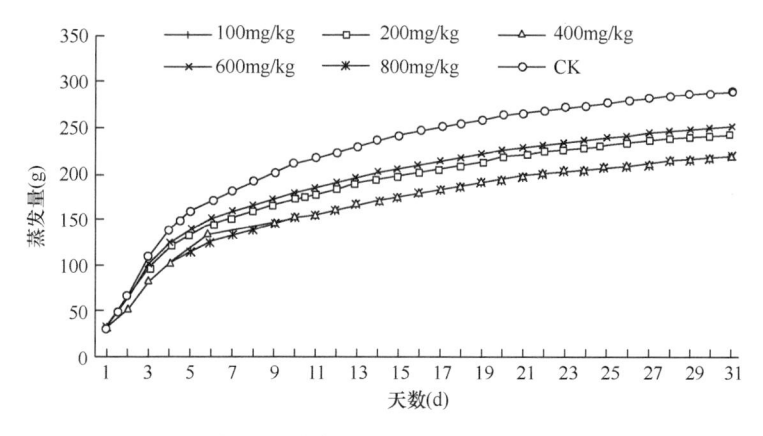

图 9-2 干撒不同浓度 PAM 处理土壤水分累积蒸发量

将试验所得数据用 SAS 9.0 进行单因素方差分析,应用多重比较（LSD Duncan）法检验每种处理之间的差异（表 9-4）。拌施方法在蒸发第一阶段（1~4d）,各浓度处理蒸发量与对照均有显著差异（$P<0.05$）,说明拌施 PAM 对土壤蒸发的第一个阶段有显著影响,P_{600} 与 P_{800} 差异不显著（$P>0.05$）；在蒸发第二阶段（5~15d）P_{200} 与 P_{400} 无显著差异（$P>0.05$）,P_{600} 与 P_{800} 无显著差异（$P>0.05$）,拌施各浓度处理与对照相比差异显著（$P<0.05$）；在蒸发第三阶段（16~31d）拌施各浓度处理之间没有显著性差异；从整个蒸发过程上来看（1~31d）,经过拌施 PAM 处理的土壤水分累积蒸发量与未经过处理的土壤水分累积蒸发量之间有显著差异（$P<0.05$）,但 P_{200} 与 P_{400} 差异不显著（$P>0.05$）,P_{600} 与 P_{800} 差异不显著（$P>0.05$）。

表 9-4 蒸发各阶段各处理间的多重比较

第一阶段（1~4d）			第二阶段（5~15d）			第三阶段（16~31d）			全过程（1~31d）		
处理	土壤水分蒸发量		处理	土壤水分蒸发量		处理	土壤水分蒸发量		处理	土壤水分蒸发量	
	拌施	干撒		拌施	干撒		拌施	干撒		拌施	干撒
P_0	107.6a	107.6a	P_0	133.6a	133.6a	P_0	48.6a	48.6a	P_0	289.8a	289.8a
P_{100}	103b	100b	P_{100}	114b	104.2b	P_{100}	48.5a	48.2a	P_{100}	265.5b	252.4b
P_{200}	99.2c	94.9c	P_{200}	103c	102b	P_{200}	47.9a	48.4a	P_{200}	250.1c	245.3b
P_{400}	95.1d	80.9d	P_{400}	101c	93.7c	P_{400}	47.9a	47.9a	P_{400}	244.0c	222.5c
P_{600}	89.3e	80.2d	P_{600}	83.8d	93.8c	P_{600}	47.2a	47.8a	P_{600}	220.3d	221.8c
P_{800}	86.6e	79d	P_{800}	80.7d	94.0c	P_{800}	47.1a	47.6a	P_{800}	214.4d	220.6c

注：表中相同字母表示处理间在 0.05 水平上差异不显著,不同字母表示差异显著,下同

干撒方法在蒸发第一阶段（1~4d）,各浓度处理蒸发量与对照（P_0）差异显著（$P<0.05$）,但 P_{400}、P_{600} 与 P_{800} 无显著差异（$P>0.05$）；在蒸发第二阶段（5~15d）干撒各浓度处理与对照均有显著差异（$P<0.05$）,P_{100} 与 P_{200} 之间无显著差异

($P>0.05$),P_{400}、P_{600}与P_{800}之间无显著差异($P>0.05$);在蒸发第三阶段(16~31d)干撒各浓度处理之间没有显著差异($P>0.05$);蒸发整个过程(1~31d)干撒各浓度处理与对照在0.05水平均有显著差异,但P_{100}与P_{200}之间无显著差异($P>0.05$),P_{400}、P_{600}与P_{800}之间无显著差异($P>0.05$)。

9.3.1.3 不同浓度PAM处理土壤累积蒸发量模型

风速、气温、土质、土壤含水率等因素都影响着土壤的蒸发动态,但外界条件基本相同时,累积蒸发量与时间有相互的因果关系,同时施用PAM后,PAM的施用浓度与施用方式也影响着土壤蒸发。所以为了明确PAM处理后采煤沉陷区土壤累积蒸发量随时间和PAM的施用浓度与施用方式的变化特征,并且为了预测施用PAM后该地区土壤累积蒸发量,采用二元直线回归分析方法,确定了施用PAM的土壤累积蒸发量数学模型。表9-5分别为拌施、干撒条件下土壤累积蒸发量随时间和PAM浓度变化的拟合结果,可以看出,模型的R^2均大于0.95,说明模型能较好地模拟土壤累积蒸发量随时间和PAM浓度改变的动态变化过程。对方程各系数进行显著性检验,所有系数均通过t检验,达到极显著水平。

表9-5 不同浓度PAM处理土壤累积蒸发量模型

处理	蒸发量模型	F	P	R^2	方程系数	t	P
干撒	$y=63.301\ln a-0.065b+46.741$	1816.33	<0.0001	0.9515	63.301	56.98	<0.0001
					−0.065	−19.64	<0.0001
					46.741	14.75	<0.0001
拌施	$y=64.084\ln a-0.072b+52.624$	3236.58	<0.0001	0.9722	64.084	75.34	<0.0001
					−0.072	−28.23	<0.0001
					52.624	21.69	<0.0001

注:a代表蒸发时间,b代表PAM的施用浓度,y代表土壤累积蒸发量。

9.3.2 土壤改良剂对沉陷区土壤物理性质的影响

9.3.2.1 土壤改良剂对土壤容重动态变化的影响

土壤容重亦称"土壤假比重",一般含矿物质多而结构差的土壤(如砂土),土壤容重在1.4~1.7g/cm³;含有机质多而结构好的土壤(如农业土壤),土壤容重在1.1~1.4g/cm³。土壤容重可作为土壤熟化程度指标之一,熟化程度较高的土壤,容重常较小。

图9-3中所示为两种施用方式下土壤容重随不同浓度PAM的变化,在干撒条件下不同浓度PAM对0~10cm土层土壤的影响为:在0~10cm土层土壤容重随PAM施用浓度增加而降低,与对照相比分别下降了5.64%、8.95%、9.05%、10.99%、12.73%、

在 10~20cm 土层土壤容重随 PAM 施用浓度增加无规律变化，与对照相比分别下降了 0、1.28%、0.64%、0.64%、1.28%，由此可知不同浓度 PAM 对 0~10cm 土层土壤影响明显且有一定规律，土壤容重随 PAM 浓度增大而降低，在 800mg/kg 处理下达到最低。方差分析表明，0~10cm 土层干撒各浓度处理间 P_{200} 与 P_{400} 差异不显著（$P>0.05$），其他处理间差异显著（$P<0.05$）；不同浓度 PAM 对 10~20cm 土层土壤容重影响不明显且无规律。相对 10~20cm 土层土壤 0~10cm 土层土壤容重下降更明显。

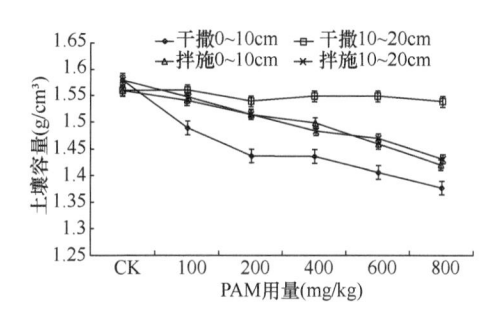

图 9-3　不同浓度 PAM 处理土壤容重变化

在拌施施用方式下，不同浓度 PAM 对 0~10cm 土层土壤的影响为，在 0~10cm 土层土壤容重随 PAM 施用浓度增加而降低，与对照相比分别下降了 1.94%、4.10%、5.06%、7.59%、10.13%，10~20cm 土层土壤容重同样是随 PAM 施用浓度增加而降低，与对照相比分别下降了 1.28%、3.06%、4.39%、5.77%、8.33%，由此我们可以看出不同浓度 PAM 对 0~10cm 土层土壤和 10~20cm 土层土壤影响同样明显且有一定规律，土壤容重随 PAM 浓度增大而降低，同样在 800mg/kg 处理下达到最低。方差分析结果表明：在 0~10cm 土层中，各浓度处理间 P_{200} 与 P_{400} 差异不显著（$P>0.05$），其他处理间差异显著（$P<0.05$），在 10~20cm 土层中，各浓度处理间差异显著（$P<0.05$）。

总结干撒和拌施两种不同的 PAM 施用方式我们可以看出，不同浓度 PAM 条件下干撒、拌施对土壤容重影响特征如下（表 9-6）：0~10cm 土层土壤的干撒施用效果比拌施显著，同等浓度处理干撒方式土壤容重要低于拌施方式土壤容重，在 10~20cm 土层中，拌施施用效果比干撒显著。

表 9-6　不同浓度 PAM 处理对土壤容重影响的差异显著性比较

		P_0	P_{100}	P_{200}	P_{400}	P_{600}	P_{800}
干撒	0~10cm	1.58a	1.49b	1.44c	1.44c	1.41d	1.38e
	10~20cm	1.56a	1.56a	1.54a	1.55a	1.55a	1.54a
拌施	0~10cm	1.58a	1.55b	1.52c	1.50c	1.46d	1.42e
	10~20cm	1.56a	1.54b	1.51c	1.48d	1.47e	1.43f

9.3.2.2 土壤改良剂对土壤田间持水量动态变化的影响

土壤田间持水量长期以来被认为是土壤所能稳定保持的最高含水量，也是土壤中所能保持悬着水的最大量，是对作物有效的最高的土壤水含量，且被认为是一个常数，常用来作为灌溉上限和计算灌水定额的指标。田间持水量越大表明土壤中能够容纳的被植物利用的有效水越多，能够给植物生长提供更多的水分。图 9-4 为拌施与干撒两种施用方法不同浓度 PAM 处理 0~10cm、10~20cm 土层田间持水量的变化趋势，可以看出，干撒 0~10cm 与拌施 0~10cm、10~20cm 土层田间持水量均在 P_{800} 时达到最大，分别为 25.98%、24.10%、24.86%，与对照相比增幅分别达 15.86%、18.81%、18.00%，田间持水量随 PAM 浓度的增大而增大。方差分析表明（表 9-7）：干撒 0~10cm 土层各浓度处理与对照之间差异显著（$P<0.05$），P_{400}、P_{600}、P_{800} 之间无显著差异（$P>0.05$）；拌施 0~10cm、10~20cm 土层各浓度处理与对照之间差异显著（$P<0.05$），0~10cm 土层 P_{600}、P_{800} 之间无显著差异（$P>0.05$），10~20cm 土层 P_{600}、P_{800} 之间无显著差异（$P>0.05$）；对于干撒 10~20cm 土层，各浓度 PAM 处理与对照相比无显著差异（$P>0.05$）。

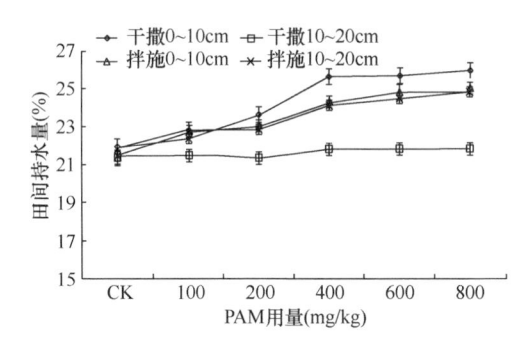

图 9-4 不同浓度 PAM 处理土壤田间持水量

表 9-7 不同浓度 PAM 处理对土壤田间持水量影响的差异显著性比较

		P_0	P_{100}	P_{200}	P_{400}	P_{600}	P_{800}
干撒	0~10cm	21.86%a	22.36%b	23.61%c	25.66%d	25.70%d	25.98%d
	10~20cm	21.43%a	21.54%a	21.33%a	21.76%a	21.78%a	21.90%a
拌施	0~10cm	21.86%a	22.78%b	23.02%c	24.21%d	24.83%e	24.91%e
	10~20cm	21.43%a	22.70%b	22.89%c	24.15%d	24.43%e	24.86%e

9.3.2.3 土壤改良剂对土壤毛管持水量动态变化的影响

土壤中的毛管水是土壤中最宝贵的水分，它可以依托毛管作用上下左右移动，将水分从补给处循着土壤的毛管孔隙输送到植物根系附近，被植物直接吸收利用，毛管水溶解有各种营养物质,是土壤溶液主体。毛管水移动时,溶解在其中的营养物质也随之移动,完成运送养料的任务。图9-5为干撒与拌施两种施用方法不同浓度PAM处理0~10cm、10~20cm土层毛管持水量的变化趋势,从图中可以看出,当PAM施用浓度在P_{100}到P_{400}时,干撒0~10cm土层毛管持水量随PAM施用浓度的增加呈明显增加趋势,当浓度在P_{400}时达到最大,与对照相比增幅为12.40%,当浓度达到P_{600}、P_{800}时毛管持水量较P_{400}有所下降,但与对照相比仍是增大的,增大的幅度分别为10.35%、9.60%。拌施0~10cm、10~20cm土层毛管持水量在P_{100}到P_{600}均随PAM施用浓度的增加而增加,在P_{600}时达到最大,增加的幅度分别为9.53%、9.96%,在P_{800}时降低,但仍比对照毛管持水量大,增幅分别为4.46%、6.25%。

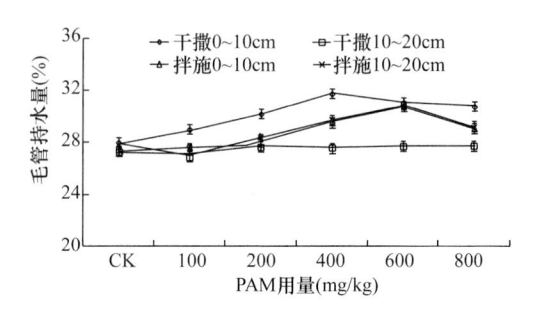

图9-5 不同浓度PAM处理土壤毛管持水量

方差分析表明:干撒0~10cm土层毛管持水量各处理与对照之间均有显著差异($P<0.05$),各浓度处理之间只有P_{600}、P_{800}之间无显著差异($P>0.05$);拌施0~10cm、10~20cm土层各处理毛管持水量均有显著差异($P<0.05$);对于干撒10~20cm土层,各浓度PAM处理与对照相比无显著差异($P>0.05$)。干撒、拌施各浓度处理土壤毛管持水量的差异性比较见表9-8。

表9-8 不同浓度PAM处理对土壤毛管持水量影响的差异显著性比较

		P_0	P_{100}	P_{200}	P_{400}	P_{600}	P_{800}
干撒	0~10cm	27.90%a	28.96%b	30.22%c	31.85%d	31.12%e	30.86%e
	10~20cm	27.33%a	27.58%a	27.68%a	27.65%a	27.76%a	27.75%a
拌施	0~10cm	27.90%a	27.05%a	28.01%b	29.77%c	30.84%d	29.20%e
	10~20cm	27.33%a	27.13%a	28.27%b	29.68%c	30.85%d	29.12%e

9.3.2.4 土壤改良剂对土壤团聚体含量动态变化的影响

土壤团聚体属于土壤结构的类型之一,它是在土壤形成过程中,由土壤机械颗粒与具吸收钙离子能力的腐殖质凝结而成的、近似球形的较疏松的多孔小土团。土壤团聚体是土壤的重要组成部分,影响着土壤的许多物理化学性质。

图 9-6 为不同土层土壤随 PAM 施用浓度增加土壤团聚体含量的变化，在干撒施用方式下，0~10cm 土层土壤和 10~20cm 土层土壤随 PAM 施用浓度增加土壤团聚体含量均有增多的趋势，但 10~20cm 土层增幅不明显。相比于对照 0~10cm 土层各浓度处理，土壤团聚体含量分别增加了 0.39%、1.49%、4.04%、5.21%、7.82%，在 PAM 浓度为 800mg/kg 时达到最大值（51.47%）；在 10~20cm 土层各浓度处理土壤团聚体含量与对照相比分别增加了 0.44%、0.93%、0.52%、1.41%、1.09%，在 PAM 浓度为 600mg/kg 时达到最大值（41.93%）。方差分析表明：在 0~10cm 土层 P_0 与 P_{100} 处理间差异不显著（$P>0.05$），P_{400} 与 P_{600} 处理间差异不显著（$P>0.05$），其他各处理间差异显著（$P<0.05$），在 10~20cm 土层 P_0、P_{100}、P_{200}、P_{400}、P_{600}、P_{800} 间差异不显著（$P>0.05$）。

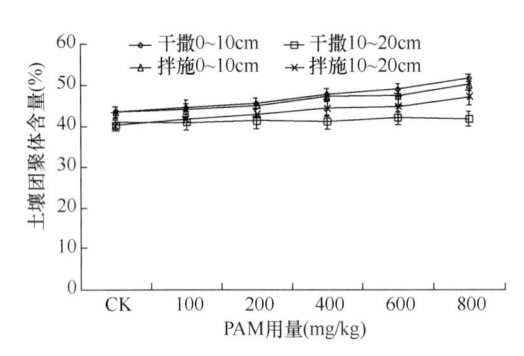

图 9-6　不同浓度 PAM 对土壤团聚体含量的影响

在拌施方式下，随 PAM 浓度增大 0~10cm 土层土壤团聚体含量和 10~20cm 土层土壤团聚体含量均有明显增多，10~20cm 土层土壤团聚体含量增加量略高于 0~10cm 土层土壤，相较对照 0~10cm 土层土壤团聚体含量分别增加了 0.91%、1.50%、3.95%、4.00%、6.03%，10~20cm 土层的土壤团聚体含量分别增加了 1.12%、2.03%、3.77%、4.24%、6.16%，并同样在 800mg/kg 达到最大值：0~10cm 土层土壤团聚体含量最大为 49.67%，10~20cm 土层土壤团聚体含量最大为 46.68%。方差分析表明：在 0~10cm 土层 P_0 与 P_{100} 处理间差异不显著（$P>0.05$），P_{100} 与 P_{200} 处理间差异不显著（$P>0.05$），P_{400} 与 P_{600} 处理间差异不显著（$P>0.05$），其余处理间差异显著（$P<0.05$）；在 10~20cm 土层各处理间显著性差异与 0~10cm 土层相同，为 P_0 与 P_{100} 处理间差异不显著（$P>0.05$），P_{100} 与 P_{200} 处理间差异不显著（$P>0.05$），P_{400} 与 P_{600} 处理间差异不显著（$P>0.05$），其余处理间差异显著（$P<0.05$）。

干撒、拌施各处理间土壤团聚体含量差异显著性比较见表 9-9。比较两种不同施用方式可以看出：同样条件下以干撒为施用方式逐渐增加 PAM 浓度土壤团聚体含量虽然都有增加的趋势，但对 0~10cm 土层土壤团聚体含量的影响相比对于 10~20cm 土层土壤团聚体含量的影响更为显著，10~20cm 土层土壤团聚体含量各处理间差异不显著,说明在干撒方式下 PAM 对表层土壤团聚体含量有影响,而对下层土壤团聚体含量影响很小。但在拌施条件下随 PAM 浓度的增加会发现,PAM 对 0~10cm 土层土壤团聚体含量及 10~20cm 土层土壤团聚体含量均有影响,且上下两层土壤各浓度处理间表现出一定的差异显著性。

表 9-9 不同浓度 PAM 处理对土壤团聚体含量影响的差异显著性比较

		P_0	P_{100}	P_{200}	P_{400}	P_{600}	P_{800}
干撒	0~10cm	43.64%a	44.03%a	45.13%b	47.68%c	48.85%c	51.47%d
	10~20cm	40.52%a	40.96%a	41.45%a	41.04%a	41.93%a	41.61%a
拌施	0~10cm	43.64%a	44.56%ab	45.15%b	47.59%c	47.64%c	49.67%d
	10~20cm	40.52%a	41.64%ab	42.55%b	44.29%c	44.76%c	46.68%d

9.3.3 土壤改良剂对沉陷区植物光合特性的影响

9.3.3.1 PAM 对植物净光合速率的影响

净光合速率是植物光合作用强弱的重要指标,常用来评价植物对环境的适应能力,与植物的生长息息相关。由图 9-7 可知,随着 PAM 施用浓度的不断增加,PAM 对苜蓿叶片净光合速率的影响呈现出先增大后减小的变化趋势,其中拌施施用方法在 PAM 浓度为 600mg/kg 时,效果最佳,其净光合速率达到了 6.90μmolCO$_2$/(m^2·s),是 CK [3.19μmolCO$_2$/(m^2·s)] 的 2.16 倍。同样,干撒施用方法也是在 PAM 浓度为 600mg/kg 时,净光合速率达到最大值,为 6.12μmolCO$_2$/(m^2·s),是 CK [3.19μmolCO$_2$/(m^2·s)] 的 1.92 倍。

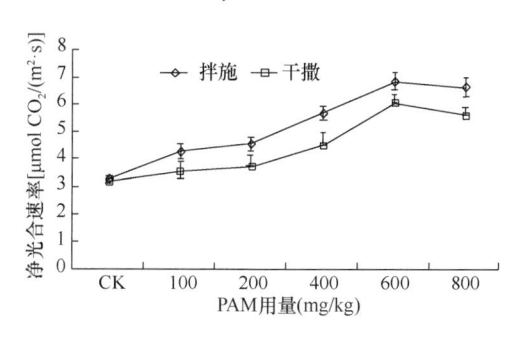

图 9-7 PAM 处理对苜蓿叶片净光合速率的影响

对叶片净光合速率进行方差分析,结果表明(表 9-10):PAM 拌施与干撒两种不同施用方法间对苜蓿叶片净光合速率的影响存在着极显著的差异($P<0.01$)。PAM 不同浓度之间对苜蓿叶片净光合速率的影响也存在着极显著的差异($P<0.01$)。PAM 施用方法与 PAM 施用浓度两者之间的交互作用对苜蓿叶片净光

合速率的影响也存在着极显著的差异（$P<0.01$）。

表 9-10　净光合速率方差分析

变异来源	平方和	自由度	均方	F 值	P 值
A 因素间	19.0889	1	19.0889	197.93	<0.0001
B 因素间	508.3903	5	101.6781	1054.28	<0.0001
A×B	14.7108	5	2.9422	30.51	<0.0001
误差	28.1614	292	0.0964		
总变异	570.3514	303			

注："A 因素"表示的是 PAM 施用方式，"B 因素"表示的是 PAM 施用浓度。$P>0.05$ 表示差异不显著，$0.01<P<0.05$ 表示差异显著，$P<0.01$ 表示差异极显著。下同

表 9-11、表 9-12 为施用方法及浓度对净光合速率影响的多重比较，由表可知：就 PAM 施用方法对苜蓿叶片净光合速率的影响而言，PAM 拌施与 PAM 干撒之间存在极显著差异（$P<0.01$）；就 PAM 施用浓度对苜蓿叶片净光合速率的影响而言，PAM 施用的各个处理浓度与 CK 之间均存在极显著差异（$P<0.01$）。从表 9-12 可以看出，拌施施用方式的各浓度处理对苜蓿叶片净光合速率的影响与 CK 之间均存在着极显著的差异，干撒施用方式的各浓度处理对苜蓿叶片净光合速率的影响与 CK 之间均存在着极显著的差异。在拌施施用方式下，600mg/kg 与 800mg/kg 处理间差异不显著（$P>0.05$），其他处理间有极显著差异（$P<0.01$）；在干撒施用方式下，各浓度处理间均存在极显著差异（$P<0.01$）。

表 9-11　施用方法及浓度对净光合速率影响的多重比较

处理	均值	5%显著水平	1%显著水平	处理	均值	5%显著水平	1%显著水平
A1	4.9478	a	A	B4	6.4306	a	A
A2	4.4445	b	B	B5	6.198	b	B
				B3	4.946	c	C
				B2	4.1824	d	D
				B1	3.8942	e	E
				B6	3.1916	f	F

注：A1 表示拌施，A2 表示干撒；B1~B6 分别为 100mg/kg、200mg/kg、400mg/kg、600mg/kg、800mg/kg、CK，下同

表 9-12　净光合速率 A、B 双因素多重比较

处理	4	5	9	3	10	2	8	1	7	6	11
均值	6.9	6.71	6.121	5.73	5.67	4.58	4.55	4.27	3.78	3.58	3.19
5%显著水平	a	a	b	c	c	d	d	e	f	g	h
1%显著水平	A	A	B	C	C	D	D	E	F	G	H

注：处理 1~5 分别表示拌施 100mg/kg、200mg/kg、400mg/kg、600mg/kg、800mg/kg；处理 6~10 分别表示干撒 100mg/kg、200mg/kg、400mg/kg、600mg/kg、800mg/kg；处理 11 表示对照（CK）

9.3.3.2 PAM 对植物气孔导度的影响

气孔导度表示的是气孔张开的程度，与净光合速率和蒸腾速率相比，植物气孔导度更能明显感受外界环境的变化。由图 9-8 可知，随着 PAM 施用浓度的不断增加，苜蓿叶片的气孔导度呈现出先增大后减小的变化趋势。其中，拌施方式下在 PAM 浓度为 600mg/kg 时，叶片气孔导度值最大，达到了 0.20mol/（m²·s），是 CK [0.14mol/（m²·s）] 的 1.43 倍。干撒方式下在 PAM 浓度为 600mg/kg 时，气孔导度值最大，为 0.22mol/（m²·s），是 CK 的 1.57 倍。

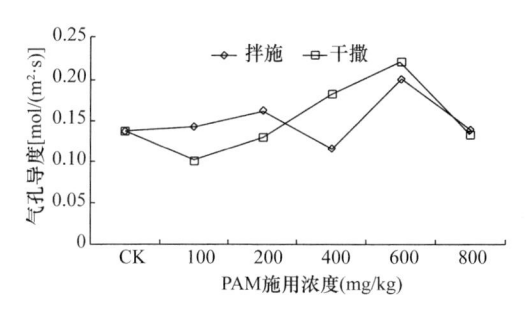

图 9-8 PAM 处理对苜蓿叶片气孔导度的影响

对苜蓿叶片气孔导度进行方差分析（表 9-13）可知，PAM 拌施与干撒两种施用方法之间对苜蓿叶片气孔导度的影响存在着极显著的差异（$P<0.01$）。PAM 施用的不同浓度之间对苜蓿叶片气孔导度的影响也存在着极显著的差异（$P<0.01$）。PAM 施用方法与浓度两者之间的交互作用对苜蓿叶片气孔导度的影响也存在着极显著的差异（$P<0.01$）。

表 9-13 气孔导度方差分析

变异来源	平方和	自由度	均方	F 值	P 值
A 因素间	0.0038	1	0.0038	598.71	<0.0001
B 因素间	0.2476	5	0.0495	7777.66	<0.0001
A×B	0.0688	5	0.0138	2160.31	<0.0001
误差	0.0019	292	0.0000		
总变异	0.322	303			

表 9-14、表 9-15 为施用方法及浓度对苜蓿叶片气孔导度影响的多重比较，结果表明：就 PAM 施用方法对苜蓿叶片气孔导度的影响而言，PAM 拌施与 PAM 干撒之间有极显著差异（$P<0.01$）。就 PAM 施用浓度对苜蓿叶片气孔导度的影响而言，PAM 各施用浓度与 CK 之间均存在着极显著的差异（$P<0.01$）。由表 9-15 可知，在拌施用方法下，100mg/kg 与 800mg/kg 之间不存在显著差异（$P>0.05$），

800mg/kg 与 CK 之间不存在显著差异（$P>0.05$），其他浓度处理间均存在极显著差异（$P<0.01$）。在干撒施用方式下，各浓度处理与对照间均存在极显著差异（$P<0.01$），各处理间也存在极显著差异（$P<0.01$）。

表 9-14 施用方法及浓度对气孔导度影响的多重比较

处理	均值	5%显著水平	1%显著水平	处理	均值	5%显著水平	1%显著水平
A2	0.1557	a	A	B4	0.2126	a	A
A1	0.1486	b	B	B3	0.1592	b	B
				B2	0.145	c	C
				B6	0.1396	d	D
				B5	0.1359	e	E
				B1	0.1188	f	F

表 9-15 气孔导度 A、B 双因素多重比较

处理	9	4	8	2	1	5	11	10	7	3	6
均值	0.22	0.20	0.18	0.16	0.14	0.14	0.14	0.13	0.13	0.12	0.10
5%显著水平	a	b	c	d	e	ef	f	g	h	i	j
1%显著水平	A	B	C	D	E	EF	F	G	H	I	J

9.3.3.3 PAM 对植物胞间 CO_2 浓度的影响

胞间 CO_2 浓度与气孔导度关系密切，气孔张开的程度决定着 CO_2 进入植物体的多少，从而对光合作用的强弱有一定的影响。由图 9-9 可知，随着 PAM 施用浓度的不断增高，苜蓿叶片胞间 CO_2 浓度呈现出先减小后增大的变化趋势，其中，拌施施用方法在 PAM 浓度为 400mg/kg 时，胞间 CO_2 浓度最低，为 244.45μmol CO_2/mol，是 CK（284.17μmol CO_2/mol）的 86%。干撒施用方法在 PAM 浓度 800mg/kg 时，胞间 CO_2 浓度最低，为 253.57μmol CO_2/mol，是 CK（284.17μmol CO_2/mol）的 89%。

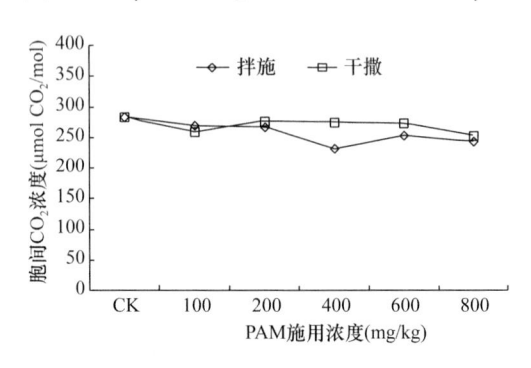

图 9-9 PAM 处理对苜蓿叶片胞间 CO_2 浓度的影响

对苜蓿叶片胞间 CO_2 浓度进行方差分析（表 9-16）可知，PAM 拌施与 PAM 干撒两种施用方法之间对苜蓿叶片胞间 CO_2 浓度的影响存在着极显著的差异（$P<0.01$）。PAM 施用的不同浓度之间对苜蓿叶片胞间 CO_2 浓度的影响也存在着极显著的差异（$P<0.01$）。PAM 施用方法与 PAM 施用浓度两者之间的交互作用对苜蓿叶片胞间 CO_2 浓度的影响也存在着极显著的差异（$P<0.01$）。

表 9-16　胞间 CO_2 浓度方差分析

变异来源	平方和	自由度	均方	F 值	P 值
A 因素间	7188.163	1	7188.163	1185.61	<0.0001
B 因素间	46421.33	5	9284.266	1531.34	<0.0001
A×B	17981.35	5	3596.333	593.18	<0.0001
误差	1770.352	292	6.0629		
总变异	73361.51	303			

多重比较结果表明（表 9-17，表 9-18）：就 PAM 施用方法对苜蓿叶片胞间 CO_2 浓度的影响而言，拌施与干撒两种施用方法之间存在极显著差异（$P<0.01$）。就 PAM 施用浓度对苜蓿叶片胞间 CO_2 浓度的影响而言，各浓度处理与 CK 之间均存在极显著差异（$P<0.01$），各浓度处理间也存在极显著差异（$P<0.01$）。由表 9-18 可知，各种 PAM 施用方法与 PAM 施用浓度处理组合的苜蓿叶片胞间 CO_2 浓度与 CK 之间存在极显著差异（$P<0.01$）。在拌施施用方法下，各浓度处理之间均存在极显著差异（$P<0.01$）。在干撒施用方法下，400mg/kg 浓度处理与 600mg/kg 浓度处理之间差异不显著（$P>0.05$），其他处理间均存在极显著差异。

表 9-17　施用方法及浓度对胞间 CO_2 浓度影响的多重比较

处理	均值	5%显著水平	1%显著水平	处理	均值	5%显著水平	1%显著水平
A2	272.8611	a	A	B6	284.1731	a	A
A1	263.0943	b	B	B2	272.5106	b	B
				B4	266.0086	c	C
				B1	264.6161	d	D
				B3	261.0756	e	E
				B5	248.911	f	F

表 9-18　胞间 CO_2 浓度 A、B 双因素多重比较

处理	11	7	8	9	1	2	6	4	10	5	3
均值	284.17	277.13	275.27	274.00	270.04	267.90	260.10	254.02	253.57	244.44	232.69
5%显著水平	a	b	c	c	d	e	f	g	g	h	i
1%显著水平	A	B	C	C	D	E	F	G	G	H	I

9.3.3.4　PAM 对植物蒸腾速率的影响

蒸腾速率与净光合速率之间有着非常密切的关系，土壤缺少水分同样会导致蒸腾速率下降。由图 9-10 可知，随着 PAM 施用浓度的不断升高，苜蓿叶片蒸腾速率呈现出先增大后减小的变化趋势。其中，在拌施施用方式下，当 PAM 浓度为 600mg/kg 时，蒸腾速率达到了最大值，为 4.86mmol H_2O/(m·s)，是 CK[(3.52mmol H_2O/(m·s)]的 1.38 倍，在干撒施用方式下，当 PAM 浓度为 400mg/kg 时，蒸腾速率最高，达到了 5.01mmol H_2O/(m·s)，是 CK[(3.52mmol H_2O/(m·s)]的 1.42 倍。

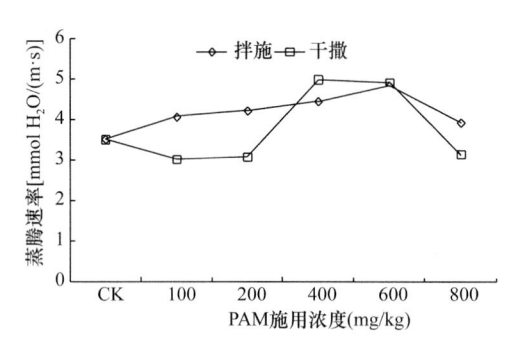

图 9-10　PAM 处理对苜蓿叶片蒸腾速率的影响

对苜蓿叶片蒸腾速率进行方差分析（表 9-19）可知，PAM 拌施与 PAM 干撒两种施用方法之间对苜蓿叶片蒸腾速率的影响存在着极显著的差异（$P<0.01$）。PAM 施用的不同浓度之间对苜蓿叶片蒸腾速率的影响也存在着极显著的差异（$P<0.01$）。PAM 施用方法与 PAM 施用浓度两者之间的交互作用对苜蓿叶片的蒸腾速率的影响也存在着极显著的差异（$P<0.01$）。多重比较结果表明（表 9-20、表 9-21）：就 PAM 施用方法对苜蓿叶片蒸腾速率的影响而言，拌施与干撒两种施用方法之间存在极显著差异（$P<0.01$）。就 PAM 施用浓度对苜蓿叶片蒸腾速率的影响而言，100mg/kg 与 CK 之间没有差异（$P>0.05$），其他各浓度处理与 CK 之间均存在极显著差异（$P<0.01$），各浓度处理间也存在极显著差异（$P<0.01$）。由表 9-21 可知，各种 PAM 施用方法与 PAM 施用浓度处理组合的苜蓿叶片蒸腾速率与 CK

表 9-19　蒸腾速率方差分析

变异来源	平方和	自由度	均方	F 值	P 值
A 因素间	0.0151	1	0.0151	7.81	0.0055
B 因素间	87.5423	5	17.5085	9082.23	<0.0001
A×B	62.833	5	12.5666	6518.72	<0.0001
误差	0.5629	292	0.0019		
总变异	150.9532	303			

表 9-20 施用方法及浓度对蒸腾速率影响的多重比较

处理	均值	5%显著水平	1%显著水平	处理	均值	5%显著水平	1%显著水平
A2	3.9132	a	A	B4	4.8964	a	A
A1	3.8991	b	B	B3	4.3958	b	B
				B2	3.6624	c	C
				B5	3.5557	d	D
				B6	3.5247	e	E
				B1	3.5112	e	E

表 9-21 蒸腾速率 A、B 双因素多重比较

处理	8	9	4	2	1	5	11	3	10	7	6
均值	5.01	4.92	4.86	4.23	4.08	3.94	3.52	3.17	3.16	3.09	3.04
5%显著水平	a	b	c	d	e	f	g	h	h	i	i
1%显著水平	A	B	C	D	E	F	G	H	H	I	I

之间存在极显著差异（$P<0.01$）。在拌施施用方法下，各浓度处理之间均存在极显著差异（$P<0.01$）。在干撒施用方法下，100mg/kg 浓度处理与 200mg/kg 浓度处理之间无显著差异（$P>0.05$），其他处理间均存在极显著差异。

9.3.3.5 PAM 对植物水分利用效率的影响

水分利用效率是表征植物水分吸收、利用、消耗的一个综合指标。相关研究中，一般用 CO_2 交换速率/蒸腾速率、干物质积累量/蒸腾失水量、干物质积累量/蒸散失水量等形式表示，本书以净光合速率与蒸腾速率的比值来表示。由图 9-11 可知，在拌施施用方式下，随着 PAM 施用浓度的不断升高，苜蓿叶片水分利用效率呈现出逐渐增大的趋势，当 PAM 浓度为 800mg/kg 时，其水分利用效率达到了最大值，为 1.7μmolCO$_2$ mmol/s H$_2$O，是 CK（0.90μmolCO$_2$ mmol/s H$_2$O）的 1.88 倍。在干撒施用方式下，随着 PAM 施用浓度的不断升高，苜蓿叶片水分利用效率呈现先增大后减小再增大的趋势，其中，当 PAM 浓度为 400mg/kg 时，水分利用效率最低，800mg/kg 时，水分利用效率达到了最大值，为 1.80μmolCO$_2$ mmol/s H$_2$O，是 CK（0.90μmolCO$_2$ mmol/s H$_2$O）的 2.00 倍。

对苜蓿叶片水分利用效率进行方差分析（表 9-22）可知，PAM 拌施与 PAM 干撒两种施用方法之间对苜蓿叶片水分利用效率的影响存在着极显著的差异（$P<0.01$）。PAM 施用的不同浓度之间对苜蓿叶片水分利用效率的影响也存在着极显著的差异（$P<0.01$）。PAM 施用方法与 PAM 施用浓度两者之间的交互作用对苜蓿叶片水分利用效率的影响也存在着极显著的差异（$P<0.01$）。

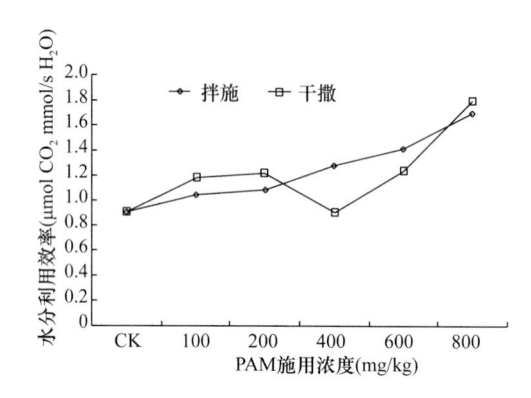

图 9-11 PAM 处理对苜蓿叶片水分利用效率的影响

表 9-22 水分利用效率方差分析

变异来源	平方和	自由度	均方	F 值	P 值
A 因素间	0.8825	1	0.8825	199.01	<0.0001
B 因素间	23.4971	5	4.6994	1059.72	<0.0001
A×B	8.5474	5	1.7095	385.49	<0.0001
误差	1.2949	292	0.0044		
总变异	34.2218	303			

多重比较结果表明（表 9-23，表 9-24）：就 PAM 施用方法对苜蓿叶片水分利用效率的影响而言，拌施与干撒两种施用方法之间存在极显著差异（$P<0.01$）。就 PAM 施用浓度对苜蓿叶片水分利用效率的影响而言，各浓度处理中，100mg/kg 处理与 200mg/kg 处理间差异不显著（$P>0.05$），其余各浓度处理间存在极显著差异（$P<0.01$），各浓度处理与 CK 之间也均存在极显著差异（$P<0.01$）。由表 9-24 可知，在拌施施用方法下，100mg/kg 与 200mg/kg 处理间差异不显著（$P>0.05$），其他处理间存在极显著差异（$P<0.01$），各处理与 CK 间均存在极显著差异（$P<0.01$）；在干撒条件下，100mg/kg 与 200mg/kg 处理间差异不显著（$P>0.05$），200mg/kg 与 600mg/kg 处理间差异不显著（$P>0.05$），400mg/kg 与 CK 处理间差异不显著（$P>0.05$），其余处理间均存在极显著差异（$P<0.01$）。

表 9-23 施用方法及浓度对水分利用效率影响的多重比较

处理	均值	5%显著水平	1%显著水平	处理	均值	5%显著水平	1%显著水平
A1	1.2659	a	A	B5	1.7474	a	A
A2	1.1577	b	B	B4	1.313	b	B
				B3	1.2092	c	C
				B2	1.1527	d	D
				B1	1.1194	d	D
				B6	0.9047	e	E

表 9-24　水分利用效率 A、B 双因素多重比较

处理	3	10	5	4	9	7	6	2	1	8	11
均值	1.81	1.79	1.7	1.42	1.24	1.22	1.18	1.08	1.04	0.91	0.9
5%显著水平	a	a	b	c	d	de	e	f	f	g	g
1%显著水平	A	A	B	C	D	DE	E	F	F	G	G

9.4　土壤改良剂施用对沉陷区土壤及植物各指标的影响

9.4.1　土壤改良剂施用与土壤及植物各指标之间的相关性分析

由表 9-25 可知，土壤累积蒸发量与土壤其他物理指标之间均呈极显著相关关系，与土壤容重极显著正相关，与田间持水量、毛管持水量、土壤团聚体含量极显著负相关。土壤累积蒸发量与除气孔导度以外的其他光合指标之间均呈显著相关关系，与净光合速率、蒸腾速率、水分利用率极显著负相关，与胞间 CO_2 浓度极显著正相关。土壤容重与田间持水量、毛管持水量、土壤团聚体含量、净光合速率、蒸腾速率和水分利用率呈极显著负相关关系，与胞间 CO_2 浓度呈显著正相关关系。田间持水量与毛管持水量、土壤团聚体含量之间呈极显著正相关关系，毛管持水量与土壤团聚体含量之间呈显著正相关关系。田间持水量与净光合速率、蒸腾速率极显著正相关，和水分利用率显著正相关，与胞间 CO_2 浓度显著负相关，毛管持水量与净光合速率极显著正相关，与蒸腾速率显著正相关。土壤团聚体含量与净光合速率、蒸腾速率和水分利用率极显著正相关，与胞间 CO_2 浓度极显著负相关。净光合速率与蒸腾速率、水分利用率之间呈极显著正相关关系，蒸腾速率与水分利用率之间呈显著正相关关系。净光合速率与胞间 CO_2 浓度显著负相关，与土壤物理指标之间均呈极显著相关关系，与土壤累积蒸发量、土壤容重极显著负相关，与田间持水量、毛管持水量、土壤团聚体含量极显著正相关。蒸腾速率与土壤累积蒸发量、土壤容重极显著负相关，与田间持水量和土壤团聚体含量极显著正相关，与毛管持水量显著正相关。水分利用率与土壤累积蒸发量、土壤容重和胞间 CO_2 浓度极显著负相关，与田间持水量显著正相关，与土壤团聚体含量极显著正相关。胞间 CO_2 浓度与土壤累积蒸发量极显著正相关，与土壤容重显著正相关，与田间持水量显著负相关，与土壤团聚体含量极显著负相关，与净光合速率显著负相关。气孔导度与土壤物理指标和植物光合指标之间均无显著相关关系。

由以上各个指标之间的相关关系可以看出，土壤的物理指标与植物的光合指标之间存在一定的相关关系。良好的土壤结构利于植物根系的生长，以及根系对水分和矿物质的吸收、利用，为植物的光合作用提供了足够的物质基础，对光合

作用具有促进作用,反之,结构差的土壤保水透气性差,植物根系的生长受抑制,光合作用亦受到抑制。

表 9-25 PAM 施用对土壤物理指标和植物光合指标影响的相关性分析

指标	x1	x2	x3	x4	x5	x6	x7	x8	x9	x10
x1	1									
x2	0.94**	1								
x3	−0.86**	−0.80**	1							
x4	−0.75**	−0.75**	0.75**	1						
x5	−0.90**	−0.88**	0.90**	0.68*	1					
x6	−0.91**	−0.85**	0.95**	0.76**	0.92**	1				
x7	−0.35	−0.27	0.5	0.46	0.23	0.48	1			
x8	0.71**	0.64*	−0.65*	−0.52	−0.76**	−0.70*	0.23	1		
x9	−0.86**	−0.84**	0.92**	0.71**	0.87**	0.96**	0.57	−0.54	1	
x10	−0.79**	−0.75**	0.63*	0.56	0.85**	0.73**	−0.18	−0.90**	0.61*	1

注:x1 表示土壤累积蒸发量,x2 表示土壤容重,x3 表示田间持水量,x4 表示毛管持水量,x5 表示土壤团聚体含量,x6 表示净光合速率,x7 表示气孔导度,x8 表示胞间 CO_2 浓度,x9 表示蒸腾速率,x10 表示水分利用率;*$P<0.05$,**$P<0.01$

9.4.2 土壤改良剂施用与各指标的主成分分析

从主成分分析输出结果可以看出(表 9-26),第一主成分的方差贡献率高达 73.93%,第二主成分的方差贡献率为 16.32%,前 2 个主成分的累计方差贡献率已达到 90.25%,已经能够基本反映出土壤改良剂与土壤物理性质和植物光合各指标间的关系,因此只需要讨论第一、第二主成分。

表 9-26 主成分分析结果

主成分	特征向量	贡献率	累计贡献率(%)
1	7.3933	0.7393	73.93
2	1.6316	0.1632	90.25
3	0.3821	0.0382	94.07
4	0.2843	0.0284	96.91
5	0.112	0.0112	98.03
6	0.1043	0.0104	99.08
7	0.0722	0.0072	99.80
8	0.0174	0.0017	99.97
9	0.0027	0.0003	100.00
10	0.0002	0.0000	100.00

第一主成分的表达式为

$$\text{PRIN}_1 = -0.3520X_1 - 0.3384X_2 + 0.3451X_3 + 0.2977X_4 + 0.3523X_5 + 0.3590X_6 \\ + 0.1340X_7 - 0.2790X_8 + 0.3401X_9 + 0.2991X_{10}$$

第二主成分的表达式为

$$\text{PRIN}_2 = 0.0089X_1 + 0.0229X_2 + 0.1427X_3 + 0.1551X_4 - 0.0971X_5 + 0.0949X_6 \\ + 0.7176X_7 + 0.4497X_8 + 0.2075X_9 - 0.4200X_{10}$$

从第一主成分表达式可以看出，第一主成分表达式是土壤改良剂对土壤物理性质和植物光合各指标的综合反应，能较为全面地反映出土壤改良剂处理对土壤和植物的综合影响。第二主成分表达式中气孔导度和胞间CO_2浓度的特征向量非常大，这两个光合指标占主导地位。（表9-27）

表9-27 各因子规格化向量

参评指标	成分1	成分2
土壤累积蒸发量	−0.3520	0.0089
土壤容重	−0.3384	0.0229
田间持水量	0.3451	0.1427
毛管持水量	0.2977	0.1551
土壤团聚体含量	0.3523	−0.0971
净光合速率	0.3590	0.0949
气孔导度	0.1340	0.7176
胞间CO_2浓度	−0.2790	0.4497
蒸腾速率	0.3401	0.2075
水分利用率	0.2991	−0.4200

第一主成分综合排序结果表明，PAM不同施用方法和浓度对土壤与植物的影响最佳组合为拌施 400mg/kg，其次为拌施 800mg/kg，对照处理得分最低，表明不添加土壤改良剂的采煤区土壤物理性质及植物生长状况最差。从使用方法来看，拌施要优于干撒，拌施的最佳浓度为 400mg/kg，干撒最佳浓度为 800mg/kg（表9-28）。

表9-28 主成分综合排序结果

参评指标	第一主成分	第二主成分	综合排序
CK	−178.999	131.1264	11
干撒 100mg/kg	−163.359	120.0575	10
干撒 200mg/kg	−162.516	127.6443	9
干撒 400mg/kg	−159.389	127.1545	7
干撒 600mg/kg	−149.482	126.7357	5

续表

参评指标	第一主成分	第二主成分	综合排序
干撒 800mg/kg	−141.857	117.0625	3
拌施 100mg/kg	−161.077	124.706	8
拌施 200mg/kg	−157.732	123.7722	6
拌施 400mg/kg	−139.276	107.4883	1
拌施 600mg/kg	−143.828	117.9124	4
拌施 800mg/kg	−140.777	113.3706	2

9.4.3 土壤改良剂与各指标的模糊评价

采用模糊数学隶属度函数法对土壤物理指标和植物光合指标进行综合评定，其隶属度值计算公式如式（9-1）到式（9-3）。

$$U(X_{ij}) = (X_{ij} - X_{j\min}) / (X_{j\max} - X_{j\min}) \tag{9-1}$$

$$U(X_{ij}) = 1 - (X_{ij} - X_{j\min}) / (X_{j\max} - X_{j\min}) \tag{9-2}$$

$$U = 1/n \sum U(X_{ij}) \tag{9-3}$$

式（9-1）用于计算与土壤质量和植物生长情况呈正相关的指标，式（9-2）用于计算与土壤质量和植物生长情况呈负相关的指标，式（9-3）用于计算每个经 PAM 处理的隶属度平均值，隶属度平均值越大，表示该 PAM 施用方法与其浓度的组合方案越好。式中，X_{ij} 为第 i 种 PAM 施用方法与其相应浓度组合处理的第 j 项土壤或植物光合指标的测定值，$X_{j\max}$ 为全部 PAM 处理的第 j 项测定指标的最大值，$X_{j\min}$ 为全部 PAM 处理的第 j 项测定指标的最小值；$U(X_{ij})$ 为第 i 种 PAM 施用方法与其浓度组合处理的第 j 项指标的隶属度值。n 为测定的总指标数；U 为 PAM 处理 n 项指标测定的隶属度平均值。

由表 9-29 可知：模糊数学隶属度函数综合评价结果与主成分分析结果基本一致，差别不大。就 PAM 施用方法来说，最佳的施用方法依然是拌施，其次是干撒。就 PAM 施用的最佳浓度来看，两种评价方法得出的两种 PAM 施用方法的最佳浓度基本一致，即主成分得出的拌施最佳浓度为 400mg/kg，干撒的最佳浓度为 800mg/kg（表 9-28）；模糊数学隶属度函数得出的拌施最佳浓度为 600mg/kg，干撒最佳浓度为 800mg/kg（表 9-29）。此外，两种评价方法得出 PAM 施用方法与浓度的组合排名略有波动，第一主成分排名得出拌施条件下，浓度 100mg/kg 时排名第 8，而模糊数学隶属度函数排名第 10。第一主成分排名得出拌施条件下，在 PAM 浓度为 200mg/kg 时排名第 6，而模糊数学隶属度函数得出其排名第 8。第一主成分排名得出拌施条件下，在 PAM 浓度为 400mg/kg 时排名第 1，而模糊数学隶属度函数得出其排名第 3。第一主成分排名得出干撒条件下，在 PAM 浓度为 100mg/kg 时排名第 10，而模糊数学隶属度函数得出其排名第 9。第一主成分排名得出干撒条件下，在 PAM 浓度为 200mg/kg 时排名第 9，而模糊数学隶属度函数得出其排名第 7。第一主成分排名得出干撒条件下，在 PAM 浓度为 400mg/kg 时排名第 7，而模糊数学隶属度函数得出其排名第 6。第一主成分排名得出干撒条件下，在 PAM 浓度为 800mg/kg 时排名第 3，而模糊数学隶属度函数得出其排名第 4。

表 9-29 PAM 处理对土壤物理指标与光合指标影响的模糊综合评价

处理	土壤累积蒸发量	土壤容重	土壤田间持水量	土壤毛管持水量	土壤团聚体含量	气孔导度	净光合速率	胞间 CO_2 浓度	蒸腾速率	水分利用率	隶属度平均值	排名
CK	0.000	0.000	0.000	0.140	0.000	0.333	0.000	0.000	0.244	0.000	0.072	11
拌施 100mg/kg	0.322	0.298	0.338	0.000	0.167	0.333	0.291	0.274	0.000	0.154	0.218	10
拌施 200mg/kg	0.527	0.565	0.404	0.280	0.290	0.500	0.375	0.316	0.025	0.198	0.348	8
拌施 400mg/kg	0.607	0.621	0.782	0.702	0.633	0.167	0.685	1.000	1.000	1.000	0.720	3
拌施 600mg/kg	0.922	0.774	0.921	1.000	0.676	0.833	1.000	0.586	0.954	0.571	0.824	1
拌施 800mg/kg	1.000	1.000	1.000	0.551	1.000	0.333	0.949	0.772	0.061	0.879	0.755	2
干撒 100mg/kg	0.496	0.363	0.094	0.314	0.068	0.000	0.105	0.468	0.528	0.308	0.274	9
干撒 200mg/kg	0.590	0.645	0.255	0.495	0.199	0.250	0.159	0.137	0.604	0.352	0.369	7
干撒 400mg/kg	0.893	0.605	0.637	0.708	0.374	0.667	0.367	0.173	0.066	0.011	0.450	6
干撒 600mg/kg	0.902	0.726	0.647	0.626	0.543	1.000	0.790	0.198	0.924	0.374	0.673	5
干撒 800mg/kg	0.918	0.887	0.708	0.590	0.732	0.250	0.668	0.594	0.457	0.978	0.678	4

两种评价方法得出的最佳 PAM 施用方法与浓度的组合，第一主成分得出的是拌施条件下的 400mg/kg 浓度，模糊数学隶属度函数评价得出的是拌施条件下的 600mg/kg。所以，在兼顾施用成本的同时，考虑实际施工时的便利性，建议使用拌施 400～600mg/kg 浓度的施用方法。

9.5 小　　结

（1）对抑制采煤沉陷区土壤蒸发来说，拌施与干撒两种施用方法最适宜的 PAM 施用浓度分别为 600mg/kg、400mg/kg；各种处理土壤累积蒸发量均可用对数回归模型拟合，且拟合效果较好。

（2）PAM 能够显著增加采煤沉陷区土壤的田间持水量、毛管持水量与土壤团聚体含量，降低土壤容重。在拌施条件下 4 种物理指标的最适宜浓度分别为

400mg/kg、600mg/kg、800mg/kg、800mg/kg；在干撒条件下 4 种物理指标的最适宜浓度分别为 600mg/kg、400mg/kg、800mg/kg、800mg/kg。

（3）PAM 可以提高苜蓿净光合速率、气孔导度、蒸腾速率及水分利用率，降低胞间 CO_2 浓度。PAM 拌施与干撒两种施用方式间对于苜蓿光合特性的影响存在极显著差异（$P<0.01$），在拌施条件下，5 种光合指标的最适宜浓度分别为 600mg/kg、600mg/kg、600mg/kg、800mg/kg、800mg/kg；在干撒条件下，5 种光合指标的最适宜浓度分别为 600mg/kg、600mg/kg、400mg/kg、800mg/kg、800mg/kg。

（4）针对以上各项指标进行综合评价，结果表明：施用土壤改良剂 PAM 可以有效改善土壤物理质量，并且能够促进植物的生长，在进行采煤沉陷区植被恢复与重建时，建议 PAM 在采煤沉陷区最佳的施用方法为拌施 400～600mg/kg。

10　风沙采煤沉陷区经济树种生长适宜性评价

高强度的煤炭开采活动使得矿区覆岩结构破坏（王博等，2018b），诱发地面沉陷和土壤侵蚀等问题，土壤持水力下降，引发土地贫瘠化（胡振琪等，2014b），植物因缺水缺肥枯萎或死亡（Ju and Xu，2015；Tripathi et al.，2009），造成采煤沉陷区内大面积优良的林地资源受损，矿区生态环境受到严重破坏。而植物种植作为生态修复的手段之一，在矿区生态修复中起到关键作用，探寻适宜矿区环境的优势树种至关重要。经济林作为我国建设高产高效优质生态林业的重要组成之一（陈刚等，2011），将其引入生态脆弱地区，在保证矿区生态环境修复的同时，还能够改善周边人民的经济收益。近年来大多数学者对于经济林的研究多集中于经济林的发展现状、应用前景和发展对策方面（俞美霞，2019；马超，2020；朱熠晟，2020；崔凤敏，2021），在我国内蒙古（陈刚等，2011）、陕西榆林（王海鹰等，2005）、甘肃民勤（王萍和陶海燕，2020）等地相继开展了经济林发展的探索。在采煤沉陷区栽植经济林树种的研究中，黄雅茹等（2013）发现神府东胜煤田采煤沉陷区的阳坡适宜栽植山杏，阴坡适宜栽植沙棘。结合采煤沉陷区多年治理经验，高适配性树种及配置模式的选择，一定程度上对生态系统的长期稳定性有重要作用（程中倩等，2017）。郭洋楠和包玉英（2017）给出了不同类型的采煤沉陷区最适栽植树种和种植模式，其中，灌草混植配置模式更益于黄土沟壑区的沉陷地治理。综上，对于经济林的研究多侧重于效益和发展，关于采煤沉陷区经济林树种生长特征分析的研究相对欠缺。基于此，本研究从水土保持和生态恢复功能角度出发，针对风沙采煤沉陷区生态修复中经济林树种优选及其适宜性分析的科学问题，采用灰色关联分析法将定性和定量分析相结合，以布尔台采煤沉陷区试验为例，对该区域各树种生长特征进行阶段性的调查，分析探究风沙采煤沉陷区生态修复经济林优选树种及其适宜性，为今后风沙采煤沉陷区适宜树种选择、植被恢复建设、经济发展提供科学理论依据。

10.1　试　验　设　计

1. 供试材料

供试材料为布尔台采煤沉陷区栽植树种：樟子松（*Pinus sylvestris* var.

mongolica)、杏（Prunus armeniaca）、西府海棠（Malus × micromalus）、苹果（Malus pumila）、沙枣（Elaeagnus angustifolia）、李（Prunus salicina）。图 10-1 为布尔台采煤沉陷区苗木栽植分布图，共栽植苗木 205.86hm²，其中供试树种约 102.93hm²。

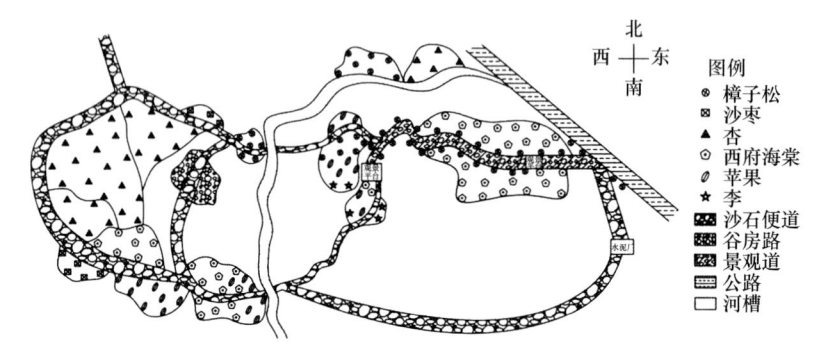

图 10-1　布尔台采煤沉陷区苗木栽植分布

2. 栽植情况

研究区采用水平阶整地方式，株行距 2~4m，栽植密度为 830~880 株/hm²。栽植时间为 2018 年 4 月初，供试树种选用带土苗移植，采用统一苗木规格、栽植方式和管护措施，并在每个季度依据不同树种的实际生长情况进行定期修剪。具体栽植情况如表 10-1 所示。

表 10-1　树种栽植情况

树种	栽植穴 长（m）	宽（m）	深（m）	栽植密度（株/hm²）	栽植面积（hm²）
樟子松	1.6~1.7	1.3~1.4	0.3~0.4	875	13.72
沙枣	1.2~1.3	1.2~1.3	0.3~0.4	833	4.00
苹果	1.3~1.4	0.9~1.0	0.4~0.5	833	15.00
李	1.5~1.6	1.1~1.2	0.4~0.5	833	5.00
杏	1.6~1.7	1.2~1.3	0.3~0.4	833	27.61
西府海棠	1.3~1.4	1.2~1.3	0.2~0.3	862	37.60

3. 调查生长指标并处理数据

对调查样地总栽植株数和成活株数进行调查，第一年调查成活率，第三年调查保存率，并采用钢卷尺测量樟子松、沙枣、苹果、李、杏、西府海棠 6 种植物 2019~2021 年的株高、冠幅、胸径，对每个指标抽样测量多组数据后取均值，保证试验数据有效性和准确度。结合所调查树种生长指标变化与实地环境适宜性观测，树种生长状况评价可划分为较好、好、一般、差、较差 5 个等级（钱长江等，2013），划分细则如表 10-2 所示。

表 10-2 树种生长状况综合评价分级

表现状况	较好	好	一般	差	较差
适应性	高度适应当地生境	对当地生境较为适应	对当地生境基本适应	对当地生境适应性差	完全无法适应当地生境
生长状况	生长茂盛，可正常开花结实	生长较茂盛，枝条、树干长势优良	枝叶较分散，可维持基础的树冠形态	树冠欠缺，树形差，存在病虫害现象	枝干发育差，病虫害泛滥，冠形分散

运用 Arc Map 10.2、AutoCAD 2022 等软件完成研究区概况图绘制，运用 SPSS 23 完成显著性分析，采用 Origin 2018 进行图表绘制。

4. 灰色关联法数据处理方法

灰色关联分析对代表性分布规律无须剖析，同时对样本数量也无明确规定，还能从多个要素里找出使系统发生变化的主导原因和特征（邓聚龙，1986），具备宽泛的实用性。将野外观测统计的樟子松、苹果、沙枣、杏、西府海棠、李的相关数据作为比较树种数据序列，根据实际观测，樟子松生长状况与当地乡土树种较为相似，成活状况理想，与需评价的经济树种生长年限、受到的土壤气候等各种外界因素的影响基本一致，故以樟子松为参考树种数据序列（任博芳，2010）。利用灰色关联法计算综合评价指标时，需先将原始参数做量纲的单一化处理，由于影响布尔台矿区优选树种的几个因素指标的量纲各异，所以要先对各项指标采取无量纲化处理（胡海华等，2014）。根据无量纲化处理后的数据进一步计算关联系数，所得的关联系数值比较分散，不便于对比，因此要对所得的关联系数进行加权求取关联度，最后进行关联度大小排序。

10.2 树种生长状况调查初步分析

通过比较树种的生长情况（表 10-3），找出生长状况最佳的树种，从生长指标上反映出适宜性较佳的树种；为了更清晰地观测不同生长特性变化趋势，计算各植被 3 年的生长指标增长率，进行图表分析，详细比对如图 10-2 所示。从第一年的成活率与第三年的保存率值可以看出，当地环境条件不利于沙枣生长，随时间推移，存活树苗大幅度减少。同时满足生长状况较好，且成活率和保存率均≥85%的树种有樟子松、杏和李；不同树种株高、冠幅、胸径有明显差别，其中综合水平最好的是李，其栽植 3 年的平均株高和平均胸径分别为 187.60cm、4.20cm。

表 10-3　树种成活率、保存率及生长状况

树种	株数（株）	成活率（%）	保存率（%）	平均株高（cm） 2019 年	平均株高（cm） 2020 年	平均株高（cm） 2021 年	平均胸径（cm） 2019 年	平均胸径（cm） 2020 年	平均胸径（cm） 2021 年	平均冠幅（cm） 2019 年	平均冠幅（cm） 2020 年	平均冠幅（cm） 2021 年	生长状况
樟子松	12006	98.7	94.9	156.60	161.51	167.30	2.56	3.72	4.11	71.00	82.67	118.5	较好
沙枣	3333	99.6	50.6	156.00	161.30	178.50	2.76	3.04	3.40	58.17	65.50	85.50	差
苹果	12500	98.9	97.9	131.00	134.58	151.36	2.56	2.90	3.18	46.61	47.38	50.51	差
李	4167	99.6	97.0	179.00	190.00	187.60	2.67	3.26	4.20	85.50	93.50	92.60	较好
杏	23010	98.4	90.3	152.58	161.34	172.00	2.33	2.87	3.23	64.73	66.01	67.44	好
西府海棠	32422	99.9	96.1	130.10	173.75	162.62	2.49	2.83	3.36	39.45	71.89	62.99	一般

注：本研究对各个树种进行编号，樟子松为 P_0，沙枣为 P_1，苹果为 P_2，李为 P_3，杏为 P_4，西府海棠为 P_5，下同

为均衡树种整体长势，促进后期生长，研究区在人工培育过程中会进行定期修剪（姜树宝，2017），由图 10-2 可以看出株高和冠幅由于受到修剪的影响，出现的误差相对较大。株高增长率均处于 30%以下，从修剪后的植物株高增长率来看，西府海棠的长势最好，差异不显著。冠幅增长率差异显著（$P<0.05$），西府海棠增长率高达 60%，沙枣增长率 47%，均属于高增长率，可以推断出这两种植物在生长期间的横向长势比较可观；而杏、李、苹果的增长率受修剪的影响，增长率在 10%以下。胸径增长率很少受到修剪的影响，可以更客观地反映出 3 年间的植被长势变化情况；胸径增长率差异显著（$P<0.05$），李的胸径增长率较大，其增长率为 57.3%、杏为 39.2%、西府海棠为 35.5%、苹果和沙枣相对而言胸径增长率较小，分别为 24.8%、23.0%。结合表 10-3 的成活率和保存率来看，李对环境的适应性强，适合做晋陕蒙黄土沟壑采煤沉陷区的生态先锋树种。

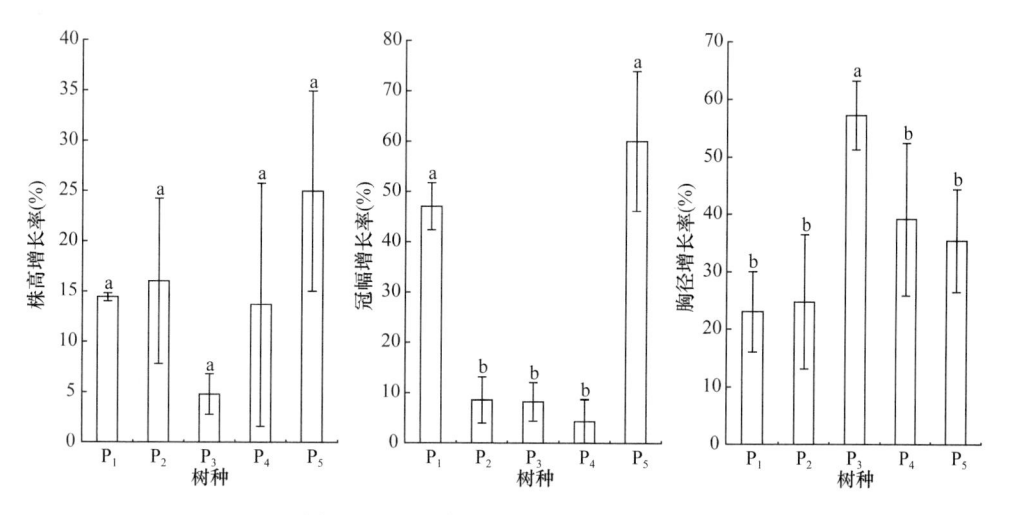

图 10-2　不同树种生长指标年增长情况

不同小写字母表示不同树种株高、冠幅和胸径增长率差异显著（$P<0.05$）

10.3　树种适宜性分析

为更科学地比较树种适宜性，对树种进行定量的灰色关联分析。将布尔台采煤沉陷区生长的 5 种乔木生长状况进行统计，计算出各树种各指标的均值（表 10-4）。以同一立地条件同龄树种生长良好的樟子松作为参考树种，根据数据处理中的计算方法，利用表 10-3 中的数据，取分辨系数 $\delta=0.5$，按照计算步骤得出各比较树种各个指标的关联系数，得出表 10-4。依据灰色关联分析计算步骤演算得出，参考数列樟子松与其 5 种树种比较数列在不同性状指标之间的关联系数，对表 10-4 中关联系数求均值得不同植被关联度分别为：沙枣 0.64、苹果 0.68、李

0.83、杏 0.76、西府海棠 0.71。上述值进行大小比对得 $P_3>P_4>P_5>P_2>P_1$。按照灰色关联的分析规则，树种对试验地的适宜性，随各项指标计算所得关联度增大而升高，故可以得出布尔台矿区树种适宜性顺序为：李＞杏＞西府海棠＞苹果＞沙枣。

表 10-4 树种生长指标的关联系数

序号	株高	冠幅（东西）	冠幅（南北）	胸径	郁闭度	成活率
P_1	0.69	0.92	0.87	0.47	0.53	0.35
P_2	0.57	0.61	0.57	0.40	1.00	0.93
P_3	0.49	1.00	1.00	1.00	0.53	0.96
P_4	1.00	0.71	0.70	0.41	0.89	0.87
P_5	1.00	0.69	0.64	0.46	0.44	1.00

10.4 讨 论

经济树种的适宜性评价受立地条件、管理者的管护水平和极端灾害天气的影响（朱甜甜等，2018）。由灰色关联分析获得的关联系数排序可以看出不同树种的适宜性情况，研究区适宜性最好的经济树种为李，李适生土壤的 pH 偏中性，对土壤的要求低（段婵婵等，2009），研究区的气候、土壤条件适宜李生长。因此，在今后植被建设中可适当多种植李，但由于不同品种李所处生长环境条件有所差异，之后需多考察李的品种；研究区李分布较少，后期在采煤沉陷区植被恢复的树种选择上，可多选择李。杏属于中等适应树种，其适应环境的能力较强，耐干旱贫瘠且适应极端温度，一般生长在砂壤土中（柴菊华和赵习平，2003），而研究区土壤类型以风沙土为主，土壤结构的变化，使黏着性发生改变，杏根系稳定性降低，风沙土的土壤水分和养分都较匮乏，导致生长期水分胁迫，营养吸收受阻，树势较弱（曹双成，2008），从而出现杏适宜性中等的情况。西府海棠在陕西榆林的府谷县适宜性强（王亚娟等，2016），研究区适宜性一般，可能是由于两地的气候、降水等环境条件上有一定的差异，影响了西府海棠的适宜性。在后期的人工管护中，可以参考府谷县的种植经验（白与年和陈瑞芳，2010），以实现西府海棠后期的经济效益。苹果在布尔台采煤沉陷区属于低适宜性树种，从生长性状指标看出其枝干发育差，冠幅小，生长势弱。不同品种的苹果适宜性不同（张铭等，1996），研究区栽植品种为金红苹果，推测是该区气候、土壤条件不适宜该品种生长。气候变化会影响沙枣适宜性（张晓芹等，2018），研究区气候变化对沙枣的生长有干扰效果，不同年限的苗木及栽植密度对沙枣的生长情况有一定的影响（周道顺等，2002），加之沙枣品种与管护水平的作用，导致研究区沙枣适宜性差。

本研究主要是以晋陕蒙风沙采煤沉陷区生态修复为目的进行的经济树种适宜性评价，书中的适宜性评价中大多倾向于考量树种的生态效益指标，基于树种生长趋势和成活状况等生长特性展开研究。本调查研究时间处于苗木生长初期，仅分析了生长效果。树种栽植时间短，开花、结实情况不稳定，目前未进入结果期，不利于估量经济效益，需进入稳定生长期后，对结实情况进行调查并开展更加全面的适宜性评价。在树种调查的过程中还有部分灌木未调查，在之后的树种适宜性评价中可结合区域生态修复和经济发展展开更广泛的探究。此外，涉及风沙采煤沉陷区同一树种不同品种的适宜性评价尚未开展研究，今后的研究中可以在该类问题上加强，以精细划分区域内不同品种的适宜性。

10.5　小　　结

（1）从近 3 年的存活状况来看，沙枣对当地环境条件适应性差，保存率仅 50.6%。

（2）生长特性中，株高、冠幅受修剪影响，所体现出的长势状况不明显；故从胸径增长率来看，李的增长状况显著优于其他树种，其增长率为 57.3%、杏为 39.2%、西府海棠为 35.5%、苹果为 24.8%、沙枣为 23.0%。

（3）相同立地条件下，以长势优良的樟子松为参考树种，进行灰色关联系数分析，得出研究区乔木树种适宜性由大到小依次为李（0.83）、杏（0.76）、西府海棠（0.71）、苹果（0.68）、沙枣（0.64）。

主要参考文献

敖妍. 2009. 不同地区文冠果群体种子含油率·产量变异规律[J]. 安徽农业科学, 37(25): 11967-11969.

白龙龙, 李银, 侯琳, 等. 2016. 秦岭山地主要森林凋落物化学组分[J]. 西北农林科技大学学报(自然科学版), 44(5): 89-96.

白与年, 陈瑞芳. 2010. 海红果优质丰产栽培技术[J]. 北方园艺, 34(24): 80-81.

白中科, 周伟, 王金满, 等. 2018. 再论矿区生态系统恢复重建[J]. 中国土地科学, 32(11): 1-9.

包斯琴, 高永, 丁延龙, 等. 2017. 采煤沉陷区冻结滞水消融过程中土壤水分变化规律[J]. 土壤, 49(3): 608-613.

鲍芳, 周广胜. 2010. 中国草原土壤呼吸作用研究进展[J]. 植物生态学报, 34(6): 713-726.

毕银丽, 郭芸, 刘峰, 等. 2022. 西部煤矿区生物土壤结皮的生态修复作用及其碳中和贡献[J]. 煤炭学报, 47(8): 2883-2895.

毕银丽, 孙金华, 张健, 等. 2017. 接种菌根真菌对模拟开采伤根植物的修复效应[J]. 煤炭学报, 42(4): 1013-1020.

毕银丽, 邹慧, 彭超, 等. 2014. 采煤沉陷对沙地土壤水分运移的影响[J]. 煤炭学报, 39(S2): 490-496.

卞正富. 2004. 矿区开采沉陷农用土地质量空间变化研究[J]. 中国矿业大学学报, 32(2): 89-94.

卞正富, 雷少刚. 2009. 基于遥感影像的荒漠化矿区土壤含水率的影响因素分析[J]. 煤炭学报, 34(4): 520-525.

卞正富, 于昊辰, 韩晓彤. 2022. 碳中和目标背景下矿山生态修复的路径选择[J]. 煤炭学报, 47(1): 449-459.

卞正富, 张国良. 2000. 矿山复垦土壤生产力指数的修正模型[J]. 土壤学报, 37(1): 124-130.

卜涛, 张水奎, 宋新章, 等. 2013. 几个环境因子对凋落物分解的影响[J]. 浙江农林大学学报, 30(5): 740-747.

曹帮华. 2005. 刺槐抗旱抗盐特性研究[D]. 北京林业大学博士学位论文.

曹双成. 2008. 榆林地区仁用杏引种与丰产栽培技术研究[D]. 西北农林科技大学硕士学位论文.

曹振岭, 张彬, 赵越, 等. 2009. 高寒地区文冠果树的栽培与管理[J]. 林业实用技术, (11): 23-24.

柴建禄. 2022. 采煤对浅层地下水环境的影响及矿井水生态利用分析[J]. 煤田地质与勘探, 50(7): 138-144.

柴菊华, 赵习平. 2003. 杏树建园技术[J]. 农业科技通讯, 32(3): 17.

柴文晴. 2009. 聚丙烯酰胺对紫色土水土保持影响试验研究[D]. 西南大学硕士学位论文.

常娟, 王根绪, 高永恒, 等. 2012. 青藏高原多年冻土区积雪对沼泽、草甸浅层土壤水热过程的影响[J]. 生态学报, 32(23): 7289-7301.

车升国, 郭胜利, 张芳, 等. 2010. 黄土区夏闲期土壤呼吸变化特征及其影响因素[J]. 土壤学报, 47(6): 1159-1169.

陈昌笃. 2009. 走向宏观生态学: 陈昌笃论文集[M]. 北京: 科学出版社.

陈法霖, 郑华, 阳柏苏, 等. 2011. 中亚热带几种针、阔叶树种凋落物混合分解对土壤微生物群落碳代谢多样性的影响[J]. 生态学报, 31(11): 3027-3035.

陈浮, 曾思燕, 杨永均, 等. 2018. 从乡村振兴视角引导新时代矿区生态修复[J]. 环境保护, 46(12): 39-42.

陈刚, 刘尔平, 段河. 2011. 内蒙古经济林产业发展现状及对策[J]. 内蒙古林业调查设计, 34(2): 88-89, 108.

陈荷生. 1992. 沙坡头地区生物结皮的水文物理特点及其环境意义[J]. 干旱区研究, 9(1): 31-38.

陈洪松, 王克林. 2008. 西南喀斯特山区土壤水分研究[J]. 农业现代化研究, (6): 734-738.

陈建勋, 王晓峰. 2006. 植物生理学试验指导[M]. 北京: 高等教育出版社.

陈俊蓉, 洪伟, 吴承祯, 等. 2008. 不同桉树土壤微生物数量的比较[J]. 亚热带农业研究, 4(2): 146-150.

陈凯. 2011. 山东丘陵区苹果树蒸腾耗水规律及果园蒸散特征研究[D]. 山东农业大学硕士学位论文.

陈龙乾, 邓喀中, 许善宽, 等. 1999b. 开采沉陷对耕地土壤化学特性影响的空间变化规律[J]. 土壤侵蚀与水土保持学报, 5(3): 81-86.

陈龙乾, 邓喀中, 赵志海, 等. 1999a. 开采沉陷对耕地土壤物理特性影响的空间变化规律[J]. 煤炭学报, 24(6): 586-590.

陈渠昌, 雷廷武, 李瑞平. 2006. PAM对坡地降雨径流入渗和水力侵蚀的影响研究[J]. 水利学报, 11: 1290-1296.

陈全胜, 李凌浩, 韩兴国, 等. 2003. 水热条件对锡林河流域典型草原退化群落土壤呼吸的影响[J]. 植物生态学报, 27(2): 202-209.

陈荣毅, 张元明, 潘伯荣, 等. 2007. 古尔班通古特沙漠土壤养分空间分异与干扰的关系[J]. 中国沙漠, 27(2): 257-265.

陈莎莎, 刘鸿雁, 郭大立. 2010. 内蒙古东部天然白桦林的凋落物性质和储量及其随温度和降水梯度的变化格局[J]. 植物生态学报, 34(9): 1007-1015.

陈少裕. 1991. 膜脂过氧化对植物细胞的伤害[J]. 植物生理学通讯, 27(2): 84-90.

陈士超, 左合君, 胡春元, 等. 2009. 神东矿区活鸡兔采煤沉陷区土壤肥力特征研究[J]. 内蒙古农业大学学报(自然科学版), 30(2): 115-120.

陈世苹, 游翠海, 胡中民, 等. 2020. 涡度相关技术及其在陆地生态系统通量研究中的应用[J]. 植物生态学报, 44(4): 291-304.

陈书涛, 刘巧辉, 胡正华, 等. 2013. 不同土地利用方式下土壤呼吸空间变异的影响因素[J]. 环境科学, 34(3): 1017-1025.

陈玉福, 于飞海, 董鸣. 2000. 毛乌素沙地沙生半灌木群落的空间异质性[J]. 生态学报, 20(4): 568-572.

程冉. 2004. 文冠果的引种、快繁及优质丰产栽培技术体系研究[D]. 山东农业大学硕士学位论文.

程中倩, 袁红姗, 吴水荣, 等. 2017. 树种选择与配置对森林生态系统服务的影响[J]. 世界林业研究, 30(1): 31-36.

崔凤敏. 2021. 我国经济林资源的现状及其发展对策[J]. 农业灾害研究, 11(10): 123-124.

崔天民, 格日乐, 杨锐婷, 等. 2021. 内蒙古中西部3种典型乡土植物根系抗折力学特性[J]. 水土保持学报, 35(2): 138-143.

崔向新, 高永, 刘彩云. 2008a. 采煤塌陷对风沙土含水量的影响[J]. 浙江林学院学报, 25(4):

491-496.

崔向新, 汪季, 高永. 2008b. 引进美国无芒雀麦栽培技术的研究[J]. 干旱区资源与环境, 22(6): 194-195.

崔燕, 吕贻忠, 李保国. 2004. 鄂尔多斯沙地土壤生物结皮的理化性质[J]. 土壤, 47(2): 197-202.

党晓宏, 潘霞, 刘阳, 等. 2019. 基于红外热成像技术的沙冬青衰退等级划分[J]. 干旱区资源与环境, 33(4): 109-116.

邓红, 孙俊, 范雪层, 等. 2007. 文冠果籽油的不同提取工艺及其组成成分比较[J]. 东北林业大学学报, 35(10): 39-41.

邓聚龙. 1986. 本征性灰色系统的主要方法[J]. 系统工程理论与实践, 6(1): 60-65.

丁金枝, 来利明, 赵学春, 等. 2011. 荒漠化对毛乌素沙地土壤呼吸及生态系统碳固持的影响[J]. 生态学报, 31(6): 1594-1603.

丁玉龙, 雷少刚, 卞正富, 等. 2013a. 开采沉陷区四合木根系抗变形能力分析[J]. 中国矿业大学学报, 42(6): 970-974.

丁玉龙, 周跃进, 徐平, 等. 2013b. 充填开采控制地表裂缝保护四合木的机理分析[J]. 采矿与安全工程学报, 30(6): 868-873.

董炜华, 李晓强, 宋扬. 2016. 土壤动物在土壤有机质形成中的作用[J]. 土壤, 48(2): 211-218.

董学军, 张新时, 杨宝珍. 1997. 依据野外实测的蒸腾速率对几种沙地灌木水分平衡的初步研究[J]. 植物生态学报, (3): 208-225.

都军, 李宜轩, 杨晓霞, 等. 2018. 腾格里沙漠东南缘生物土壤结皮对土壤理化性质的影响[J]. 中国沙漠, 38(1): 111-116.

都平平. 2012. 生态脆弱区煤炭开采地质环境效应与评价技术研究[D]. 中国矿业大学博士学位论文.

杜善周, 毕银丽, 王义, 等. 2010. 丛枝菌根对神东煤矿区塌陷地的修复作用与生态效应[J]. 科技导报, 28(7): 41-44.

杜社妮, 白岗栓, 赵世伟, 等. 2008. 沃特和PAM施用方式对土壤水分及玉蜀黍生长的影响[J]. 农业工程学报, 11: 30-35.

杜涛, 毕银丽, 张姣, 等. 2013b. 地表裂缝对青杨根际环境的影响[J]. 科技导报, 31(2): 45-49.

杜涛, 毕银丽, 邹慧, 等. 2013a. 地表裂缝对乌柳根际微生物和酶活性的影响[J]. 煤炭学报, 38(12): 2221-2226.

杜晓晖. 1990. 沙地地表结皮的研究[J]. 中国沙漠, 10(4): 34-40.

杜尧东, 夏海江, 刘作新, 等. 2000. 聚丙烯酰胺防治坡地水土流失田间试验研究[J]. 水土保持学报, 14(3): 10-13.

段婵婵, 季娜娜, 路紫. 2009. 基于树种的水土保持经济林区划方法研究[J]. 石家庄学院学报, 11(6): 36-39.

段争虎, 刘新民, 屈建军. 1996. 沙坡头地区土壤结皮形成机理的研究[J]. 干旱区研究, 13(2): 31-36.

范立民. 2007. 陕北地区采煤造成的地下水渗漏及其防治对策分析[J]. 矿业安全与环保, 5: 62-64.

范立民, 寇贵德, 蒋泽泉, 等. 2003. 浅埋煤层开采过程中地下水流场变化规律[J]. 陕西煤炭, 1: 26-28.

范立民, 马雄德, 蒋泽泉, 等. 2019. 保水采煤研究30年回顾与展望[J]. 煤炭科学技术, 47(7):

1-30.

范立民, 向茂西, 彭捷, 等. 2016. 西部生态脆弱矿区地下水对高强度采煤的响应[J]. 煤炭学报, 41(11): 2672-2678.

范立民, 张晓团, 向茂西, 等. 2015. 浅埋煤层高强度开采区地裂缝发育特征——以陕西榆神府矿区为例[J]. 煤炭学报, 40(6): 1442-1447.

范晓慧, 马勇, 冯家豪, 等. 2020. 北方城市10种常见树木凋落叶的分解及养分释放特征[J]. 西北林学院学报, 35(6): 25-31.

方升佐, 徐锡增, 严相进, 等. 2000. 修枝强度和季节对青甘杨人工林生长的影响[J]. 南京林业大学学报, 43(6): 6-10.

冯广达. 2008. 微生物联合对煤矿区固体废弃物的综合作用研究[D]. 西北农林科技大学硕士学位论文.

冯浩, 吴普特, 黄占斌. 2001. 聚丙烯酰胺(PAM)在黄土高原雨水利用中的应用研究[C]//全国雨水利用学术讨论会暨国际研讨会论文集.

冯立, 张鹏飞, 张茂省, 等. 2023. 新时期榆林煤矿区生态保护修复与综合治理策略及路径探索[J]. 西北地质, 56(3): 19-29.

冯薇. 2014. 毛乌素沙地生物结皮光合固碳过程及对土壤碳排放的影响[D]. 北京林业大学博士学位论文.

冯秀绒, 卜崇峰, 郝红科, 等. 2015. 基于光谱分析的生物结皮提取研究——以毛乌素沙地为例[J]. 自然资源学报, 30(6): 1024-1034.

冯雪, 潘英华, 张振华, 等. 2008. PAM对土壤蒸发的影响分析及其模拟研究[J]. 农业系统科学与综合研究, 24(1): 49-52.

付强, 侯仁杰, 李天霄, 等. 2016. 冻融土壤水热迁移与作用机理研究[J]. 农业机械学报, 47(12): 99-110.

傅校锋, 刘杰, 龙玉梅, 等. 2020. 强化青葙修复镉污染土壤的柠檬酸施用方式优化试验研究[J]. 土壤, 52(1): 153-159.

高国雄. 2005. 毛乌素沙地能源开发对植被与环境的影响[J]. 水土保持通报, 25(2): 106-109.

高俊凤. 2000. 植物生理学实验技术[M]. 西安: 世界图书出版公司.

高丽倩, 赵允格, 秦宁强, 等. 2012. 黄土丘陵区生物结皮对土壤物理属性的影响[J]. 自然资源学报, 27(8): 1316-1326.

高述民, 马凯, 杜希华, 等. 2002. 文冠果(*Xanthoceras sorbifolium*)研究进展[J]. 植物学通报, 19(3): 296-301.

高伟星, 那晓婷, 刘克武. 2007. 生物质能源植物——文冠果[J]. 中国林副特产, (1): 93-94.

高贤明, 王巍, 杜晓军, 等. 2001. 北京山区辽东栎林的径级结构、种群起源及生态学意义[J]. 植物生态学报, 47(6): 673-678.

高亚敏, 韩永增. 2017. 科尔沁沙地小叶杨物候期变化规律[J]. 东北林业大学学报, 45(5): 29-34.

高永, 胡春元, 董智, 等. 2000. 土壤冻结过程中水分迁移动向的研究[J]. 林业科学, 36(4): 126-128.

高永, 张瀚文, 虞毅, 等. 2014. 基于"三温模型"的珍稀濒危荒漠植物半日花蒸腾速率研究[J]. 生态学报, 34(20): 5721-5727.

辜晨. 2016. 高寒沙区生物土壤结皮覆盖对土壤碳通量的影响[D]. 中国林业科学研究院硕士学位论文.

顾大钊. 2012. 能源"金三角"煤炭开发水资源保护与利用[M]. 北京: 科学出版社.
顾大钊. 2015. 煤矿地下水库理论框架和技术体系[J]. 煤炭学报, 40(2): 239-246.
顾大钊, 张建民, 王振荣, 等. 2013. 神东矿区地下水变化观测与分析研究[J]. 煤田地质与勘探, (4): 35-39.
顾和和, 胡振琪, 刘德辉, 等. 1998. 高潜水位地区开采沉陷对耕地的破坏机理研究[J]. 煤炭学报, 23(5): 522-525.
顾玉红, 高述民, 郭蕙红, 等. 2004. 文冠果的体细胞胚胎发生[J]. 植物生理学通讯, (3): 311-313.
关阅章, 刘安田, 仲启铖, 等. 2013. 滨海围垦湿地芦苇凋落物分解对模拟增温的响应[J]. 华东师范大学学报(自然科学版), (5): 27-34.
管超, 张鹏, 李新荣. 2017a. 极端降雨事件下生物结皮–土壤呼吸对温度的响应[J]. 兰州大学学报(自然科学版), 53(4): 506-511.
管超, 张鹏, 李新荣. 2017b. 腾格里沙漠东南缘生物结皮土壤呼吸对水热因子变化的响应[J]. 植物生态学报, 41(3): 301-310.
郭海桥, 程伟, 尚志, 等. 2019. 水分和冻融循环对酷寒矿区煤矸石风化崩解速率影响的定量研究[J]. 煤炭学报, 44(12): 3859-3864.
郭孟霞, 毕华兴, 刘鑫, 等. 2006. 树木蒸腾耗水研究进展[J]. 中国水土保持科学, 4(4): 114-120.
郭洋楠, 包玉英. 2017. 晋陕蒙生态脆弱区采煤沉陷地生态治理技术研究[J]. 煤炭科学技术, 45(S2): 4-7.
郭轶瑞, 赵哈林, 赵学勇, 等. 2007. 科尔沁沙地结皮发育对土壤理化性质影响的研究[J]. 水土保持学报, 21(1): 135-139.
郭轶瑞, 赵哈林, 左小安, 等. 2008. 科尔沁沙地沙丘恢复过程中典型灌丛下结皮发育特征及表层土壤特性[J]. 环境科学, 29(4): 1027-1034.
郭友红. 2009. 煤炭开采沉陷对矿区植物多样性的影响[J]. 矿山测量, (6): 13-15.
韩冰, 吴钦孝, 刘向东, 等. 1994. 林地枯枝落叶层对溅蚀影响的研究[J]. 防护林科技, (2): 7-10.
韩风朋. 2010. PAM对土壤物理性状及水分分布的影响[J]. 农业工程学报, 26(4): 70-74.
韩其晟, 任宏刚, 刘建军, 等. 2012. 秦岭主要森林凋落物中易分解和难分解植物残体含量及比值研究[J]. 西北林学院学报, 27(5): 6-10.
韩小万. 2007. 浅谈文冠果在鸡西市的栽培与利用前景[J]. 黑龙江科技信息, (3): 108.
韩学俭. 2001. 文冠果采种育苗造林技术[J]. 中国农村科技, (12): 10-11.
韩学勇, 赵凤霞, 李文友. 2007. 森林凋落物研究综述[J]. 林业科技情报, 39(3): 3.
何丙辉, Hickman M. 1998, 土壤改良剂和除草剂交互作用对土壤侵蚀的影响[J]. 土壤侵蚀与水土学报, 4(3): 48-51
何芳兰, 郭春秀, 吴昊, 等. 2017. 民勤绿洲边缘沙丘生物土壤结皮发育对浅层土壤质地、养分含量及微生物数量的影响[J]. 生态学报, 37(18): 6064-6073.
何金军, 魏江生, 贺晓, 等. 2007. 采煤沉陷对黄土丘陵区土壤物理特性的影响[J]. 煤炭科学技术, 35(12): 92-96.
贺明辉, 高永, 陈曦, 等. 2014. 采煤塌陷裂缝对土壤速效养分的影响[J]. 北方园艺, (9): 186-188.
侯冠男. 2012. 保水材料对河套灌区小麦生长及土壤特性的影响[D]. 内蒙古农业大学硕士学位论文.

侯庆春, 汪有科, 杨光. 1994. 神府东胜煤田开发区建设对植被影响的调查[J]. 水土保持研究, 1(4): 127-137.
侯新伟, 张发旺, 韩占涛, 等. 2006. 神府东胜矿区生态环境脆弱性成因分析[J]. 干旱区资源与环境, 20(3): 54-57.
侯新伟, 张发旺, 李向全, 等. 2005. 神府东胜矿区主要地质生态环境问题及其效应[J]. 地球与环境, 33(4): 47-50.
胡炳南, 郭文砚. 2018a. 我国采煤沉陷区现状、综合治理模式及治理建议[J]. 煤矿开采, 23(2): 1-4.
胡海华, 王孟孟, 潘镇镇, 等. 2014. 灰关联分析法优选空调冷热源系统在Excel中的实现[J]. 湖南工业大学学报, 28(5): 93-97.
胡建忠. 2002. 植物引种栽培试验研究方法[M]. 郑州: 黄河水利出版社.
胡俊波. 2009. 微生物对粉煤灰的改良及采煤塌陷地复垦的生态效应[D]. 西北农林科技大学硕士学位论文.
胡生荣. 2008. 三种滨藜的旱盐逆境胁迫及引种适应性评价[D]. 内蒙古农业大学博士学位论文.
胡伟芳, 曾从盛, 张美颖, 等. 2017. 盐度和水淹对短叶茳芏凋落物分解和二氧化碳释放的影响[J]. 环境科学学报, 37(10): 4011-4018.
胡宜刚, 冯玉兰, 张志山, 等. 2014. 沙坡头人工植被固沙区生物结皮–土壤系统温室气体通量特征[J]. 应用生态学报, 25(1): 61-68.
胡振琪. 2022. 矿山复垦土壤重构的理论与方法[J]. 煤炭学报, 47(7): 2499-2515.
胡振琪, 胡锋, 李久海, 等. 1996. 华东平原地区采煤沉陷对耕地的破坏特征[J]. 煤矿环境保护, 11(3): 6-10.
胡振琪, 李晶, 赵艳玲. 2008. 中国煤炭开采对粮食生产的影响及其协调[J]. 中国煤炭, 34(2): 19-21.
胡振琪, 刘杰, 蔡斌, 等. 2006. 菌根生物技术在大武口洗煤厂矸石山绿化中的应用初探[J]. 能源环境保护, (1): 14-16.
胡振琪, 龙精华, 王新静. 2014a. 论煤矿区生态环境的自修复、自然修复和人工修复[J]. 煤炭学报, 39(8): 1751-1757.
胡振琪, 王新静, 贺安民. 2014b. 风积沙区采煤沉陷地裂缝分布特征与发生发育规律[J]. 煤炭学报, 39(1): 11-18.
黄昌勇. 2000. 土壤学[M]. 北京: 中国农业出版社.
黄磊, 张志山, 胡宜刚, 等. 2012. 固沙植被区典型生物土壤结皮类型下土壤CO_2浓度变化特征及其驱动因子研究[J]. 中国沙漠, 32(6): 1583-1589.
黄磊, 张志山, 周小琨. 2011. 沙漠人工植被区柠条锦鸡儿树干液流变化及影响因子分析[J]. 中国沙漠, 31(2): 415-419.
黄丽丽. 2009. 两种无芒雀麦对旱盐逆境胁迫的响应[D]. 内蒙古农业大学硕士学位论文.
黄雅茹. 2013. 神东采煤沉陷区保水技术研究[D]. 内蒙古农业大学硕士学位论文.
黄雅茹, 董杰, 汪季, 等. 2013. 神府东胜煤田沉陷区三种人工林生长状况比较研究[J]. 水土保持研究, 20(2): 115-120.
黄玉广, 乔荣群, 赵军. 2004. 文冠果营养及综合加仁[J]. 食品研究与开发, 25(3): 73-75.
纪万斌. 1998. 塌陷灾害与防治丛书[M]. 北京: 地震出版社.
贾宝全, 张红旗, 张志强, 等. 2003. 甘肃省民勤沙区土壤结皮理化性质研究[J]. 生态学报,

23(7): 1442-1448.

江萍, 宋于洋. 2007. 文冠果在新疆石河子垦区的引种适应性研究[J]. 山西林业科技, (1): 26-29.

姜汉侨, 段昌群. 2004. 植物生态学[M]. 北京: 高等教育出版社.

姜树宝. 2017. 园林绿化工程中植物修剪技术分析[J]. 现代园艺, 37(18): 46.

蒋定生. 1997. 黄土高原水土流失与治理模式[M]. 北京: 中国水利水电出版社.

蒋丽伟, 卢泽洋, 宫殷婷, 等. 2019. 内蒙古伊金霍洛旗植被恢复生态效益研究[J]. 林业资源管理, (1): 38-43.

蒋晓辉, 谷晓伟, 何宏谋. 2010. 窟野河流域煤炭开采对水循环的影响研究[J]. 自然资源学报, 25(2): 300-307.

雷少刚. 2009. 荒漠矿区关键环境要素的监测与采动影响规律研究[D]. 中国矿业大学博士学位论文.

雷少刚. 2010. 荒漠矿区关键环境要素的监测与采动影响规律研究[J]. 煤炭学报, 35(9): 1587-1588.

雷少刚, 卞正富. 2014. 西部干旱区煤炭开采环境影响研究进展[J]. 生态学报, 34(11): 2837-2843.

雷廷武, 袁普金, 詹卫华, 等. 2004. PAM及波涌灌溉对水分入渗影响的微型水槽试验研究[J]. 土壤学报, 41(1): 140-143.

李炳垠, 卜崇峰, 李宜坪, 等. 2018. 毛乌素沙地生物结皮覆盖土壤碳通量日动态特征及其影响因子[J]. 水土保持研究, 25(4): 174-180.

李成刚, 任加国, 温汉超, 等. 2013. 采煤塌陷对水养流失及生态环境的影响[J]. 安徽农业科学, 41(10): 4343-4344.

李春意, 崔希民, 郭增长, 等. 2009. 矿山开采沉陷对土地的影响[J]. 矿业安全与环保, 36(4): 65-68.

李丛蔚, 唐跃刚. 2009. 煤炭开采对周边农业发展影响的损失分析[J]. 农业技术经济, (4): 99-102.

李东升, 郑俊强, 王秀秀, 等. 2016. 水、氮耦合对阔叶红松林叶凋落物分解的影响[J]. 北京林业大学学报, 38(4): 44-52.

李凤明, 丁鑫品, 孙家恺. 2021. 我国采煤沉陷区生态环境现状与治理技术发展趋势[J]. 煤矿安全, 52(11): 232-239.

李国臣. 2005. 植物水运移机理分析与温室作物水分亏缺诊断方法的研究[D]. 吉林大学博士学位论文.

李国雷. 2004. 盐胁迫下13个树种反应特性的研究[D]. 山东农业大学硕士学位论文.

李海涛, 于贵瑞, 李家永, 等. 2007. 亚热带红壤丘陵区四种人工林凋落物分解动态及养分释放[J]. 生态学报, (3): 898-908.

李合生. 2002. 现代植物生理学[M]. 北京: 高等教育出版社.

李合生. 2003. 植物生理生化实验原理和技术[M]. 北京: 高等教育出版社.

李欢, 张俊伶, 王冲, 等. 2009. 丛枝菌根真菌对苜蓿凋落物降解的研究[J]. 草业科学, 26(7): 40-43.

李惠娣, 杨琦, 聂振龙, 等. 2003. 脆弱生态环境对干旱区采矿的响应与对策[J]. 干旱区资源与环境, 17(5): 30-35.

李加宏, 俞仁培. 1995. 水-土壤-植物系统中盐分的迁移和植物耐盐性研究进展[J]. 土壤学进展, 23(6): 9-17.

李佳佳, 李俊颖, 王定勇. 2010. PAM对沙质土壤持水性能影响的模拟研究[J]. 西南大学学报(自然科学版), 3: 93-97.

李佳洺, 余建辉, 张文忠. 2019. 中国采煤沉陷区空间格局与治理模式[J]. 自然资源学报, 34(4): 867-880.

李俊颖. 2009. PAM对沙质土壤持水性的效应研究[D]. 西南大学硕士学位论文.

李可, 朱海丽, 宋路, 等. 2018. 青藏高原两种典型植物根系抗拉特性与其微观结构的关系[J]. 水土保持研究, 25(2): 240-249.

李宁宁, 张光辉, 王浩, 等. 2020. 黄土丘陵沟壑区生物结皮对土壤抗蚀性能的影响[J]. 中国水土保持科学, 18(1): 42-48.

李萍, 朱清科, 谢芮, 等. 2012. 半干旱黄土丘陵沟壑区水平阶整地人工油松林种内竞争研究[J]. 应用基础与工程科学学报, 20(4): 592-601.

李强, 周道玮, 陈笑莹. 2014. 地上凋落物的累积、分解及其在陆地生态系统中的作用[J]. 生态学报, 34(14): 3807-3819.

李全生, 许亚玲, 李军, 等. 2022. 采矿对植被变化的影响提取与生态累积效应量化分析[J]. 煤炭学报, 47(6): 2420-2434.

李戎凤, 胡春元, 王义, 等. 2007. 马家塔露天矿生态复垦区土壤养分状况研究[J]. 内蒙古农业大学学报(自然科学版), 51(2): 106-110.

李瑞平, 史海滨, 赤江刚夫, 等. 2007. 冻融期气温与土壤水盐运移特征研究[J]. 农业工程学报, 23(4): 70-74.

李瑞平, 张永信, 王鑫. 2003. 北方干旱半干旱地区退耕还林重点树种——文冠果[J]. 河北林业科技, (1): 51-52.

李瑞燊. 2020. 反复加-卸载对4种植物根系抗拉剪组合力学特性影响的研究[D]. 内蒙古农业大学硕士学位论文.

李少朋. 2013. 煤炭开采对地表植物生长影响及菌根修复生态效应[D]. 中国矿业大学博士学位论文.

李少朋, 毕银丽, 余海洋, 等. 2013. 模拟矿区复垦接种丛枝菌根缓解伤根对玉蜀黍生长影响[J]. 农业工程学报, 29(23): 211-216.

李胜龙, 肖波, 孙福海. 2020. 黄土高原干旱半干旱区生物结皮覆盖土壤水汽吸附与凝结特征[J]. 农业工程学报, 36(15): 111-119.

李守中, 肖洪浪, 李新荣, 等. 2004. 干旱、半干旱地区微生物结皮土壤水文学的研究进展[J]. 中国沙漠, 24(4): 122-128.

李守中, 肖洪浪, 罗芳, 等. 2005. 沙坡头植被固沙区生物结皮对土壤水文过程的调控作用[J]. 中国沙漠, 24(2): 86-91.

李守中, 肖洪浪, 宋耀选, 等. 2002. 腾格里沙漠人工固沙植被区生物土壤结皮对降水的拦截作用[J]. 中国沙漠, 22(6): 90-94.

李树志. 2019. 我国采煤沉陷区治理实践与对策分析[J]. 煤炭科学技术, 47(1): 36-43.

李树志, 高荣久. 2006. 塌陷地复垦土壤特性变异研究[J]. 辽宁工程技术大学学报, 19(5): 792-794.

李爽. 2016. 水库周边保护林凋落物对地表径流和氮磷养分流失的影响[D]. 浙江大学硕士学位论文.

李涛. 2012. 陕北煤炭大规模开采含隔水层结构变异及水资源动态研究[D]. 中国矿业大学博士

学位论文.

李旺林, 束龙仓, 殷宗泽. 2006. 地下水库的概念和设计理论[J]. 水利学报, 37(5): 613-618.

李巍, 李铣, 李占林, 等. 2005. 文冠果果柄的化学成分[J]. 沈阳药科大学学报, 22(5): 345.

李卫红, 任天瑞, 周智彬, 等. 2005. 新疆古尔班通古特沙漠生物结皮的土壤理化性质分析[J]. 冰川冻土, 27(4): 619-626.

李小静. 2013. 彬长煤矿地表沉陷区植被变化遥感监测研究[D]. 西安科技大学硕士学位论文.

李晓静, 胡振琪, 张国强, 等. 2011. 西南山地区采煤塌陷地破坏水田土壤水分特征分析[J]. 煤矿开采, 16(6): 48-50.

李晓丽, 申向东. 2006. 结皮土壤的抗风蚀性分析[J]. 干旱区资源与环境, 20(2): 203-207.

李心慧, 雷少刚, 田雨, 等. 2019. 基于时间序列的准格尔典型矿区土地退化特征[J]. 河南农业大学学报, 53(2): 273-281, 288.

李新凯. 2018. 毛乌素沙地生物结皮的空间分布及多种生态功能研究[D]. 中国科学院大学硕士学位论文.

李新荣, 张景光, 王新平, 等. 2000. 干旱沙漠区土壤微生物结皮及其对固沙植被影响的研究(英文)[J]. 植物学报, 18(9): 965-970.

李绪茂, 王成金. 2020. 中国煤炭产业经济效率类型与空间分异[J]. 干旱区资源与环境, 34(5): 58-63.

李学斌, 马林, 陈林, 等. 2010. 草地凋落物分解研究进展及展望[J]. 生态环境学报, 19(9): 2260-2264.

李有芳, 刘静, 张欣, 等. 2016. 4 种植物生长旺盛期根系易受损的外力类型研究[J]. 水土保持学报, 30(6): 339-344.

李占林, 李铣, 张鹏. 2004. 文冠果化学成分及药理作用研究进展[J]. 沈阳药科大学学报, 11(21): 235-236.

李汁. 2007. 文冠果育苗技术试验[J]. 甘肃科技, 23(10): 255-256.

栗丽, 王曰鑫, 王卫斌. 2010. 采煤沉陷对黄土丘陵区坡耕地土壤理化性质的影响[J]. 土壤通报, 41(5): 1237-1240.

连天俊, 樊振丽, 武利. 2015. 串联埋管疏排采空区积水技术在李家塔煤矿的应用[J]. 矿业安全与环保, 42(3): 78-80.

梁椿炬. 2019. 基于 Priestley-Taylor 模型的黑沙蒿灌木生态系统蒸散发研究[D]. 北京林业大学硕士学位论文.

廖桂项. 2013. 泥炭沼泽凋落物分解及其影响因素研究[D]. 东北师范大学硕士学位论文.

林波, 刘庆, 吴彦, 等. 2004. 亚高山针叶林人工恢复过程中凋落物动态分析[J]. 应用生态学报, (9): 1491-1496.

林淑伟. 2009. 珍贵树种针叶分解对外源物质的响应及其机制的研究[D]. 福建农林大学博士学位论文.

林英华, 孙家宝, 张夫道. 2009. 我国重要森林群落凋落物层土壤动物群落生态特征[J]. 生态学报, 29(6): 2938-2944.

凌军, 张拴勤, 潘家亮, 等. 2012. 植物蒸腾作用对红外辐射特征的影响研究[J]. 光谱学与光谱分析, 32(7): 1775-1779.

刘丙军, 邵东国, 沈新平. 2007. 作物需水时空尺度特征研究进展[J]. 农业工程学报, (5): 258-264.

刘才, 杨玉贵. 1994. 文冠果引种栽培试验初报[J]. 中国林副特产, 3(4): 17-18.
刘畅, 满秀玲, 刘文勇, 等. 2006. 东北东部山地主要林分类型土壤特性及其水源涵养功能[J]. 水土保持学报, (6): 30-33.
刘法, 张光辉, 杨海龙, 等. 2014. 风向及黑沙蒿植株对生物结皮分布特征的影响[J]. 中国水土保持科学, 12(4): 100-105.
刘海滨, 黄福堂. 2001. 聚丙烯酰胺的性质及应用[J]. 国外油田工程, 9: 53-54.
刘辉, 何春桂, 邓喀中, 等. 2013a. 开采引起地表塌陷型裂缝形成机理分析[J]. 采矿与安全工程学报, 30(3): 380-384.
刘辉, 雷少刚, 邓喀中, 等. 2014. 超高水材料地裂缝充填治理技术[J]. 煤炭学报, 39(1): 72-77.
刘辉, 朱晓峻, 程桦, 等. 2021. 高潜水位采煤沉陷区人居环境与生态重构关键技术: 以安徽淮北绿金湖为例[J]. 煤炭学报, 46(12): 4021-4032.
刘嘉伟. 2019. 黑沙蒿根系受损自修复后力学特性的研究[D]. 内蒙古农业大学硕士学位论文.
刘健, 贺晓, 包海龙, 等. 2010. 毛乌素沙地乌柳细根分布规律及与土壤水分分布的关系[J]. 中国沙漠, 30(6): 1362-1366.
刘景海, 张萍, 吴春水, 等. 2016. 园林废弃物覆盖对北京市林地土壤养分和团聚体的影响[J]. 中国水土保持, (6): 54-58.
刘可. 2018. 荒漠草原人工柠条锦鸡儿林多时间尺度蒸散特征研究[D]. 宁夏大学硕士学位论文.
刘利霞, 张宇清, 吴斌. 2007. 生物结皮对荒漠地区土壤及植物的影响研究述评[J]. 中国水土保持科学, 5(6): 106-112.
刘龙. 2019. 砒砂岩区三种林地持水性能与林木耗水规律研究[D]. 内蒙古农业大学硕士学位论文.
刘梅, 王美英. 2005. 神府能源基地水资源利用分析[J]. 水土保持通报, (6): 87-106.
刘瑞强, 黄志群, 何宗明, 等. 2015. 根系去除对米老排和杉木凋落物分解的影响[J]. 林业科学, 9: 1-8.
刘帅, 于贵瑞, 浅沼顺, 等. 2009. 蒙古高原中部草地土壤冻融过程及土壤含水量分布[J]. 土壤学报, 46(1): 46-51.
刘晓琼. 2007. 生态脆弱区大型能源开发对区域发展的影响及优化调控[D]. 陕西师范大学博士学位论文.
刘英, 雷少刚, 陈孝杨, 等. 2021. 神东矿区植被覆盖度时序变化与驱动因素分析及引导恢复策略[J]. 煤炭学报, 46(10): 3319.
刘英, 雷少刚, 程林森, 等. 2018. 采煤塌陷影响下土壤含水量变化对柠条锦鸡儿气孔导度、蒸腾与光合作用速率的影响[J]. 生态学报, 38(9): 3069-3077.
刘英, 雷少刚, 宫传刚, 等. 2019. 采煤沉陷裂缝区土壤含水量变化对柠条锦鸡儿叶片叶绿素荧光的响应[J]. 生态学报, 39(9): 3267-3276.
刘英, 魏嘉莉, 岳辉, 等. 2022. 神东矿区土壤侵蚀时空特征及驱动力分析[J]. 测绘科学, 47(1): 142-153.
刘英, 岳辉. 2015. 神府东胜矿区采区与非采区土壤水分变化特征分析[J]. 煤炭技术, 34(9): 324-327.
刘跃辉, 艾力·买买提依明, 杨帆, 等. 2015. 塔克拉玛干沙漠腹地冬季土壤呼吸及其驱动因子[J]. 生态学报, 35(20): 6711-6719.
刘允芬, 欧阳华, 曹广民, 等. 2001. 青藏高原东部生态系统土壤碳排放[J]. 自然资源学报, 16(2): 152-160.

刘增文, 高文俊, 潘开文, 等. 2006. 凋落物分解研究方法和模型讨论[J]. 生态学报, (6): 1993-2000.

刘增文, 李茜, 潘岱立, 等. 2011. 黄土丘陵区引入阔叶树种枯落叶对针叶林土壤极化防治效应[J]. 水土保持学报, 25(1): 132-136.

刘占牛, 唐伟斌. 2007. 北方山区经济型绿化树种文冠果的栽培技术[J]. 北方园艺, (3): 153.

刘哲荣, 燕玲, 贺晓, 等. 2014. 采煤沉陷干扰下土壤理化性质的演变——以大柳塔矿采区为例[J]. 干旱区资源与环境, 28(11): 133-138.

卢积堂. 1997. 河南地裂缝发生发展及其防治初探[J]. 河南地质, 15(1): 71-77.

鲁赛红, 蒋适莲, 王眺, 等. 2019. 基于三温模型和热红外遥感的不同大豆品种蒸腾特征研究[J]. 中国生态农业学报(中英文), 27(10): 1553-1563.

陆军, 黄兴法, 唐泽军, 等. 2004. PAM(聚丙烯酰胺)应用于西北黄土地区旱作农业的经济分析[J]. 农业工程学报, 20(2): 97-99.

罗林涛, 程杰, 王欢元, 等. 2013. 玉蜀黍种植模式下砒砂岩与沙复配土氮素淋失特征[J]. 水土保持学报, 27(4): 58-61, 66.

吕晶洁, 胡春元, 贺晓. 2005. 采煤塌陷对固定沙丘土壤水分动态的影响研究[J]. 干旱区资源与环境, 19(7): 152-156.

吕新, 王双明, 杨泽元, 等. 2014. 神府东胜矿区煤炭开采对水资源的影响机制——以窟野河流域为例[J]. 煤田地质与勘探, 42(2): 54-57.

马超. 2020. 经济林产业发展现状及对策建议[J]. 农机使用与维修, 29(1): 102.

马超, 张晓克, 郭增长, 等. 2013. 半干旱山区采矿扰动植被指数时空变化规律[J]. 环境科学研究, 26(7): 750-758.

马纯艳, 李莹. 2006. 不同玉蜀黍品种的抗盐性及其分子标记的比较研究[J]. 吉林农业大学学报, 28(4): 123-126.

马建华, 郑海雷, 赵中秋, 等. 2001. 植物抗盐机理研究进展[J]. 生命科学研究进展, 5(3): 220-226.

马启慧. 2007. 能源树种文冠果的研究现状与发展前景[J]. 北方园艺, (8): 77-78.

马文济, 赵延涛, 张晴晴, 等. 2014. 浙江天童常绿阔叶林不同演替阶段地表凋落物的C∶N∶P化学计量特征[J]. 植物生态学报, 38(8): 833-842.

马祥爱, 白中科, 邵月红, 等. 2004. 黄土丘陵采煤塌陷地非污染生态影响评价——以阳泉煤业(集团)有限责任公司开元矿为例[J]. 山西农业大学学报(自然科学版), 24(1): 47-51.

马雄德, 范立民, 张晓团. 2015. 榆神府矿区水体湿地演化驱动力分析[J]. 煤炭学报, 40(5): 1126-1133.

马养民, 张航涛, 郭俊荣. 2010. 文冠果种子油理化性质及脂肪酸组成[J]. 食品研究与开发, 4(31): 100-102.

马迎. 2013. 采煤沉陷裂缝对土壤水分及地上生物量的影响[D]. 内蒙古农业大学硕士学位论文.

马迎宾, 高永, 张燕, 等. 2013. 黄土丘陵区采煤塌陷裂缝对坡面土壤水分的影响[J]. 中国水土保持, 11(23): 54-57.

马迎宾, 黄雅茹, 王淮亮, 等. 2014. 采煤塌陷裂缝对降雨后坡面土壤水分的影响[J]. 土壤学报, 51(3): 497-504.

马育军. 2011. 基于三温模型的青海湖流域典型陆地生态系统蒸散发反演与验证[C]//发挥资源科技优势保障西部创新发展——中国自然资源学会2011年学术年会论文集(下册). 中国自

然资源学会.

马毓泉, 富象乾, 陈山. 1986. 内蒙古植物志(第三卷)[M]. 呼和浩特: 内蒙古人民出版社.

蒙仲举, 任晓萌, 陈晓燕, 等. 2014a. 采煤塌陷对乌柳根系损伤机理研究[J]. 北方园艺, 38(1): 66-68.

孟东平, 王应刚, 万江丽, 等. 2012. 煤炭开采对野生植物物种丰富度和物种组成的影响[J]. 生态学杂志, 31(2): 299-303.

孟维忠, 杜尧东, 夏海江. 2000. 聚丙烯酰胺防治坡地土壤侵蚀的室内模拟试验[J]. 水土保持学报, 14(3): 14-17, 83.

牟洪香. 2006. 生物柴油木本能源植物文冠果的资源调查与研究[D]. 中国林业科学研究院博士学位论文.

牟洪香, 侯新村. 2007. 文冠果的研究进展[J]. 安徽农业科学, 35(3): 703-705.

牟洪香, 侯新村, 刘巧哲. 2007a. 不同地区文冠果种仁油脂肪酸组分及含量的变化规律[J]. 林业科学研究, 20(2): 193-197.

牟洪香, 侯新村, 刘巧哲. 2007b. 木本能源植物文冠果的表型多样性研究[J]. 林业科学研究, 20(3): 350-355.

缪协兴, 浦海, 白海波. 2008. 隔水关键层原理及其在保水采煤中的应用研究[J]. 中国矿业大学学报, 37(l): 1-4.

缪协兴, 王安, 孙亚军, 等. 2009. 干旱半干旱矿区水资源保护性采煤基础与应用研究[J]. 岩石力学与工程学报, 28(2): 217-227.

母悦, 耿元波. 2016. 内蒙古羊草草原凋落物分解过程中营养元素的动态[J]. 生态环境学报, 25(7): 1154-1163.

南益聪, 杨永刚, 王泽青, 等. 2023. 煤矸石对矿区土壤特性与植物生长的影响[J]. 应用生态学报, 34(5): 1253-1262.

聂小军, 胡斌, 赵同谦. 2006. 焦作韩王矿沉陷区土壤质量变化规律[J]. 干旱环境监测, 20(2): 87-92.

牛小云, 孙晓梅, 陈东升, 等. 2015. 日本落叶松人工林凋落物土壤酶活性[J]. 林业科学, 4: 16-25.

欧阳林梅, 王纯, 王维奇, 等. 2013. 互花米草与短叶茳芏凋落物分解过程中碳氮磷化学计量学特征[J]. 生态学报, 33(2): 389-394.

彭苏萍, 毕银丽. 2020. 黄河流域煤矿区生态环境修复关键技术与战略思考[J]. 煤炭学报, 45(4): 1211-1221.

齐雁冰, 常庆瑞, 惠泱河. 2003. 高寒地区人工植被恢复过程中沙表生物结皮特性研究[J]. 干旱地区农业研究, 24(6): 98-102.

齐玉春, 董云社, 金钊, 等. 2010. 生物结皮对内蒙古沙地灌丛草地土壤呼吸特征的影响[J]. 地理科学, 30(6): 898-903.

钱长江, 张华海, 李茂, 等. 2013. 贵阳市引种园林树种的组成及生长适应性调查[J]. 贵州农业科学, 41(12): 184-188.

钱者东, 秦卫华, 沈明霞, 等. 2014. 毛乌素沙地煤矿开采对植被景观的影响[J]. 水土保持通报, 34(5): 299-303.

秦越强, 王志民, 周业泽, 等. 2021. 准格尔旗煤炭矿集区生态环境问题与修复措施[J]. 现代矿业, 37(6): 169-174.

邱国玉. 2008. 陆地生态系统中的绿水资源及其评价方法[J]. 地球科学进展, 23(7): 713-722.

邱国玉, 吴晓, 王帅, 等. 2006. 三温模型-基于表面温度测算蒸散和评价环境质量的方法Ⅳ. 植被蒸腾扩散系数[J]. 植物生态学报, 30(5): 852-860.

邱国玉, 熊育久. 2014. 水与能: 蒸散发、热环境及其能量收支[M]. 北京: 科学出版社.

邱汉周. 2012. 淮南潘集煤矿区植被恢复模式及其土壤修复效应研究[D]. 中南林业科技大学博士学位论文.

全占军, 程宏, 于云江, 等. 2006. 煤矿井田区地表沉陷对植被景观的影响——以山西省晋城市东大煤矿为例[J]. 植物生态学报, 14(3): 414-420.

任博芳. 2010. 系统综合评价的方法及应用研究[D]. 华北电力大学硕士学位论文.

任得元, 李建康, 李莉. 2009. 秦岭山区人工纯林土壤微生物群落特征研究[J]. 陕西林业科技, (2): 26-36.

任宗萍, 张光辉, 王兵, 等. 2012. 双环直径对土壤入渗速率的影响[J]. 水土保持学报, 26(4): 94-97, 103.

单玉梅, 温超, 杨勇, 等. 2016. 内蒙古典型草原凋落物分解对不同草地利用方式的响应[J]. 生态环境学报, 25(3): 377-384.

邵玲玲, 李毅, 李禄军, 等. 2007. 柠条锦鸡儿叶片光合速率日变化特征的研究[J]. 西北林学院学报, 22(1): 12-14.

申艳军, 杨博涵, 王双明, 等. 2022. 黄河几字弯区煤炭基地地质灾害与生态环境典型特征[J]. 煤田地质与勘探, 50(6): 104-117.

沈丽萍. 2005. 应用聚丙烯酰胺改善砂土保水性的试验研究[J]. 吉林水利, 3: 20-24.

时光, 任慧君, 乔立瑾, 等. 2020. 黄河流域煤炭高质量发展研究[J]. 煤炭经济研究, 40(8): 36-44.

史沛丽. 2018. 采煤沉陷对西部风沙区土壤理化特性和细菌群落的影响[D]. 中国矿业大学博士学位论文.

史沛丽, 张玉秀, 胡振琪, 等. 2017. 采煤塌陷对中国西部风沙区土壤质量的影响机制及修复措施[J]. 中国科学院大学学报, 34(3): 318-328.

帅爽, 张志, 吕新彪, 等. 2021. 矿山恢复治理区植被物候与健康状况遥感监测[J]. 农业工程学报, 37(4): 224-234.

宋亚新. 2007. 神府-东胜采煤沉陷区包气带水分运移及生态环境效应研究[D]. 中国地质科学院博士学位论文.

苏从先, 胡隐樵. 1987. 绿洲和湖泊的冷岛效应[J]. 科学通报, 32(10): 756-758.

苏桂荣, 刘晓国. 2011. 煤矿沉陷区植物修复对碳减排的贡献研究[J]. 资源与人居环境, (1): 56-57.

苏建平, 康博文. 2004. 我国树木蒸腾耗水研究进展[J]. 水土保持研究, 11(02): 177-179.

孙贝贝, 刘杰, 葛亚超, 等. 2016. 植物再生的研究进展[J]. 科学通报, 61(36): 3887-3902.

孙东, 张志鹏, 周亚萍, 等. 2021. 叙永县落卜硫铁矿矿山土壤环境治理效果研究[J]. 四川环境, 40(1): 174-181.

孙华方, 李希来, 金立群, 等. 2020. 生物土壤结皮对黄河源区人工草地植被与土壤理化性质的影响[J]. 草地学报, 28(2): 509-520.

孙金华. 2017. AM真菌对模拟采煤沉陷根系损伤生理生化影响及修复效应[D]. 中国矿业大学博士学位论文.

孙龙. 2014. 4 种沙地灌木能源树种幼苗耗水特性研究[D]. 北京林业大学硕士学位论文.

孙士庆, 李延华, 王继河, 等. 2007. 黑龙江省西部半干旱地区文冠果播种造林技术[J]. 林业实用技术, (5): 15-16.

孙文博, 田凡, 廖小锋, 等. 2014. 百里杜鹃林区采煤塌陷前后土壤养分状况对比研究[J]. 农业灾害研究, 4(3): 51-54.

孙永琦, 冯薇, 张宇清, 等. 2020. 毛乌素沙地生物土壤结皮对黑沙蒿群落土壤酶活性的影响[J]. 北京林业大学学报, 42(11): 82-90.

台晓丽, 胡振琪, 陈超. 2016. 风沙区采煤沉陷裂缝对表层土壤含水量的影响[J]. 中国煤炭, 42(8): 113-117.

唐罗忠, 李职奇, 严春风, 等. 2009. 不同类型绿地对南京热岛效应的缓解作用[J]. 生态环境学报, 18(1): 23-28.

唐泽军, 雷廷武, 赵小勇, 等. 2006. PAM 改善黄土水土环境及对玉蜀黍生长影响的田间试验研究[J]. 农业工程学报, 4: 216-219.

万芳, 蒙仲举, 党晓宏. 2020a. 荒漠草原建群种及其凋落物的 C、N、P 生态化学计量特征[J]. 东北林业大学学报, 48(2): 29-33.

万芳, 蒙仲举, 党晓宏, 等. 2020b. 封育措施下荒漠草原针茅植物-土壤 C、N、P 化学计量特征[J]. 草业学报, 29(9): 49-55.

王爱国, 赵允格, 许明祥, 等. 2013. 黄土丘陵区不同演替阶段生物结皮对土壤 CO_2 通量的影响[J]. 应用生态学报, 24(3): 659-666.

王宝侠, 董志源, 叶秀云. 2007. 通辽市文冠果研究历史、栽培现状及可持续发展对策[J]. 内蒙古林业, (12): 36-37.

王冰, 崔日鲜, 王月福. 2011. 基于远红外成像技术的花生苗期抗旱性鉴定[J]. 中国油料作物学报, 33(6): 632-636.

王博. 2019. 半干旱区水土保持灌木根系拉拔损伤后的自修复机制[D]. 内蒙古农业大学博士学位论文.

王博, 包玉海, 刘静, 等. 2022. 半干旱矿区侵蚀营力对黑沙蒿根系生长特性的影响及其自修复[J]. 生态学杂志, 41(2): 263-269.

王博, 段玉玺, 王伟峰, 等. 2019. 库布齐沙漠东部不同生物结皮发育阶段土壤温室气体通量[J]. 应用生态学报, 30(3): 857-866.

王博, 刘静, 李有芳, 等. 2018a. 不同损伤条件下乌柳直根力学特性的自修复差异[J]. 生态学杂志, 37(12): 3549-3555.

王博, 刘静, 王晨嘉, 等. 2018b. 折力损伤自修复对干旱矿区小叶锦鸡儿根系固土的影响[J]. 干旱区研究, 35(6): 1459-1467.

王常建, 徐祝贺, 赵伟, 等. 2022. 浅埋高强度开采矿区生态损伤特征与减损实践[J]. 煤炭工程, 54(4): 176-181.

王凤玉, 周广胜, 贾丙瑞, 等. 2003. 水热因子对退化草原羊草恢复演替群落土壤呼吸的影响[J]. 植物生态学报, 27(5): 614-649.

王凤友. 1989. 森林凋落量研究综述[J]. 生态学进展, 6(2): 82-89.

王光玉. 2003. 杉木混交林水源涵养和土壤性质研究[J]. 林业科学, 39(1): 15-20.

王国鹏, 肖波, 李胜龙, 等. 2019. 黄土高原水蚀风蚀交错区生物结皮的地表粗糙度特征及其影响因素[J]. 生态学杂志, 38(10): 3050-3056.

王海鹰, 郜超, 杨涛. 2005. 榆林沙区经济林发展现状及前景[J]. 陕西林业科技, 33(1): 48-50.

王红斗. 1998. 文冠果的化学成分及综合利用研究进展[J]. 中国野生植物资源, 17(1): 13-16.

王洪亮, 李维均, 陈永杰. 2002. 神木大柳塔地区煤矿开采对地下水的影响[J]. 陕西地质, 20(2): 89-96.

王洪亮, 李维均, 李海平. 2000. 神木县大柳塔地区地裂缝群的发现与预测[J]. 陕西地质, 18(1): 57-61.

王辉, 刘德辉, 胡锋, 等. 2000. 平原高潜水位地区采煤沉陷地农业土壤退化的空间变化规律[J]. 火山地质与矿产, 21(4): 296-300.

王辉, 王全九, 姚帮松. 2009. PAM用量及施加方式对积水垂直入渗特征影响[C]//中国农业工程学会. 纪念中国农业工程学会成立30周年暨中国农业工程学会2009年学术年会(CSAE2009)论文集.

王健. 2007. 半干旱区采煤塌陷对沙质土壤理化性质影响研究[D]. 内蒙古农业大学硕士学位论文.

王健, 高永, 魏江生, 等. 2006a. 采煤沉陷对风沙区土壤理化性质影响的研究[J]. 水土保持学报, 20(5): 52-55.

王健, 武飞, 高永. 2006b. 风沙土机械组成、容重和孔隙度对采煤塌陷的响应[J]. 内蒙古农业大学学报, 27(4): 37-41.

王姣龙, 李际平, 谌小勇, 等. 2017. 芘胁迫下紫玉兰根系活性及根系分泌物的响应[J]. 中南林业科技大学学报, 37(2): 50-56.

王瑾, 毕银丽, 张延旭, 等. 2014. 接种丛枝菌根对矿区扰动土壤微生物群落及酶活性的影响[J]. 南方农业学报, 45(8): 1417-1423.

王晋华, 李凤兰, 高荣孚. 1992. 文冠果花性别分化及花药内淀粉动态[J]. 北京林业大学学报, 14(3): 54-60.

王力, 卫三平, 王全九. 2008. 榆神府煤田开采对地下水和植被的影响[J]. 煤炭学报, 33(12): 1408-1414.

王力川. 2006. 文冠果化学成分·综合利用及栽培技术[J]. 安徽农业科学, 34(9): 12-21.

王丽. 2012. 神木矿区采煤对土壤和植被的影响[D]. 西北农林科技大学硕士学位论文.

王丽. 2021. 恢复力视角下矿区植被扰动-损伤-修复综合评价与恢复方案[D]. 中国矿业大学博士学位论文.

王丽明, 邱国玉, 张清涛, 等. 2005. 作物缺水指数新方法的验证[J]. 中国农业气象, 26(4): 27-30.

王莉, 张强, 牛西午, 等. 2007. 黄土高原丘陵区不同土地利用方式对土壤理化性质的影响[J]. 中国生态农业学报, 15(4): 53-56.

王萍, 陶海燕. 2020. 民勤县经济林商品化发展现状及对策[J]. 乡村科技, 11(29): 45-46.

王琦, 全占军, 韩煜, 等. 2013. 采煤塌陷对风沙区土壤性质的影响[J]. 中国水土保持科学, 11(6): 110-118.

王琦, 全占军, 韩煜, 等. 2014. 采煤沉陷区不同地貌类型植物群落多样性变化及其与土壤理化性质的关系[J]. 西北植物学报, 34(8): 1642-1651.

王庆锋, 金会军, 张廷军, 等. 2016. 祁连山区黑河上游高山多年冻土区活动层季节冻融过程及其影响因素[J]. 科学通报, 61(24): 2742-2756.

王珊, 党晓宏, 高永, 等. 2018. 西鄂尔多斯高原5种荒漠灌丛土壤碳排放特征[J]. 干旱区研究, 35(4): 796-803.

王双明, 杜华栋, 王生全. 2017. 神木北部采煤沉陷区土壤与植被损害过程及机理分析[J]. 煤炭学报, 42(1): 17-26.

王微, 胡凯, 党成强, 等. 2016. 凋落物分解与细根生长的相互作用[J]. 林业科学, 4: 100-109.

王维敏. 1994. 中国北方旱地农业技术[M]. 北京: 中国农业出版社.

王文帆, 刘任涛, 郭志霞, 等. 2021. 腾格里沙漠东南缘固沙灌丛林土壤理化性质及分形维数[J]. 中国沙漠, 41(1): 209-218.

王文杰, 刘玮, 孙伟, 等. 2008. 林床清理对落叶松(*Larix gmelinii*)人工林土壤呼吸和物理性质的影响[J]. 生态学报, 10: 4750-4756.

王文龙, 李占斌, 张平仓. 2004. 神府东胜煤田开发中诱发的环境灾害问题研究[J]. 生态学杂志, 23(1): 34-38.

王小红, 张金凤, 林开淼, 等. 2015. 不同林龄人促更新林枯枝落叶层碳及养分贮量[J]. 亚热带资源与环境学报, 1: 56-61.

王晓彬, 蔡典雄. 2000. 土壤调理剂 PAM 的农用研究和应用[J]. 植物营养与肥料学报, 6(4): 457-463.

王晓春, 邓世荣. 2004. 北方油茶——文冠果栽培技术[J]. 农业新技术, (3): 4-5.

王晓巍. 2010. 北方季节性冻土的冻融规律分析及水文特性模拟[D]. 东北农业大学博士学位论文.

王亚娟, 张正茂, 王长有, 等. 2016. 陕西省旱区抗逆农作物地方种质资源调查与分析[J]. 植物遗传资源学报, 17(5): 951-956.

王幼奇, 樊军, 邵明安, 等. 2009. 黄土高原水蚀风蚀交错区三种植被蒸散特征[J]. 生态学报, 29(10): 5386-5394.

魏江生, 何金军, 高永, 等. 2008. 黄土丘陵区土壤水分时空变化特征对采煤沉陷的响应[J]. 水土保持通报, 28(5): 66-69.

魏江生, 贺晓, 胡春元, 等. 2006. 干旱半干旱地区采煤沉陷对沙质土壤水分特性的影响[J]. 干旱区资源与环境, 20(5): 84-88.

魏天兴, 余新晓, 朱金兆, 等. 1998. 山西西南部黄土区林地凋落物截持降水的研究[J]. 北京林业大学学报, 20(6): 1-6.

魏婷婷, 胡振琪, 曹远博, 等. 2014. 风沙区超大工作面开采对土壤及植物特性的影响[J]. 四川农业大学学报, 32(4): 376-381.

温明章, 于丹, 郭继勋. 2003. 凋落物层对东北羊草草原微环境的影响[J]. 武汉植物学研究, (5): 395-400.

乌云毕力格. 2012. 兴安落叶松林凋落物动态对模拟氮沉降的响应分析[D]. 内蒙古农业大学硕士学位论文.

吴聪, 王金牛, 卢涛, 等. 2012. 汶川地震对龙门山地区山地土壤理化性质的影响[J]. 应用与环境生物学报, 18(6): 911-916.

吴海霞, 李国强, 孟霞, 等. 2013. 不同施用量的聚丙烯酰胺(PAM)对土壤结构、土壤含水量、青贮玉蜀黍经济性状及产量的影响[J]. 内蒙古水利, 6: 9-10.

吴昊, 李昌龙, 姜生秀, 等. 2020. 3 种不同土壤结皮类型对黄花补血草种子萌发的影响[J]. 现代农业科技, (5): 49-51, 53.

吴冷. 2019. 井工煤矿矿区生态破坏现状及常用修复技术[J]. 环保科技, 25(6): 47-54.

吴钦孝, 赵鸿雁, 刘向东, 等. 1998. 森林枯枝落叶层涵养水源保持水土的作用评价[J]. 水土保持学报, 4(2): 23-28.

吴秦豫, 姚喜军, 梁洁, 等. 2022. 鄂尔多斯市煤矿区植被覆盖改善和退化效应的时空强度[J]. 干旱区资源与环境, 36(8): 101-109.

吴群英, 彭捷, 迟宝锁, 等. 2021. 神南矿区煤炭绿色开采的水资源监测研究[J]. 煤炭科学技术, 49(1): 304-311.

吴艳芹. 2013. 云雾山典型草原凋落物分解特性及影响因子研究[D]. 西北农林科技大学硕士学位论文.

吴艳芹, 程积民, 白于, 等. 2013. 坡向对云雾山典型草原凋落物分解特性的影响[J]. 草地学报, 21(3): 460-466.

吴毅, 刘文耀, 沈有信, 等. 2007. 滇石林地质公园喀斯特山地天然林和人工林凋落物与死地被物的动态特征[J]. 山地学报, 25(3): 317-325.

吴永胜, 尹瑞平, 何京丽, 等. 2016. 毛乌素沙地南缘沙区水分入渗特征及其影响因素[J]. 干旱区研究, 33(6): 1318-1324.

吴玉环, 高谦, 程国栋. 2002. 生物土壤结皮的生态功能[J]. 生态学杂志, 21(4): 41-45.

吴长文, 王礼先. 1993. 水土保持林中凋落物的作用[J]. 中国水土保持, (4): 28-30.

吴中伦. 1982. 国外树木引种概论[M]. 北京: 科学出版社.

武海涛, 吕宪国, 杨青. 2006. 湿地草本植物凋落物分解的影响因素[J]. 生态学杂志, (11): 1405-1411.

武强, 董东林, 石占华, 等. 1999. 华北型煤田排-供-生态环保三位一体优化结合研究[J]. 中国科学(D辑), 29(6): 567-573.

夏海江, 肇普兴. 1997. PAM对土壤物理性质的影响[J]. 水土保持研究, (12): 81-88.

夏玉成, 冀伟珍, 孙学阳, 等. 2010. 渭北煤田井工开采对土壤理化性质的影响[J]. 西安科技大学学报, 30(6): 677-681.

肖波, 赵允格, 邵明安. 2007. 陕北水蚀风蚀交错区两种生物结皮对土壤理化性质的影响[J]. 生态学报, 27(11): 4662-4670.

肖洪浪, 李新荣, 段争虎, 等. 2003. 流沙固定过程中土壤-植被系统演变[J]. 中国沙漠, 23(6): 2-8.

肖巍强, 董治宝, 陈颢, 等. 2017. 生物土壤结皮对库布齐沙漠北缘土壤粒度特征的影响[J]. 中国沙漠, 37(5): 970-977.

谢元贵, 龙秀琴, 刘济明, 等. 2012b. 采煤塌陷对百里杜鹃林区植物群落特征的影响[J]. 南京林业大学学报(自然科学版), 36(6): 37-41.

谢元贵, 孙文博, 潘高潮, 等. 2012a. 采煤塌陷对贵州百里杜鹃林区土壤水分-物理性质的影响[J]. 中国水土保持, (4): 42-44.

熊崇山, 王家臣. 2005. 矿井采空区积水量的研究[J]. 矿业安全与环保, 32(2): 10-11.

熊育久, 邱国玉, 陈晓宏, 等. 2012. 三温模型与MODIS影像反演蒸散发[J]. 遥感学报, 16(5): 969-974.

胥德丽. 2011. 科尔沁沙地生物结皮的光合和呼吸特性研究[D]. 内蒙古师范大学硕士学位论文.

徐军亮. 2006. 京西山区油松、侧柏单木耗水环境影响因子评价与模拟[D]. 北京林业大学博士学位论文.

徐友宁, 李智佩, 陈社斌, 等. 2008. 大柳塔煤矿采煤塌陷对土地沙漠化进程的影响[J]. 中国地质, 35(1): 157-162.

徐占军. 2012. 高潜水位矿区煤炭开采对土壤和植被碳库扰动的碳效应[D]. 中国矿业大学博士学位论文.

许传阳, 马守臣, 张合兵, 等. 2015. 煤矿沉陷区沉陷裂缝对土壤特性和作物生长的影响[J]. 中国生态农业学报, 23(5): 597-604.

薛飞, 龙翠玲, 廖全兰, 等. 2021. 喀斯特森林不同地形凋落物现存量及养分特征[J]. 西北林学院学报, 36(5): 28-35.

薛培生, 沈广宁, 赵峰, 等. 2007. 文冠果的栽培现状及发展前景[J]. 落叶果树, (4): 19-21.

闫德仁, 季蒙, 薛英英. 2006. 沙漠生物结皮土壤发育特征的研究[J]. 土壤通报, 50(5): 990-993.

闫德仁, 张玉峰, 王丽, 等. 2009. 沙漠生物结皮层覆盖对风沙土水分蒸发特征的影响[J]. 内蒙古林业科技, 35(1): 5-9.

阎文德, 张学龙, 王金叶, 等. 1997. 祁连山森林凋落物水文作用的研究[J]. 西北林学院学报, 12(2): 7-14.

阳小成, 王伯初, 段传人, 等. 2002. 机械振荡对猕猴桃愈伤组织的生理效应[J]. 应用与环境生物学报, 8(1): 36-40.

杨曾奖, 曾杰, 徐大平, 等. 2007. 森林枯枝落叶分解及其影响因素[J]. 生态环境, (2): 649-654.

杨承栋. 1994. 森林土壤研究几个方面的进展[J]. 世界林业研究, 7(4): 14-20.

杨东旭, 刘静, 张欣, 等. 2019. 干旱矿区柠条锦鸡儿直根自修复后对存活率和活力的影响[J]. 园艺与种苗, 39(9): 7-9.

杨菲, 王峰, 高永文. 2001. 大兴安岭林区林木引种驯化初报[J]. 防护林科技, (1): 27-43.

杨国敏. 2017. 风蚀水蚀区典型灌木的水分来源及利用效率[D]. 西北农林科技大学硕士学位论文.

杨洪晓, 张金屯, 吴波, 等. 2004. 黑沙蒿(*Artemisia ordosica*)对半干旱区沙地生境的适应及其生态作用[J]. 北京师范大学学报(自然科学版), 49(5): 684-690.

杨立成. 2012. 北京城市绿地复合系统植物耗水规律及灌溉模型研究[D]. 北京林业大学博士学位论文.

杨梅学, 姚檀栋, 何元庆. 2002. 青藏高原土壤水热分布特征及冻融过程在季节转换中的作用[J]. 山地学报, 20(5): 553-558.

杨梅忠, 李鹏, 宋继华. 2001. 陕西黄陵彬长矿区地质灾害的评价预测[J]. 地质灾害与环境保护, 12(3): 38-41.

杨明莉, 徐龙君, 鲜学福. 2003. 煤开采中的环境保护途径[J]. 煤炭学报, 28(2): 199-204.

杨霞, 陈丽华, 郑学良. 2021. 不同林龄油松人工林土壤碳、氮和磷生态化学计量特征[J]. 中国水土保持科学(中英文), 19(2): 108-116.

杨晓晖, 张克斌, 赵云杰. 2001. 生物土壤结皮——荒漠化地区研究的热点问题[J]. 生态学报, 21(3): 474-480.

杨选民, 丁长印. 2000. 神府东胜矿区生态环境问题及对策[J]. 煤矿环境保护, 14(1): 69-72.

杨永辉, 武继承, 赵世伟, 等. 2007. PAM 的土壤保水性能研究[J]. 西北农林科技大学学报(自然科学版), 12: 120-124.

杨永胜. 2012. 毛乌素沙地生物结皮对土壤水分和风蚀的影响[D]. 西北农林科技大学硕士学位论文.

杨逾, 刘文生, 缪协兴, 等. 2007. 我国采煤沉陷及其控制研究现状与展望[J]. 中国矿业, (7): 43-46.

杨玉盛, 郭剑芬, 林鹏, 等. 2004. 格氏栲天然林与人工林枯枝落叶层碳库及养分库[J]. 生态学报, 2: 359-367.

杨泽元, 范立民, 许登科, 等. 2017. 陕北风沙滩地区采煤塌陷裂缝对包气带水分运移的影响:

模型建立[J]. 煤炭学报, 42(1): 155-161.

姚栋栋. 2020. 半干旱区 2 种灌木生理与生长特征对根系损伤的响应[D]. 内蒙古农业大学硕士学位论文.

叶贵均. 2000. 西北五省(区)的煤炭资源水资源及生态环境[J]. 煤田地质与勘探, 1(6): 39-42.

叶镜中. 2007. 杉木萌芽更新[J]. 南京林业大学学报(自然科学版), 50(2): 1-4.

叶瑶, 全占军, 肖能文, 等. 2015. 采煤塌陷对地表植物群落特征的影响[J]. 环境科学研究, 28(5): 736-744.

尹传华. 2012. 不同生境下盐生灌木盐岛效应的变化及生态学意义[J]. 土壤学报, 49(2): 289-295.

于贵瑞, 王秋凤. 2010. 植物光合、蒸腾与水分利用的生理生态学[M]. 北京: 科学出版社.

于昊辰, 卞正富, 陈浮. 2020a. 矿山土地生态动态恢复机制: 基于 LDN 框架的分析[J]. 中国土地科学, 34(9): 86-95.

于昊辰, 卞正富, 陈浮, 等. 2020b. 矿山土地生态系统退化诊断及其调控研究[J]. 煤炭科学技术, 48(12): 214-223.

于健, 雷廷武, Shainberg I, 等. 2010. 不同 PAM 施用方法对土壤入渗和侵蚀的影响[J]. 农业工程学报, 26(7): 38-44.

于淼. 2014. 采煤沉陷区生态演替规律及菌根修复作用与后效研究[D]. 中国矿业大学(北京)博士学位论文.

于瑞雪, 李少朋, 毕银丽, 等. 2014. 煤炭开采对沙蒿根系生长的影响及其自修复能力[J]. 煤炭科学技术, 42(2): 110-113.

于雯超, 赵建宁, 李刚, 等. 2014. 内蒙古贝加尔针茅草原 3 种主要植物凋落物分解特征[J]. 草地学报, 22(3): 502-510.

于小惠, 杨雅君, 谭圣林, 等. 2017. 绿色屋顶蒸散发及其降温效果[J]. 环境工程学报, 11(9): 5333-5340.

于洋. 2002. 文冠果皂甙对小鼠抗疲劳能力影响的研究[C]//中国体育科学学会. 第 3 届全国青年体育科学学术会议论文摘要汇编. 沈阳: 沈阳体育学院生化教研室.

于颖, 周启星. 2005. 污染土壤化学修复技术研究与进展[J]. 环境污染治理技术与设备, (7): 1-7.

俞美霞. 2019. 经济林产业发展现状及对策建议[J]. 现代园艺, 42(16): 12-13.

员学锋. 2003. PAM 的土壤保水、保肥及作物增产效应研究[D]. 西北农林科技大学硕士学位论文.

员学锋, 汪有科, 吴普特, 等. 2005. PAM 对土壤物理性状影响的试验研究及机理分析[J]. 水土保持学报, 2: 37-40.

员学锋, 吴普特, 冯法. 2002. 聚丙烯酰胺(PAM)的改土及增产效应[J]. 水土保持研究, 9(2): 55-58.

岳辉. 2013. 采煤沉陷区受损根系菌根修复机理及其生态效应研究[D]. 中国矿业大学博士学位论文.

岳辉, 毕银丽. 2017. 基于主成分分析的矿区微生物复垦生态效应评价[J]. 干旱区资源与环境, 31(4): 113-117.

岳颖. 2014. 干旱半干旱地区采煤沉陷区造林技术与耕作技术试验研究[D]. 内蒙古农业大学硕士学位论文.

臧荫桐, 汪季, 丁国栋, 等. 2010. 采煤沉陷后风沙土理化性质变化及其评价研究[J]. 土壤学报, 47(2): 262-269.

曾全超. 2018. 黄土高原辽东栎凋落物分解的微生物作用机制[D]. 西北农林科技大学博士学位

论文.

翟风林. 1989. 植物耐盐性及其改良[M]. 北京: 中国农业出版社.

张川, 陈洪松, 聂云鹏, 等. 2013. 喀斯特地区洼地剖面土壤含水率的动态变化规律[J]. 中国生态农业学报, 21(10): 1225-1232.

张东秋, 石培礼, 张宪洲. 2005. 土壤呼吸主要影响因素的研究进展[J]. 地球科学进展, 20(7): 778-785.

张发旺, 侯新伟, 韩占涛. 2001. 煤炭开发引起水土环境演化及其调控技术[J]. 地球学报, 22(4): 345-350.

张发旺, 侯新伟, 韩占涛, 等. 2003. 采煤沉陷对土壤质量的影响效应及保护技术[J]. 地理与地理信息科学, 19(3): 67-70.

张发旺, 赵红梅, 宋亚新, 等. 2007. 神府东胜矿区采煤塌陷对水环境影响效应研究[J]. 地球学报, 29(6): 521-527.

张飞云, 郭玲鹏, 郝建盛, 等. 2019. 新疆天山西部巩乃斯河谷积雪与森林/草地覆盖条件下季节冻土特征分析[J]. 冰川冻土, 41(2): 316-323.

张凤娥, 刘文生. 2002. 煤矿开采对地下水流场影响的数值模拟——以神府矿区大柳塔井田为例[J]. 安全与环境学报, 2(4): 30-33.

张付杰. 2014. 植物蒸腾耗水量检测方法的研究[D]. 浙江大学博士学位论文.

张鸿龄, 孙丽娜, 马国峰, 等. 2018. 北方地区铁矿废弃地基质改良及植被恢复技术[J]. 生态学杂志, 37(10): 3130-3136.

张建利, 张文, 高玲苹, 等. 2008. 云南马龙县山地封育草地凋落物分解与氮释放的研究[J]. 草业科学, (7): 77-82.

张健雄. 2011. 煤矿沉陷区地表覆被的时空变化规律研究[D]. 河南理工大学博士学位论文.

张金凤. 2004. 盐胁迫下8个经济林树种苗木反应特性的研究[D]. 山东农业大学硕士学位论文.

张锦瑞, 陈娟浓, 岳志新, 等. 2007. 采煤塌陷引起的地质环境问题及其治理[J]. 中国水土保持, 16(4): 37-39.

张劲松, 孟平, 尹昌君. 2001. 植物蒸散耗水量计算方法综述[J]. 世界林业研究, 14(2): 23-28.

张军红. 2014. 毛乌素沙地黑沙蒿群落生物结皮的分布特征[J]. 水土保持通报, 34(3): 227-230.

张军红, 侯新. 2018. 毛乌素沙地黑沙蒿植冠下土壤粒径特征及其影响因素分析[J]. 中国农业科技导报, 20(1): 95-102.

张军红, 吴波. 2012. 黑沙蒿与臭柏沙地生物结皮对土壤理化性质的影响[J]. 东北林业大学学报, 56(3): 58-61.

张凯, 王顺洁, 高霞, 等. 2022. 煤炭开采下神东矿区土壤含水率的空间变异特征及其与土质和植被的响应关系[J]. 天津师范大学学报(自然科学版), 42(6): 9.

张立恒, 李昌龙, 姜生秀, 等. 2019. 梭梭林下土壤结皮对土壤水分空间分布格局的影响[J]. 西北林学院学报, 34(5): 17-22.

张丽娟, 王海邻, 胡斌, 等. 2007. 煤矿沉陷区土壤酶活性与养分分布及相关研究——以焦作韩王庄矿沉陷区为例[J]. 环境科学与管理, 32(1): 126-129.

张联祥, 徐生荣. 2005. 漫话文冠果[J]. 中国林业, (8): 46-47.

张萌, 党晓宏, 崔向新, 等. 2020. 风沙采煤沉陷区土壤水分空间分布特征[J]. 内蒙古林业调查设计, 43(5): 94-98.

张敏, 刘辉, 朱晓峻, 等. 2020. 高潜水位矿区挖深垫浅填土沉降监测分析[J]. 安徽理工大学学报(自然科学版), 40(3): 53-59.

张铭, 林关石, 刘生禹, 等. 1996. 榆林南部丘陵沟壑区树木引种适宜性评估[J]. 土壤侵蚀与水土保持学报, 2(3): 60-66.

张鹏, 田兴军, 何兴兵, 等. 2007. 亚热带森林凋落物层土壤酶活性的季节动态[J]. 生态环境学报, 16(3): 1024-1029.

张平仓, 王文龙, 唐克丽, 等. 1994. 神府–东胜矿区采煤塌陷及其环境影响初探[J]. 水土保持研究, (4): 35-44.

张蕊, 于健, 耿桂俊, 等. 2013. PAM 施用方式对土壤水热及玉蜀黍生长的影响[J]. 中国水土保持科学, 3: 96-103.

张淑芬. 2001. 坡耕地施用聚丙烯酰胺防治水土流失试验研究[J]. 水土保持科技情报, (2): 18-19.

张思锋, 马策, 张立. 2011. 榆林大柳塔矿区乌兰木伦河径流量衰减的影响因素分析[J]. 环境科学学报, 31(4): 889-896.

张婉璐. 2012. PAM 对河套灌区盐渍化土壤物理水力特性影响的初步研究[D]. 内蒙古农业大学硕士学位论文.

张曦沐, 张国锋, 马靖华. 2010. 关于采煤沉陷区人居环境建设的思考[J]. 建筑科学, 26(11): 103-105, 99.

张晓芹, 李国庆, 杜盛. 2018. 未来气候变化对沙枣适宜分布区的影响预测[J]. 应用生态学报, 29(10): 3213-3220.

张晓曦, 胡嘉伟, 王丽洁, 等. 2021. 不同林龄刺槐林地凋落物分解及养分释放对氮沉降的响应差异[J]. 植物资源与环境学报, 30(6): 10-18.

张延旭, 毕银丽, 陈书琳, 等. 2015. 半干旱风沙区采煤后裂缝发育对土壤水分的影响[J]. 环境科学与技术, 38(3): 11-14.

张岩, 张青卉, 胡波, 等. 2021. 济宁-兖州煤田采煤沉陷区建(构)筑物损毁特征分析及防治建议[J]. 山东国土资源, 37(7): 49-53.

张雨鉴, 王克勤, 宋娅丽, 等. 2020. 滇中亚高山地带性植被凋落物分解对模拟氮沉降的响应[J]. 生态学报, 40(22): 8274-8286.

张元明, 杨维康, 王雪芹, 等. 2005. 生物结皮影响下的土壤有机质分异特征[J]. 生态学报, 25(12): 3420-3425.

张振华, 谢恒星, 刘继龙, 等. 2006. PAM 对一维垂直入渗特征量影响的试验研究[J]. 中国农村水利水电, 3: 75-77.

张志罡, 孙继英, 胡波, 等. 2006. 土壤动物研究综述[J]. 生命科学研究, (S3): 72-75

张志良. 2000. 植物生理学试验指导[M]. 2 版. 北京: 高等教育出版社.

张治国, 姚多喜, 郑永红, 等. 2010. 煤矿塌陷复垦区 6 种菊科植物土壤重金属污染修复潜力研究[J]. 煤炭学报, 35(10): 1742-1747.

赵东阳. 2016. 黄土高原两种质地土壤藓结皮的呼吸特征与变化规律[D]. 沈阳农业大学硕士学位论文.

赵国锦, 于明礼. 2006. 文冠果的插根育苗技术[J]. 林业实用技术, (6): 25-26.

赵国平, 封斌, 徐连秀, 等. 2010. 半干旱风沙区采煤塌陷对植被群落变化影响研究[J]. 西北林学院学报, 25(1): 52-56.

赵哈林, 郭轶瑞, 周瑞莲, 等. 2009. 植被覆盖对科尔沁沙地土壤生物结皮及其下层土壤理化特性的影响[J]. 应用生态学报, 20(7): 1657-1663.

赵红梅. 2006. 采矿塌陷条件下包气带土壤水分布与动态变化特征研究[D]. 内蒙古农业大学硕士学位论文.

赵红梅, 张发旺, 宋亚新, 等. 2010. 大柳塔采煤沉陷区土壤含水量的空间变异特征分析[J]. 地球信息科学学报, 12(6): 753-760.

赵宏宇. 2008. 采煤塌陷对沙质土壤水分特性的影响[D]. 内蒙古农业大学硕士学位论文.

赵可夫. 1993. 植物抗盐生理[M]. 北京: 中国科学技术出版社.

赵萌, 方晰, 田大伦. 2007. 第 2 代杉木人工林地土壤微生物数量与土壤因子的关系[J]. 林业科学, 43(6): 7-12.

赵明鹏, 张震斌, 周立岱. 2003. 阜新矿区地面塌陷灾害对土地生产力的影响[J]. 中国地质灾害与防治学报, 14(1): 77-80.

赵培培. 2010. 黄土高原小流域典型坝地土壤水分和泥沙空间分布特征[D]. 中国科学院研究生院(教育部水土保持与生态环境研究中心)博士学位论文.

赵其国, 孙波, 张桃林. 1997. 土壤质量与持续环境Ⅰ.土壤质量的定义及评价方法[J]. 土壤, 29(3): 113-120.

赵蓉, 李小军, 赵洋, 等. 2015. 固沙植被区两类结皮斑块土壤呼吸对降雨脉冲的响应[J]. 中国沙漠, 35(2): 393-399.

赵锁江. 2006. 文冠果在张家口地区引种栽培试验[J]. 河北北方学院学报(自然科学版), 22(1): 49-50.

赵玮, 胡中民, 杨浩, 等. 2016. 浑善达克沙地榆树疏林和小叶杨人工林碳密度特征及其与林龄的关系[J]. 植物生态学报, 40(4): 318-326.

赵艳云, 程积民, 万惠娥, 等. 2009. 六盘山不同森林群落地被物的持水特性[J]. 林业科学, 45(4): 145-150.

赵阳, 余新晓, 吴海龙, 等. 2011. 华北土石山区典型森林凋落物层和土壤层水文效应[J]. 水土保持学报, 25(6): 148-152.

赵云霞, 李瑞利, 邱国玉. 2016. 基于热红外遥感的沙冬青(*Ammopiptanthus mongolicus*)健康状况诊断[J]. 中国沙漠, 36(4): 997-1006.

赵允格, 许明祥, Belnap J. 2010. 生物结皮光合作用对光温水的响应及其对结皮空间分布格局的解译: 以黄土丘陵区为例[J]. 生态学报, 30(17): 4668-4675.

肇普兴, 夏海江. 1997. 聚丙烯酰胺的保土保水保肥及改土增产作用[J]. 水土保持研究, 4(4): 98-104.

郑路, 卢立华. 2012. 我国森林地表凋落物现存量及养分特征[J]. 西北林学院学报, 27(1): 63-69.

郑智恒, 熊康宁, 容丽, 等. 2020. 生物土壤结皮在喀斯特生态治理中的应用潜力[J]. 西北植物学报, 40(6): 1075-1086.

周道顺, 马元中, 孙文奇, 等. 2002. 枣树栽植密度试验[J]. 中国果树, 44(5): 24-25.

周进生, 王剑辉, 党学亚. 2009. 矿产开发对地下水失衡影响及其控制对策——以陕北煤炭资源开发为例[J]. 中国矿业, 18(12): 52-55.

周宽, 皇甫卓曦, 钟承韡, 等. 2020. 可生物降解螯合剂 GLDA 诱导葎草修复镉污染土壤[J]. 环境工程, 41(2): 483-489.

周文凤. 1993. 晋陕蒙接壤区水土保持的忧思[J]. 中国水土保持, 2: 6-10.

周小泉, 刘政鸿, 杨永胜, 等. 2014. 毛乌素沙地三种植被下苔藓结皮的土壤理化效应[J]. 水土保持研究, 21(6): 340-344.

周学雅, 王安志, 关德新, 等. 2014. 科尔沁草地裸间土壤蒸发[J]. 中国草地学报, 36(1): 90-97.

周英, 谷文生. 2007. 文冠果在巩留县引种栽培初报[J]. 中国林业, (10): 60.

周莹, 贺晓, 徐军, 等. 2009. 半干旱区采煤沉陷对地表植被组成及多样性的影响[J]. 生态学报, 29(8): 4517-4525.

朱鹤健, 何宜庚. 1992. 土壤地理学[M]. 北京: 北京高等教育出版社.

朱甜甜, 朱玉伟, 刘康, 等. 2018. 伊犁河谷生态经济林树种适宜性评价[J]. 天津农业科学, 24(4): 82-87.

朱万泽, 王金锡, 罗成荣, 等. 2007. 森林萌生更新研究进展[J]. 林业科学, 43(9): 74-82.

朱熠晟. 2020. 我国经济林发展现状、存在问题及对策分析[J]. 中国林业经济, 28(3): 89-91.

邹慧, 毕银丽, 朱郴韦, 等. 2014. 采煤沉陷对沙地土壤水分分布的影响[J]. 中国矿业大学学报, 43(3): 496-501.

Adessi A, Carvalho R C, Philippis R D, et al. 2018. Microbial extracellular polymeric substances improve water retention in dryland biological soil crusts[J]. Soil Biology & Biochemistry, 116: 67-69.

Ahrens G R, Newton M. 2008. Root dynamics in sprouting tanoak forests of southwestern Oregon[J]. Canadian Journal of Forest Research, 38(7): 1855-1866.

Antonopoulos V Z, Wyseure G C L. 1998. Modeling of water and nitrogen dynamics on an undisturbed soil and a restored soil after open-cast mining[J]. Agricultural Water Management, 37(1): 21-40.

Asensio V, Vega F A, Andrade M L, et al. 2013. Tree vegetation and waste amendments to improve the physical condition of coppermine soils[J]. Chemosphere, 90: 603-610.

Bai S H, Gallart M, Singh K, et al. 2022. Leaf litter species affects decomposition rate and nutrient release in a cocoa plantation[J]. Agriculture, Ecosystems & Environment, 324: 107705.

Bamforth S S. 2004. Water film fauna of microbiotic crusts of a warm desert[J]. Journal of Arid Environments, (56): 413-423.

Bao F, Zhou G S. 2010. Review of research advances in soil respiration of grassland in China[J]. Chinese Journal of Plant Ecology, 34(6): 713-726.

Barger N N. 2003. Biogeochemical cycling and N dynamics of biological soil crusts in a semiarid ecosystem[D]. Colorado: Colorado State University.

Bell T L, Ojeda F. 1999. Underground starch storage in *Erica* species of the Cape Floristic Region differences between seeders and resprouters[J]. New Phytologist, 144(1): 143-152.

Bellingham P J, Sparrow A D. 2000. Resprouting as a life history strategy in woody plant communities[J]. Oikos, 89(2): 409-416.

Belnap J. 2003. The world at your feet: desert biological soil crusts[J]. Front Ecology Environment, 1(4): 181-189.

Belnap J. 2006. The potential roles of biological soil crusts in dryland hydrologic cycles[J]. Hydrol Proc, 20: 3159-3178.

Belnap J, Harper K, Warren S. 1993. Surface disturbance of cryptobiotic soil crusts: nitrogenase activity, chlorophyll content, and chlorophyll degradation[J]. Arid Land Research and Management, 8(1): 1-8.

Berg B, Berg M P, Bottner P, et al. 1993. Litter mass loss rates in pine forests of Europe and eastern United States: some relationships with climate and litter quality[J]. Biogeochemistry, 20(3): 127-159.

Bolan N S, Park J H, Robinson B, et al. 2011. Phytostabilization: a green approach to contaminant containment[J]. Advances in Agronomy, 112: 145-204.

Bond W J, Midgley J J. 2001. Ecology of sprouting in woody plants: the persistence niche[J]. Trends in Ecology & Evolution, 16(1): 45-51.
Bond-Lamberty B P, Thomson A M. 2010. A global database of soil respiration data[J]. Biogeosciences, 7(6): 1915-1926.
Bowen I S. 1926. The ratio of heat losses by conduction and by evaporation from any water surface[J]. Physical Review, 27(6): 779.
Bradshaw A. 1997. Restoration of mined lands-using natural processes[J]. Ecological Engineering, 8(4): 255-269.
Cable J M, Huxman T E. 2004. Precipitation pulse size effects on Sonoran Desert soil microbial crusts[J]. Oecologia, 141(2): 317-324.
Carlson J, Saxena J, Basta N, et al. 2015. Application of organic amendments to restore degraded soil: effects on soil microbial properties[J]. Environ Monit Assess, 187: 109-113.
Castillo-Monroy A P, Bowker M A, Maestre F T, et al. 2011. Relationships between biological soil crusts, bacterial diversity and abundance, and ecosystem functioning: insights from a semi-arid Mediterranean environment[J]. Journal of Vegetation Science, 22(2): 165-174.
Castro P, Freitas H. 2000. Fungal biomass and decomposition in Spartina maritimea leaves in the Mondego salt marsh(Portugal)[J]. Hydrobiologia, 428: 171-177.
Chen H, Harmon M E, Griffiths R P. 2000. Effects of temperature and moisture on carton respired from decomposing woody roots[J]. Forest Ecology and Management, 138(1/3): 51-64.
Cheng C, Chen L, Guo K, et al. 2022. Progress of Uranium-contaminated soil bioremediation technology[J]. Journal of Environmental Radioactivity, 241: 106773.
Cotrufo M F, Soong J L, Horton A J, et al. 2015. Formation of soil organic matter via biochemical and physical pathways of litter mass loss[J]. Nature Geoscience, 8(10): 776-779.
Courtney R, Harrington T, Byrne K A. 2013. Indicators of soil formation in restored bauxite residues[J]. Ecological Engineering, 58: 63-68.
Darmody R G. 1995. Modelling agricultural impacts of longwall mine subsidence: a GIS approach[J]. I JSM, R& E, 9(2): 63-68.
Darmody R, Jansen I J, Carmer S G, et al. 1989. Agricultural impacts of coal mine subsidence: effects on corn yields[J]. Journal of Environmental Quality, 3(18): 261-265.
Duchaufour P. 1994. Pédologie: sol, végétation, environnement, fourth ed[J]. Vegetation, 112(2): 189-190.
Eastman B A, Adams M B, Peterjohn W T. 2022. The path less taken: long-term N additions slow leaf litter decomposition and favor the physical transfer pathway of soil organic matter formation[J]. Soil Biology & Biochemistry, 166: 108567.
Eldridge D J. 1999. Distribution and floristics of moss- and lichen-dominated soil crusts in a patterned *Callitris glaucophylla* woodland in eastern Australia[J]. Acta Oecologica, 20(3): 150-170.
Eldridge D J, Greene R S B. 1994. Microbiotic soil crusts: a view of the roles in soil and ecological processes in the rangelands of Australia[J]. Australian Journal of Soil Research, 32(3): 389-415.
Feng W, Zhang Y Q, Wu B, et al. 2014. Influence of environmental factors on carbon dioxide exchange in biological soil crusts in desert areas[J]. Arid Land Research and Management, 28(2): 186-196.
Festin S E, Tigabu M, Chileshe N M, et al. 2018. Progresses in the restoration of the post-mined landscape in Africa[J]. J For Res, 30(2): 381-396.
Fierer N, Craine J M, McLauchlan K K, et al. 2005. Litter quality and the temperature sensitivity of decomposition[J]. Ecology, 86(2): 320-326.

Fioretto A, di Nardo C, Papa S, et al. 2005. Lignin and cellulose degradation and nitrogen dynamics during decomposition of three leaf litter species in a Mediterranean ecosystem[J]. Soil Biology & Biochemistry, 37(6): 1083-1091.

Forján R, Rodríguez-Vila A, Covelo E F. 2019. Increasing the nutrient content in a mine soil through the application of technosol and biochar and grown with *Brassica juncea* L[J]. Waste and Biomass Valorization, 10: 103-119.

Freschet G T, Aerts R, Cornelissen J H C. 2012. A plant economics spectrum of litter decomposability[J]. Functional Ecology, 26(1): 56-65.

Fung T K, Richards D R, Leong R A, et al. 2022. Litter decomposition and infiltration capacities in soils of different tropical urban land covers[J]. Urban Ecosystems, 25(1): 21-34.

Gaumont-Guay D, Black T A, Griffis T J, et al. 2006. Interpreting the dependence of soil respiration on soil temperature and water content in a boreal aspen stand[J]. Agricultural & Forest Meteorology, 140(1-4): 220-235.

González-Paleo L, Ravetta D, van Tassel D. 2022. From leaf traits to agroecosystem functioning: effects of changing resource use strategy during silphium domestication on litter quality and decomposition rate[J]. Plant and Soil, 471(1-2): 655-667.

Goodale C L, Apps M J, Birdsey R A, et al. 2002. Forest carbon sinks in the northern hemisphere[J]. Ecological Applications, 12(3): 891-899

Grašič M, Likar M, Vogel-Mikuš K, et al. 2022. Decomposition rate of common reed leaves depends on litter origin and exposure location characteristics[J]. Aquatic Botany, 179: 103513.

Greene R B, Chartres C J, Hodgkinson K C. 1990. The effects of fire on the soil in degraded semi-aridwoodland. Cryptogam cover and physical and micromor phological properties[J]. Aust J Soil Res, 28: 755-777.

Griddings L A. 1914. Transpiration of *Silphium laciniatum* L[J]. Plant World, 35: 937-942.

Guevara-Escobar A, Gonzalez-Sosa E, Ramos-Salinas M, et al. 2007. Experimental analysis of drainage and water storage of litter layers[J]. Hydrology & Earth System Sciences, 11(5): 1703-1716.

Gunina A, Kuzyakov Y. 2014. Pathways of litter C by formation of aggregates and SOM density fractions: implications from ^{13}C natural abundance[J]. Soil Biology & Biochemistry, 71(6): 95-104.

Gupta V, Germida J J. 1988. Distribution of microbial biomass and its activity in soil aggregate size classes as affected by cultivation[J]. Soil Biology and Biochemistry, 20: 777-786.

Halvorson J J, Papendick R I. 1993. Using multiple-variable indicator kriging for evaluating soil quality[J]. Soil Science Society of America Journal, 57(3): 743-749.

Hancock G R, Willgoose G R. 2004. An experimental and computer simulation study of erosion on a mine tailings dam wall[J]. Earth Surface Processes and Landforms, 29(4): 457-475.

Handa I T, Aerts R, Berendse F, et al. 2014. Consequences of biodiversity loss for litter decomposition across biomes[J]. Nature, 509(7499): 218-221.

Hanfu H, Chang-shen W, Haibo B, et al. 2012. Water protectionin the western semiarid coal mining regions of China: a case study[J]. International Journal of Minging Science and Technology, 22: 719-723.

Harper K T, Pendleton R L. 1993. Cyanobacteria and cyanolichens: can they enhance availability of essential minerals for higher plants[J]. Great Basin Naturalist, 53(1): 59-72.

Heath L S, Smith J E, Skog K E, et al. 2011. Managed forest carbon estimates for the US greenhouse gas inventory, 1990—2008[J]. Forestry, 109(3): 167-173.

Helfrich M, Ludwig B, Potthoff M, et al. 2008. Effect of litter quality and soil fungi on macroaggregate dynamics and associated partitioning of litter carbon and nitrogen[J]. Soil Biology & Biochemistry, 40(7): 1823-1835.

Herrmann A M, Witter E. 2002. Source of C and N contributing to the flush in mineralization upon freeze-thaw cycles in soil[J]. Soil Biology Biochemistry, 34(10): 1495-1505.

Hoffmann W A, Orthen B, Nascimento P K. 2003. Comparative fire ecology of tropical savanna and forest trees[J]. Functional Ecology, 17(6): 720-726.

Hu Y, Luan T, Shao D. 2014. The architecture design based on the landscape elements: taking the architectural design of subsidence area for example[J]. Huazhong Architecture, 6(5): 3-6.

Issa M O, Stal L J, Défarge C, et al. 2001. Nitrogen fixation by microbial crusts from desiccated Sahelian soils[J]. Soil Biology and Biochemistry, (33): 1425-1428.

Jia X, Zha T, Wu B, et al. 2013. Temperature response of soil respiration in a Chinese pine plantation: hysteresis and seasonal vs. diel Q10[J]. PLoS One, 8(2): 1-9.

Jp C, Li K, Kj C, et al. 2015. Open-pit mining geomorphic feature characterization[J]. Int J Appl Earth Obs Geoinf, 42: 76-86.

Ju J, Xu J. 2015. Surface stepped subsidence related to top-coal caving longwall mining of extremely thick coal seam under shallow cover[J]. International Journal of Rock Mechanics & Mining Sciences, 100(78): 27-35.

Kalbitz K, Glaser B, Bol R. 2004. Clear-cutting of a Norway spruce stand: implications for controls on the dynamics of dissolved organic matter in the forest floor[J]. European Journal of Soil Science, 55: 401-413.

Keith D M, Johnson E A, Valeo C, et al. 2010. Moisture cycles of the forest floor organic layer(F and H layers)during drying[J]. Water Resources Research, 46(7): W07529.1-7529.14.

Kidron G J, Vonshak A, Dor I, et al. 2010. Properties and spatial distribution of microbiotic crusts in the Negev Desert, Israel[J]. Catena, 82(2): 92-101.

Komínková D, Kuehn K A, Bùsing N, et al. 2000. Microbial biomass, growth, and respiration associated with submerged litter of phragmites australis decomposing in a littoral reed stand of a large lake[J]. Aquatic Microbial Ecology, 22: 271-282.

Lan C Y, Shu W S, Wong M H. 1997. Revegetation of lead/zinc mine tailings at Shaoguan, Guangdong Province, China: phytotoxicity of the tailings[J]. Studies in Environmental Science. Elsevier, 66(97): 119-130.

Lebrun M, Macri C, Miard F, et al. 2017. Effect of biochar amendments on as and Pb mobility and phytoavailability in contaminated mine technosols phytoremediated by *Salix*[J]. J Geochem Explor, 182: 149-156.

Lei S, Bian Z, Daniels J L, et al. 2010. Spatio-temporal variation of vegetation in an arid and vulnerable coal mining region[J]. Mining Science and Technology(China), 20(3): 485-490.

Leinonen I, Jones H G. 2004. Combining thermal and visible imagery for estimating canopy temperature and identifying plant stress[J]. Journal of Experimental Botany, 55(401): 1423-1431.

Lentz R D, Sojika R E. 1994. Field results using polyaerylamide to furrow erosion and infiltration[J]. Soil Sci, 158: 247-282.

Lentz R D, Sojika R E. 1996. Irrigation(Agriculture)[M]. New York: MeGraw-Hill: 162-165

Lentz R D, Sojka R E, Carter D L, et al. 1992. Preventing irrigation furrow erosion with small application of polymers[J]. Soil Science Society of America Journal, 56: 1926-1932.

Li M S. 2006. Ecological restoration of mineland with particular reference to the metalliferous mine wasteland in China: a review of research and practice[J]. Science of Total Environment, 357: 38-53.

Li X R, Kong D, Tan H, et al. 2007. Changes in soil land in vegetation following stabilisation of dunes in the southeastern fringe of the Tengger desert, China[J]. Plantand Soil, 300(1): 221-231.

Liu P P, Wang Q G, Bai J H, et al. 2010. Decomposition and re-turn of C and N of plant litters of *Phragmites australis* and *Suaeda salsa* in typical wetlands of the Yellow River Delta, China[J]. Procedia Environmental Sciences, 2: 1717-1726.

Liu S, Yu G R, Qian Z S, et al. 2009. The thawing-freezing processes and soil moisture distribution of the steppe in central Mongolian Plateau[J]. Acta Pedologica Sinica, 46(1): 46-51.

Liu T, Huang Y, Zhang R, et al. 2011. Experiment study on the law of thermal motion of water of soil freeze-thaw on the black land[C]//Second International Conference on Mechanic Automation & Control Engineering.

Liu Y H, Mamtimin A, Fan Y, et al. 2015. Environmental factors driving winter soil respiration in the hinterland of the Taklimakan Desert, China[J]. Acta Ecologica Sinica, 35(20): 6711-6719.

Lockhart B R, Chambers J L. 2007. Cherrybark oak stump sprout survival and development five years following plantation thinning in the lower Mississippi alluvial valley, USA[J]. New Forests, 33(2): 183-192.

Loope W L, Gifford G F. 1972. Influence of a soil microfloral crust on select properties of soils under pinyon-juniper in southeastern Utah[J]. Journal of Soil and Water Conservation, 27(4): 164-167.

Lu N. 2020. Study on occurrence characteristics and natural degradation of polycyclic aromatic hydrocarbons in mined-out area of Northern Shaanxi coal mine[J]. IOP Conference Series: Earth and Environmental Science, 510(4): 42008.

Lucas W J, Groover A, Lichtenberger R, et al. 2013. The plant vascular system: evolution, development and functions[J]. Journal of Integrative Plant Biology, 55(4): 294-388.

Ma C, Nakamura N, Hattori M, et al. 2000. Inhibitory effects on HIV-1 protease of constituents from the wood of *Xanthoceras sorbifolia*[J]. J Nat Prod, 63(2): 238-242.

Makkonen M, Berg M P, Handa I T, et al. 2012. Highly consistent effects of plant litter identity and functional traits on decomposition across a latitudinal gradient[J]. Ecology Letters, 15(9): 1033-1041.

Mark T, Romolt D. 2005. Na^+ tolerance and Na^+ transport in higher plants[J]. Annais of Botany, 91: 503-527.

Marshall J D, Waring R H. 1986. Comparison of methods of estimating leaf-area index in old-growth Douglas-fir[J]. Ecology, 67(4): 975-979.

Martin A. 1964. Introduction to Soil Microbiology[M]. New York: John Wiley & Sons Publishing: 19-44.

Matos P S, Barreto-Garcia P A B, Gama-Rodrigues E F, et al. 2022. Short-term effects of forest management on litter decomposition in Caatinga dry forest[J]. Energy, Ecology and Environment, 7: 130-141.

Medeiros G G, Antonio J, Harrison M, et al. 2022. Effect of vertebrate exclusion on leaf litter decomposition in the coastal Atlantic Forest of southeast Brazil[J]. Tropical Ecology, 63: 151-154.

Mendham D S, Sankaran K V, Connell A M, et al. 2002. Eucalyptus globules harvest residue management effects on soil carbon and microbial biomass at 1 and 5 years after plantation establishment[J]. Soil Biology & Biochemistry, 34(12): 1903-1912.

Meng L, Feng Q Y, Zhou L, et al. 2009a. Environmental cumulative effects of coal underground mining[J]. Procedia Earth and Planetary Science, 1(1): 1280-1284.

Meng Q J, Feng Q Y, Wu Q Q, et al. 2009b. Distribution characteristics of nitrogen and phosphorus in mining induced subsidence wetland in Panbei coal mine, China[J]. Procedia Earth and Planetary Science, 1(1): 1237-1241.

Mensah A K, Mahiri I O, Owusu O, et al. 2015. Environmental impacts of mining: a study of mining communities in Ghana[J]. Applied Ecology and Environmental Sciences, 3(3): 81-94.

Midgley J J. 1996. Why the world's vegetation is not totally dominated by resprouting plants; because resprouters are shorter than reseeders[J]. Ecography, 19(1): 92-95.

Mitchell A R. 1986. Polyacrylamide application in irrigation water to increase infiltration[J]. Soil Science, 141(5): 353-358.

Monteith J I L. 1965. Evaporation and environment[J]. Symposia of the Society for Experimental Biology, 19: 205-234.

Mostacedo B, Putz F E, Fredericksen T S, et al. 2009. Contributions of root and stump sprouts to natural regeneration of alogged tropical dry forest in Bolivia[J]. Forest Ecol Manage, 258(6): 978-985.

Musa A, Liu Y, Wang A, et al. 2016. Characteristics of soil freeze-thaw cycles and their effects on water enrichment in the rhizosphere[J]. Geoderma, 264: 132-139.

Nedler A, Perffect E, Kay B D K. 1996. Effect of two polymers and water qualitieson drycohesive strength of three soils[J]. Soil Sci, 60(2): 556-561.

Neris J, Tejedor M, Rodriguez M A, et al. 2013. Effect of forest floor characteristics on water repellency, infiltration, runoff and soil loss in Andisols of Tenerife(Canary Islands, Spain)[J]. Catena, 108(2013): 50-57.

Olson J S. 1963. Energy storage and the balance of producers and decomposition in ecological systems[J]. Ecology, 44: 332-341.

Oyewole B O, Olawuyi O J, Odebode A C, et al. 2017. Influence of Arbuscular mycorrhiza fungi(AMF)on drought tolerance and charcoal rot disease of cowpea[J]. Biotechnology Reports, 14: 8-15.

Palviainen M, Finér L, Kurka A, et al. 2004. Release of potassium, calcium, iron and aluminium from Norway spruce, Scots pine and silver birch logging residues[J]. Plant and Soil, 259(1/2): 123-136.

Pandey V C, Rai A, Singh L, et al. 2022. Understanding the role of litter decomposition in restoration of fly ash ecosystem[J]. Bulletin of Environmental Contamination and Toxicology, 108(3): 389-395.

Penman H L. 1948. National evaporation from open water, bare soil and grass[J]. Proc Roy Soc of London Ser A, 193(1032): 120-145.

Pérez F L. 1997. Microbiotic crusts in the high equatorial Andes and their influence on paramo soils[J]. Catena, 31: 173-198.

Peterson C J. 2000. Damage and recovery of tree species after two different tornadoes in the same old growth forest: a comparison of infrequent wind disturbances[J]. Forest Ecol Manage, 135(1-3): 237-252.

Priestley C H B, Taylor R J. 1972. On the assessment of surface heat flux and evaporation using large scale parameters[J]. Monthly Weather Review, 100(2): 81-92.

Qiu G Y. 1996. A new method for estimation of evapotranspiration[D]. Tttori: Tttori University.

Qiu G Y, Miyamoto K, Sase S, et al. 2000. Detection of crop transpiration and water stress by temperature-related approach under field and greenhouse conditions[J]. Japan Agricultural Research Quarterly, 34(1): 29-37.

Qiu G Y, Miyamoto K, Sase S, et al. 2002. Comparison of the three temperature model and conventional models for estimating transpiration[J]. Japan Agricultural Research Quarterly, 36(2): 73-82.

Qiu G Y, Momii K, Yano T. 1996. Estimation of plant transpiration by imitation leaf temperature theoretical consideration and field verification(I)[J]. Transactions of The Japanese Society of Irrigation, Drainage and Reclamation Engineering, 183(1996): 401-410.

Qiu G Y, Omasa K, Sase S. 2009. An infrared-based coefficient to screen plant environmental stress: concept, test and applications[J]. Functional Plant Biology, 36(11): 990.

Qiu G Y, Wang B, Li T, et al. 2021. Estimation of the transpiration of urban shrubs using the modified three-dimensional three-temperature model and infrared remote sensing[J]. Journal of Hydrology, 594: 125940.

Qiu G Y, Yano T, Momii K. 1998. An improved methodology to measure evaporation from bare soil based on comparison of surface temperature with a dry soil surface[J]. Journal of Hydrology, 210(1-4): 93-105.

Qiu L, Bi Y, Jiang B, et al. 2019. Arbuscular mycorrhizal fungi ameliorate the chemical properties and enzyme activities of rhizosphere soil in reclaimed mining subsidence in northwestern China[J]. Journal of Arid Land, 11(1): 135-147.

Ramadan T. 2001. Dynamics of salt secretion by *Sporobolus picatus*(Vahl)Kunth from sites of dierring salinity[J]. Annals of Botany, 87: 259-266.

Rawlik K, Kasprowicz M, Nowiński M, et al. 2022. The afterlife of herbaceous plant species: a litter decomposition experiment in a temperate oak-hornbeam forest[J]. Forest Ecology and Management, 507: 120008.

Read M S. 1981. Minimization of variation in the response to different protein of the Coomassic Blue G dyedinding: assay to protein[J]. Annal Biochem, 116: 53-64.

Reicosky D C, Peters D B. 1977. A portable chamber for rapid evapotranspiration measurements on field plots 1[J]. Agronomy Journal, 4(69): 729-732.

Reinmann A B, Templer P H, Campbell J L, et al. 2012. Severe soil frost reduces losses of carbon and nitrogen from the forest floor during simulated snowmelt: a laboratory experiment[J]. Soil Biology & Biochemistry, 44(1): 65-74.

Rivera-Aguilar V, Montejano G, Rodriguez-Zaragoza S, et al. 2006. Distribution and composition of cyanobacteria, mosses and lichens of the biological soil crusts of the Tehuacan Valley, Puebla, Mexico[J]. Journal of Arid Environments, 67(2): 208-225.

Sakai A. 1998. A test for the resource remobilization hypothesis: tree sprouting using carbohydrates from above-ground parts[J]. Ann Bot, 82(2): 213-216.

Salin M. 1988. Toxic oxygen species and protective system of the chloroplast[J]. Physiol Plant, 25(3): 241-244.

Sarwar N, Imran M, Shaheen M R, et al. 2017. Phytoremediation strategies for soils contaminated with heavy metals: modifications and future perspectives[J]. Chemosphere, 171: 710-721.

Seenivasan R, Prasath V, Mohanraj R. 2015. Restoration of sodic soils involving chemical and biological amendments and phytoremediation by *Eucalyptus camaldulensis* in a semiarid region[J]. Environmental Geochemistry and Health, 37: 575-586.

Selman P H. 1986. Coal mining and agriculture: a study in environmental impact assessment[J]. Journal of Environmental Management, 22(2): 157-186.

Seth C S. 2012. A review on mechanisms of plant tolerance and role of transgenic plants in environmental clean-up[J]. Botanical Review, 78(1): 32-62.

Shengguo C, Shengli G, Fang Z, et al. 2010. Dynamics of soil respiration and it's affecting factors in arid up land fields during summer fallow season on the Loess Plateau[J]. Acta Pedologica Sinica, 47(6): 1159-1169.

Shim D, Kim S, Choi Y I, et al. 2013. Transgenic poplar trees expressing yeast cadmium factor 1 exhibit the characteristics necessary for the phytoremediation of mine tailing soil[J].

Chemosphere, 90(4): 1478-1486.
Siddiky M R, Schaller J, Caruso T, et al. 2012. Arbuscular mycorrhizal fungi and collembola non-additively increase soil aggregation[J]. Soil Biology & Biochemistry, 47: 93-99.
Sinha S, Masto R E, Ram L C, et al. 2009. Rhizosphere soil microbial index of tree species in a coal mining ecosystem[J]. Soil Biology and Biochemistry, 41(9): 1824-1832.
Siqueira D P, de Carvalho G C M W, de Souza S J G, et al. 2022. Litter decomposition and nutrient release for two tropical N-fixing species in Rio de Janeiro, Brazil[J]. Journal of Forestry Research, 33(2): 487-496.
Skujins J. 1991. Semiarid Lands and Deserts: Soil Resource and Reclamation[M]. New York: Marcel Dekker: 257-293.
Smith S E, Smith F A. 2011. Roles of arbuscular mycorrhizas in plant nutrition and growth: new paradigms from cellular to eco-system scales[J]. Annual Review of Plant Biology, 62(1): 227-250.
Soong J L, Vandegehuchte M L, Horton A J, et al. 2016. Soil microarthropods support ecosystem productivity and soil C accrual: evidence from a litter decomposition study in the tallgrass prairie[J]. Soil Biology & Biochemistry, 92: 230-238.
Stern R, Merwe A J, Laker M C, et al. 1992. Effect of soil surface treatments on runoff and wheat yields under irrigation[J]. Agron J, 84: 114-119.
Stone L R, Horton M L. 1974. Estimating evapotranspiration using canopy temperatures: field evaluation[J]. Agronomy Journal, 66(3): 450-454.
Strullu-Derrien C, Kenrick P, Pressel S, et al. 2014. Fungal associations in *Horneophyton ligneri* from the Rhynie Chert(c. 407 million year old)closely resemble those in extant lower land plants: novel insights into ancestral plant-fungus symbioses[J]. The New Phytologist, 203(3): 964-979.
Swinbank W C. 1951. The measuremen of vertical transfer of heat and water vapor by Eddies in the lower atmosphere[J]. Journal of Meteorology, 8(3): 135-145.
Tagliaferro M, Buria L M, Giorgi A, et al. 2022. Nutrient enrichment and altered temperature regime explain litter decomposition in cold-temperate urban streams[J]. Hydrobiologia, 849(7): 1559-1574.
Tan X, Chang S X, Kabzems R, et al. 2005. Effects of soil compaction and organic matter removal on soil microbial properties and N transformations in a boreal forest long-term soil productivity study[J]. Forest Ecology and Management, 217(2): 158-170.
Terry R E, Nelson S D. 1986. Effect of polyaerylamide and irrigation method on soil physieal properties[J]. Soil Sci, 141: 317-320.
Tetteh E N, Ampofo K T, Logah V. 2015. Adopted practices for mined land reclamation in Ghana: a case study of Anglogold Ashanti Iduapriem mine ltd[J]. Journal of Science and Technology(Ghana), 35(2): 77-88.
Thanuja T V, Hegde R V, Sreenivasa M N. 2002. Induction of rooting and root growth in black pepper cuttings(*Piper nigrum* L.)with the inoculation of arbuscular mycorrhizae[J]. Scientia Horticulturae, 92(3-4): 339-346.
Thornthwaite C W. 1948. An approach toward a rational classification of climate[J]. Geographical Review, 38(1): 55-94.
Thornthwaite C W, Holzman B. 1939. The determination of evaporation from land and water surfaces[J]. Monthly Weather Review, 67(1): 4-11.
Tredici P D. 2001. Sprouting in temperate trees: a morphological and ecological review[J]. Botanical Review, 67(2): 121-140.
Tripathi N, Singh R S, Singh J S. 2009. Impact of post-mining subsidence on nitrogen transformation

in southern tropical dry deciduous forest, India[J]. Environmental Research, 109(3): 258-266.
Turner B L, Haygarth P M. 2000. Phosphorus forms and concentrations in leachate under four grassland soil types[J]. Soil Science Society of America Journal, 3(64): 1090-1099.
Usepa. 2011. Inventory of U. S. Greenhouse Gas Emissions and sinks: 1990–2009. Chapter 7. Land Use, Land-use Change, and Forestry[M]. Annex 3. 12. Methodology for Estimating NetCarbon Stock Changes in Forest Land Remaining Forest Lands. Washington, DC: US Environmental Protection Agency(#430-R-11-005).
Usuga J C, Toro J R, Alzate M V, et al. 2010. Estimation of biomass and carbon stocks in plants, soil and forest floor in different tropical forests[J]. Forest Ecology and Management, 260(10): 1906-1913.
van Delft B, de Waal R W, Kemmers R H, et al. 2006. Field Guide to Humus Forms, Description and Classification of Humus for Ecological Application[M]. Amsterdam: Alterra Wageningen.
Vargas R, Allen M F. 2008. Environmental controls and the influence of vegetation type, fine roots and rhizomorphs on diet and seasonal variation in soil respiration[J]. New Phytologist, 179(2): 460-471.
Venkateswarlu K, Nirola R, Kuppusamy S, et al. 2016. Abandoned metalliferous mines: ecological impacts and potential approaches for reclamation[J]. Reviews in Environmental Science and Bio/Technology, 15: 327-354.
Vesterdal L, Schmidt I K, Callesen I, et al. 2008. Carbon and nitrogen in forest floor and mineral soil under six common European tree species[J]. Forest Ecology and Management, 255(1): 35-48.
Walela C, Daniel H, Wilson B, et al. 2014. The initial lignin: nitrogen ratio of litter from above and below ground sources strongly and negatively influenced decay rates of slowly decomposing litter carbon pools[J]. Soil Biology & Biochemistry, 77(7): 268-275.
Wang B, Zha T S, Jia X, et al. 2014. Soil moisture modifies the response of soil respiration to temperature in a desert shrub ecosystem[J]. Biogeosciences, 11(2): 259-268.
Wang C Y, Han G M, Jia Y, et al. 2012. Insight into the temperature sensitivity of forest litter decomposition and soil enzymes in subtropical forest in China[J]. Journal of Plant Ecology, 5: 279-286.
Wang H, Zhang G H, Liu F, et al. 2017. Temporal variations in infiltration properties of biologicalcrusts covered soils on the Loess Plateau of China[J]. Catena, 159: 115-125.
Wang Y, Tan R, Zhou L, et al. 2021. Heavy metal fixation of lead-contaminated soil using *Morchella* mycelium[J]. Environmental Pollution, 289: 117829.
West N E. 1990. Structure and function of microphytic soil crusts in wildland regions of arid to semi-arid regions[J]. Advances in Ecological Research, 20: 179-223.
Widiastuti H, Wulandari D, Zarate J. 2020. Utilization of selected microorganisms in enhancing the growth of selected plant in ex–gold mining soil[J]. IOP Conference Series: Earth and Environmental Science, 583(1): 12007.
Wong M H. 1986. Reclamation of wastes contaminated by copper, lead and zinc[J]. Environmental Management, 6(10): 707-713.
Woodall C W, Perry C H, Westfall J A, et al. 2012. An empirical assessment of forest floor carbon stock components across the United States[J]. Forest Ecology and Management, 269(4): 1-9.
Woods A F. 1893. Some recent investigations on the evaporation of water from plants[J]. Botanical Gazette, 18(8): 304-310.
Worlanyo A S, Li J F. 2021. Evaluating the environmental and economic impact of mining for post-mined land restoration and land-use: a review[J]. Journal of Environmental Management, 279: 111-123.

Wu G, Kang H, Zhang X, et al. 2010. A critical review on the bio-removal of hazardous heavy metals from contaminated soils: issues, progress, eco-environmental concerns and opportunities[J]. Journal of Hazardous Materials, 174(1-3): 1-8.

Wu Q Y, Pang J W, Qi S Z, et al. 2009. Impacts of coal mining subsidence on the surface landscape in Longkou city, Shandong Province of China[J]. Environ Earth Sci, 59(4): 783-791.

Xiong L, Zhu J K. 2002. Molecular and genetic aspects of plant responses to osmotic stress[J]. Plant Cell and Environment, 25: 131-139.

Xiong Y J, Qiu G Y. 2011. Estimation of evapotranspiration using remotely sensed land surface temperature and the revised three-temperature model[J]. International Journal of Remote Sensing, 32(19-20): 5853-5874.

Ye S, Zeng G, Wu H, et al. 2017. Biological technologies for the remediation of co-contaminated soil[J]. Critical Reviews in Biotechnology, 37(8): 1062-1076.

Yeo A K. 1983. Salinity resistance: physiologies and prices[J]. Physiologies Plantarum, 58: 214-222.

Yin L, Hou G, Su X S, et al. 2011. Isotopes(δD and $\delta^{18}O$) in precipitation, groundwater and surface water in the Ordos Plateau, China: implications with respect to groundwater recharge and circulation[J]. Hydrogeology Journal, 19(2): 429-443.

Zedda L, Gröngröft A, Schultz M, et al. 2011. Distribution patterns of soil lichens across the principal biomes of southern Africa[J]. Journal of Arid Environments, 75(2): 215-220.

Zhang T, Stamnes K. 2015. Impact of climatic factors on the active layer and permafrost at Barrow, Alaska[J]. Permafrost & Periglacial Processes, 9(3): 229-246.

Zhang Y M, Chen J, Wang L, et al. 2007. The spatial distribution patterns of biological soil crusts in the Gurbantunggut Desert, Northern Xinjiang, China[J]. Journal of arid environments, 68(4): 599-610.

Zhang Y M, Wang H L, Wang W Q, et al. 2006. The microstructure of microbitic crust and its influence on wind erosion for a sandy soil surface in the Gurbantunggut Desert of Northwestern China[J]. Geoderma, 132: 441-449.

Zhao C Y, Zhang Q, Ding X, et al. 2009. Monitoring of land subsidence and ground fissures in Xi'an, China 2005–2006: mapped by SAR interferometry[J]. Environmental Geology, 58(7): 1533-1540.

Zhou L, Li Z, Liu W, et al. 2015. Restoration of rare earth mine areas: organic amendments and phytore mediation[J]. Environmental Science and Pollution Research, 22: 17151-17160.

Zhou X, Bi S, Yang Y, et al. 2014. Comparison of ET estimations by the three-temperature model, SEBAL model and eddy covariance observations[J]. Journal of Hydrology, 519: 769-776.